JEAN MASSART

PROFESSEUR A L'UNIVERSITÉ LIBRE DE BRUXELLES
DIRECTEUR DE L'INSTITUT BOTANIQUE LÉO ERRERA

ÉLÉMENTS

DE

BIOLOGIE GÉNÉRALE

ET DE

BOTANIQUE

VOLUME II

Les Métaphytes — La Physiologie et l'Éthologie
La Paléobotanique et la Géobotanique

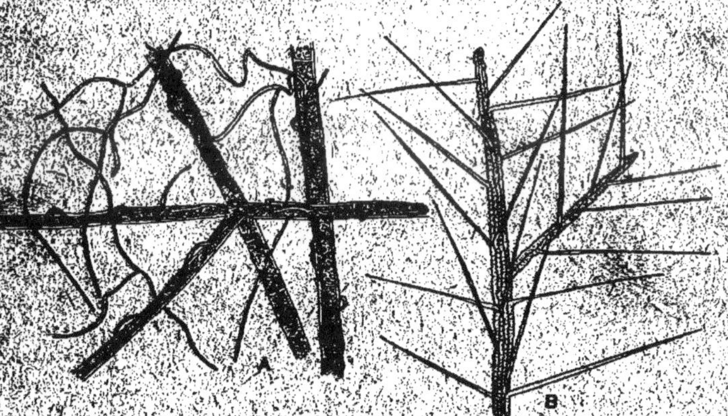

BRUXELLES

MAURICE LAMERTIN, ÉDITEUR

58-60, RUE COUDENBERG

1923

ÉLÉMENTS DE BIOLOGIE GÉNÉRALE

ET DE

BOTANIQUE

JEAN MASSART

PROFESSEUR À L'UNIVERSITÉ LIBRE DE BRUXELLES
DIRECTEUR DE L'INSTITUT BOTANIQUE LÉO ERRERA

ÉLÉMENTS

DE

BIOLOGIE GÉNÉRALE

ET DE

BOTANIQUE

VOLUME II

Les Métaphytes — La Physiologie et l'Éthologie
La Paléobotanique et la Géobotanique

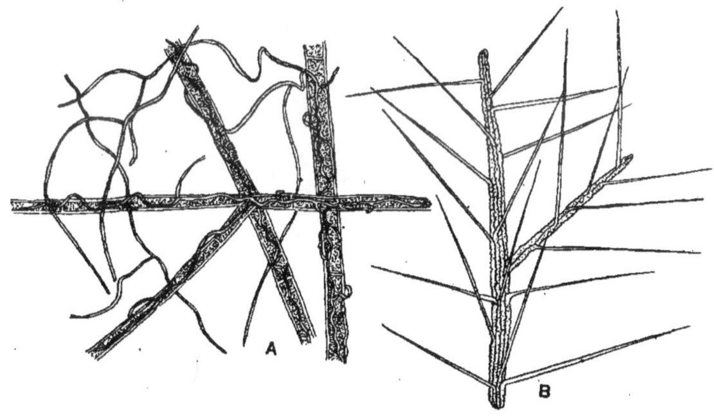

BRUXELLES

Maurice LAMERTIN, Éditeur

58-60, RUE COUDENBERG

1923

SOMMAIRE

4ᵉ PARTIE. — LA PHYSIOLOGIE ET L'ÉTHOLOGIE.

5ᵉ PARTIE.

LA PALÉOBOTANIQUE ET LA GÉOBOTANIQUE

TROISIÈME PARTIE
LES MÉTAPHYTES

I. MUSCINÉES OU BRYOPHYTES.

Hépatiques.
Marchantiées.
Jungermanniées.

Anthocérotées.

Mousses.
Andréées.
Sphagnées.
Bryées.

Alors que les Champignons, les Flagellates, les Algues, etc., font partie des Protistes, les Bryophytes sont les premières Plantes proprement dites, ou Métaphytes. Ils constituent un groupe important de Végétaux terrestres, parfois retournés secondairement à l'eau douce.

Ils dérivent sans doute d'Algues vertes. En effet, chez les Ulotrichées les plus évoluées, telles que les *Coleochaete* (fig. 1), les organes s'entourent, après la fécondation, d'un revêtement continu de cellules stériles. La zygote se divise plusieurs fois de suite à l'intérieur de cette enveloppe, et chacune des cellules ainsi formées devient une spore. La première de ces divisions est réductionnelle. Or, que voyons-nous chez les Bryophytes ? L'œuf est aussi contenu dans une enveloppe stérile ; toutefois, celle-ci naît déjà avant la fécondation (fig. 2). C'est aussi la zygote qui se divise pour produire les spores, et la réduction s'opère pendant une de ces bipartitions ; seulement toutes les cellules dérivées de la zygote ne deviennent pas des spores : un nombre plus ou moins grand restent stériles, formant toujours au moins une enveloppe protectrice autour des spores. — Ajoutons que les moins spécialisées des Muscinées ont souvent une structure très primitive rappelant celle des Algues (fig. 3), et que, seules de toutes les Métaphytes, les cellules des *Anthoceros* ont des plastides pourvues d'un pyrénoïde.

Les Bryophytes nous apparaissent donc comme les descendants évolués d'Algues adaptées à la vie terrestre : à la fois l'oosphère et les jeunes spores sont protégées contre la dessiccation.

1

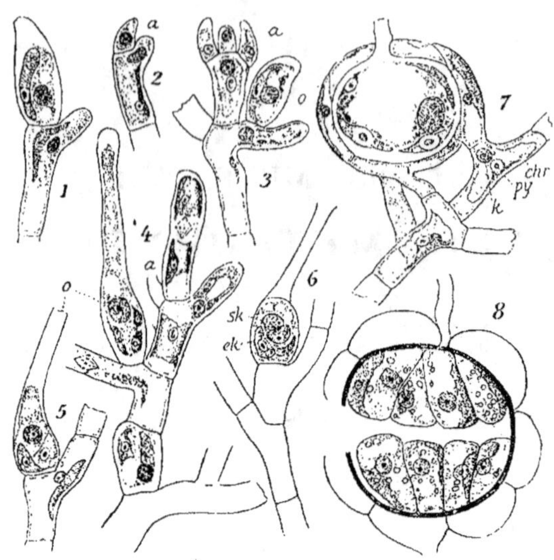

Fig. 1.

LA REPRODUCTION D'UNE ALGUE VERTE :
COLEOCHAETE PULVINATA.

1, jeune zoosporange; **2**, **3**, jeunes anthéridies et oogone;
4, **5**, oogones adultes avec le trichogyne ; **6**, arrivée du spermatozoïde dans l'oogone; **7**, formation d'une enveloppe autour de la zygote; **8**, développement de la zygote et production de spores.
(D'après M. OLTMANNS, 1898.)

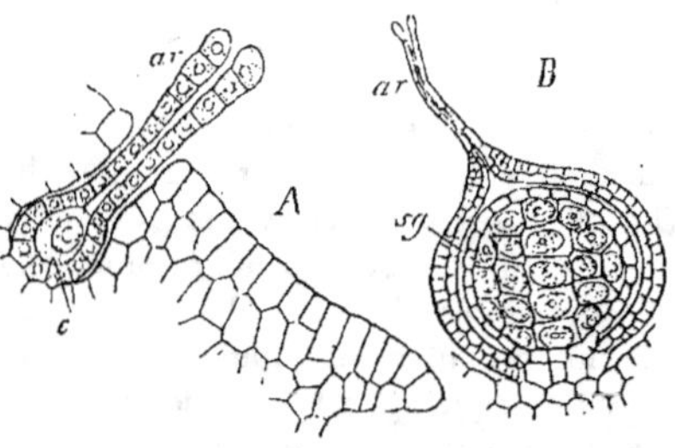

Fig. 2.

ARCHÉGONE ET SPOROGONE DE RICCIA GLAUCA.

A, Archégone avec son oosphère (**c**);
B, sporogone enfermé dans la paroi de l'archégone, avec la paroi stérile et toutes ses cellules internes fertiles.
(D'après HOFMEISTER, 1851.)

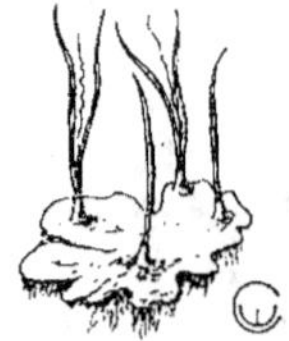

Fig. 3.

LE GONOPHYTE
ET LE SPOROPHYTE
D'ANTHOCEROS
LAEVIS.

Le thalle porte quatre sporophytes, dont deux disséminent déjà les spores

A. **HÉPATIQUES.**

1. **Marchantiées.**

L'appareil végétatif de la plante adulte est un thalle multicellulaire (fig 4), vert, aplati, couché sur le sol. Il n'a pas une grande différenciation intérieure. On y distingue de haut en bas (fig. 5) :

a) Une couche assimilatrice où les cellules sont chargées de nombreuses plastides vertes. Chez beaucoup de Marchantiées, cette couche est divisée en chambres polygonales, contiguës; elles sont séparées par

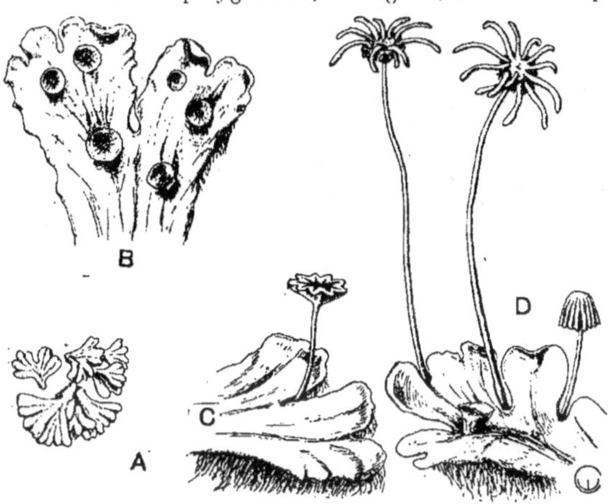

Fig. 4.

THALLES DE MARCHANTIÉES.

A, *Riccia glauca*; **B**, *Marchantia polymorpha* avec des corbeilles à propagules;
C, *Marchantia* avec appareil mâle; les anthéridies s'ouvrent à la face supérieure du
    plateau.
D, *Marchantia* avec appareil femelle; les archégones sont suspendus à la face inférieure
    du disque rayonnant.

des murs formés d'une seule épaisseur de cellules ; au dessus de chaque chambre est un plafond unisérié, percé au milieu d'une ouverture arrondie. Sur le plancher se dressent des filaments ramifiés et verts qui représentent le véritable appareil d'assimilation;

b) En dessous se trouve une épaisse couche de cellules pâles, servant de réservoirs; dans l'axe de chaque lobe du thalle, elles sont allongées parallèlement au lobe, et ont une fonction conductrice;

c) De la face inférieure se détachent les rhizoïdes, cellules très longues s'enfonçant en terre, et servant à la fois à fixer le thalle et à absorber l'eau et les matières minérales dissoutes.

La reproduction sexuelle est hétérogame, comme chez tous les Métaphytes.

Les spermatozoïdes se forment en très grand nombre dans des anthéridies. Ils sont filiformes et portent à l'extrémité antérieure deux longs fouets. Leur structure est la même chez tous les Bryophytes.

L'oosphère naît isolément dans un archégone (fig. 2), ayant la forme d'une bouteille à long col.

La fécondation comprend trois étapes :

1º Sous l'action de l'humidité, les anthéridies s'ouvrent et les spermatozoïdes se mettent à nager. Le rejaillissement de la pluie transporte les spermatozoïdes jusqu'au voisinage d'un archégone, qui, lui aussi, s'est ouvert au contact de l'humidité ;

2º Un spermatozoïde pénètre dans le col de l'archégone et le suit jusqu'à l'oosphère ;

3º Il conjugue avec

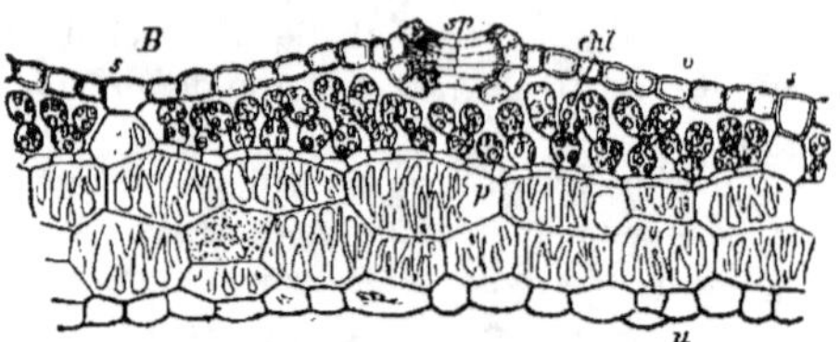

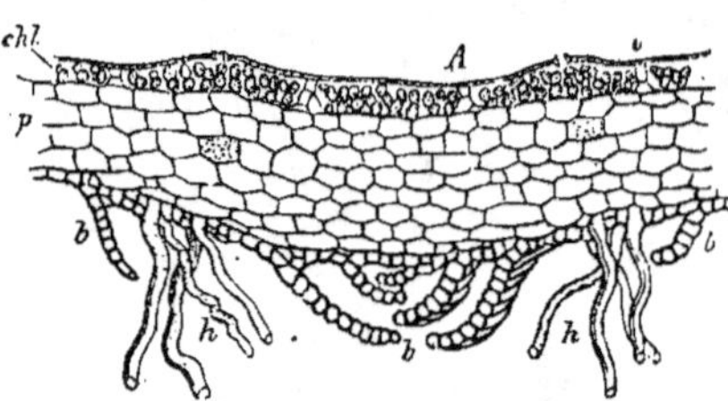

Fig. 5.

COUPES VERTICALES DANS LE THALLE
DE MARCHANTIA POLYMORPHA.

A, dans la région médiane : écailles (**b**) et rhizoïdes (**h**), à droite et à gauche de la nervure.

B, dans la région latérale : chambre limitée par une cloison (**s**), portant sur son plancher des cellules assimilatrices (**chl**), et avec une perforation (**sp**) dans le plafond.

(D'après Sachs.)

l'oosphère. Aussitôt formée, la zygote se divise plusieurs fois de suite.

Chez les *Riccia* (fig. 6 B), toutes les cellules issues de la zygote, sauf celles de l'assise périphérique, deviennent des cellules-mères de spores, qui se divisent encore deux fois de suite, de façon à donner chacune quatre spores ; la première de ces divisions est réductionnelle.

Chez les autres Marchantiées (fig. 6 C) la moitié inférieure du massif cellulaire issu de la zygote est stérile. Dans la moitié supérieure, outre l'assise externe, un grand nombre de cellules centrales restent stériles : elles se transforment en éléments allongés, les élatères (fig. 7), dont les mouvements hygroscopiques aident à la dissémination des spores.

Les spores en germant donnent directement un petit thalle qui n'a qu'à grandir pour devenir semblable à l'adulte.

Quelques Marchantiées se multiplient abondamment par des propagules qui naissent dans des corbeilles spéciales (fig. 4).

La vie d'une Marchantiée, comme celle de toute autre Muscinée, se divise tout naturellement en deux phases :

a) La zygote produit un individu dont la vie se termine par la formation des spores : c'est le sporophyte. La réduction ne s'opère qu'au moment de la naissance des spores; le sporophyte est donc complètement diploïde.

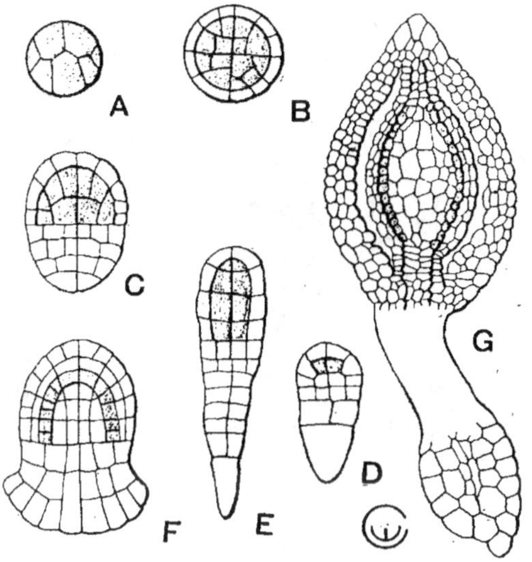

Fig. 6. — LE DÉVELOPPEMENT DU SPOROPHYTE.
Le massif de cellules qui donne les cellules-mères de spores est teinté.
A, *Coleochaete :* toutes les cellules provenant de la zygote deviennent des cellules-mères de spores; **B**, *Riccia :* seules les cellules périphériques sont stériles; **C**, *Marchantia :* toutes les cellules de la moitié inférieure sont stériles; **D**, **E**, *Jungermannia :* les cellules-mères n'occupent qu'une petite zone, près du sommet; **F**, *Anthoceros :* le massif de cellules-mères a la forme d'une cloche; **G**, Mousse (*Phascum cuspidatum*) : les cellules-mères forment une gaine circulaire.
(D'après LEITGEB, 1874, et KIENITZ-GERLOFF, 1874.)

b) La spore, haploïde, germe en un individu à cellules également haploïdes, qui forme les gamètes : c'est le gonophyte.

Le gonophyte possède seul un appareil végétatif complet. Quant au sporophyte, il vit en parasite, pourrait-on dire, sur le gonophyte.

Fig. 7.
ÉLATÈRES ET SPORES D'UNE MARCHANTIÉE : TARGIONIA HYPOPHYLLA.
Les spores ont une surface réticulée.

2. **Jungermanniées.**

L'appareil végétatif est très divers. Chez les formes les moins évoluées, c'est un thalle de structure plus simple que celui des Marchantiées, attaché au sol par des rhizoïdes (fig. 8). Il s'accroît par un point végétatif terminal. L'initiale en forme de coin découpe successivement des segments sur ses deux faces latérales (fig. 10).

La ramification s'opère, non par la division de l'initiale, mais par la création d'une cellule en forme de coin dans un des jeunes segments issus de la première initiale. Ainsi se constituent de fausses dichotomies.

Les plus spécialisées des Jungermanniées ont une tige feuillée, géné-

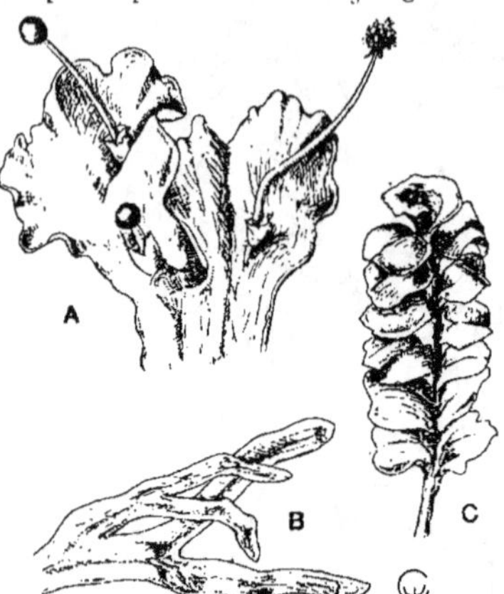

Fig. 8. — LE THALLE DES JUNGERMANNIÉES.
A, *Pellia epiphylla* : les lobes du thalle ont une nervure médiane. — Trois sporophytes, dont un déjà mûr et disséminant ses spores ; les élatères restent attachées au sporogone. **B**. *Aneura pinguis*.
C, *Fossombronia* : les deux ailes latérales du thalle sont découpées plus ou moins en forme de feuilles.

Fig. 9.
TIGE DE LEJEUNÉE :
LEPIDOZIA REPTANS.

La tige est vue par la face ventrale ; elle porte trois rangées de feuilles : deux latérales, et une ventrale, plus petite.

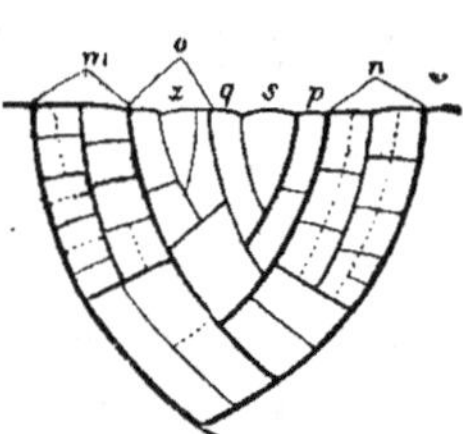

Fig. 10.
POINT VÉGÉTATIF DE PELLIÉE
(METZGERIA FURCATA)
VU PAR LE HAUT.

s, initiale ; **m, n, o, p, q**. segments de plus en plus jeunes ; une nouvelle initiale (**z**) se différencie dans le segment **o**.   (D'après KNY, 1865.)

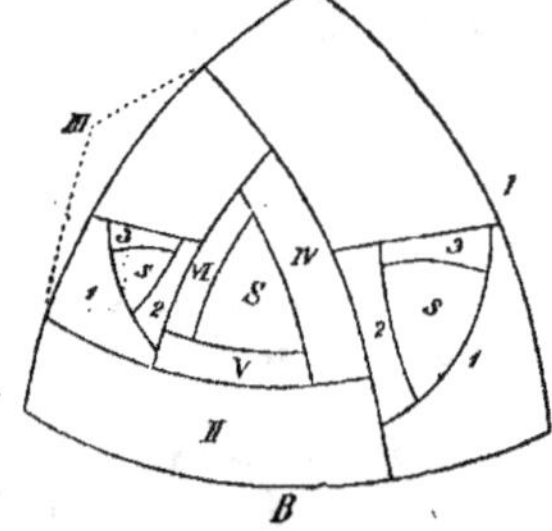

Fig. 11.
POINT VÉGÉTATIF
DE LEJEUNÉE,
EN COUPE
TRANSVERSALE.

R, face dorsale ; **B**, face ventrale ; **S**, initiale découpant des segments successivement sur ses trois faces latérales ; **I** à **VI**, segments de plus en plus jeunes. Dans les segments **I** et **III**, se différencient de nouvelles initiales. (D'après M. LEITGEB, 1874.)

ralement rampante. Les feuilles sont sur trois rangées : deux latérales semblables, et une inférieure, plus petite (fig. 9).

Le point végétatif porte une initiale en forme de pyramide triangulaire (fig. 11). La base, tournée vers l'extérieur, ne découpe pas de segments ; ceux-ci naissent successivement sur chacune des trois faces latérales. L'une de ces faces est tournée vers le bas ; les segments qui y naissent donnent les feuilles de la rangée inférieure. Des deux autres faces dérivent les feuilles de droite et de gauche. La tige se ramifie par la création de nouvelles cellules pyramidales dans les segments.

Beaucoup de Jungermanniées produisent des propagules ; ils sont généralement unicellulaires, et dérivent des cellules du bord de la feuille (fig. 12).

La reproduction s'opère dans les grandes lignes de la même manière que chez les Marchantiées : un spermatozoïde bicilié féconde une oosphère logée au fond d'un archégone.

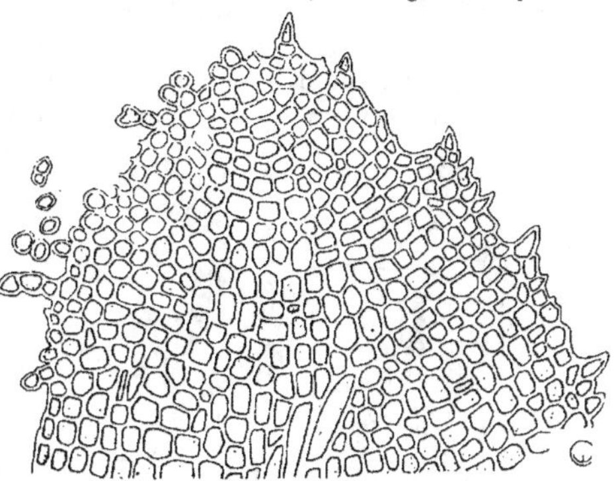

Fig. 12.
PROPAGULES NAISSANT
AU BORD D'UNE FEUILLE DE JUNGERMANNIÉE
(SCAPANIA NEMOROSA.)
A gauche, près de la pointe de la feuille, des cellules se divisent et donnent des propagules.

Lors de la division de la zygote, il se produit d'abord de nombreuses cellules stériles, constituant le pied et la paroi du sporange (fig. 6 D, E). Le massif sporogène se différencie tardivement ; il produit à la fois des élatères et des spores. Généralement le sporange s'ouvre en quatre valves.

B. ANTHOCÉROTÉES.

Par leur appareil végétatif formé d'une simple lame (fig. 3) et leurs plastides pourvues d'un pyrénoïde, les Anthocérotées sont les plus primitives des Bryophytes. Leur sporophyte au contraire a subi une évolution très accentuée. L'archégone est enfoncé dans les tissus du thalle (fig. 13).

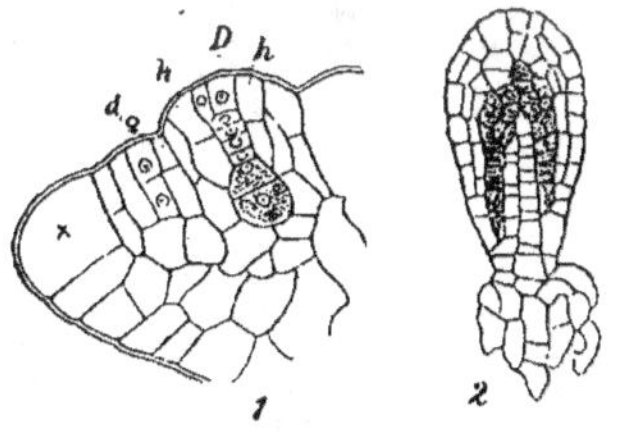

La différenciation du tissu sporifère est aussi tardive que chez les Jungermanniées. Mais alors que dans le sporophyte de ces dernières toute la masse interne se transforme en cellules-mères de spores et en élatères, les Anthocérotées n'ont qu'une seule assise fertile ; elle a la forme d'une cloche et recouvre une colonne stérile, la columelle (fig. 14).

Fig. 13.
LE DÉVELOPPEMENT DE L'ARCHÉGONE ET
DU SPOROGONE D'UNE ANTHOCÉROTÉE :
(NOTOTHYLAS ORBICULARIS.)
1, bord d'un thalle avec une initiale (**x**) et deux jeunes archégones ;
2, jeune sporogone.
(D'après M. DOUGLAS-CAMPBELL.
Copié dans GOEBEL, 1898.)

De plus en plus, depuis *Riccia* (ou même depuis *Coleochaete*) jusqu'aux Anthocérotées, la partie stérile du sporophyte se développe aux dépens de la partie fertile. En d'autres termes, le sporophyte, qui n'est d'abord, au point de vue fonctionnel, qu'une sorte de dépendance du gonophyte, et qui se fait nourrir entièrement par lui, se libère progressivement. Chez les Anthocérotées l'indépendance du sporophyte est encore indiquée d'autres manières :

a) Le sporophyte est vert et pourvu de stomates (fig. 15) : il est donc capable de se nourrir par alimentation autotrophe ;

b) Il possède des sortes de rhizoïdes qui le fixent entre les cellules du gonophyte (fig. 14) ;

c) Alors que le sporophyte des autres Muscinées produit toutes ses spores en une fois, puis meurt, celui des Anthocérotées a une vie beaucoup plus longue. Sa croissance est indéfinie et il continue à produire de nouvelles spores dans sa partie inférieure, alors que son sommet a déjà disséminé les spores mûres (fig. 14C).

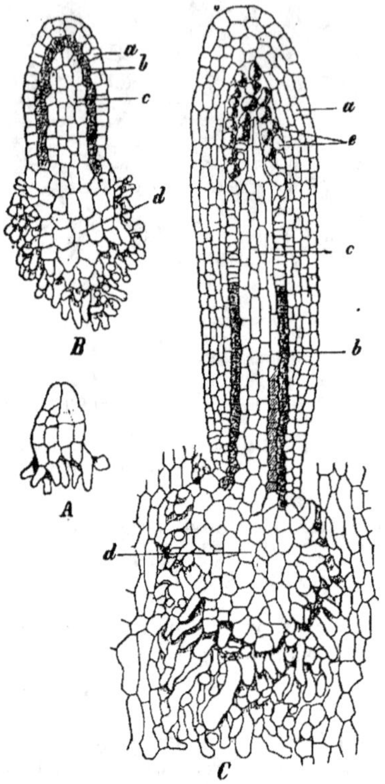

Fig. 14.

LE DÉVELOPPEMENT DU SPOROPHYTE
D'UNE ANTHOCÉROTÉE :
DENDROCEROS CICHORACEUS.

a, paroi ; **b**, assise sporogène ; **c**, columelle (colonne centrale stérile) ; **d**, pied avec rhizoïdes ; **e**, spores mûres.
(D'après Leitgeb, 1879.)

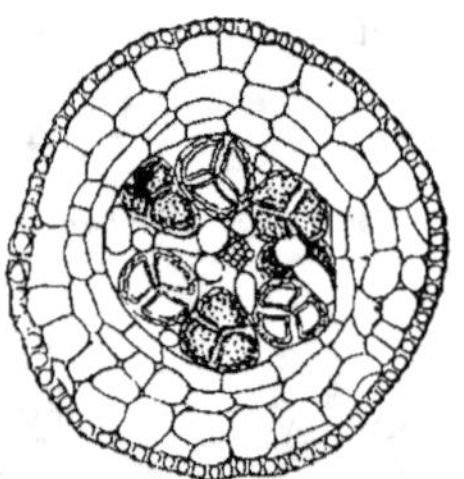

Fig. 15.
SPORES JEUNES
D'ANTHOCEROS PUNCTATUS.

Elles sont encore rangées par quatre ; entre elles, les cellules qui deviennent les élatères. A la périphérie du sporogone, épiderme avec stomate (à gauche).
(D'après M. Goebel, 1898.)

C. MOUSSES.

Ce groupe est beaucoup plus homogène que celui des Hépatiques.

L'appareil végétatif se compose de rhizoïdes, de tiges et de feuilles (fig. 16).

Les rhizoïdes, qui sont ramifiées, se reconnaissent immédiatement à leurs cloisons obliques.

Les feuilles sont presque toujours formées d'une seule épaisseur de cellules, sauf que leur axe est occupé par une nervure, où les cellules

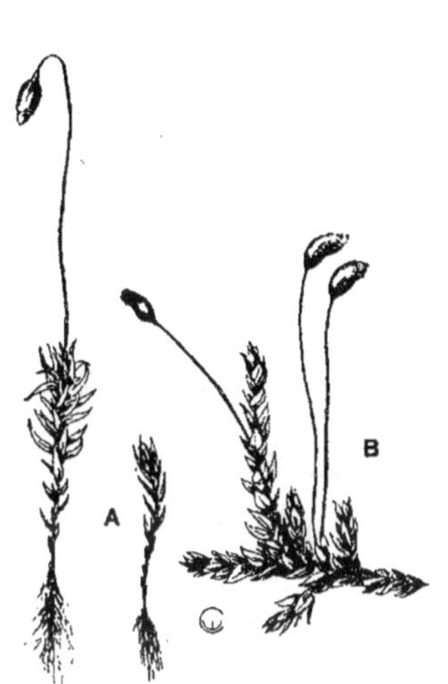

Fig. 16.
TIGES DE MOUSSES,
DRESSÉES ET COUCHÉES.

A, *Mnium hornum* : Mousse à tige dressée (Mousse acrocarpe);
B, *Brachythecium rutabulum* : Mousse à tige couchée (Mousse pleurocarpe).

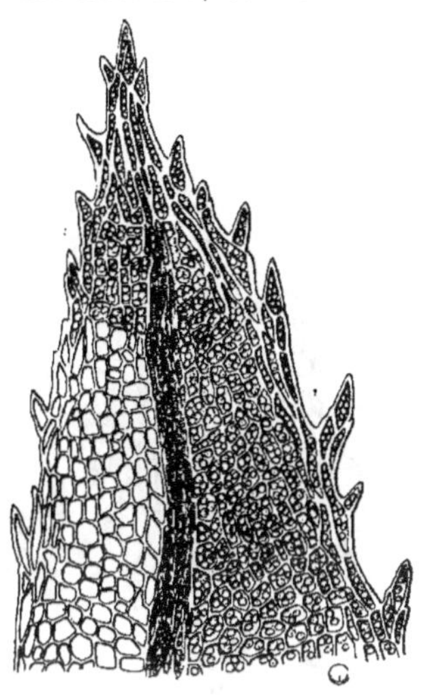

Fig. 17.
LA STRUCTURE
D'UNE FEUILLE DE MOUSSE
(MNIUM HORNUM).
Au bord de la feuille, cellules à paroi épaisse; au centre, cellules plus longues, constituant une nervure. Toutes les cellules contiennent des plastides vertes; celles-ci ne sont pas dessinées en bas, à gauche.

plus allongées, et servant à la conduction, sont superposées en plusieurs assises (fig. 17).

Chez les *Sphagnum*, la structure foliaire est plus compliquée (fig. 18). Les cellules, toutes semblables, de la feuille très jeune (fig. 20), se différencient bientôt. Les unes deviennent très grandes, leur paroi se garnit d'épaississements spiralés, et elles s'ouvrent à l'extérieur par des pores; puis ces cellules meurent. Les autres, restant plus petites, sont allongées entre les cellules mortes; elles possèdent des plastides. Les éléments morts fonctionnent comme des réservoirs d'eau pour les cellules assimilatrices.

Une initiale pyramidale triangulaire occupe le sommet de la tige. Elle découpe des segments sur ses trois faces latérales, mais non sur sa base (fig. 19). Chaque segment donne une portion de tige et une feuille. Celles-ci sont donc disposées originellement sur trois rangs, mais elles subissent le plus souvent des déplacements ultérieurs. Les rameaux naissent aux dépens de segments déjà âgés (fig. 19 A k). Les feuilles ont une initiale en forme de coin (fig. 20) dont le fonctionnement rappelle celui de l'initiale de certaines Hépatiques (fig. 10).

La propagation végétative revêt les formes les plus variées ; fréquemment les propagules sont au sommet des tiges (fig. 21).

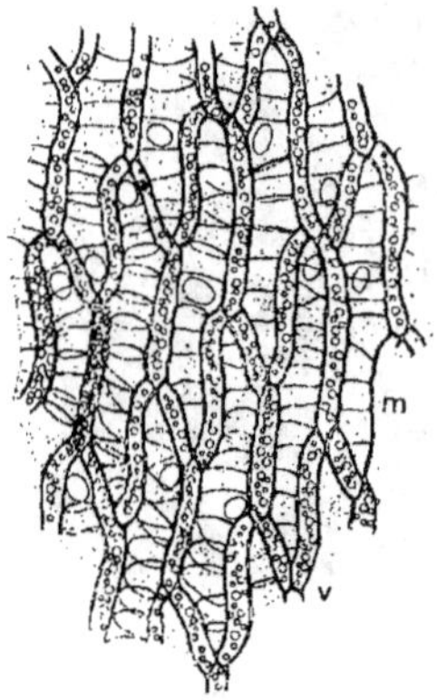

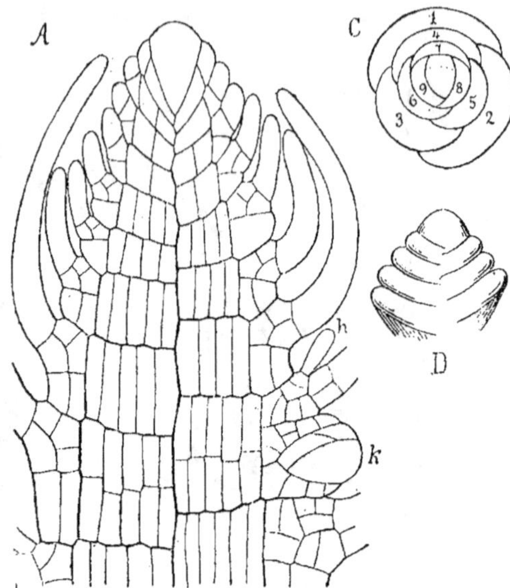

Fig. 18.

PORTION DE FEUILLE
DE SPHAGNUM.

Les cellules mortes (**m**), qui sont teintées, ont des pores ; elles fournissent de l'eau aux cellules vivantes (**v**), qui possèdent des plastides.

Fig. 19.

LE POINT VÉGÉTATIF D'UNE MOUSSE :
FONTINALIS ANTIPYRETICA.

A, coupe longitudinale passant par l'axe ; au sommet, cellule initiale en forme de pyramide triangulaire ; chacun de ses segments donne une feuille ; **k**, jeune initiale de rameau latéral. — **C**, le sommet vu de face : **1, 2 . . 8, 9**, segments de plus en plus jeunes. **D**, le sommet vu du dehors.
(D'après M. C. MÜLLER, 1894.)

Les anthéridies et les archégones occupent l'extrémité des tiges principales ou des rameaux (fig. 22, 23).

Autour des anthéridies, il y a le plus souvent de grandes feuilles plus ou moins étalées, formant une sorte d'aquarium dans lequel les spermatozoïdes nagent jusqu'au moment où le rejaillissement de la pluie les transporte dans une petite cuvette analogue entourant les archégones. La pénétration des spermatozoïdes vers l'oosphère est assurée par leur sensibilité à la saccharose, qui est secrétée par l'archégone (voir vol. I, p. 128).

La zygote se développe aussitôt en un sporophyte. La différenciation du tissu sporogène est encore plus retardée que chez les Hépatiques (fig. 6 G.).

Le sporophyte est protégé par une coiffe, qui dérive de la paroi de l'archégone, et qui est donc haploïde (fig. 24, à droite).

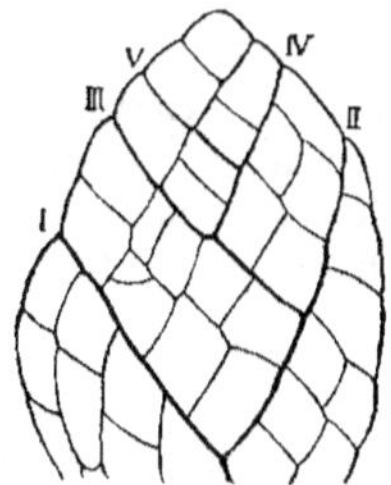

Fig. 20.

POINT VÉGÉTATIF DE
FEUILLE DE
SPHAGNUM CYMBIFOLIUM.

I, II, III, IV, V, cloisons
de plus en plus jeunes
(la cloison **VI**
n'est pas numérotée);
au sommet l'initiale.

(D'après M. C. MÜLLER,
1894.)

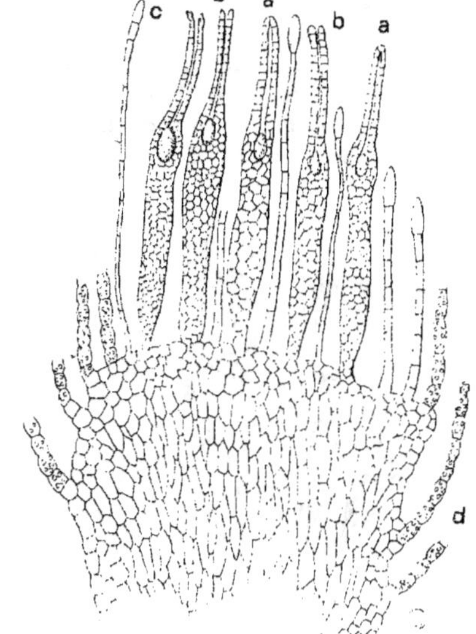

Fig. 22.

L'APPAREIL FEMELLE D'UNE MOUSSE : MNIUM HORNUM.
Coupe verticale du sommet d'une tige portant des
archégones jeunes (**a**) et ouverts (**b**);
c, poils stériles (paraphyses); **d**, base de feuilles.

Fig. 21.

PROPAGULES
NAISSANT AU
SOMMET D'UNE TIGE
DE MOUSSE :
AULOCOMNIUM
ANDROGYNUM.

Entre les rhizoïdes
sont des rhizomes.

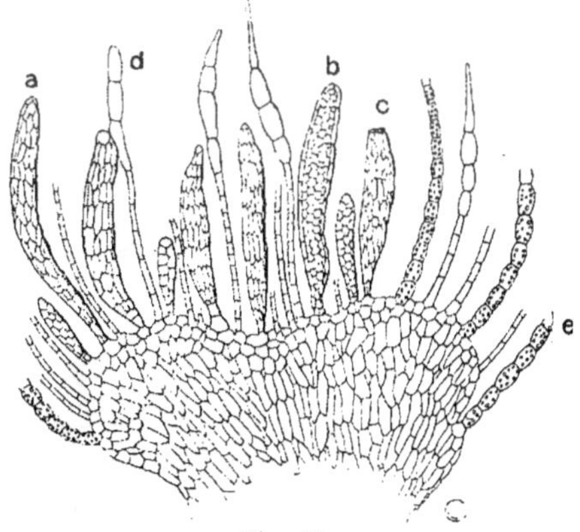

Fig. 23.

L'APPAREIL MALE D'UNE MOUSSE :
MNIUM HORNUM

Coupe verticale du sommet d'une tige portant des
anthéridies; **a**, anthéridie jeune vue du dehors;
b, en coupe longitudinale; **c**, anthéridie ouverte;
d, poils stériles (paraphyses); **e**, bases de feuilles.

Le sporange mûr des Andréées s'ouvre par quatre fentes longitudinales. Chez les Sphagnées et les Bryées, il possède un opercule en forme de couvercle (fig. 24). La chute de celui-ci laisse un orifice circulaire qui est presque toujours bordé d'un péristome, dont les dents se recourbent les unes vers les autres quand elles sont mouillées, fermant ainsi le sporange, et s'écartent au contraire largement par la dessiccation.

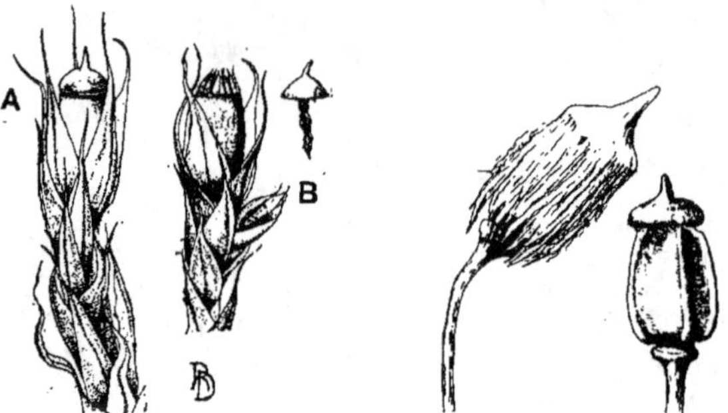

Fig. 24.

SPOROGONES DE MOUSSES.

A gauche, *Grimmia apocarpa*, avec et sans l'opercule ;
à droite, *Polytrichum*, avec et sans la coiffe.

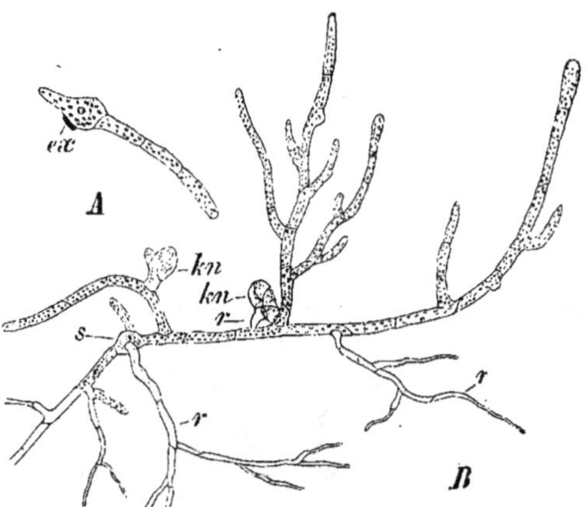

Fig. 25.

LA GERMINATION DES SPORES D'UNE MOUSSE :
FUNARIA HYGROMETRICA.

A, début de la germination; **ex**, la couche externe de la membrane de la spore. — **B**, protonéma avec rhizoïdes (**r**), jeunes bourgeons de tiges (**kn**), et le reste de la spore (**s**)
(D'après MÜLLER-THURGAU. Copié dans SCHENCK.)

Les spores des Andréées et des Sphagnées germent en un thalle lobé; çà et là y naissent de petits massifs cellulaires, pourvus d'une initiale pyramidale triangulaire, point de départ d'une tige.

Chez les Bryées, la spore forme d'abord un protonéma, dont les rameaux sont composés d'une seule file de cellules (fig. 25). Les cloisons sont souvent obliques, comme dans les rhizoïdes. On y distingue d'habitude des filaments gros, verts, aériens, et des filaments pâles, souterrains, servant à la fixation et à l'absorption.

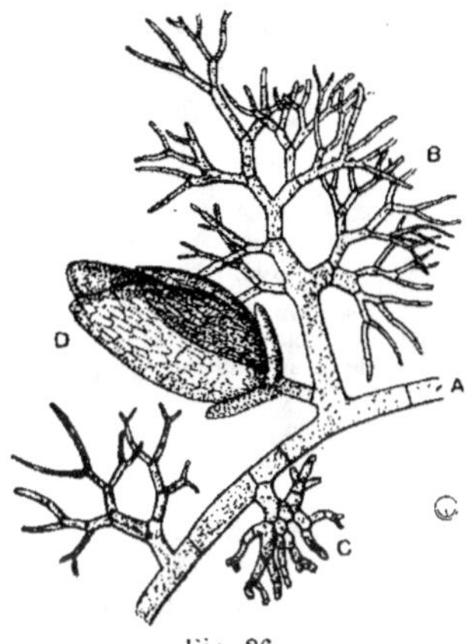

Fig. 26.

LE PROTONÉMA DIFFÉRENCIÉ D'UNE MOUSSE : EPHEMEROPSIS TJIBODASENSIS.

A, branche principale portant, en **B**, un bouquet de rameaux assimilateurs, et en **C**, un bouquet de rameaux fixateurs. **D**, tige feuillée, mâle.

Quelques Mousses conservent pendant toute leur vie le protonéma, qui est alors le principal appareil de nutrition. Dans ces cas la différenciation du protonéma est poussée plus loin (fig. 26) : *a)* de gros rameaux couchés sur le support et fonctionnant à la façon du rhizome des Phanérogames; *b)* des rameaux dressés, verts, ramifiés, jouant le rôle des feuilles; *c)* des rameaux courts, adhérant fortement au support, et comparables à des racines.

De place en place naissent de toutes petites tiges, plus ou moins dressées, pourvues de quelques feuilles entre lesquelles sont insérés soit les archégones, soit les anthéridies.

CARACTÈRES GÉNÉRAUX DES BRYOPHYTES.

Plantes terrestres ou d'eau douce, dérivant probablement d'Algues vertes voisines de *Coleochaete*, dont elles ont conservé la fécondation par spermatozoïdes nageants.

L'habitat terrestre exige de nouveaux moyens de protection. Le gamète femelle est entouré d'une enveloppe complète, déjà avant la fécondation; de même le massif cellulaire provenant de la zygote s'abrite derrière au moins une assise de cellules protectrices.

La zygote germe sur place; elle donne un sporophyte dans lequel la spécialisation du tissu sporifère est de plus en plus retardée, depuis les *Riccia* jusqu'aux Anthocérotées et aux Mousses.

La réduction chromatique s'effectue lors de la première des deux divisions que subit la cellule-mère des spores. Chaque cellule-mère donne donc quatre spores haploïdes. La spore produit un appareil végétatif haploïde, le gonophyte, duquel dérivent les archégones et les anthéridies.

L'évolution du sporophyte est tout à fait indépendante de celle du gonophyte : ce sont les Anthocérotées, à gonophyte très primitif, qui possèdent le sporophyte le plus évolué, à croissance illimitée.

Les Ulotrichées, ancêtres présumés des Bryophytes, ont une phase diploïde nulle, puisque la réduction chromatique accompagne la première division de la zygote. Les Bryophytes ont un sporophyte diploïde déjà assez important; au point de vue végétatif c'est pourtant encore le gono-

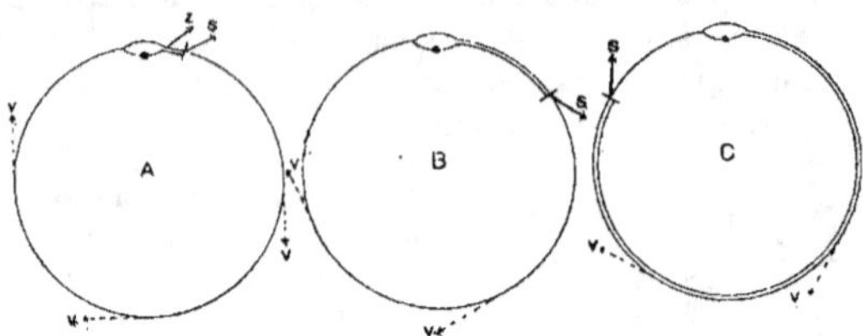

Fig. 27.

CYCLES ÉVOLUTIFS COMPARÉS DE COLEOCHAETE (**A**),
D'UNE HÉPATIQUE (**B**) ET D'UNE FOUGÈRE (**C**).

z, zygote; **s**, spores; **v**, propagation végétative.

Les flèches indiquent les moments de la dissémination; au bout d'un trait plein, organes faisant partie du cycle; au bout d'un trait interrompu, organes accessoires de dissémination. En une ligne simple, la phase haploïde; en une ligne double, la phase diploïde.

phyte, haploïde, qui est prépondérant (fig. 27). Chez les Ptéridophytes, descendants probables des Bryophytes, nous verrons la phase haploïde se réduire de plus en plus, à mesure que la phase diploïde prend de l'extension.

II. PTÉRIDOPHYTES ET PHANÉROGAMES.

PTÉRIDOPHYTES.

Filicées ou Fougères.
    Ophioglossales.
    Filicales.
    Marattiales.
    Hydroptéridales.

Cycadofilicées ou Ptéridospermées*.

Sphénophyllées*.

Equisétées.
    Equisétales.
    Calamariales*.

* Toutes fossiles.

<table>
<tr><td rowspan="2">PTÉRIDOPHYTES.</td><td>Lycopodiées.
Lycopodiales
Psilotales.
Lépidophytales*.
Sélaginellales.</td></tr>
<tr><td>Isoétées.</td></tr>
<tr><td rowspan="2">PHANÉROGAMES.</td><td>Gymnospermes.
Cycadées.
Benettitées*.
Cordaïtées*.
Ginkgoées
Conifères.
Gnétées.</td></tr>
<tr><td>Angiospermes.
Dicotylédonées.
Archichlamydées.
Métachlamydées.
Monocotylédonées.</td></tr>
</table>

* Toutes fossiles.

Les Ptéridophytes et les Phanérogames sont les deux groupes les plus évolués des Métaphytes. On passe de l'un à l'autre par des transitions graduelles, de telle sorte qu'il est pratiquement impossible de les étudier séparément.

Nous avons vu que les Bryophytes ont une génération alternante très nette : le gonophyte haploïde constitue le principal ensemble végétatif ; la zygote, sans se détacher, se développe directement en un sporophyte diploïde, qui vit en parasite du gonophyte.

Déjà chez les Anthocérotées le sporophyte est vert et possède des rhizoïdes, ce qui fait qu'il se libère quelque peu du gonophyte. Son indépendance devient complète chez les Ptéridophytes (fig. 205); ici, en effet, c'est le sporophyte qui représente l'appareil végétatif le plus important, tandis que le gonophyte se réduit progressivement : la phase diploïde supplante la phase haploïde.

Dans leurs grands traits, les racines, les tiges et les feuilles des Ptéridophytes et des Phanérogames se ressemblent beaucoup. Aussi les étudierons-nous en une fois. Quant aux organes reproducteurs, ils marquent clairement l'évolution à l'intérieur de ces groupes, et nous aurons donc à les examiner dans l'ordre de leur spécialisation.

A. **APPAREIL VÉGÉTATIF**.

ll se compose essentiellement des racines, des tiges et des feuilles. Mais pour comprendre la structure des organes, il est nécessaire de connaître d'abord les matériaux de construction à l'aide desquels ils sont bâtis, c'est-à-dire les divers tissus qui entrent dans leur composition. C'est l'objet de l'histologie.

I. HISTOLOGIE.

La cellule des Ptéridophytes et des Phanérogames présente deux particularités, qui se révèlent l'une et l'autre pendant la caryocinèse : elle manque de centrosphère, et la nouvelle membrane est due à l'activité du fuseau achromatique.

L'absence de centrosphère imprime aux prophases une allure singulière. Les radiations achromatiques, au lieu de partir comme d'habitude de deux points, qui sont les centrosomes, surgissent en nombre variable, de plusieurs endroits du cytoplasme tout autour du noyau (fig. 28); peu à

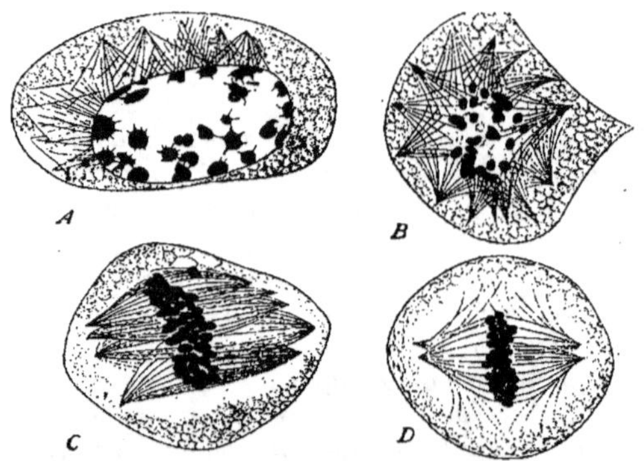

Fig. 28.

LA FORMATION DU FUSEAU ACHROMATIQUE D'EQUISETUM,
AUX DÉPENS D'UN FUSEAU D'ABORD MULTIPOLAIRE.
(D'après M. Overton. — Copié dans Wilson.)

peu ces centres d'irradiations se réunissent jusqu'à ce qu'il n'y en ait plus que deux, qui occupent les pôles de la figure achromatique.

Pendant la télophase, la nouvelle cloison destinée à séparer les deux cellules naît dans le fuseau achromatique. A cet effet, chacun des filaments du fuseau s'épaissit notablement en son milieu (fig. 29, 30) ; puis ces nodosités confluent de manière à former une lamelle continue. Si le fuseau est assez large pour toucher tout le pourtour de la cellule, la cloi-

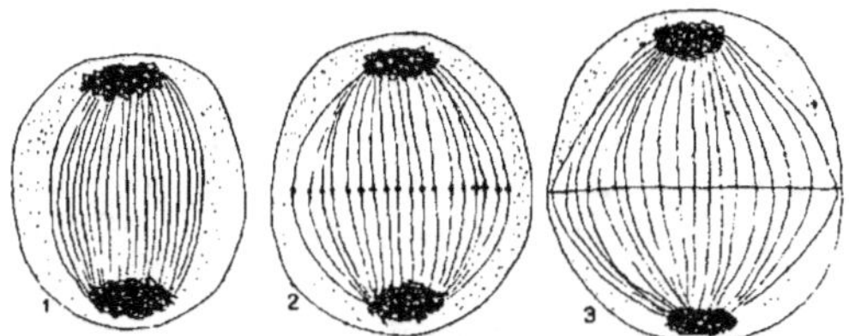

Fig. 29.

LE PHRAGMOPLASTE DE LA PREMIÈRE DIVISION (RÉDUCTIONNELLE) DES CELLULES-MÈRES DU POLLEN DE LILIUM CANDIDUM (LILIIFLORALE).

Le fuseau achromatique se renfle jusqu'à ce qu'il touche tout autour la paroi de la cellule.

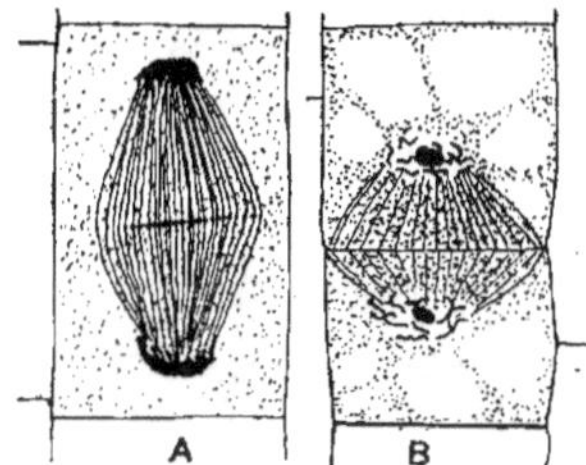

Fig. 30.

LE PHRAGMOPLASTE DANS DES CELLULES DU POINT VÉGÉTATIF D'UNE RACINE DE BUTOMUS UMBELLATUS (HÉLOBIALE).

Le fuseau achromatique se renfle jusqu'à ce qu'il touche tout autour la paroi de la cellule.
(D'après une préparation de Mlle TERBY.)

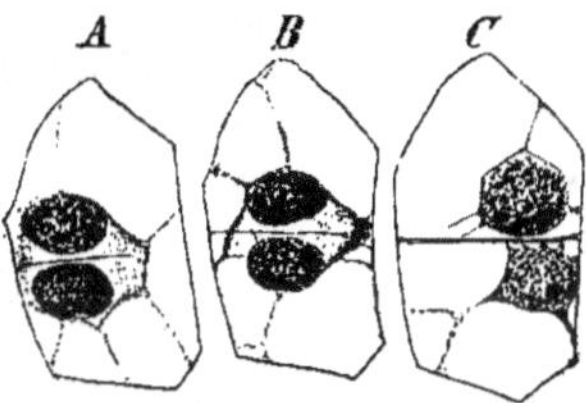

Fig. 31.

L'ÉTABLISSEMENT DE LA NOUVELLE MEMBRANE LORS DE LA DIVISION CELLULAIRE.

Trois phases successives de la formation de la membrane dans une même cellule d'*Epipactis palustris* (Orchidacée). La membrane, d'abord attachée à gauche, progresse avec le phragmoplaste, à travers la cellule, jusqu'à la paroi de droite.
(D'après TREUB.)

son se tend d'un coup, en commençant par le centre (fig. 29, 30). Sinon la lamelle s'attache d'abord en un seul point (fig. 31), puis l'appareil tout entier se déplace le long des parois, jusqu'à ce que la nouvelle cloison soit complète.

* * *

Nous examinerons les tissus dans l'ordre suivant : le système fondamental, le système tégumentaire, le système conducteur, le système laticifère, les espaces intercellulaires ; enfin les tissus embryonnaires, dont dérivent tous les autres.

A. *SYSTÈME FONDAMENTAL.*

Les tissus fondamentaux, ou parenchymes, remplissent la plus grande partie du végétal adulte. Non seulement ils comprennent les cellules dans lesquelles s'effectuent tous les échanges de matières, tant pour l'assimilation que pour la désassimilation, mais ce sont également des parenchymes qui forment le squelette interne. Alors que les éléments fonctionnant comme laboratoires sont vivants, ceux qui servent à la consolidation sont généralement réduits à leurs membranes.

a. PARENCHYMES A CELLULES VIVANTES.

Presque toujours les parois restent minces, et elles consistent essentiellement en cellulose.

α) **Parenchymes chlorophylliens** (fig. 32, 188). — Ces tissus, riches en plastides vertes, constituent la majeure partie du limbe foliaire ; on les retrouve à la périphérie des tiges vertes, par exemple chez les bactacées. A la face supérieure des feuilles, les éléments sont d'ordinaire allongés perpendiculairement à la surface foliaire ; c'est le tissu palissadique, qui doit son nom à ce que les cellules sont en effet disposés en une sorte

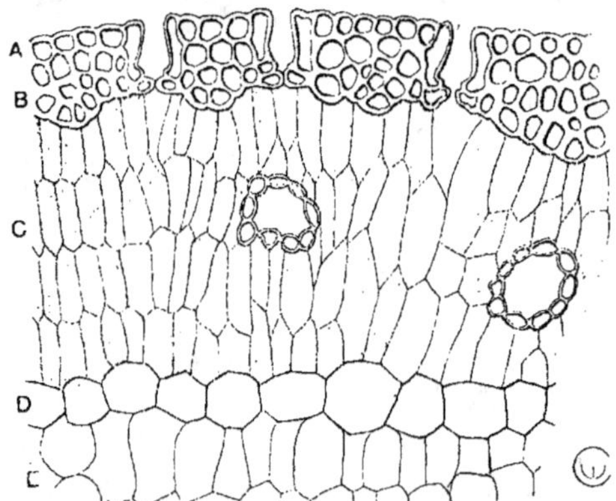

Fig. 32.

TISSUS PARENCHYMATEUX DE LA FEUILLE DE PINUS SYLVESTRIS (CONIFÈRE).
A, épiderme lignifié, avec les stomates enfoncés ; **B**, parenchyme scléreux lignifié **C**, parenchyme assimilateur et coupe de deux canaux excréteurs ; **D**, endoderme : **E**, parenchyme réservoir.

de palissade. Près de la face inférieure, l'ensemble est beaucoup plus lâche ; c'est le tissu spongieux ou lacuneux.

β) **Parenchymes réservoirs.** — Dans la profondeur des organes, où la lumière n'arrive guère, les cellules sont généralement grandes et incolores. C'est là que s'accumulent les provisions d'amidon, d'huile, d'inuline, d'eau, etc. (fig. 32). Un cas particulièrement curieux est celui où ce sont les membranes cellulaires elles-mêmes qui constituent la réserve à utiliser ultérieurement ; c'est ce qui se voit dans certaines graines, surtout chez les Palmacées (fig. 33) : les parois, quoique formées seulement de cellulose,

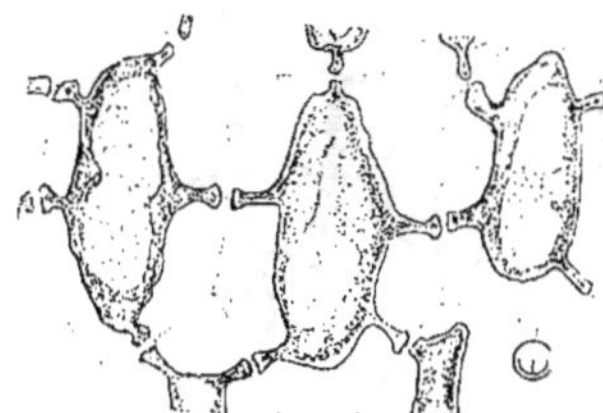

Fig. 33.

CELLULES A PAROI CELLULOSIQUE
TRÈS ÉPAISSE
DE PHYTELEPHAS MACROCARPA
(IVOIRE VÉGÉTAL).

Les parois ne sont pas teintées : les protoplasmes communiquent par des canalicules traversant les parois.

Fig. 34.

CELLULES EXCRÉTRICES ET CELLULES
CONTENANT DE L'AMIDON, DANS
L'ÉCORCE DE MARSDENIA CONDURANGO
(CONTORTALE.)

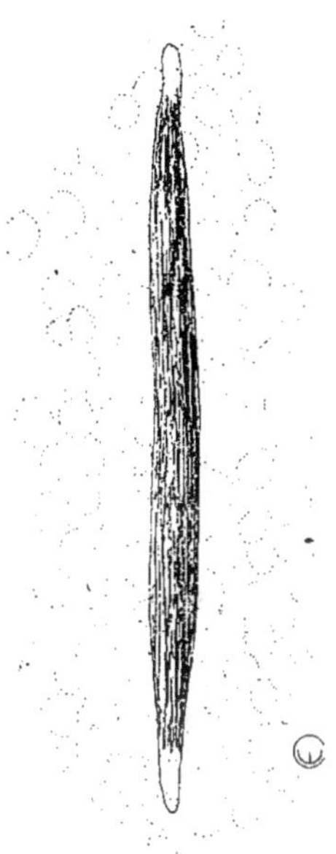

Fig. 35.

RAPHIDES DANS UNE CELLULE
DU PARENCHYME FOLIAIRE
DE CIRCAEA LUTETIANA
(MYRTIFLORALE).

deviennent assez épaisses et assez dures pour donner au tissu l'apparence de l'ivoire ; elles sont percées de ponctuations par lesquelles les protoplasmes sont reliés entre eux. Nous retrouverons les mêmes communications dans les parois lignifiées.

γ) **Parenchymes excréteurs,** où s'accumulent les déchets de la nutrition. Chez beaucoup de plantes ce sont des cristaux d'oxalate de calcium en forme de macles (fig. 34, 37), en cristaux isolés, ou en aiguilles très fines ou raphides (fig. 35).

Quand les déchets sont des substances résineuses ou gommo-résineuses, ou bien des huiles essentielles, l'appareil excréteur est plus compliqué. Il se présente soit sous l'aspect de longs canaux (fig. 32) tapissés intérieu-

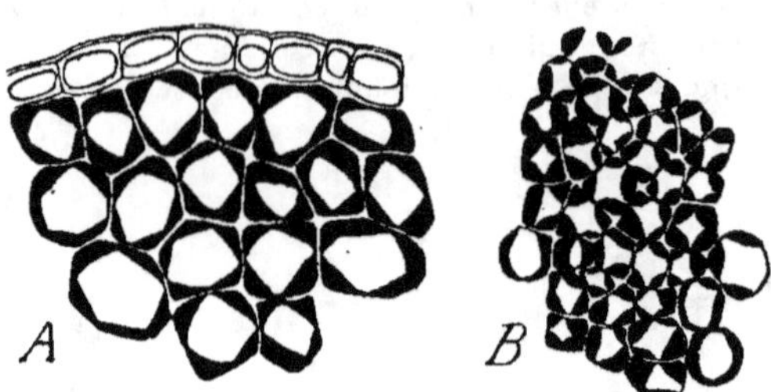

Fig. 36.
COLLENCHYME.
Les épaississements sont en noir, les cavités des cellules sont en blanc ;
la membrane primaire est également en blanc.
(D'après M. CHODAT, 1920.)

rement par les cellules qui y déversent leurs produits, soit sous celui de poches plus ou moins vastes (fig. 59), qui se sont creusées par la mort des cellules excrétrices.

δ) **Endoderme.** — C'est une assise unique, en dedans de l'écorce (fig. 32). Les parois externe et interne des cellules sont cellulosiques ; au contraire les parois radiales, c'est-à-dire celles par lesquelles les cellules endodermiques se touchent, sont subérisées et en même temps plissées, ce qui leur donne, sur les coupes transversales de tiges et de racines, un aspect brillant aussitôt reconnaissable.

ε) **Collenchyme.** — Alors que la plupart des parenchymes précédents ont des parois minces, le collenchyme les a partiellement renforcées (fig. 36) ; l'épaississement est cellulosique ; il est souvent localisé aux angles des cellules. Généralement le collenchyme est formé d'éléments allongés, et il occupe la périphérie de tiges herbacées ou de pétioles.

ε) **Parenchyme scléreux.** — Enfin, les membranes peuvent aussi s'imprégner de lignine. Dès que l'épaississement de

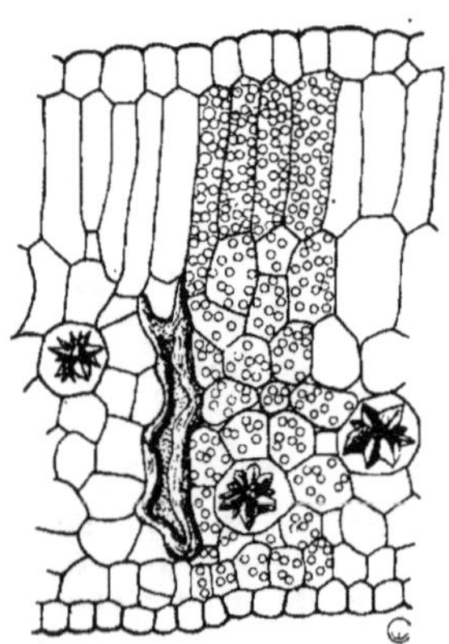

Fig. 37.
CELLULES SCLÉRENCHYMATEUSES
ET CELLULES EXCRÉTRICES
DANS UNE FEUILLE DE THEA SINENSIS
(CAMELLIA).

telles membranes. est un peu notable, les relations intercellulaires ne restent possibles qu'à la condition que les cloisons aient conservé des portions minces. Celles-ci se présentent sous la forme de conduits, habituellement ramifiés, qui percent toute l'épaisseur de la paroi et qui vont déboucher exactement en face de ceux de la cellule voisine (fig. 38, 39).

b. PARENCHYMES A CELLULES MORTES.

Quelquefois les cellules à parois minces, cellulosiques, laissent simplement mourir leur protoplasme; c'est le cas pour la moelle du Sureau, par

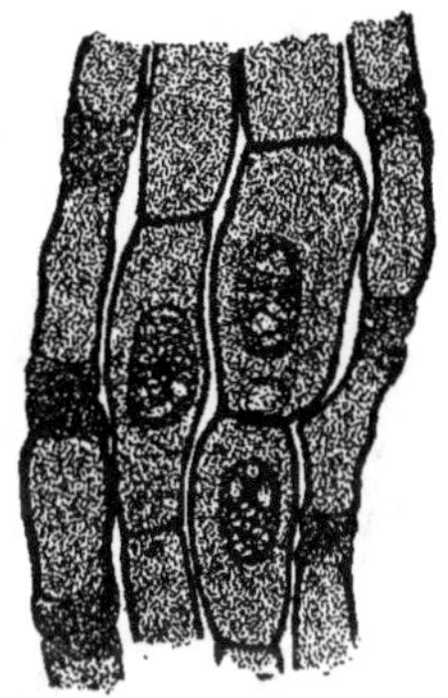

Fig. 38
LES PONCTUATIONS
DANS LA MEMBRANE ÉPAISSIE.
Coupe transversale dans la racine respiratoire de *Bruguiera gymnorhiza* (Myrtiflorale); les parois transversales des cellules portent des plaques plus épaissies, percées de ponctuations.
(D'après Mᴵᴵᵉ Ernould, 1921).

Fig. 39.
CELLULES A PAROIS ÉPAISSIES,
ET CANALICULÉES,
DANS L'ÉCORCE DE MARSDENIA
CONDURANGO (CONTORTALE).

exemple. Mais d'habitude, avant de mourir, elles épaississent et lignifient notablement leurs membranes, tout en gardant des ponctuations.

Les sclérenchymes (fig. 39), conservent leurs cellules assez courtes, tandis que les fibres (fig. 40) s'allongent beaucoup et ont souvent des ponctuations obliques.

B. *SYSTÈME TÉGUMENTAIRE.*

Le végétal est recouvert de toutes parts d'un tissu dont les éléments sont en général étroitement serrés, et qui défend l'intérieur contre les intempéries.

α) **Épiderme.** — Il s'étale d'ordinaire en une assise unique, à la surface des feuilles et des tiges (fig. 41). Ses cellules, qui ont à subir directement l'effort du vent, sont souvent engrenées les unes dans les autres par leurs bords sinueux.

Quand la plante est soumise habituellement à l'air sec, la paroi externe des cellules épidermique se recouvre d'une cuticule, c'est-à-dire que la membrane épaissie s'imprègne de cutine (fig. 42). Dans d'autres cas elle s'incruste de silice, de lignine, de cire, etc. Ces diverses modifications de la paroi augmentent son imperméabilité et sa résistance au vent, à la pluie, à la grêle, etc.

Beaucoup d'épidermes portent des poils, qui ne sont que des saillies des cellules. Tantôt

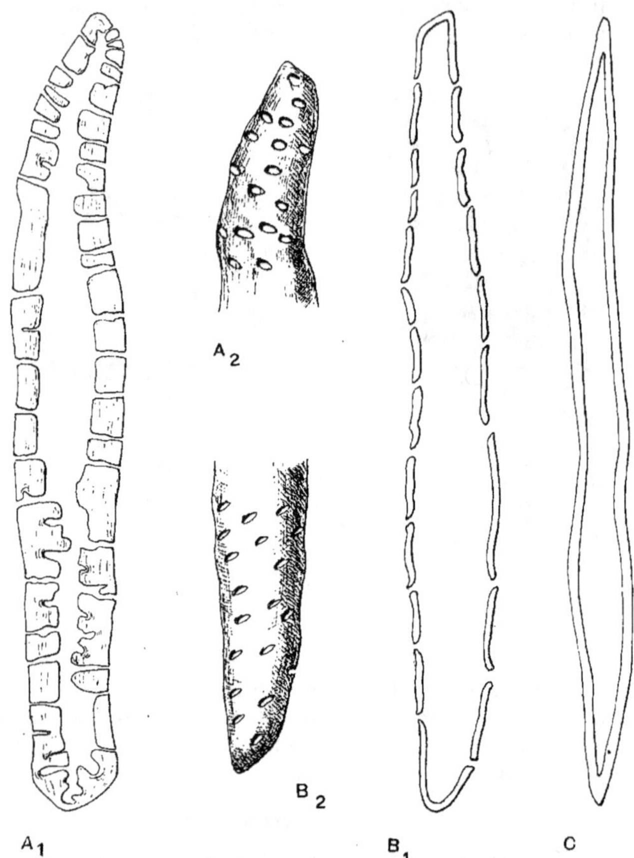

Fig. 40.

CELLULES SCLÉRIFIÉES ET FIBRES, DANS LE CARPELLE DE PINUS SYLVESTRIS
(CONIFÈRE).

A, cellule à paroi très épaissie, du dehors et en coupe; **B**, fibre avec ponctuations
obliques, du dehors et en coupe; **C**, fibre non ponctuée, en coupe.

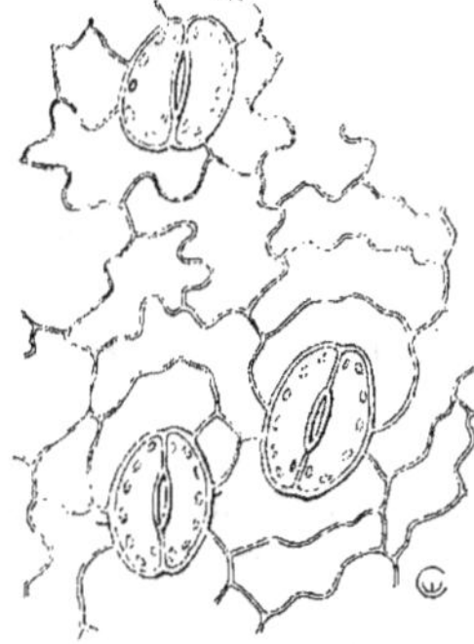

Fig. 41.
STOMATES DANS L'ÉPIDERME
DE SCOLOPENDRIUM OFFICINALE
(FILICALE).
Cellules épidermiques à parois
latérales très sinueuses.

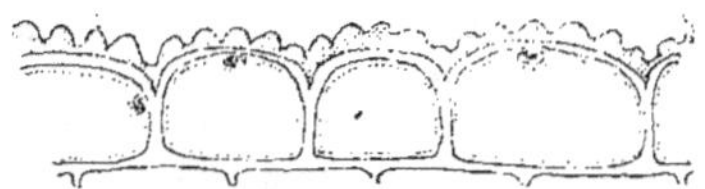

Fig. 42.
CUTICULE SUR L'ÉPIDERME FOLIAIRE DE
RESTREPIA OPHIOCEPHALA (ORCHIDACÉE).

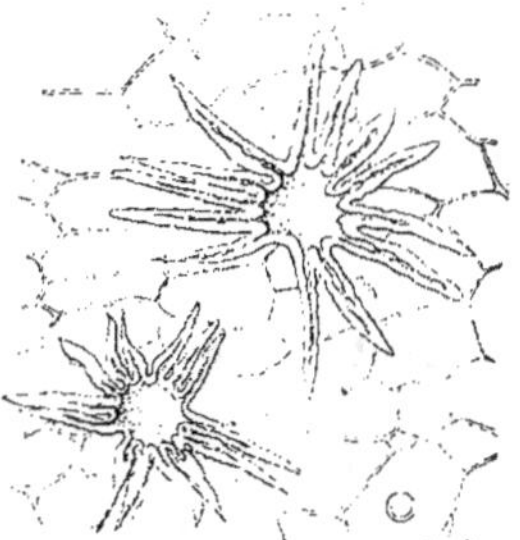

Fig. 43.
POILS ÉTOILÉS UNICELLULAIRES
SUR L'ÉPIDERME DE
DEUTZIA GRACILIS (ROSALE).

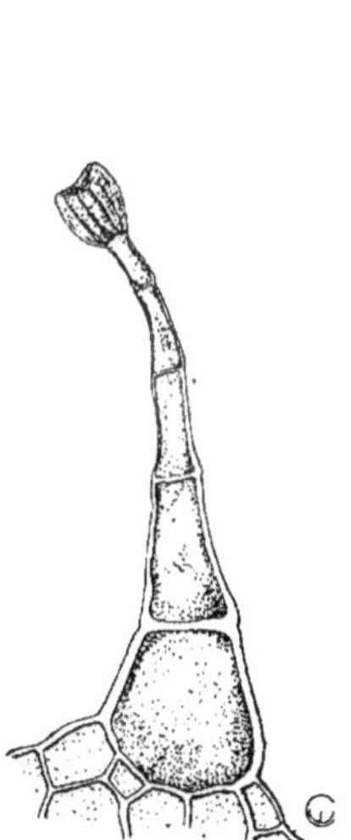

Fig 44.

POIL PLURICELLULAIRE
TERMINÉ PAR UNE GLANDE,
DE LA FEUILLE
D'ANTIRRHINUM MAJUS
(MUFLIER).

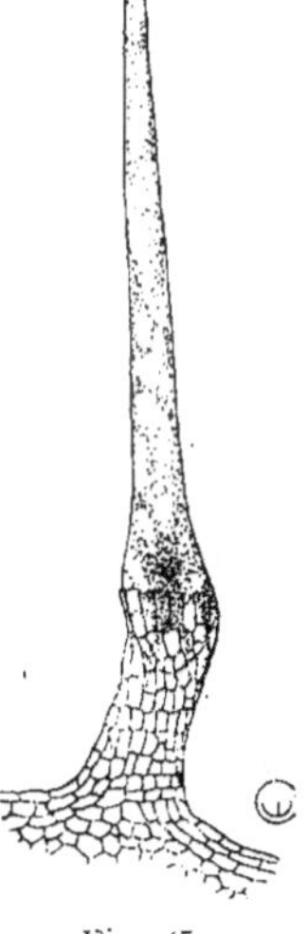

Fig. 45.
POIL URTICANT
D'URTICA DIOICA
(ORTIE).
Le poison est contenu
dans la grande cellule
pointue.

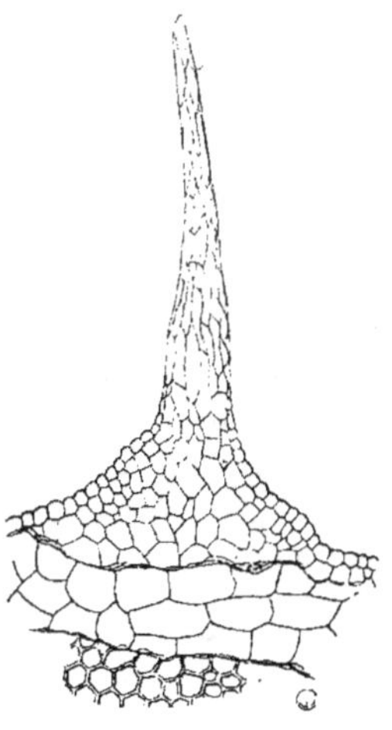

Fig. 46.
ÉMERGENCE SUR UNE TIGE
DE RUBUS FRUTICOSUS
(RONCE).

le poil ne se sépare pas de la cellule primitive par une cloison (fig. 43) ; tantôt une ou plusieurs cloisons apparaissent. Suivant les cas, les poils sont filamenteux, étoilés (fig. 43), ou massifs ; ces derniers ont souvent des fonctions excrétrices (fig. 44).

Quand le tissu parenchymateux sous-jacent pénètre dans un poil massif, on a une émergence ; ainsi, les aiguillons des Rosiers et des Ronces (fig. 45) et les poils urticants des Orties (fig. 46).

La ventilation des tissus profonds est assurée par les stomates (fig. 47). Ce sont des ouvertures laissées entre deux cellules spéciales et communiquant avec une chambre creusée dans le parenchyme. L'étude de leur structure, qui est inséparable de celle de leur fonctionnement, sera faite

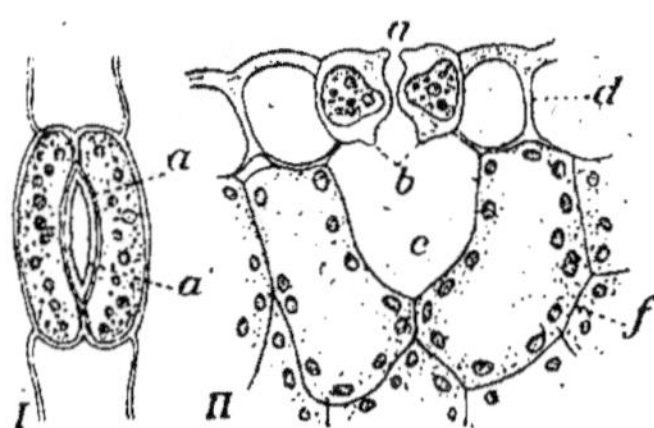

Fig. 47.
STOMATE, DE FACE ET EN COUPE,
DE LA FEUILLE DE HYACINTHUS ORIENTALIS
(JACINTHE).
a, **b**, orifice du stomate; **c**, chambre sous-stomatique; **f**, cellules assimilatrices.
(D'après STRASBURGER,
Copié dans BELZUNG, 1900.)

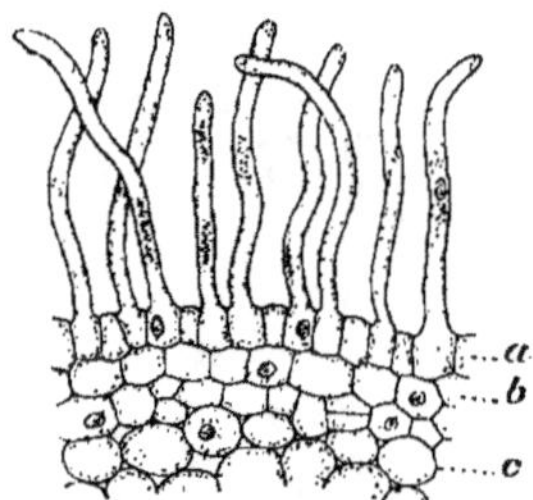

Fig. 48.
L'ASSISE PILIFÈRE.
a, cellules de l'assise pilifère;
b, **c**, écorce de la racine.
(D'après M. BELZUNG, 1900.)

plus loin. Disons seulement ici que les cellules stomatiques renferment souvent des plastides, à l'inverse des autres cellules de l'épiderme.

β) **Assise pilifère.** — La surface des racines jeunes est garnie d'une couche de cellules se touchant intimement par leurs bords, et dont un grand nombre se prolongent en poils absorbants (fig. 48). Leurs parois externes sont minces et perméables.

γ) **Liège.** — Les cellules de l'épiderme et celles de l'assise pilifère, une fois adultes, ne grandissent plus et ne se divisent plus. Aussi lorsque la tige ou la racine qu'elles recouvrent croît en épaisseur, des fentes se produiraient dans l'enveloppe tégumentaire, ce qui mettrait en danger les tissus profonds. Mais avant même qu'il n'y ait des déchirures, un nouveau tissu protecteur, le liège, naît à la périphérie (fig. 62). Ce tissu est presque inconnu chez les Ptéridophytes, mais il est présent chez la plupart des Phanérogames. Les parois de ces cellules sont fortement imprégnées de subérine, qui les rend pratiquement imperméables à l'eau. Ces cellules, d'ordinaire superposées en plusieurs assises, sont étroitement contiguës ; elles sont mortes et pleines d'air.

C. *SYSTÈME CONDUCTEUR*.

Il est constitué par des éléments généralement très allongés, qui servent au transport de liquides ou de colloïdes peu consistants. Les uns, les vaisseaux, qui sont morts, canalisent les solutions inorganiques ; les autres, les tubes criblés, contenant du protoplasme, conduisent les mélanges de matières organiques.

α) **Vaisseaux.** — Comme ces canaux sont morts et par conséquent privés de pression osmotique, ils seraient inévitablement écrasés par les

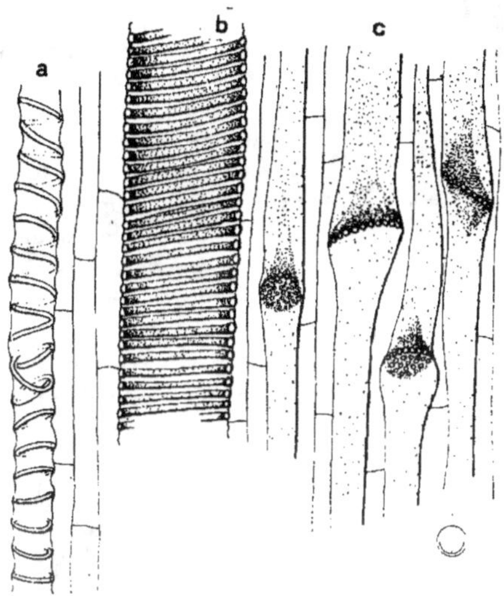

Fig. 49.
PORTION DE FAISCEAU DE BRYONIA DIOICA (RUBIALE),
EN COUPE LONGITUDINALE.
a, vaisseau annelé et spiralé; **b**, vaisseau spiralé;
c, tubes criblés.

cellules vivantes du voisinage, s'ils étaient simplement limités par une paroi mince en cellulose. Mais sur sa face interne leur paroi est munie de bandes de renforcement, à la fois épaissies et lignifiées. Dans le cas le plus simple, celles-ci sont des rubans annulaires, séparés les uns des autres (vaisseaux annelés, fig. 49); ailleurs, au lieu de rester isolées, les bandes épaissies se réunissent en une spire plus ou moins lâche (vaisseaux spiralés, fig. 49) ; quand les tours de spire sont très serrés, et que les vaisseaux, au lieu d'être cylindriques, sont prismatiques, les bandes se présentent parfois comme des échelons (vaisseaux scalariformes,

Fig. 50.
TRACHÉIDES SCALARIFORMES
DE SIGILLARIA
(LÉPIDOPHYTALE DU CARBONIFÉRIEN).

fig. 50) ; il n'est pas rare que des anastomoses se produisent entre les tours d'une spire serrée, ce qui donne un aspect de réseau (vaisseaux réticulés); quand les espaces restant minces s'arrondissent, on a l'apparence de trous plus ou moins circulaires (vaisseaux ponctués, fig. 51, 52); enfin, ces ponctuations sont parfois entourées d'un rebord surplombant, tandis que la paroi mince se garnit d'un petit bouton central (vaisseaux à ponctuations aréolées, fig. 144, 145, 146).

Les vaisseaux naissent par l'allongement de cellules disposées dans une région strictement délimitée à l'intérieur des organes jeunes. Il y a ainsi de très longues files de cellules qui se transforment en vaisseaux. Tantôt la plupart des cloisons séparant ces cellules persistent et on obtient alors des vaisseaux discontinus, ou trachéides (fig. 50, 51, 52); tantôt, au contraire, les cloisons se résorbent sur une très grande longueur, et il se forme des trachées (fig. 49). Celles-ci peuvent atteindre chez les

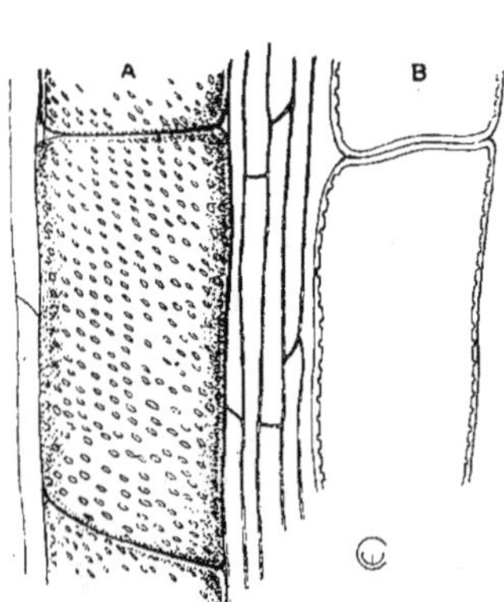

Fig. 51.
TRACHÉIDES PONCTUÉES
DANS LA RACINE DE ZEA MAYS (MAÏS).
A, trachéide vue du dehors;
B, coupe longitudinale.

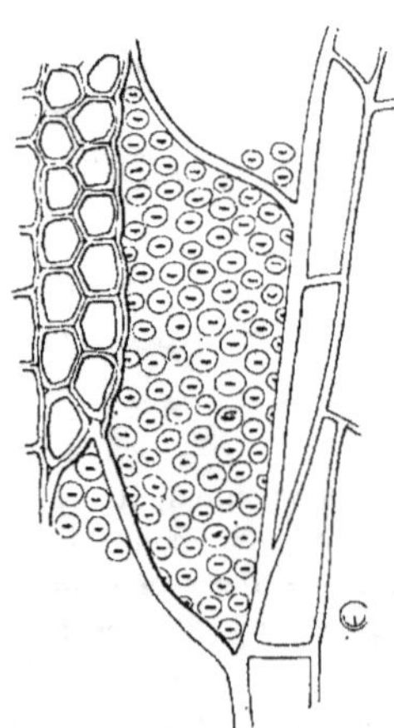

Fig. 52.
TRACHÉIDES PONCTUÉES
DE LA TIGE DE
SASSAFRAS OFFICINALE (RANALE).

Palmiers-rotans, par exemple, une vingtaine de mètres de longueur. Les Ptéridophytes et les Gymnospermes n'ont que des trachéides, tandis que la plupart des Angiospermes possèdent à la fois des trachées et des trachéides.

β) **Tubes criblés.** — Ce sont des canaux à parois cellulosiques, communiquant entre eux par des cloisons percées de nombreuses ouvertures et ressemblant à des cribles (fig. 49, 53); c'est par là que passent les solutions et les colloïdes organiques qui doivent être transportés vers un point éloigné. Les tubes criblés renferment du cytoplasme, mais pas de noyau ; chez les Angiospermes ils sont presques toujours en contact avec des cellules-compagnes qui, elles, ont un noyau.

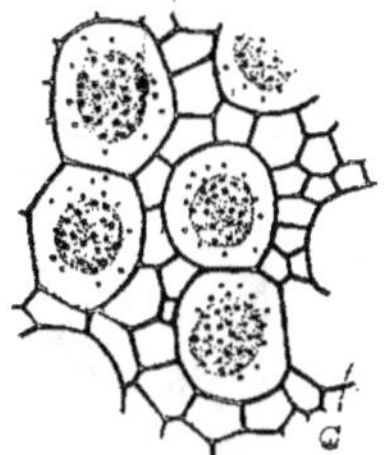

Fig. 53.
TUBES CRIBLÉS DE BRYONIA DIOICA (RUBIALE), EN COUPE TRANSVERSALE. Sur les cribles on voit le cytoplasme chargé de matières en voie de migration.

γ) **Faisceaux.** — Les vaisseaux et les tubes criblés ne sont jamais isolés dans le végétal ; ils sont réunis à d'autres éléments cellulaires pour former des faisceaux.

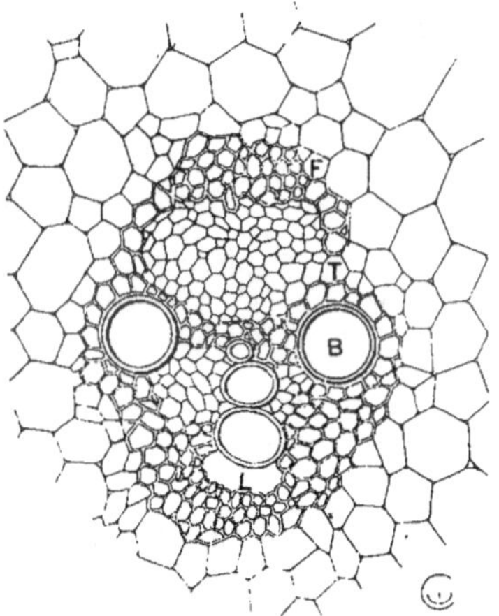

Fig. 54. — FAISCEAU COLLATÉRAL DANS LA TIGE DE ZEA MAYS (MAÏS).
F, fibres libériennes; **T**, tubes criblés et parenchyme libérien; **B**, bois; **L**, lacune dans le bois.

Les trachées ou les trachéides, unies à du parenchyme et à des fibres, constituent le bois.

Les tubes criblés, avec du parenchyme et des fibres, constituent le liber.

Certains faisceaux sont simples, c'est-à-dire uniquement ligneux, ou uniquement libériens. C'est le cas dans les racines, par exemple (fig. 86).

D'autres sont concentriques, généralement à liber central, ce qui signifie que le liber est de toute part entouré de bois (fig. 152).

Les faisceaux les plus répandus dans les tiges sont collatéraux. Presque toujours le faisceau se compose d'un seul bois et d'un seul liber, celui-ci appliqué sur la face du bois qui regarde la périphérie de la tige

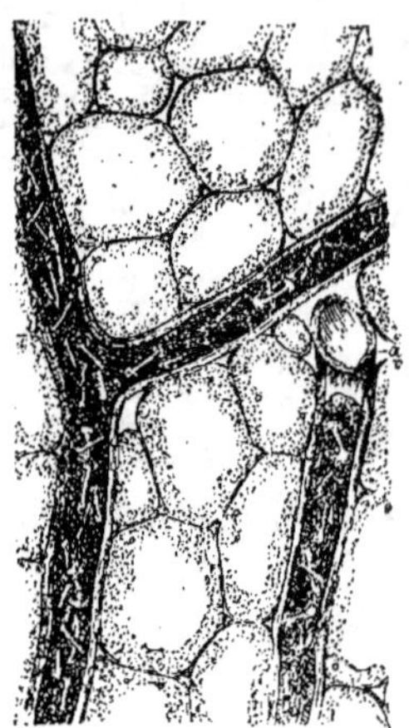

Fig. 55.
LATICIFÈRE APOCYTAIRE
D'EUPHORBIA SPLENDENS
(GÉRANIALE).
Le latex renferme des grains
d'amidon, en forme de fémur.
(D'après M. BELZUNG, 1900.)

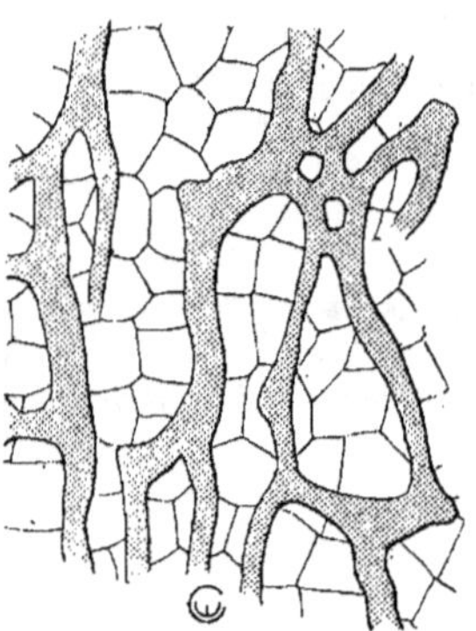

Fig. 56.
LATICIFÈRES SYMPLASTIQUES,
DANS LE PARENCHYME CORTICAL
DE LA RACINE DE
TARAXACUM OFFICINALE
(PISSENLIT).

(fig. 54). Beaucoup plus rarement il y a deux libers, l'un occupant la position habituelle, l'autre tourné vers l'axe de l'organe ; il en est ainsi chez les Cucurbitacées.

D. SYSTÈME LATICIFÈRE.

Alors que les systèmes fondamental, tégumentaire et conducteur existent chez toutes les plantes supérieures, les laticifères ne sont représentés que chez certaines familles d'Angiospermes.

α) **Laticifères apocytaires** (fig. 55). — Chez les Euphorbiacées et les Urticales, par exemple, ce sont des tubes continus, courant d'un bout à l'autre de la plante, et insinuant leurs innombrables ramifications dans tous les tissus. Chacun de ces tubes est une immense apocytie, sans aucune trace de cloisons, et comptant d'innombrables noyaux ; ils sont complètement indépendants les uns des autres. Le nombre de ces apocyties est constant pour chaque espèce : ainsi chez un Mûrier, quelque grand qu'il devienne, il n'y a jamais que les laticifères qui étaient déjà présents dans l'embryon.

Ces tubes sont remplis d'un liquide, le latex, qui est généralement laiteux ; il renferme des sucres, du tannin, des grains d'amidon, etc. ; le trouble est dû en première ligne à des globules de caoutchouc.

β) **Laticifères symplastiques** (fig. 56). — Dans d'autres familles, par exemple chez les Compositacées, les laticifères ont une toute autre structure. Ils forment un réseau qui est surtout serré dans les tissus parenchymateux. Ces laticifères proviennent de la fusion sur place de cellules parenchymateuses d'abord séparées par des cloisons ; c'est donc en réalité un énorme symplaste qui se glisse à travers toute la plante. La composition du latex est sensiblement la même que celle des laticifères apocytaires.

E. *ESPACES INTERCELLULAIRES.*

Les tissus très jeunes sont nécessairement pleins, puisqu'ils sont le produit de la division réitérée des cellules embryonnaires ; mais à mesure qu'on s'éloigne du point végétatif (fig. 57, 58), on voit les cellules s'écarter peu à peu, laissant entre elles des **méats** remplis d'air. Ces fissures, d'abord à peine perceptibles, peuvent par la suite s'élargir fortement et

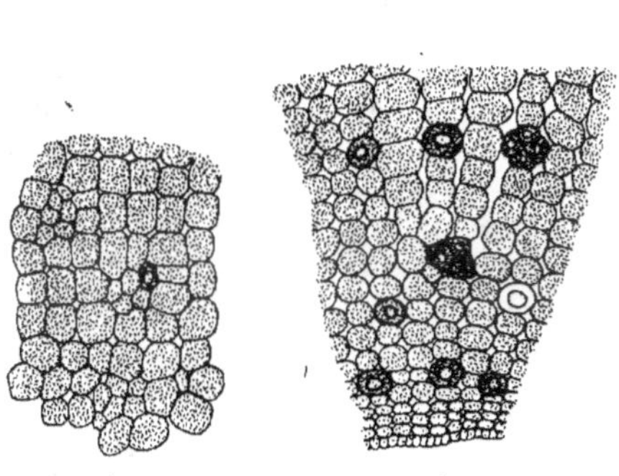

Fig. 57.

LE DÉVELOPPEMENT DES MÉATS INTERCELLULAIRES,
PAR ÉCARTEMENT DES CELLULES,
DANS L'ÉCORCE D'UNE RACINE RESPIRATOIRE
DE RAPHIA LAURENTI (PALMACÉE).
(D'après Mlle ERNOULD, 1921.)

Fig. 58.

LES MÉATS INTERCELLULAIRES
D'UNE RACINE RESPIRATOIRE
ADULTE, DE RAPHIA LAURENTI
(PALMACÉE).
(D'après Mlle ERNOULD,
1921.)

devenir des **canaux** ou des **chambres aérifères**. Fréquemment les très grands espaces aérifères sont divisés en logettes, par des cloisons formées d'une seule épaisseur de cellules, ou par un réseau de cellules étoilées (fig. 422), laissant entre elles des vides réguliers.

A côté de ces espaces **schizogènes**, c'est-à-dire engendrés uniquement par l'écartement des cellules, il en est d'autres, les espaces **lysigènes**, qui, après avoir débuté comme les précédents, s'agrandissent ensuite par la destruction des cellules centrales (fig. 59). C'est ainsi que naît le grand vide dans le chaume des Graminacées.

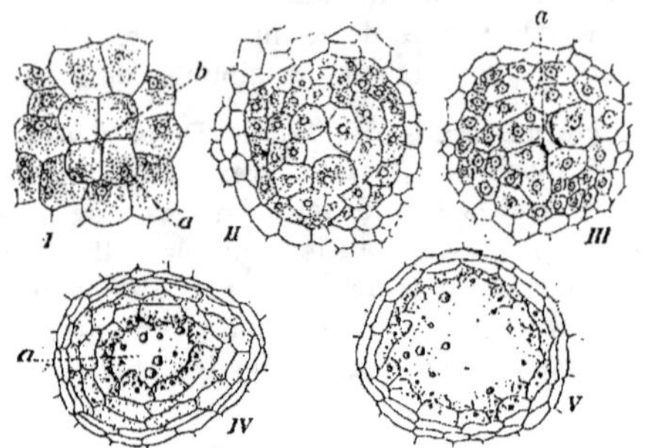

Fig. 59.

L'ORIGINE SCHIZOGÈNE, PUIS LYSIGÈNE, DES POCHES SÉCRÉTRICES DE LA FEUILLE DE CITRUS AURANTIUM (ORANGE).
(D'après M. SIECK. — Copié dans BELZUNG, 1900.)

F. TISSUS EMBRYONNAIRES OU MÉRISTÈMES.

Nous n'avons décrit jusqu'ici que les tissus adultes, c'est-à-dire ne croissant plus et ne se multipliant plus. Voyons à présent comment sont les tissus embryonnaires, ou méristèmes, qui leur donnent naissance.

Ils sont de deux sortes : les uns ne sont que la continuation directe des tissus embryonnaires constituant tout l'ensemble de la très jeune plante, telle qu'elle sort de la division répétée de la zygote : ce sont les points végétatifs. Les autres sont secondaires, en ce sens qu'ils sont dus à la remise en activité multiplicatrice de cellules déjà devenues adultes : ce sont les cambiums et les phellogènes.

α) **Points végétatifs.** — L'embryon est formé tout entier de cellules qui ont la faculté de se diviser. Mais peu à peu, lors de la croissance du végétal (fig. 60), le sommet de la racine s'écarte de celui de la tige, par l'intercalation de portions déjà adultes. Le tissu embryonnaire, d'abord continu dans l'embryon, est dorénavant fragmenté. En même temps que la tige et la racine s'allongent par l'activité des méristèmes terminaux, ceux-ci laissent en arrière de petits groupes de cellules, qui ne tarderont pas à se multiplier à leur tour pour devenir le point de départ de nouvelles tiges ou de nouvelles racines. Nous étudierons à leur place le fonctionnement des points végétatifs.

β) **Cambiums.** — Ce sont des méristèmes naissant à une profondeur exactement définie dans les tissus déjà adultes d'une tige ou d'une racine, et déterminant sa croissance en épaisseur par la production de nouvelles cellules parenchymateuses et de nouveaux éléments de bois et de liber.

Voici, dans ses traits essentiels, comment fonctionne un cambium

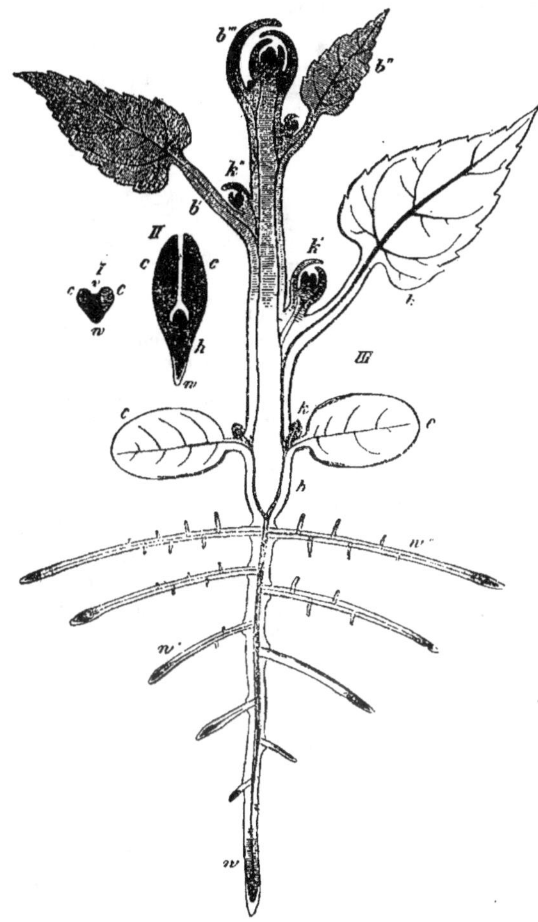

Fig. 60.

LA RÉPARTITION DU TISSU EMBRYONNAIRE.

I, embryon d'une graine non mûre : complètement méristématique. — **II**, embryon d'une graine mûre : complètement méristématique. — **III**, plantule : les méristèmes occupent les extrémités des racines et de la tige, et les bourgeons. Les méristèmes ont donné naissance à des tissus en voie de croissance (en gris), et plus loin, à des tissus adultes (en blanc); **w**, racines; **k**, bourgeons; **c**, cotylédons; **b**, feuilles; **h**, hypocotyle.

(D'après Sachs.)

(fig. 61). Une cellule se divise par une cloison tangentielle, c'est-à-dire perpendiculaire au rayon de la tige ou de la racine. Puis naît une seconde cloison parallèle à la première. Des trois cellules ainsi formées, qui sont

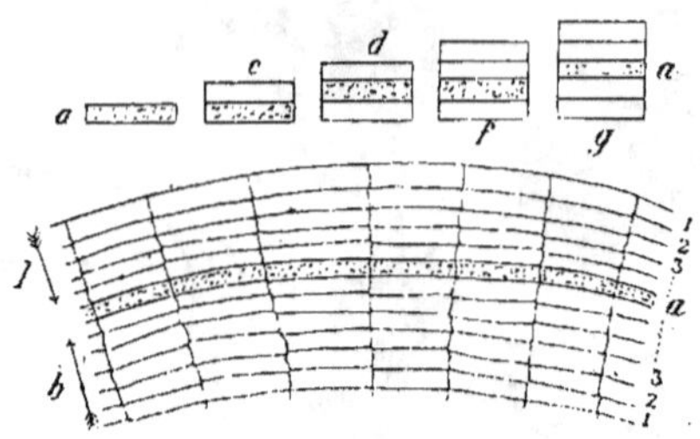

Fig. 61.

LE FONCTIONNEMENT D'UN CAMBIUM.
En haut : **a**, cellule génératrice ; **c**, **d**, **f**, **g**, formation de files de cellules par le cloisonnement de **a**.
En bas : **a**, assise génératrice ; **b**, cellules de la face interne ;
l, cellules de la face externe ; **1**, **2**, **3**..., cellules de plus en plus jeunes.
(D'après M. Belzung, 1900.)

disposées en une file radiale, la médiane seule reste méristématique ; elle se cloisonne de plus en plus, toujours exactement dans le plan tangentiel. Les cellules issues de son activité ont une destinée différente, suivant qu'elles regardent le centre de l'organe ou sa périphérie : sauf quelques exceptions, celles qui sont dirigées vers le centre deviendront du parenchyme et du bois ; les périphériques, au contraire, deviendront du parenchyme et du liber.

γ) **Phellogènes.** — On appelle ainsi les assises génératrices qui donnent naissance à du liège ; elles sont souvent voisines de la surface des organes.

Une cellule adulte prend des cloisons tangentielles (fig. 62). Généralement la cellule qui reste méristématique est située près du bout central de la file radiale des

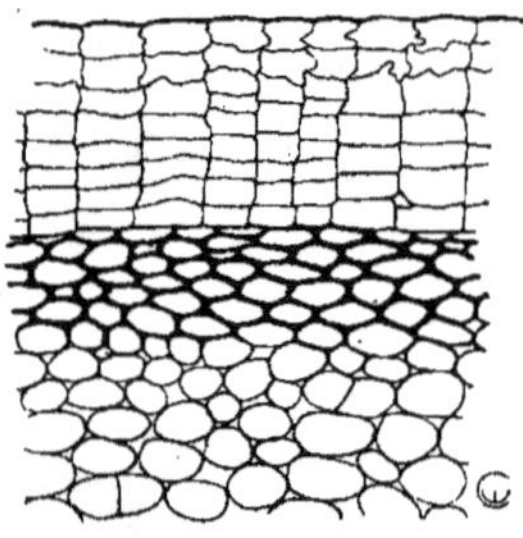

Fig. 62.

PHELLOGÈNE ET LIÈGE
ISSUS DE L'ÉPIDERME DE LA TIGE
D'ÆSCULUS HIPPOCASTANUM
(MARRONNIER.)

cellules neuves, ce qui signifie qu'il se forme plus de cellules vers le dehors que vers le dedans. Les cellules externes se subérisent, meurent, et deviennent le liège ; les cellules internes restent vivantes et constituent le phelloderme. Comme le liège interrompt entièrement la communication entre l'intérieur de l'organe et les cellules situées en dehors, toutes celles-ci se dessèchent et périssent.

δ) **Méristèmes cicatriciels.** — Outre les méristèmes normaux que nous venons d'examiner, les Phanérogames ont encore la faculté de donner des méristèmes accidentels ou accessoires. Ainsi les blessures se cicatrisent par une couche de liège, issue d'un phellogène qui naît dans les cellules non lésées, situées immédiatement sous la blessure (fig. 64, 65).

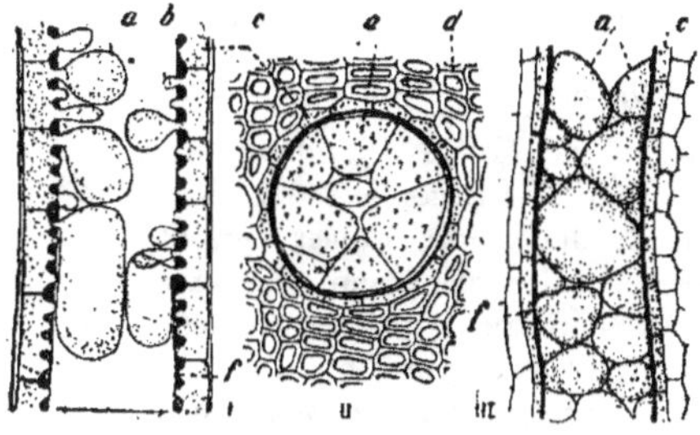

Fig. 63.

LES THYLLES DANS LES
VAISSEAUX DE VITIS VINIFERA (VIGNE).

I, coupe longitudinale d'un vaisseau, avec les états jeunes des thylles; **III**, coupe longitudinale d'un vaisseau entièrement obstrué; **II**, coupe transversale d'un vaisseau analogue.
(D'après M. MANGIN. — Copié dans BELZUNG, 1900.)

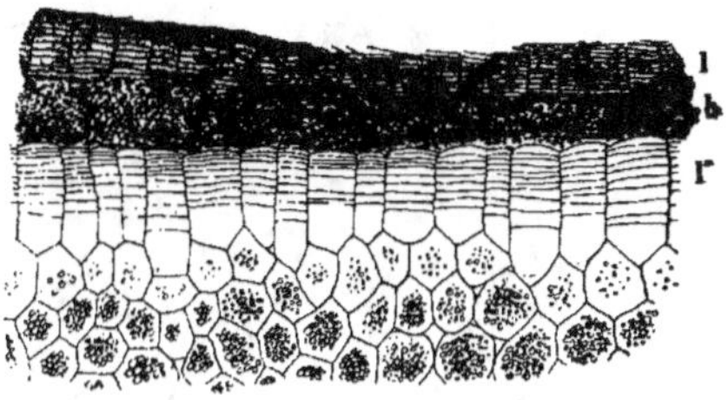

Fig. 64.

CICATRISATION D'UNE BRÛLURE
FAITE A UNE POMME DE TERRE.

l, le périderme normal;
b, cellules nécrosées;
l', le périderme cicatriciel.

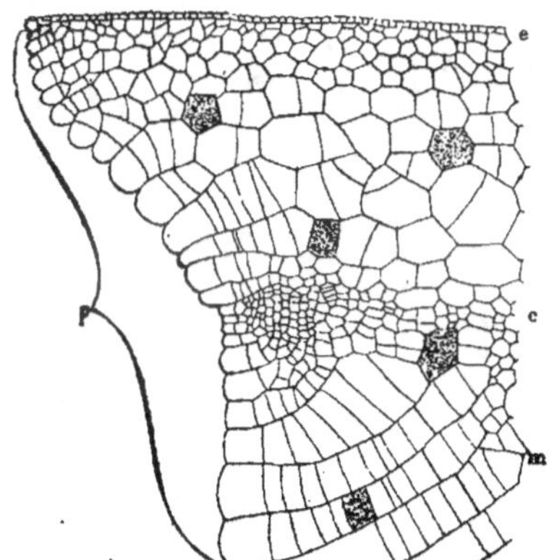

Fig. 65.

CICATRISATION D'UNE BLESSURE FAITE A UNE TIGE D'IMPATIENS SULTANI (Géraniale).
e, épiderme; **c**, parenchyme légèrement sclérenchymateux; **m**, moelle;
p, périderme cicatriciel. Les cellules teintées contiennent des raphides.

ε) **Thylles.** — Un autre méristème accessoire est celui qui donne naissance aux thylles. Les cellules parenchymateuses contiguës à un vaisseau y enfoncent des prolongements à travers les ponctuations, ou à travers les portions non épaissies comprises entre les bandes de renforcement (fig. 63). Les thylles ainsi logées dans les vaisseaux servent souvent de réservoirs à amidon.

3

II. LA RACINE

Pour la racine, la tige et la feuille, nous étudierons d'abord l'anatomie et la morphologie externes, puis l'anatomie et la morphologie internes; les premières sont généralement macroscopiques, tandis que les secondes sont microscopiques.

A. **ANATOMIE ET MORPHOLOGIE EXTERNES.**

Pour comprendre la structure du sporophyte chez les Ptéridophytes et les Phanérogames, il faut le comparer à celui des Bryophytes, et notamment des Anthocérotées (fig. 14). Ce dernier comprend une partie inférieure, pourvue de rhizoïdes et remplissant les fonctions de fixation et d'absorption d'une racine habituelle, et une partie supérieure servant à l'assimilation et à la reproduction, qui cumule les fonctions de la tige, de la feuille et de la fleur.

Le très jeune sporophyte de l'ougère (fig. 205), né comme celui d'*Anthoceros* de la division répétée de la zygote, se compose en somme des mêmes organes, avec cette différence que la racine perce le gonophyte et arrive jusqu'en terre.

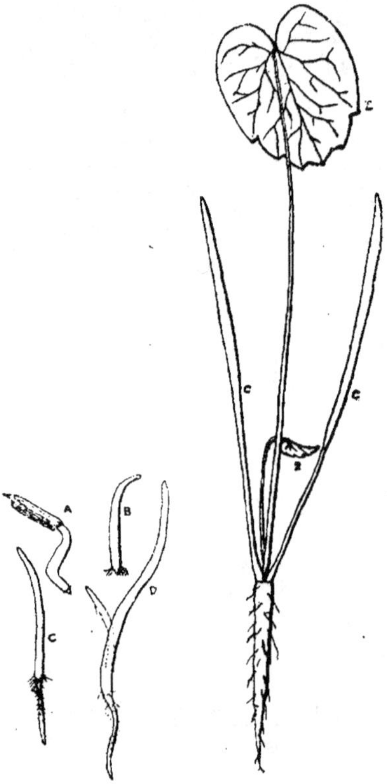

Fig. 66.

RACINES PRIMAIRES.

A gauche, plantules de *Triglochin maritimum* (Hélobiale). — A droite, plantule de *Laserpitium glabrum* (Ombellacée). — c, cotylédons; **1**, **2**, feuilles successives.

Fig. 67.

RACINES-ÉCHASSES
DE RHIZOPHORA MUCRONATA,
arbre des plages vaseuses des régions équatoriales.

De même la plantule de Phanérogame (fig. 66), sortant de la graine lors de la germination, enfonce sa racine en terre.

La racine est donc essentiellement un organe de fixation et d'absorption. Elle pénètre en général dans la terre et l'exploite à l'aide de ses poils radicaux. Son point végétatif serait rapidement écrasé par la pression contre les arêtes coupantes du sable et des autres particules terreuses, s'il n'était abrité derrière un organe nouveau, la coiffe; c'est une calotte protectrice qui se renouvelle sans cesse : les éléments vieux et usés, oc-

Fig. 68.

RACINES-ÉCHASSES DE FICUS BENJAMINA (URTICALE).

Elles naissent sur les grosses branches; celles-ci s'accroissent davantage au delà de ces racines. Le tronc principal disparaît, et la cime n'est plus supportée que par les racines aériennes.

cupant la surface externe, sont remplacés au fur et à mesure par des cellules jeunes, qui se feront écraser à leur tour (fig. 89, 90).

A. *RACINES SERVANT A LA FOIS A LA FIXATION ET A L'ABSORPTION.*

α) **Racines typiques.** — La première racine de chaque plante est déjà représentée dans l'embryon, et n'a donc qu'à s'allonger. Sur les flancs de cette racine primaire ou principale naissent des racines secondaires ou latérales (fig. 66). Chez beaucoup de plantes la racine primaire s'enfonce verticalement dans la terre comme un pivot. Mais il arrive aussi qu'elle cesse bientôt de croître, et que les racines latérales persistent seules. Même, il n'est pas rare que la racine principale disparaisse avec toutes ses dérivées : la plante adulte n'a plus alors que des racines adventives, insérées sur les tiges (fig. 193).

β) **Racines-échasses.** — Elles sont propres à certains arbres des régions équatoriales. Quelques-uns habitent les littoraux vaseux, submergés à marée haute ; soumis aux efforts des vagues, des courants et des tempêtes, alors que leurs racines sont engagées dans une boue molle et sans résistance, ils ne tarderaient pas à être renversés si des racines supplé-

Fig. 69.
RACINES TABULAIRES DE FICUS SP. (URTICALE).

mentaires, descendant du tronc et des branches, ne leur procuraient une assiette suffisante (fig. 67). D'autres arbres à racines-échasses habitent les marécages, comme les *Pandanus* (fig. 172). Mais il en est aussi, tels que certains *Ficus* (fig. 68), qui vivent dans les sols ordinaires et qui possèdent pourtant une importante garniture d'échasses : ces arbres ont des branches horizontales, très longues, qui ont besoin d'être soutenues de distance en distance.

γ) **Racines tabulaires.** — Elles ont la forme de tablettes triangulaires, disposées en rayonnant autour de la base du tronc. D'abord semblables aux racines ordinaires, elles modifient bientôt leur mode de croissance en épaisseur : au lieu de faire des couches concentriques de bois, elles

Fig. 70. — RACINES TABULAIRES DE CANARIUM EDULE (GÉRANIALE).

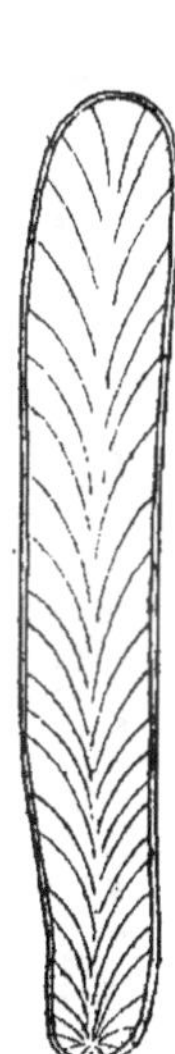

Fig. 71.

STRUCTURE
D'UNE RACINE
TABULAIRE
DE QUERCUS SP.
DE JAVA
(FAGALE.)

Les couches de
bois sont plus
épaisses vers le
haut.

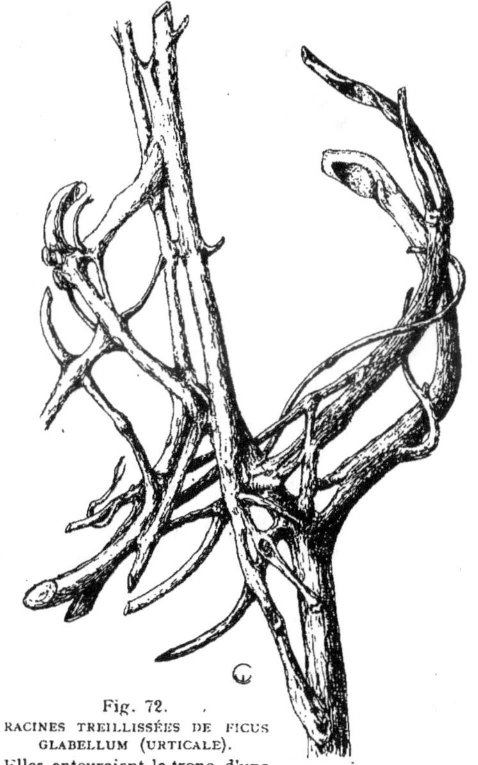

Fig. 72.
RACINES TREILLISSÉES DE FICUS
GLABELLUM (URTICALE).
Elles entouraient le tronc d'une
Palmacée, et se sont soudées à tous les points de contact.

s'accroissent beaucoup plus vers le haut que vers les côtés et vers le bas, ce qui leur donne l'aspect de planches (fig. 69,70,71). Les vieux Hêtres de nos forêts sont tout à fait caractéristiques sous ce rapport.

δ) **Racines treillissées** — Dans les forêts équatoriales il y a de nombreux arbres et arbustes épiphytes, c'est-à-dire qui habitent le tronc et les branches des arbres

Fig. 73.

RACINES D'UNE ORCHIDACÉE ÉPIPHYTE :
TRICHOGLOTTIS LANCEOLARIA.

Elles sont adhérentes à la branche sur laquelle vit la plante ;
les tiges, avec les feuilles sur deux rangs, sont pendantes.

ordinaires. Ils possèdent en général des racines qui entourent le tronc de leur hôte et descendent jusqu'à terre. Ces racines se soudent à tous les points de contact (fig. 72) et finissent par former un treillage serré.

ε) **Racines avec voile.** — Encore plus nombreuses dans les forêts équatoriales humides sont les épiphytes herbacées. Parmi elles les Aracées et les Orchidacées ont des racines très particulières, qui épousent les moindres irrégularités de l'écorce sur laquelle elles sont incrustées (fig. 73). Elles sont couvertes d'un v o i l e (fig. 87.)

ζ) **Racines-suçoirs.** — Les Dicotylédonées parasites exploitent leurs victimes à l'aide de suçoirs qui dérivent toujours de racines. Ainsi les racines des *Loranthus* (fig. 74) installés dans la cime des arbres équatoriaux, rampent le long des branches de l'hôte et y enfoncent des racines latérales

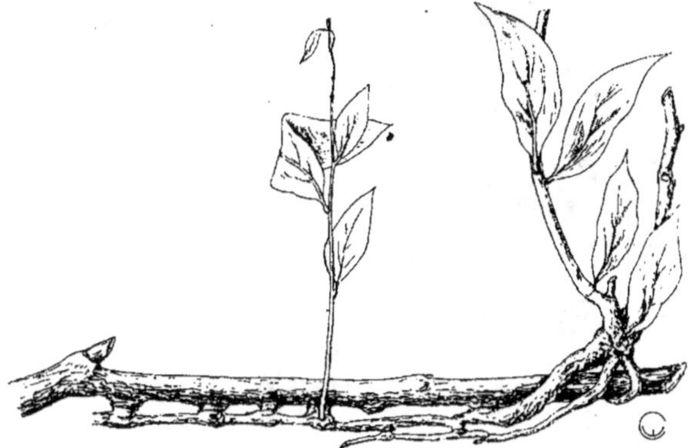

Fig. 74.

SUÇOIRS ET DRAGEONS.

Loranthus parasite installé, à droite, sur une branche d'arbre ; ses racines courent tout le long de la branche et y enfoncent des suçoirs ; il y a aussi des suçoirs dans une racine plus âgée du même *Loranthus*. Au milieu, rameau (drageon) sur une racine.

Fig. 75.

RACINES ADHÉSIVES ET VRILLES D'UNE BIGNONIACÉE.

Sous chaque nœud naissent à droite et à gauche trois racines, se dirigeant vers l'ombre, qui se ramifient au contact du support. Chaque feuille se compose de deux folioles et de trois petites vrilles en forme de griffe, qui se dirigent aussi vers l'ombre, et saisissent ainsi le support.

fonctionnant comme suçoirs. Les Cuscutes ne possèdent plus à l'état adulte de racines normales (fig. 451) ; mais leurs tiges, enroulées autour de celles d'une victime, y plongent leurs suçoirs (fig. 449). Beaucoup d'autres parasites, telles les Orobanches, s'installent au contraire sur les racines d'autres plantes (fig. 451).

B. *RACINES UNIQUEMENT FIXATRICES.*

Telles sont les racines-crampons du Lierre et de nombreuses autres lianes. Ce sont des racines adventives qui s'insinuent dans les petites anfractuosités des écorces et des rochers, et qui, après s'être fortement

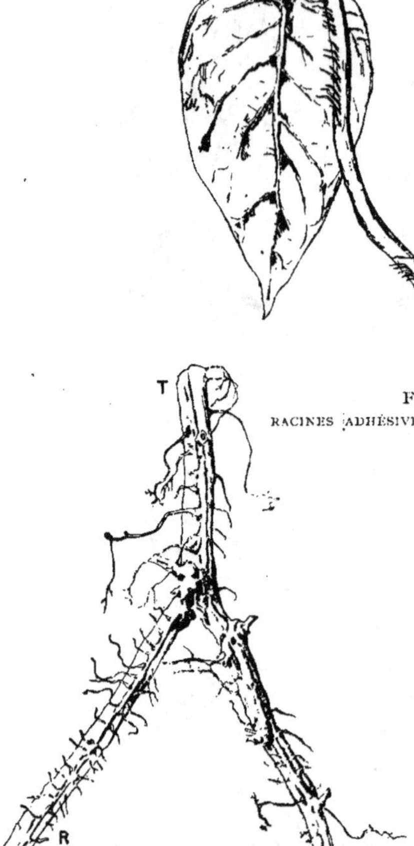

Fig. 76.
RACINES ADHÉSIVES DE FICUS (URTICALE).

lignifiées, ne tardent pas à mourir; ce qui ne les empêche pas de continuer à remplir leurs fonctions (fig. 75, 76).

Souvent les premières racines-crampons naissent près de l'insertion des feuilles; mais plus tard elles occupent aussi les portions intermédiaires.

C. *RACINES UNIQUEMENT ABSORBANTES.*

α) **Racines nourricières. —** Beaucoup de lianes, tout en étendant fortement leur appareil foliaire, et partant leur surface de transpiration, n'augmentent pas dans la même proportion leur canalisation

Fig. 77.
RACINES ADHÉSIVES ET RACINE NOURRICIÈRE
DE FICUS REPENS (URTICALE).
La tige **t T** porte de nombreuses racines-crampons, et en outre une racine nourricière (**R**)
La tige est plus épaisse au-dessus qu'en dessous de la racine nourricière.

pour la sève. Aussi font-elles descendre de leurs branches des racines qui arrivent jusqu'à terre, et qui y puisent l'eau nécessaire (fig. 77,78,79).

β) **Racines collectrices.** — Diverses Orchidacées et Aracées épiphytes possèdent, outre les racines qui les fixent au support, des racines dressées et ramifiées, formant une

Fig. 78.
RACINES NOURRICIÈRES D'ARACÉES
VIVANT EN LIANES DANS UNE FORÈT ÉQUATORIALE.
Les racines descendent des branches de la liane qui ont grimpé dans la cime des arbres
(D'après KERNER, 1891).

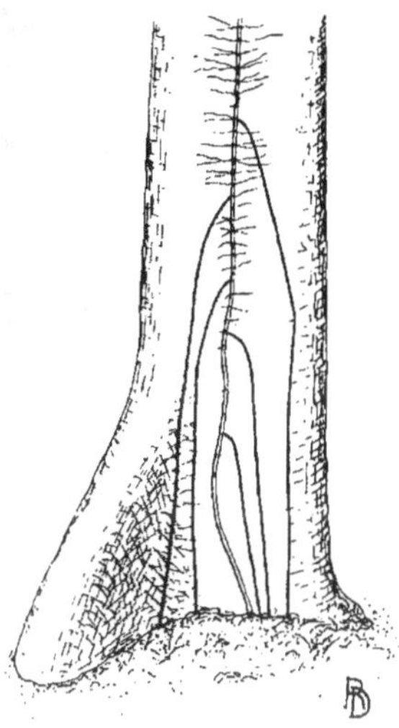

Fig 79.
RACINES NOURRICIÈRES
ET RACINES ADHÉSIVES D'UNE
ARACÉE
(SYNGONIUM) GRIMPANT SUR
UN TRONC D'ARBRE.
Les racines-crampons sont courtes et horizontales ; les racines nourricières descendent en terre.

sorte d'éponge où s'accumulent les détritus de tout genre : poussières, déjections d'Oiseaux, cadavres d'Insectes, feuilles mortes, etc. (fig. 80). Ce mélange de matières plus ou moins décomposées forme une sorte de jardin suspendu où l'épiphyte puise ses aliments minéraux.

D. *RACINES RÉSERVOIRS.*

Elles sont renflées, et de forme très variable. La Carotte a une racine conique, qui est la racine principale pivotante; le *Dahlia* a des racines adventives épaissies en forme de fuseaux.

E. *RACINES RESPIRATOIRES.*

De nombreux arbres et arbustes habitant la boue, particulièrement la vase littorale, ont beaucoup de peine à amener à leurs racines profondes l'oxygène nécessaire. Certaines de ces espèces produisent sur les racines

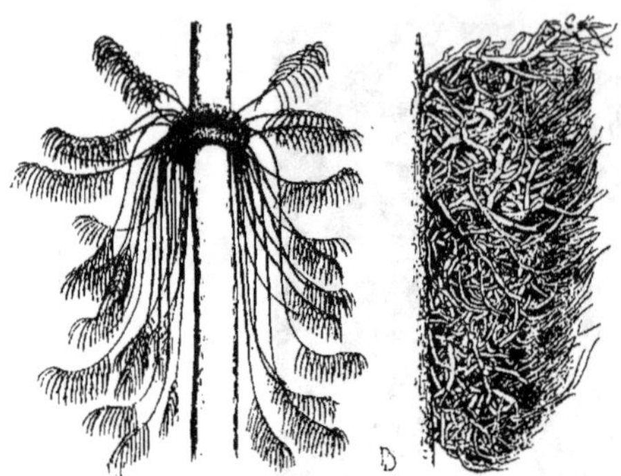

Fig. 80.

RACINES SPONGIEUSES D'UNE ORCHIDACÉE ÉPIPHYTE :
GRAMMATOPHYLLUM.

A gauche, l'Orchidacée entourant un tronc d'arbre.
A droite, une petite portion de la masse spongieuse
formée par les racines.

Fig. 81.

RACINES RESPIRATOIRES DE SONNERATIA ACIDA.
Elles se dressent tout autour de la base de l'arbre.
au-dessus de la vase, dans la mangrove (forêt littorale
inondée à marée haute).

habituelles, enfoncées dans la boue, des racines dressées, creusées de nombreux canaux aérifères (fig. 58), qui arrivent jusque dans l'atmosphère (fig. 81). Ailleurs les racines profondes s'infléchissent elles-mêmes vers le haut et après avoir accompli un petit trajet dans l'air, redescendent dans la vase (fig. 82). D'autres racines du même genre ont simplement sur leur face supérieure une crête qui dépasse le niveau de la boue (fig. 82).

F. *RACINES ASSIMILATRICES.*

Quelques plantes n'ont ni feuilles vertes, ni tiges vertes ; elles assurent leur assimilation chlorophyllienne par des racines (fig. 83).

G. *RACINES DÉFENSIVES.*

Elles sont aériennes, et transformées en épines (fig. 454).

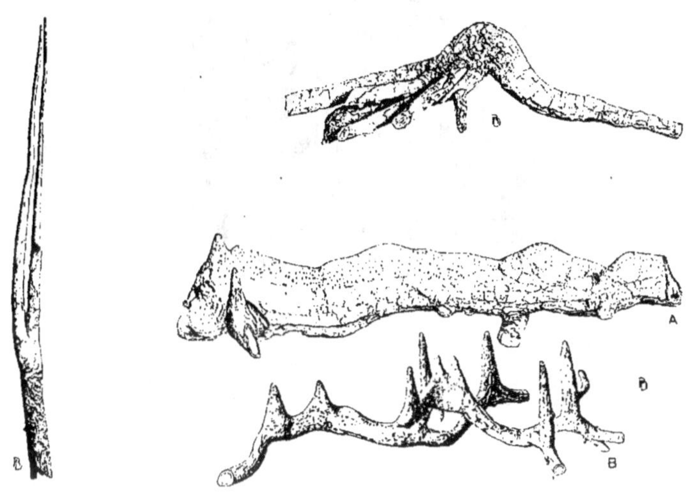

Fig. 82.

RACINES RESPIRATOIRES.

1, racine dressée de *Sonneratia acida ;* **2**, racine coudée de *Bruguiera gymnorhiza ;* **3**, racine avec crête verticale de *Carapa obovata ;* **4**, racine horizontale de la même plante, avec des racines dressées.

H. *PLANTES SANS RACINES.*

Quelques rares Ptéridophytes et Phanérogames sont privées de racines, soit parce que les fonctions de fixation et d'absorption sont assumées par des tiges souterraines (fig. 112), soit parce que la plante, étant complètement submergée et sans attache avec le fond, n'a plus besoin de racines (fig. 84).

B. **ANATOMIE ET MORPHOLOGIE INTERNES.**

Pour la racine et pour la tige nous étudierons successivement:

1° La structure primaire, c'est-à-dire la structure adulte, telle qu'elle sort du point végétatif, et avant que des modifications secondaires ne soient intervenues ;

2º L'origine de la structure primaire, ou le fonctionnement du point végétatif ;

3º L'origine du point végétatif, lors de la formation de nouvelles racines ou de nou-velles tiges ;

4º La structure secondaire, déterminée par le fonctionnement du cambium et du phellogène.

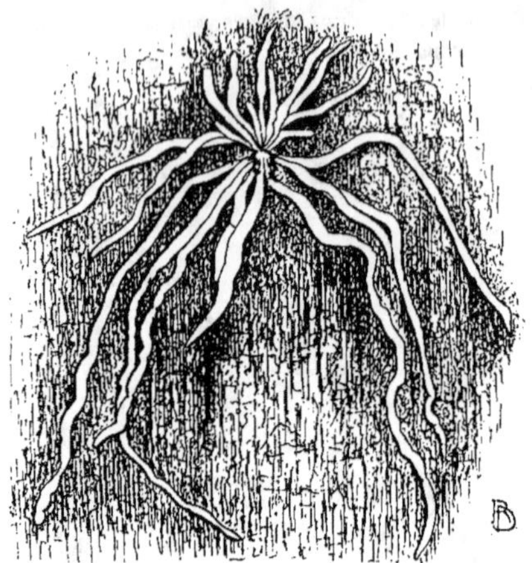

Fig. 83.

RACINES ASSIMILATRICES D'UNE ORCHIDACÉE ÉPIPHYTE :
TAENIOPHYLLUM ZOLLINGERI.

La plante n'a ni tiges ni feuilles assimilatrices, et ce sont les racines,
aplaties et vertes, qui servent à l'assimilation.

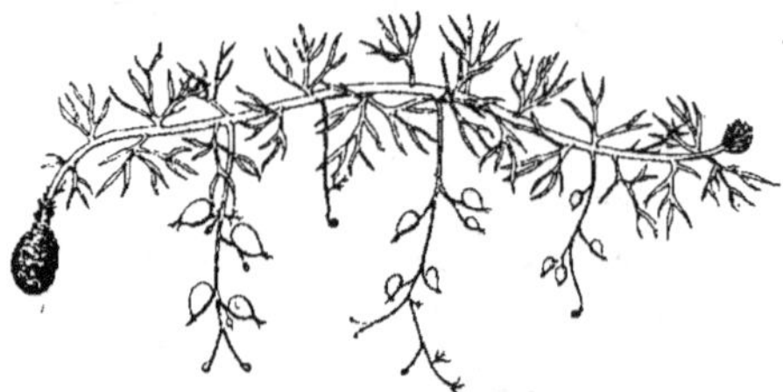

Fig. 84.

PLANTE AQUATIQUE SANS RACINES : UTRICULARIA INTERMEDIA
(TUBIFLORALE).

La tige est issue d'un bourgeon renflé qui a passé l'hiver (à gauche) ;
elle a produit des rameaux sans chlorophylle, garnis d'utricules, qui
servent à capturer de petits animaux aquatiques.

A. STRUCTURE PRIMAIRE.

Dans ses grandes lignes, elle est la même chez toutes les Ptéridophytes
et Phanérogames (fig. 85, 86).

a. COUCHE TÉGUMENTAIRE.

Elle se compose généralement de l'assise pilifère (fig. 48), dont les poils absorbants sont l'élément essentiel. Ceux-ci ont une durée très limitée, à tel point que dans la région de la racine où les autres tissus sont adultes, les poils absorbants sont déjà en grande partie flétris.

Chez certaines plantes épiphytes de la forêt équatoriale, les racines aériennes ne forment guère de poils radicaux. Leur sommet, pourvu d'une coiffe peu marquée, est composé jusqu'à la surface de cellules vivantes et transparentes. Mais bientôt les assises superficielles, issues de la division répétée de l'assise tégumentaire d'abord unique, meurent peu à peu, et il ne reste plus que leurs membranes, souvent renforcées par des bandes spiralées (fig. 87). Ici la racine paraît blanche et opaque, à cause de la réflexion de la lumière sur l'air contenu dans les cellules mortes. Cette épaisse couche d'éléments réduits aux membranes, constitue le voile.

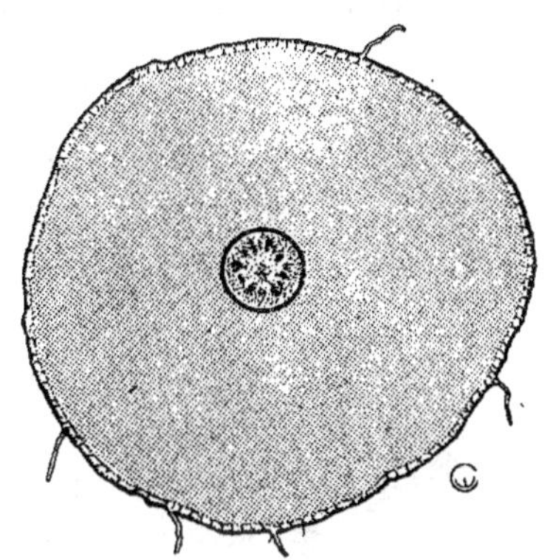

Fig. 85.

LA RACINE DE RANUNCULUS FICARIA (RANALE).
Sous l'assise pilifère, une écorce épaisse, terminée par l'endoderme ; stèle assez petite.

b. ÉCORCE.

Elle a une importance très variable. Son assise la plus interne est l'endoderme (fig. 86), dont les cellules ont souvent la structure caractéristique, indiquée p. 20.

c. STÈLE OU CYLINDRE CENTRAL.

C'est l'ensemble des tissus qui sont situés en dedans de l'endoderme. Elle comprend de dehors en dedans : le péricycle, les faisceaux et les rayons médullaires, la moelle.

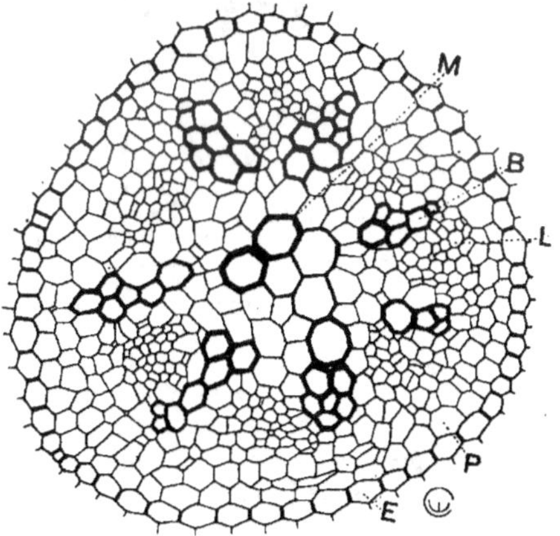

Fig. 86.

LA STÈLE D'UNE RACINE DE RANUNCULUS FICARIA
(RANALE).

E, endoderme ; — **P**, péricycle unisérié ; — **L**, faisceaux libériens ; — **B**, faisceaux ligneux ; — **M**, moelle en partie lignifiée.

α) **Péricycle,** composé ordinairement d'une seule assise de cellules parenchymateuses.

β) **Faisceaux et rayons médullaires.** — Les faisceaux sont simples, c'est-à-dire uniquement ligneux et uniquement libériens ; les deux sortes alternent régulièrement, les libériens un peu plus périphériques que les ligneux (fig. 86). On voit nettement dans les faisceaux ligneux que les vais-

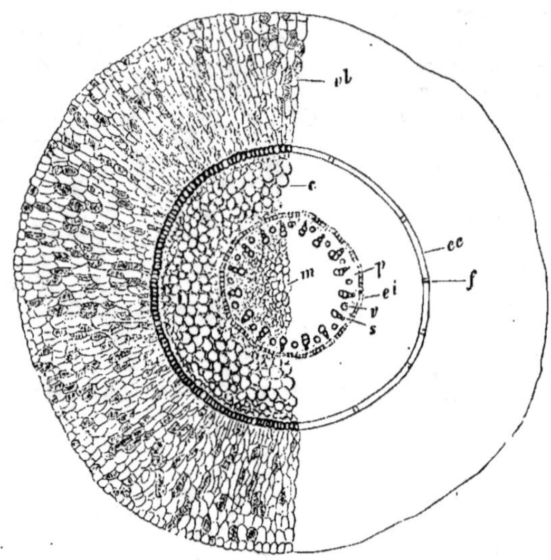

Fig. 87.

LE VOILE DE LA RACINE D'UNE ORCHIDACÉE ÉPIPHYTE : DENDROBIUM NOBILE.

vl, voile ; — **ee,** assise sclérenchymateuse à la périphérie de l'écorce ; elle contient des cellules de passage, à paroi mince (**f**) ; — **c,** écorce ; - **ei,** endoderme ; — **p.** péricycle ; — **s,** faisceaux ligneux ; **v,** faisceaux libériens ; **m,** moelle.
(d'après STRASBURGER, 1897).

seaux les plus étroits sont vers la périphérie de la stèle, et les plus gros vers le centre. Or, tous les éléments d'un faisceau ne naissent pas en même temps : les premiers formés sont toujours les plus petits. Les faisceaux ligneux primaires de la racine se développent donc dans une direction centripète.

Les rayons médullaires sont des lames parenchymateuses logées entre les faisceaux (fig. 86) ; ils établissent la communication entre le péricycle et la moelle.

ɣ) **Moelle.** — Elle est toujours parenchymateuse au début. Mais il arrive fréquemment que de nouveaux vaisseaux, naissant de plus en plus près de l'axe de la stèle, finissent par envahir complètement la moelle.

B. ORIGINE DE LA STRUCTURE PRIMAIRE.

Chez les Filicées et les Équisétées il n'y a qu'une seule initale, qui a la forme d'une pyramide triangulaire.

Les Lycopodiées et les Phanérogames ont un groupe d'initiales.

a. INITIALE UNIQUE (fig. 88).

La base de la pyramide est tournée vers le dehors, c'est-à-dire vers le sommet de la racine. Elle découpe des segments qui sont le point de départ de la coiffe ; en effet, toutes les cellules qui en pro-

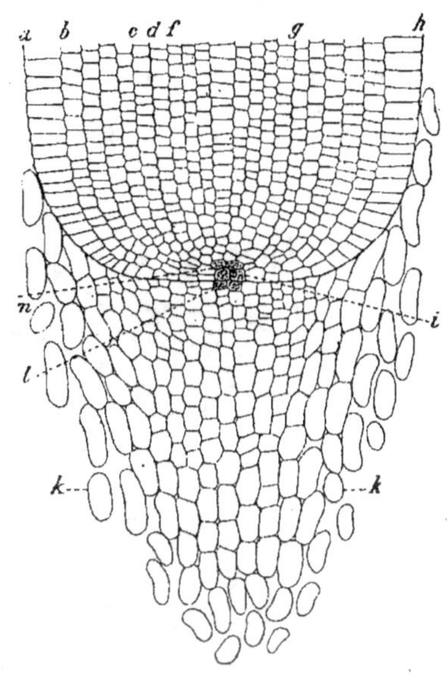

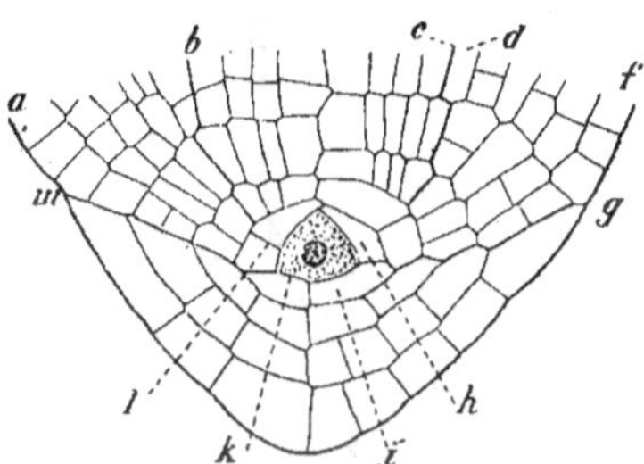

Fig. 88.

LE POINT VÉGÉTATIF D'UNE RACINE DE PTERIS HASTATA (FILICALE).

a b, écorce et assise pilifère (**f**) ; **b c**, stèle ; **d**, endoderme ; **g m**, coiffe ; **k**, initiale en forme de pyramide triangulaire ; **h, i, l**, les les trois derniers segments formés.

(D'après M. BELZUNG, 1900.)

Fig. 89.

POINT VÉGÉTATIF D'UNE RACINE DE SECALE CEREALE (SEIGLE).

a b, h, assise pilifère ; **b c d**, écorce ; **c d**, endoderme ; **f g**, stèle ; **k**, coiffe ; l, initiales de la coiffe ; **i**, initiales de l'assise pilifère et de l'écorce ; **m**, initiales de la stèle.

(D'après M. BELZUNG, 1900.)

viennent entrent intégralement dans la constitution de la calotte protectrice.

Les trois côtés de la pyramide donnent à tour de rôle les segments qui formeront les tissus définitifs de la racine. Ces segments ont la forme de triangles isocèles, dont la base correspond à la base de la pyramide, et le sommet à son sommet. Ils prennent deux cloisons parallèles à la base : l'une sépare la future stèle de la future écorce ; l'autre sépare la future écorce de la future assise pilifère.

b. Initiales multiples (fig. 89, 90).

On distingue dans l'axe de la racine, au point où se touchent la coiffe et les tissus définitifs, trois groupes d'initiales, qui sont, de l'extérieur vers l'intérieur :

les initiales pour la coiffe ;
les initiales pour l'écorce ;
les initiales pour la stèle.

Quant à l'assise pilifère, elle dérive tantôt de la couche la plus périphérique de l'écorce (fig. 90), tantôt de la couche la plus profonde de la coiffe. Le premier cas est réalisé chez les Monocotylédonées, le second chez les Lycopodiées, les Gymnospermes et la plupart des Dicotylédonées.

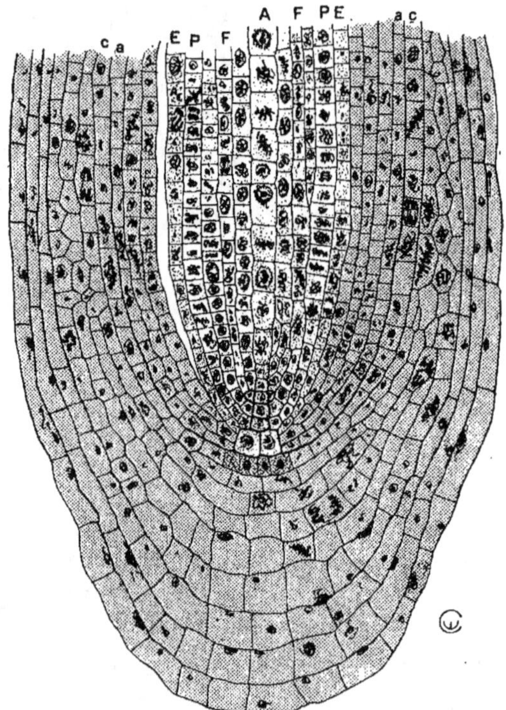

Fig. 90.

LE POINT VÉGÉTATIF D'UNE RACINE DE BUTOMUS UMBELLATUS (HÉLOBIALE).
Comparez avec la figure 89.

A, cellules axiales de la moelle ; **F**, cellules de la stèle, dont naîtront les faisceaux ; **P**, péricycle ; **E**, endoderme ; **a**, assise pilifère ; **c**, couche interne de la coiffe. On voit les initiales à l'union de la coiffe et des tissus de la racine définitive. (D'après une préparation de Mlle Terby.)

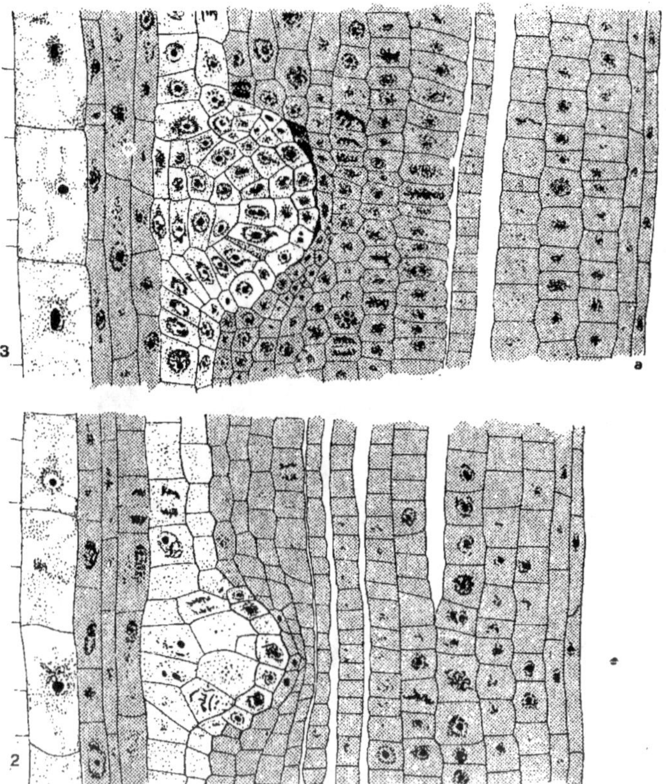

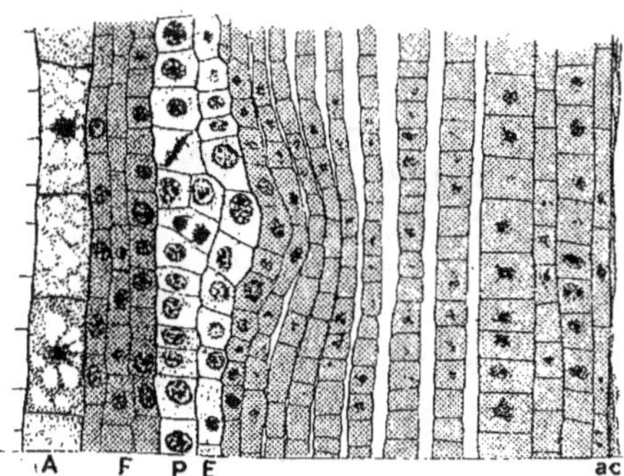

(D'après une préparation de Mlle TERBY.)

Fig. 91.

LA NAISSANCE D'UN POINT
VÉGÉTATIF DE RACINE,
DANS UNE RACINE DE
BUTOMUS UMBELLATUS
(HÉLOBIALE.)

Comparer avec la fig. 90.
L'état le plus jeune est
en bas.

A, cellules axiales de la
moelle; **F**, cellules de la
stèle, dont naîtront les
faisceaux; **P**, péricycle, où
se forme le nouveau point
végétatif de ra-
cine; **E**, endo-
derme, qui forme
la poche diges-
tive; **a**, assise pi-
lifère; **c**, couche
interne de la coiffe.

4

C. *ORIGINE DU POINT VÉGÉTATIF*

Le point végétatif de la racine principale existe déjà dans l'embryon et nous n'avons donc pas à nous en occuper ici. Mais comment naissent les initiales des racines secondaires, insérées soit sur d'autres racines, soit sur des tiges ?

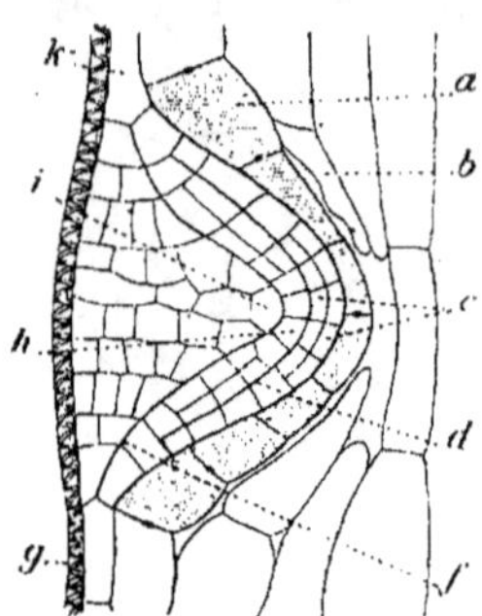

Fig. 92.

LA SORTIE D'UNE JEUNE RACINE
DE POLANISIA UNIGLANDULOSA
(RHÉADALE).

a, endoderme et poche digestive;
b, écorce en voie de digestion ;
c, coiffe de la jeune racine ;
h, son écorce ;
i, initiale de la stèle ;
d, limite de la coiffe et de l'écorce;
f, limite de l'écorce et de la stèle;
g, faisceaux ligneux ;
k, péricycle.
(D'après M. Belzung, 1900).

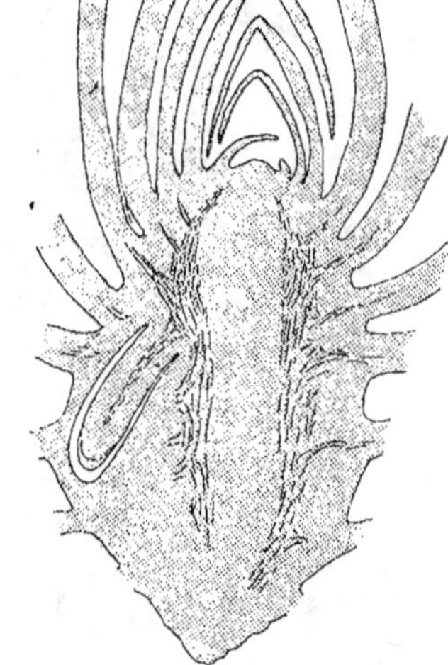

Fig. 93.
LA NAISSANCE D'UNE RACINE SUR UNE TIGE.
Coupe longitudinale d'une tige de *Pinguicula vulgaris* (Tubiflorale). La racine, née dans le péricycle, sort à travers l'écorce.

Fig. 94. — LA CROISSANCE EN ÉPAISSEUR D'UNE RACINE.
A gauche, le cambium au moment où il vient de naître; à droite, le cambium après son fonctionnement. — **P**, périderme ; **E**, écorce ; **e**, endoderme ; **L₁**, liber primaire; **L₂**, liber secondaire ; **C**, cambium ; **B₂**, bois secondaire ; **B₁**, bois primaire.

Lorsque l'initiale est unique, elle procède d'une cellule de l'endoderme, située devant un faisceau ligneux de la racine-mère. La cellule rhizogène se cloisonne de façon à former une initiale pyramidale triangulaire, ayant la base tournée vers le dehors. Puis la segmentation répétée de l'initiale produit l'ensemble des tissus de la nouvelle racine et de sa coiffe.

Cette radicelle, née dans la profondeur, doit maintenant se frayer un passage à travers l'écorce et l'assise pilifère de la racine-mère. Elle le fait en écrasant et en digérant tous les tissus adultes. La sécrétion du ferment est assurée par une poche digestive (comparer avec la fig. 92), qui naît de l'assise corticale touchant immédiatement l'endoderme.

Chez les Phanérogames, où le point végétatif se compose de plusieurs initiales, celles-ci

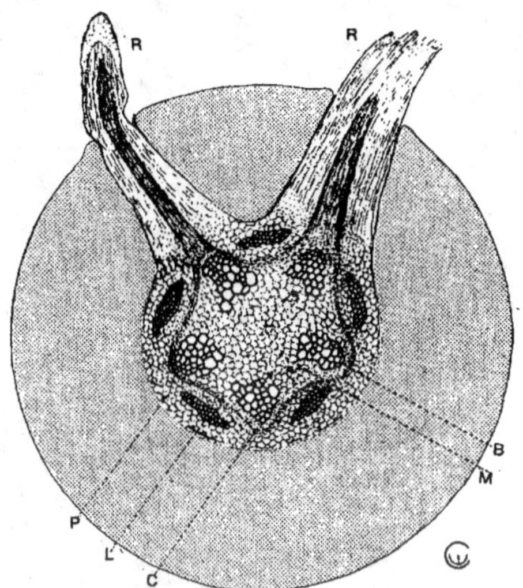

Fig. 95. — RACINE DE VICIA FABA (FÈVE).
La stèle seule de la racine principale est représentée en détail : **P**, péricycle ; **L**, faisceaux libériens ; **C**, cambium, n'ayant pas encore fonctionné ; **B**, faisceaux ligneux ; **M**, moelle. — Deux racines latérales (**R**) sont nées dans le péricycle ; celle de gauche est coupée exactement suivant l'axe.

se différencient encore plus profondément. C'est en effet dans le péricycle que se trouve le groupe de cellules rhizogènes (fig. 91, 92), le plus souvent en face d'un faisceau ligneux. La poche digestive dérive alors de l'endoderme.

Quant aux racines naissant sur une tige (fig. 93, 136), l'origine de leurs initiales et leur mode de sortie à travers les tissus âgés sont les mêmes que pour les racines insérées sur d'autres racines.

D. STRUCTURE SECONDAIRE.

Chez les Ptéridophytes actuelles la racine conserve indéfiniment sa structure primaire.

Les racines adultes de beaucoup de Phanérogames forment du liège dans les couches périphériques de l'écorce.

Chez beaucoup de Gymnospermes et de Dicotylédonées et chez les Liliiflorales arborescentes, les racines ont la faculté de croître en épaisseur par l'activité d'un cambium (fig. 94, 95). Celui-ci a un trajet sinueux :

Fig. 96. — FOUGÈRES ARBORESCENTES, A CEYLAN.
(D'après KERNER, 1891)

il passe du péricycle en dehors d'un faisceau ligneux, vers un rayon médullaire, puis dans la moelle en dedans d'un faisceau libérien, ensuite dans un autre rayon médullaire pour revenir enfin au péricycle en dehors d'un autre faisceau ligneux. En face des faisceaux ligneux, le cambium construit du parenchyme sur ses deux faces. En face des faisceaux libériens, au contraire, il fait du liber sur sa face externe et du bois sur sa face interne. Comme la production du bois est plus rapide que celle du liber, le cambium perd ses sinuosités et devient circulaire. Le liber secondaire est appliqué à l'intérieur du liber primaire, et les dernières assises formées sont donc en dedans des anciennes; en d'autres termes la croissance du

Fig. 97. — PALMACÉE A TIGE NON RAMIFIÉE : LIVISTONA AUSTRALIS.
(D'après M. WARMING, 1911.)

liber est centripète. Quant au bois secondaire, il est à développement centrifuge. On voit que si la racine ne possède dans sa structure primaire que des faisceaux simples, l'activité cambiale lui donne des faisceaux collatéraux à bois centrifuge et à liber centripète.

III. LA TIGE.

C'est l'organe portant l'appareil d'assimilation, ainsi que les spores ou les fleurs. Il conduit d'une part la sève absorbée par les poils radicaux, d'autre part les matières organiques élaborées dans les feuilles.

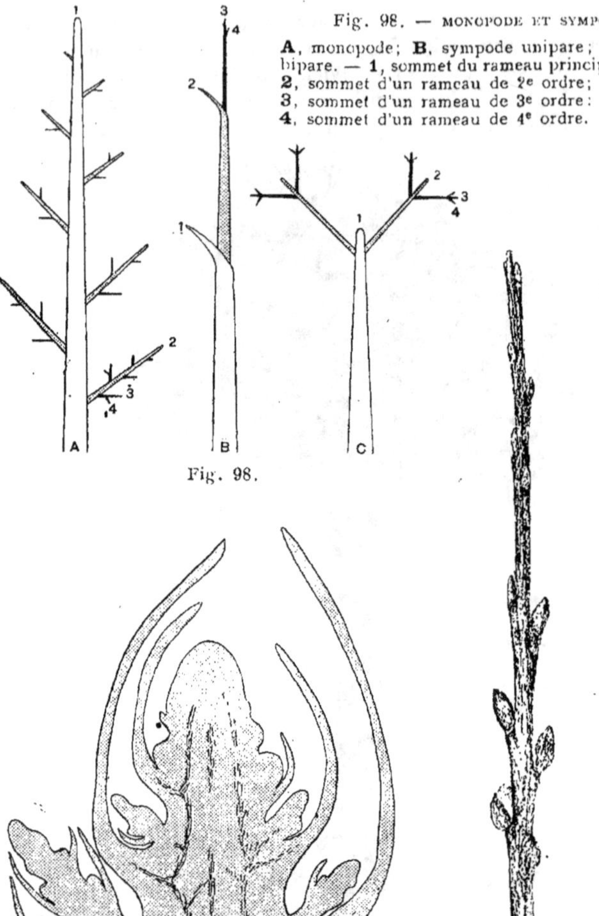

Fig. 98. — MONOPODE ET SYMPODES.

A, monopode; **B**, sympode unipare; **C**, sympode bipare. — **1**, sommet du rameau principal; **2**, sommet d'un rameau de 2e ordre; **3**, sommet d'un rameau de 3e ordre; **4**, sommet d'un rameau de 4e ordre.

Fig. 98.

Fig. 99.

LA RAMIFICATION MONOPODIALE AU SOMMET D'UNE TRÈS JEUNE TIGE D'ASPARAGUS OFFICINALIS (ASPERGE).

Les rameaux sont d'autant plus grands qu'ils sont plus éloignés du sommet.

Fig. 100.

SYMPODE ET MONOPODE

A, rameau de *Salix Caprea* (Saule Marsault) dont le sommet est mort.

B, rameau d'*Acer Pseudo-Platanus* (Érable Faux-Platane), dont le bourgeon terminal persiste.

(D'après Mlles COENRAETS ET D'HAENENS, 1922.)

A. ANATOMIE ET MORPHOLOGIE EXTERNES.

A. *TIGES TYPIQUES.*

Elle est le plus souvent très ramifiée. Parfois elle reste simple, comme chez la plupart des Fougères arborescentes et des Palmacées (fig. 96, 97).

a. MODES DE RAMIFICATION.

Ils sont très divers et dépendant surtout de la durée, définie ou indéfinie, du point végétatif de la tige (fig. 98).

Fig. 101. — SYMPODE DE CORNUS SANGUINEA (OMBELLIFLORALE).
Le rameau se termine par une inflorescence, en forme de corymbe composé.
A gauche, fruits mûrs.
(D'après Mlles COENRAETS ET D'HAENENS, 1922.)

1. Ramification monopodiale. — Le bourgeon qui occupe le sommet de la tige continue à s'accroître indéfiniment. La tige s'allonge donc sans cesse, tout en produisant des rameaux latéraux; ceux-ci sont d'autant plus âgés, — et d'autant plus grands, — qu'ils sont plus éloignés du point végétatif (fig. 99, 100). Depuis la base jusqu'au sommet, chaque rameau est donc le produit d'un seul et même point végétatif.

2. Ramification sympodiale. — Supposons au contraire que le point végétatif, après avoir fonctionné un certain temps pour allonger la tige, s'atrophie et meure. C'est alors un bourgeon latéral, situé non loin de la pointe, qui va se développer (fig. 98). Le plus souvent, quand il n'y a qu'un seul bourgeon qui s'accroît, le vrai sommet est rejeté sur le côté, et le rameau se place à peu près dans le prolongement de la partie basilaire (fig. 104, 105). Le bourgeon n° 2, après être resté actif pendant quelque temps, disparaît à son tour et est remplacé par un bourgeon n° 3, qui prendra en apparence sa place. Dans ce cas, ce qui a l'air d'être un membre unique est en réalité la superposition de toute une suite de

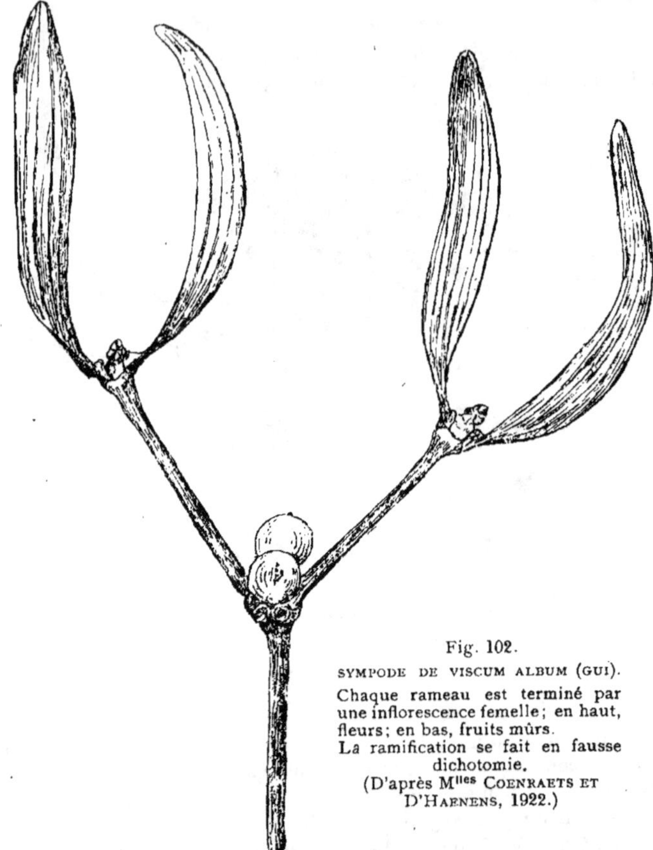

Fig. 102.

SYMPODE DE VISCUM ALBUM (GUI).

Chaque rameau est terminé par une inflorescence femelle; en haut, fleurs; en bas, fruits mûrs.
La ramification se fait en fausse dichotomie.
(D'après Mlles COENRAETS ET D'HAENENS, 1922.)

tronçons, dont chacun est un rameau issu du tronçon précédent. C'est ce qu'on nomme un sympode.

Lorsque plusieurs bourgeons latéraux se développent, l'infléchissement du sommet ne s'effectue pas, et la structure sympodiale est beaucoup plus apparente (fig. 102).

La suppression du point végétatif terminal peut être amenée par diverses causes, dont voici les principales :

α) Le bourgeon terminal produit une inflorescence, ce qui met un terme à son existence (fig 101,102).

β) Il se transforme en une épine (fig. 103).

γ) Il devient une vrille ou quelque autre organe d'attache (fig. 105).

δ) Il se dessèche sans raison apparente. Il y a de nombreuses plantes de nos régions, où régulièrement le bout de chaque branche se flétrit, entraînant la disparition du bourgeon terminal. Chez le Chèvrefeuille, par exemple, la portion qui se dessèche a une longueur de plusieurs décimètres ; ailleurs elle n'a que quelques centimètres (fig. 100) ; le plus souvent c'est l'extrême pointe seulement qui disparaît (fig. 104).

b. Différenciation des rameaux.

Très souvent les rameaux d'un individu sont tous semblables ; c'est le cas pour le Hêtre, le Chêne, l'Orme, etc.

Ailleurs ils sont dissemblables. Ainsi chez l'Aubépine, il y a des rameaux dont le point végétatif persiste, et d'autres qui deviennent des épines. Les *Pinus* ont des rameaux longs portant des écailles, et, à l'aisselle de celles-ci, des rameaux courts qui commencent par des écailles et ont ensuite des feuilles aciculaires, en nombre défini (fig. 106). De même, chez le Mélèze

Fig. 103.

RAMEAUX SYMPODIAUX, TERMINÉS EN ÉPINE, de *Prunus spinosa*.

(D'après Mlles COENRAETS ET D'HAENENS, 1922.)

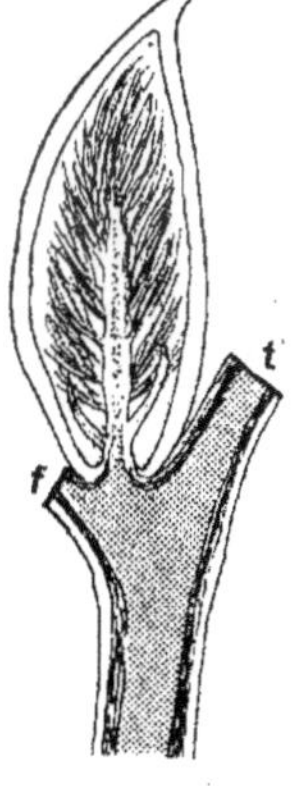

Fig. 104

TIGE SYMPODIALE DE SALIX CAPREA (SAULE MARSAULT.)

t. sommet mort de la tige ; f, cicatrice d'une feuille à l'aisselle de laquelle est un bourgeon contenant un chaton.

(fig. 107) on distingue les rameaux longs, s'accroissant annuellement d'une quantité notable, et les rameaux courts, sur les côtés des premiers, qui produisent chaque printemps une touffe de feuilles, mais ne s'allongent guère.

Toutefois cette différenciation peut n'être que temporaire. Ainsi un rameau court de Mélèze peut fort bien changer d'allure (fig. 107) ; il suffit

Fig. 105

LA DIFFÉRENCIATION DES TIGES ET DES BOURGEONS ;

LES RAMEAUX SYMPODIAUX D'ARTABOTRYS SUAVEOLENS (RANALE).

La tige principale (flèche) ne porte que des écailles, à l'aisselle desquelles il y a deux bourgeons : l'inférieur se développe immédiatement en un rameau (**r**) ; le supérieur pourra former une flèche (**f**).

Le rameau se termine par une portion crochue, portant les fleurs. A l'aisselle de la feuille distale de ce rameau, naît un rameau analogue, qui se termine aussi par une inflorescence et qui porte un troisième rameau ; et ainsi de suite.

pour cela que le rameau long qui le supporte ait été décapité : un rameau court situé près de l'amputation s'allongera au printemps suivant. Du reste, les bourgeons qui donnent des rameaux longs et ceux

Fig. 106.

LA DIFFÉRENCIATION DES RAMEAUX DE PINUS STROBUS (PIN WEYMOUTH).

Le rameau long n'a que des feuilles écailleuses. A l'aisselle de celles-ci naissent des rameaux courts, terminés par cinq feuilles en forme d'aiguille.
(D'après Mlles COENRAETS ET D'HAENENS, 1922.)

qui se développent en rameaux courts, ne sont aucunement différents.

Dans d'autres cas, la différenciation est essentielle, puisque déjà les bourgeons sont différents.

Ainsi chez *Araucaria excelsa* (voir vol. I, fig. 87 et 88), il y a six sortes de bourgeons, donnant les uns immédiatement, les autres tardivement, trois catégories de tiges, qui ne sont

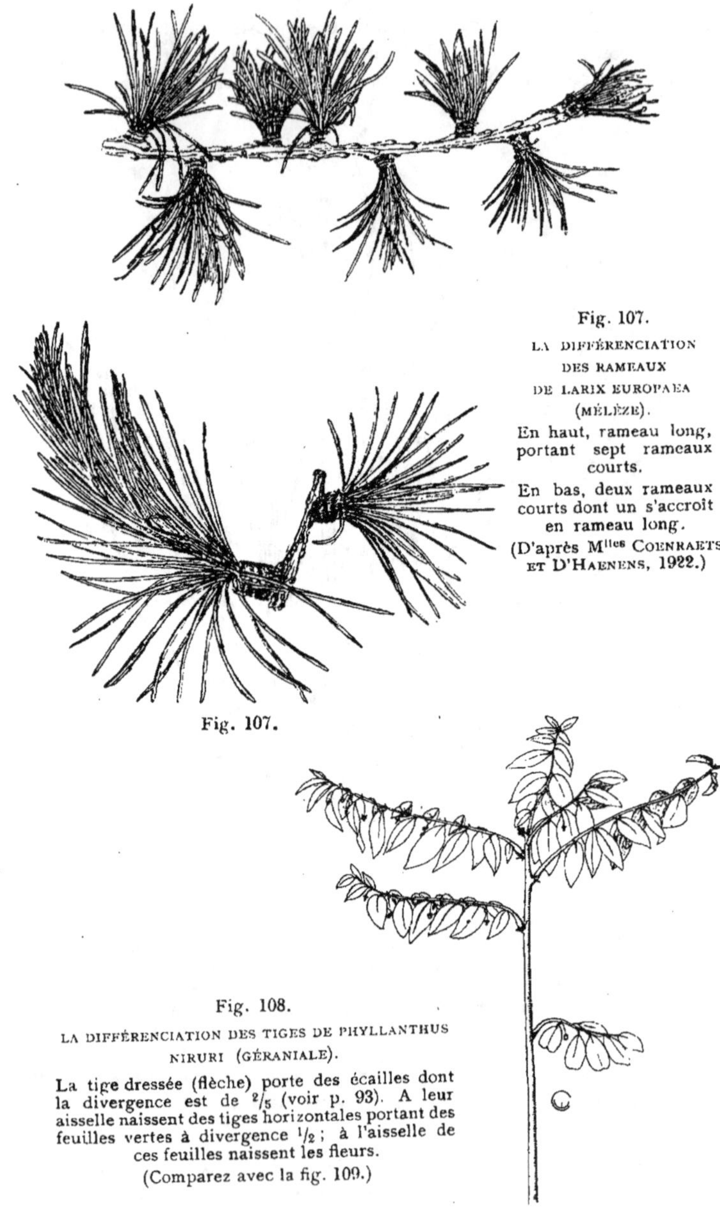

Fig. 107.

LA DIFFÉRENCIATION

DES RAMEAUX

DE LARIX EUROPAEA

(MÉLÈZE).

En haut, rameau long, portant sept rameaux courts.

En bas, deux rameaux courts dont un s'accroit en rameau long.

(D'après Mlles COENRAETS ET D'HAENENS, 1922.)

Fig. 107.

Fig. 108.

LA DIFFÉRENCIATION DES TIGES DE PHYLLANTHUS NIRURI (GÉRANIALE).

La tige dressée (flèche) porte des écailles dont la divergence est de $^2/_5$ (voir p. 93). A leur aisselle naissent des tiges horizontales portant des feuilles vertes à divergence $^1/_2$; à l'aisselle de ces feuilles naissent les fleurs.

(Comparez avec la fig. 109.)

nullement interchangeables. Trois de ces bourgeons occupent l'extrémité des tiges, les trois autres sont isolés à l'aisselle des feuilles. La figure 110 représente encore un autre cas où les bourgeons différenciés sont situés à l'aisselle de feuilles distinctes.

Ailleurs les bourgeons spécialisés sont sériés à l'aisselle d'une même feuille (fig. 105, 108, 109).

Un cas particulier de différenciation des tiges est celui où un même individu possède des

Fig. 109.

LA DIFFÉRENCIATION DES BOURGEONS DE PHYLLANTHUS
NIRURI (GÉRANIALE).

A. A l'aisselle d'une écaille de la flèche étaient deux bourgeons : l'un (*r*) s'est développé en un rameau horizontal ; l'autre (*f*) attend.
B. Le sommet de la flèche a été détruit accidentellement ; le bourgeon (*f*) se développe en une flèche de remplacement.

tiges souterraines et des tiges aériennes, ce qui est fréquent chez les plantes herbacées vivaces (fig. 111, 112), et aussi chez quelques arbustes, tels que le Myrtillier.

B. *TIGES RÉSERVOIRS.*

Dans presque toutes les plantes les tiges sont employées pour l'accumulation de provisions, qui sont soit de l'eau, soit des matières organiques ou minérales. Mais parfois la spécialisation est plus accentuée. Ainsi certains arbres ont un tronc ventru (fig. 113). Les Cactacées et certaines Euphorbiacées (voir vol. I, fig. 199 et 228), ont aussi des tiges aériennes fortement renflées.

Le plus souvent c'est sous terre que se trouvent les tiges charnues. Ce sont des r h i z o m e s, lorsqu'elles restent à peu près cylindriques, comme chez les *Iris*, ou bien des tubercules, quand le renflement est plus accusé dans certaines portions, comme chez la Pomme de terre (fig. 114) et chez des Fougères (fig. 115).

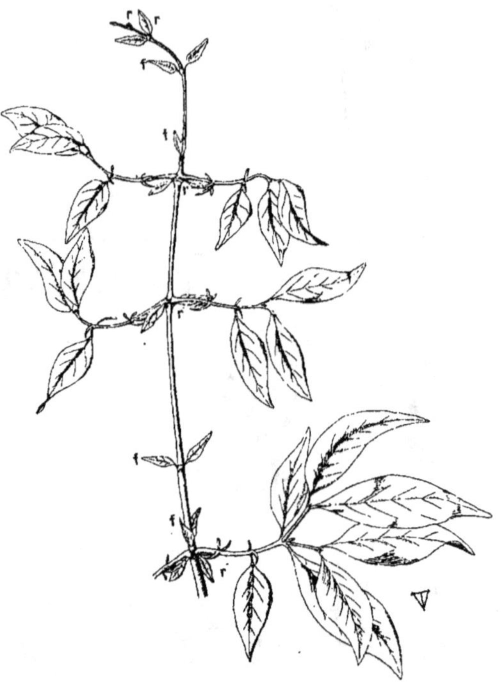

Fig. 110.

LA DIFFÉRENCIATION DES TIGES ET DES BOURGEONS

DE GRIFFITHIA EUCANTHA (RUBIALE).

La tige principale (flèche) porte alternativement deux paires de feuilles dont le bourgeon axillaire (r) forme un rameau horizontal, et deux paires de feuilles dont le bourgeon forme une nouvelle flèche (f). Chaque rameau commence par une paire de petites feuilles dont les bourgeons deviennent des grappins, puis une paire de feuilles dont la supérieure est petite et possède à son aisselle un bourgeon qui forme aussi un crochet pointu, puis une paire de feuilles ordinaires.

Fig. 111.

LE RHIZOME DE MAIANTHEMUM BIFOLIUM

(LILIIFLORALE).

Les sommets des rhizomes horizontaux, situés à deux ou trois centimètres de profondeur, se relèvent et arrivent à la lumière. Les tiges dressées portent d'abord des écailles, comme celles des rhizomes, puis des feuilles ; celles-ci sont enroulées sur elles-mêmes pendant le trajet vertical à travers la terre.

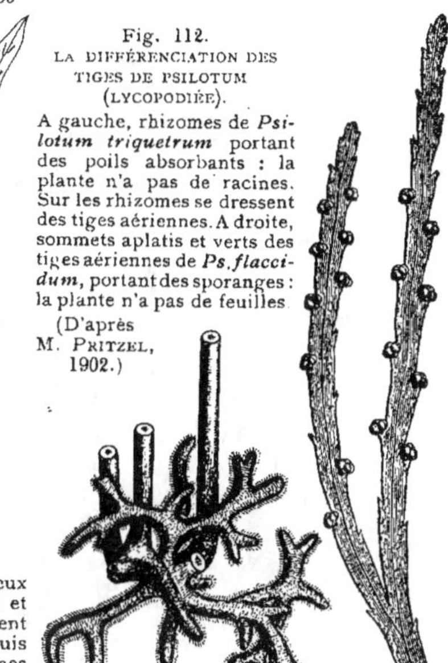

Fig. 112.

LA DIFFÉRENCIATION DES TIGES DE PSILOTUM (LYCOPODIÉE).

A gauche, rhizomes de *Psilotum triquetrum* portant des poils absorbants : la plante n'a pas de racines. Sur les rhizomes se dressent des tiges aériennes. A droite, sommets aplatis et verts des tiges aériennes de *Ps. flaccidum*, portant des sporanges : la plante n'a pas de feuilles.

(D'après M. PRITZEL, 1902.)

Fig. 113.

ARBRES A TRONC RENFLÉ (BOMBACÉES) DANS UNE FORÊT ÉQUATORIALE SÈCHE DU BRÉSIL.

Devant, des Cactacées. (D'après KERNER, 1891.)

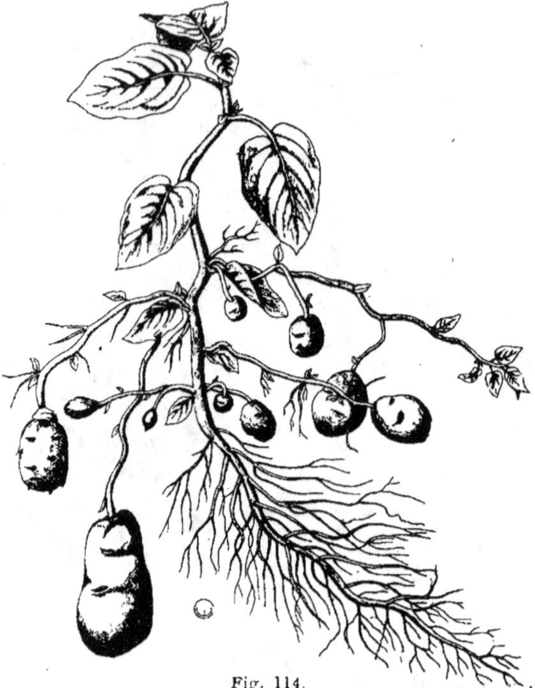

Fig. 114.

TUBERCULES PRODUITS PAR UNE PLANTE DE POMME DE TERRE
ISSUE D'UNE GRAINE.

Les tubercules terminent des rameaux souterrains.
(Copié dans E. LAURENT.)

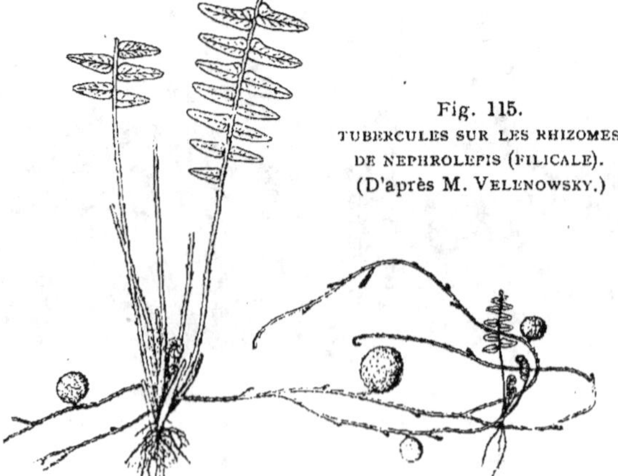

Fig. 115.

TUBERCULES SUR LES RHIZOMES
DE NEPHROLEPIS (FILICALE).
(D'après M. VELENOWSKY.)

C. *TIGES ASSIMILATRICES.*

Il y a pas mal de plantes où les feuilles vertes manquent. La fonction assimilatrice est alors dévolue aux tiges. Celles-ci sont souvent aplaties et elles ont quelque peu la structure de feuilles (fig. 112, 116, 117).

D. *TIGES ACCROCHANTES.*

Les organes à l'aide desquels s'attachent les lianes sont souvent dérivés de tiges.

α) **Grappins.** — Les rameaux latéraux sont dirigés obliquement vers le bas (fig. 110), de sorte que lorsque les branches sont balancées par le vent les grappins s'accrochent aux arbres et aux arbustes du voisinage.

β) **Vrilles.** — Les tiges de certaines lianes s'enroulent autour des supports, tout en conservant tous les attributs des tiges ordinaires (fig.118); à un degré plus avancé de spécialisation, les tiges enroulables perdent la faculté de porter des feuilles et des fleurs, et ne servent plus qu'à la fixation; ce sont des vrilles (fig. 363, 364).

γ) **Crochets irritables.** — Ailleurs les tiges enroulables se spécialisent dans une autre direction: elles ont d'avance la forme de crochets (fig. 105); ceux-ci sont sensibles au contact et peuvent grossir énormément quand ils ont saisi un support.

E. *TIGES ABSORBANTES ET FIXATRICES.*

Nous connaissons quelques plantes terrestres ou épiphytes qui n'ont plus de racines; celles-ci sont remplacées par des rhizomes garnis de poils radicaux (fig. 112).

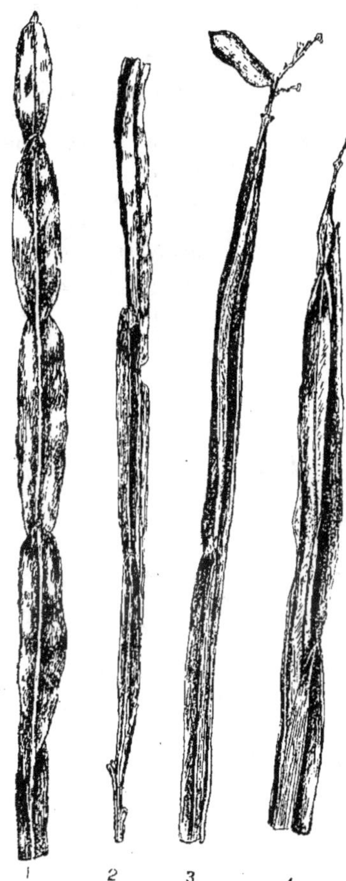

Fig. 116.

RAMEAUX VERTS, SANS FEUILLES, DE GENISTA SAGITTALIS (ROSALE).

Ils portent de deux à cinq ailes.
(D'après Mlles COENRAETS ET D'HAENENS, 1922).

5

F. *TIGES DÉFENSIVES*.

Elles sont transformées en épines (fig. 103).

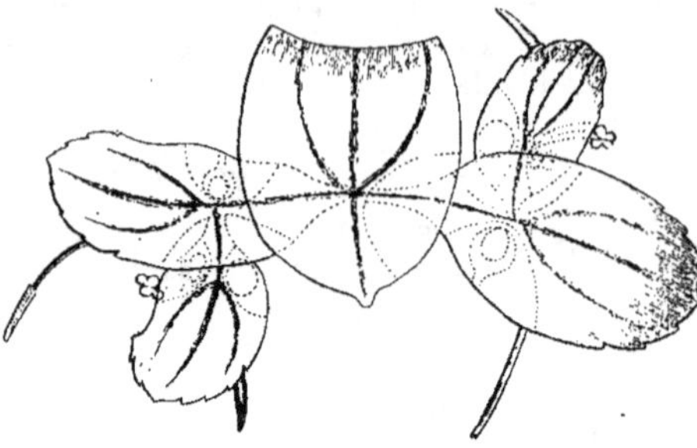

Fig. 117.

PLANTE SANS FEUILLES, A TIGES
PLATES ET ASSIMILATRICES, ENTIÈREMENT SUBMERGÉE :
LEMNA TRISULCA (SPATHIFLORALE).

A droite et à gauche, fleurs.
(D'après HEGELMAIER. 1868.)

G. *TIGES PROPAGATRICES*.

Les tiges d'un grand nombre de plantes servent à la propagation végétative.

α) **Tiges radicantes.** — Elles courent à la surface du sol, et s'enracinent de place en place, surtout aux insertions des feuilles, comme chez *Lysimachia Nummularia*.

β) **Stolons.** — Parfois les feuilles de ces tiges

Fig. 118.

RAMEAUX IRRITABLES D'UNONA DISCOLOR (RANALE).
Partout où un rameau touche un support, il s'enroule autour de lui et
s'épaissit beaucoup.

rampantes sont très inégalement espacées. Après quelques feuilles séparées par de longs intervalles, viennent deux ou trois feuilles très rapprochées ; l'enracinement ne s'opère d'ordinaire qu'auprès de ces dernières.
C'est ce que montre le Fraisier.

Il y a aussi de nombreuses espèces où les tiges radicantes et les stolons sont souterrains.

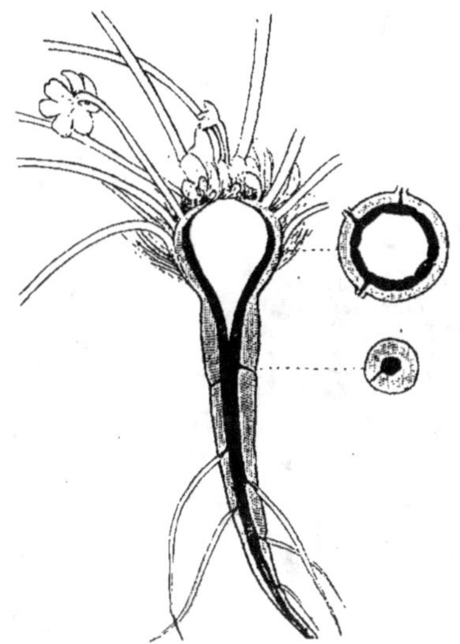

Fig. 119.

LA STRUCTURE DE LA TIGE COMPARÉE A CELLE DE LA RACINE.

Coupe longitudinale de la tige et de la racine de *Geranium molle*.
Coupes transversales de la tige et de la racine.
(D'après Mme Schouteden-Wery, 1913.)

γ) **Tiges décombantes.** — Ici, par exemple chez les Ronces, l'extrémité d'une tige se recourbe vers le bas, touche la terre et s'y enracine ;
puis elle se relève de nouveau et devient le point de départ d'une nouvelle plante.

δ) **Drageons.** — Souvent des bourgeons naissent sur les racines souterraines et arrivent au jour autour de la plante-mère. Beaucoup d'arbres
drageonnent de cette manière, par exemple, les Ormes et les Peupliers.

ε) **Bulbilles.** — Enfin, il arrive que de petits rameaux, nés à l'aisselle de
feuilles, s'épaississent beaucoup, se bourrent de réserves et se détachent
ensuite. Plusieurs espèces de Lis se propagent ainsi.

B. ANATOMIE ET MORPHOLOGIE INTERNES.

A. *STRUCTURE PRIMAIRE*.

a. ÉPIDERME ET ÉCORCE.

L'épiderme est généralement simple, pourvu de poils et de stomates.

Les couches externes de l'écorce sont parenchymateuses et vertes, ou bien collenchymateuses. Les couches internes sont souvent en partie sclérenchymateuses.

L'assise la plus interne, ou endoderme, est d'habitude chargée

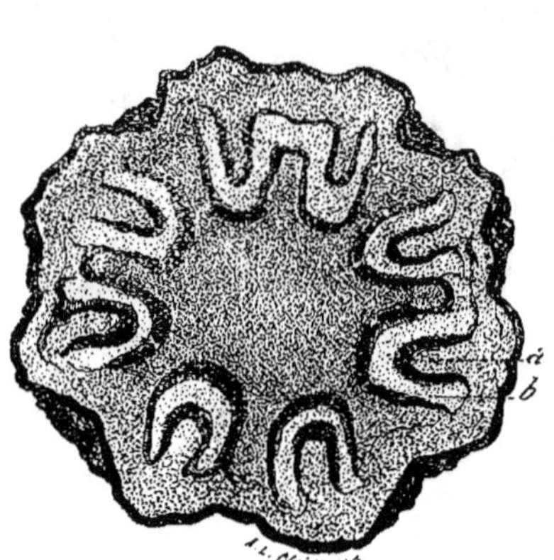

Fig. 120.

LA STRUCTURE DES TIGES DE FILICALES

A gauche, coupe transversale de la tige de *Cyathea albifrons*. Chaque stèle est bordée en dedans (**b**) et en dehors (**a**) d'une épaisse couche de tissu sclérifié. A droite anastomoses entre les stèles d'*Aspidium Filix-mas*; tout le tissu mou a été enlevé et il ne reste que le parenchyme scléreux. (D'après M. BELZUNG, 1900).

d'amidon; elle constitue la gaine amylifère, avec les gros grains qui interviennent dans la sensibilité à la gravitation (voir vol. I, fig. 81).

b. STÈLE.

C'est l'ensemble des tissus délimités par l'endoderme. Sa structure est très variable.

I. NOMBRE DE STÈLES.

α) **Monostélie.** — C'est le cas habituel : la stèle unique de la racine se continue dans la tige (fig. 119).

β) **Polystélie.** — La stèle se ramifie. Chez les *Selaginella* les stèles sont habituellement rangées les unes à côté des autres (fig. 122). Chez les Filicales, elles sont plus ou moins disposées en cercles, mais elles ne restent pas isolées : de fréquentes anastomoses les relient entre elles (fig. 120).

γ) **Astélie.** — La stèle est complètement dissociée en ses éléments, les faisceaux libéro-ligneux. Chaque faisceau est alors entouré d'un endoderme, et il n'y a plus en réalité de stèles.

2. Principaux types de structure.

a. Stèles a faisceaux simples.

Les Psilotales (fig. 121) ont une structure qui rappelle beaucoup celle de la racine : les faisceaux libériens et les faisceaux ligneux alternent régulièrement ; dans les faisceaux ligneux le bois est centripète.

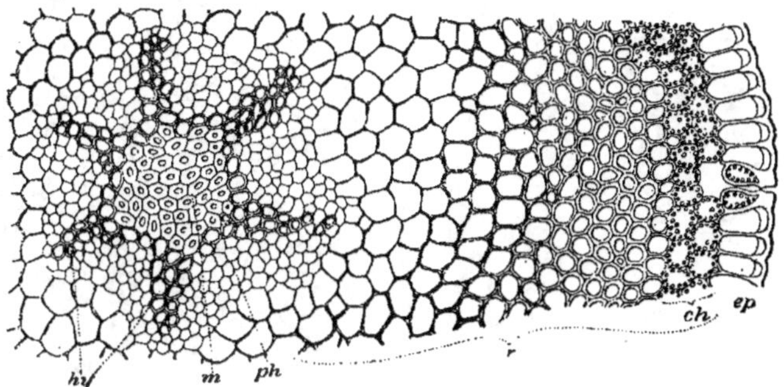

Fig. 121.

LA STRUCTURE D'UNE TIGE DE PSILOTUM TRIQUETRUM.

m, moelle ; — **hy**, faisceaux ligneux, à protoxylème périphérique ;
ph, faisceaux libériens ; — **r**, couches internes de l'écorce :
— **ch**, couches externes, vertes ; — **ep**, épiderme.
(D'après M. PRITZEL, 1902.)

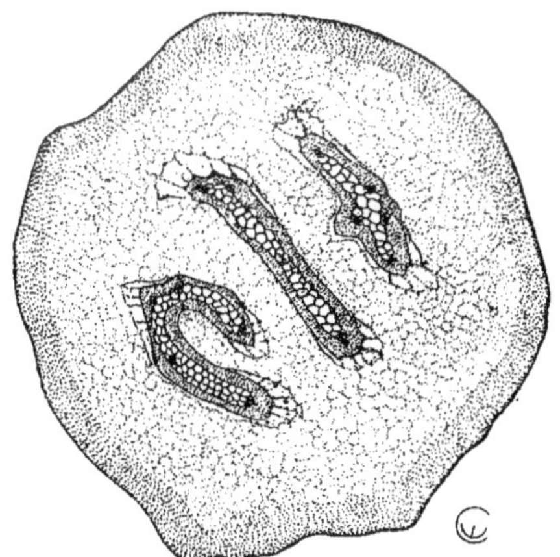

Fig. 122. — TIGE POLYSTÉLIQUE DE SELAGINELLA WILLDENOWII
Chaque stèle renferme plusieurs faisceaux ligneux (Voir fig. 123).

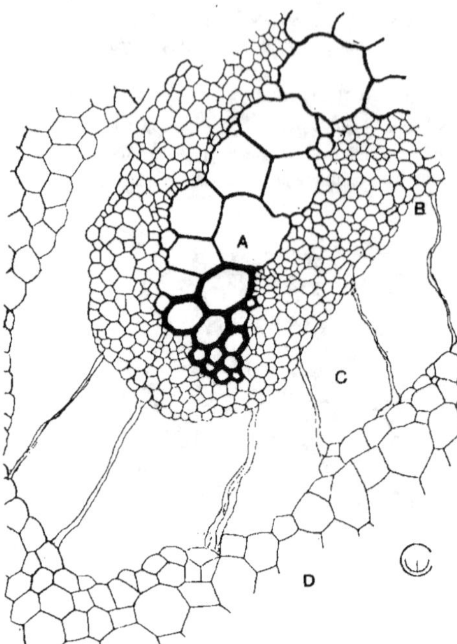

Fig. 123.

UN FAISCEAU LIGNEUX DE SELAGINELLA WILLDENOWII.
Le faisceau ligneux (**A**) a son protoxylème à l'angle
inférieur ; il est entièrement entouré de liber (**B**) ;
(**C**) endoderme creusé de grandes lacunes ;
(**D**) parenchyme

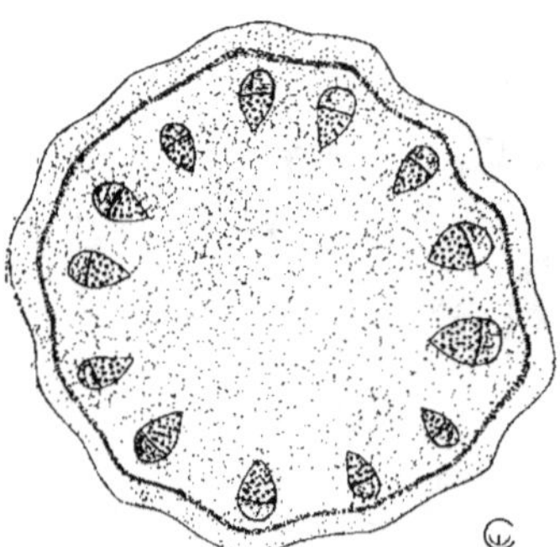

Fig. 124.

LA STRUCTURE PRIMAIRE D'UNE TIGE
HERBACÉE DU TYPE DICOTYLÉ : ARIS-
TOLOCHIA CLEMATITIS (SANTALALE)
(Pour le détail, voir fig. 125.)

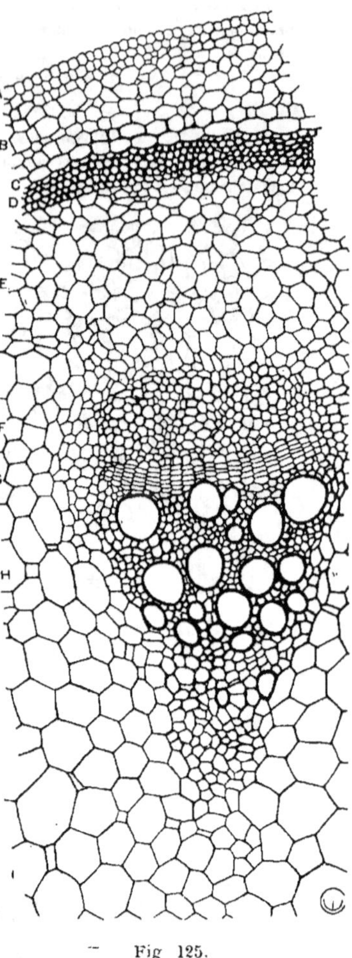

Fig 125.

LA STRUCTURE PRIMAIRE
D'UNE TIGE HERBACÉE DE DICOTYLÉDONÉE :
ARISTOLOCHIA CLEMATITIS (SANTALALE).

(Comparer avec la fig. 124.)

A, épiderme ; — **B**, écorce ; — **C**, endoderme ; — **D**, parenchyme scléreux du
péricycle ; — **E**, parenchyme réservoir du
péricycle ; — **F**, liber ; — **G**, cambium ;
— **H**, bois centrifuge : les premiers vaisseaux, les plus petits, sont vers le centre de
la tige ; — **I**, moelle.

Les Lycopodiales actuelles (fig. 122, 123) et les Filicales ont dans chaque stèle un certain nombre de faisceaux ligneux et de faisceaux libériens. Les faisceaux ligneux, à développement centripète, marchent à la rencontre les uns des autres, et ne tardent pas à se toucher.

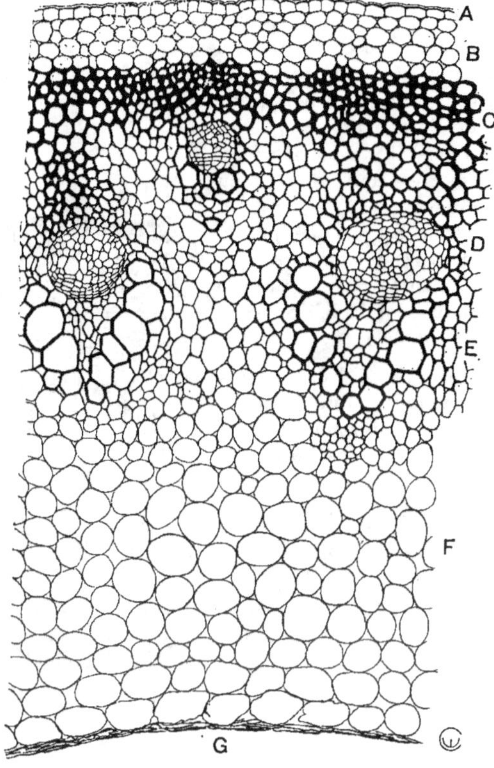

Fig. 126.

LA STRUCTURE PRIMAIRE
D'UNE TIGE HERBACÉE DU TYPE DICOTYLÉ :
THALICTRUM FLAVUM (RANALE)
A, épiderme ; — **B**, écorce ; — **C**, péricycle ; — **D**, liber ;
— **E**, bois ; — **F**, moelle ; — **G**, grande lacune centrale de
la tige.
Les faisceaux ne forment pas de cambium.

Les faisceaux libériens qui sont confluents, entourent les groupes ligneux, chez les Filicales et les *Selaginella* (fig. 123) ; dans la stèle unique des *Lycopodium*, ils entourent les massifs ligneux et se glissent aussi entre eux.

α) **Type dicotylé.** — Dans la tige de la majorité des Dicotylédonées et des Gymnospermes, la stèle comprend un cercle complet de faisceaux collatéraux, avec le liber tourné vers le dehors et le bois vers le dedans (fig. 124 à 128). Le liber primaire se différencie de l'extérieur vers l'intérieur; le bois primaire, au contraire, se développe dans le sens centrifuge. Il n'y a d'exception que pour certaines Ptéridophytes arborescentes de l'ère primaire (fig. 129) : leur bois primaire se différencie à la fois vers l'intérieur et vers l'extérieur.

Autour des libers, il y a plusieurs assises de péricycle, souvent plus ou moins sclérenchymateuses.

L'axe de la stèle est occupé par la moelle qui reste parenchymateuse.

Les rayons médullaires, logés entre les faisceaux, établissent la liaison entre le péricycle et la moelle.

β) **Type monocotylé.** — Les faisceaux sont tantôt collatéraux, tantôt concentriques. Mais au lieu de former un cercle unique et régulier, ils sont épars à travers

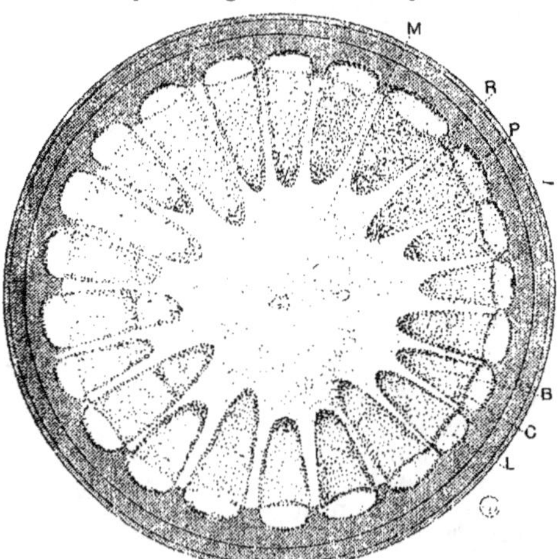

Fig. 127.

LA STRUCTURE PRIMAIRE D'UNE TIGE
LIGNEUSE DU TYPE DICOTYLÉ :
BERBERIS DARWINI (RANALE).

P, péricycle; **L**, liber; **C**, cambium;
B, bois; **M**, moelle; **R**, rayon médullaire.
(Pour le détail, voir p. 128.)

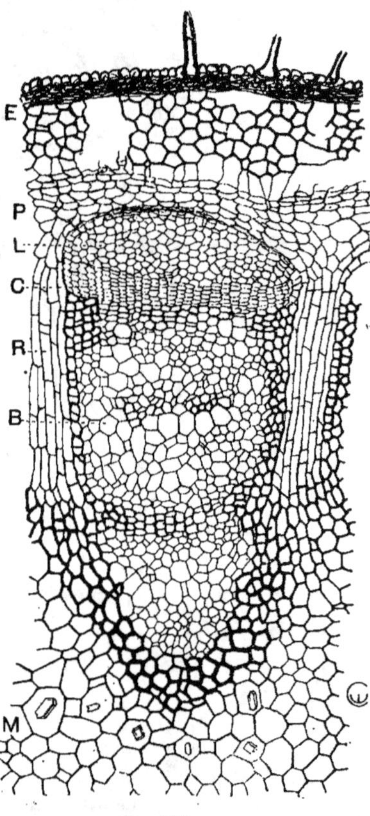

Fig. 128.

UN FAISCEAU PRIMAIRE DE LA TIGE
LIGNEUSE DE BERBERIS DARWINI (RANALE).

E, écorce et périderme; **P**, péricycle;
L, liber; **C**, cambium; **R**, rayon médullaire;
B, bois; **M**, moelle.

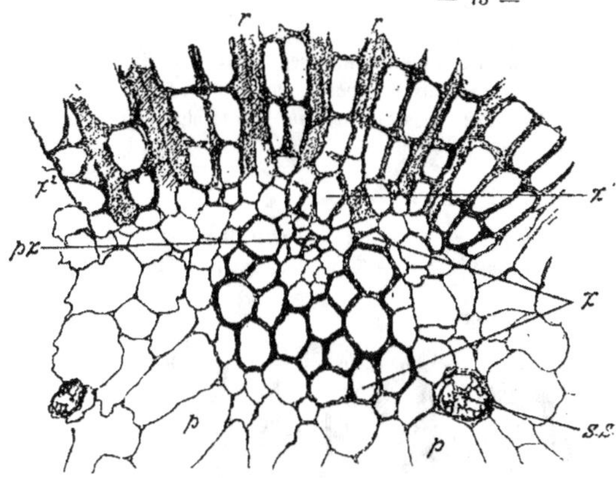

Fig. 129.

LE BOIS PRIMAIRE D'UNE CYCADOFILICÉE :
LYGINODENDRON
OLDHAMIUM, DU CARBONIFÉRIEN.

px, protoxylème (premiers vaisseaux formés dans le faisceau); **x**, vaisseaux nés ultérieurement du côté de la moelle; **x¹**, vaisseaux nés ultérieurement du côté de la périphérie; **x²**, bois secondaire avec des rayons médullaires secondaires (**r**); **p**, parenchyme médullaire avec cellules secrétrices (**ss**).

(D'après MM. Scott et Williamson.)

toute la stèle (fig. 130) si celle-ci est restée pleine, ou à sa périphérie, si elle est devenue largement creuse, comme dans le chaume des Graminacées.

c. Sortie des faisceaux vers les feuilles.

Les faisceaux sortent l'un après l'autre de la stèle pour se diriger vers les

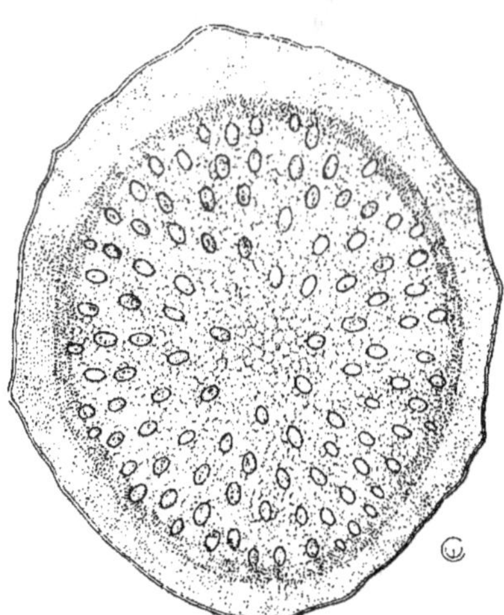

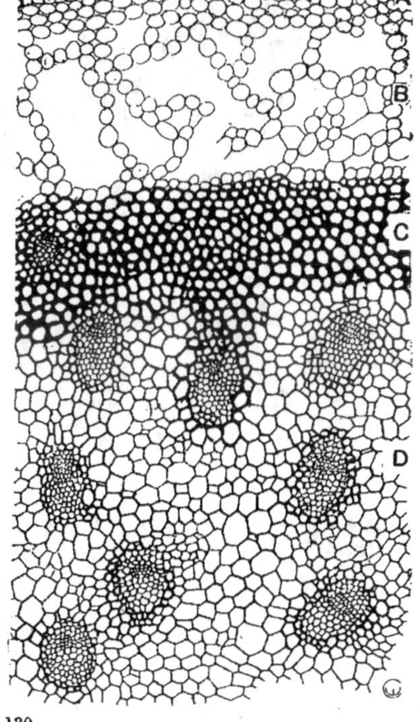

Fig. 130.

LA STRUCTURE D'UNE TIGE DE MONOCOTYLÉDONÉE : RUSCUS ACULEATUS (LILIIFLORALE).
A, épiderme ; **B**, écorce ; **C**, péricycle formé de parenchyme sclérenchymateux ; **D**, faisceaux.

feuilles. Au niveau de chaque insertion foliaire, ils s'anastomosent entre eux (fig. 131, 132), en même temps qu'ils donnent des rameaux destinés à une feuille. Tantôt ces rameaux sortent immédiatement (fig. 131, 132), tantôt ils montent encore plus ou moins loin dans la tige et vont dans une feuille située plus haut.

d. RÉDUCTION DU BOIS

Lorsque le courant de sève qui traverse le végétal, des racines aux feuilles, est peu actif, par exemple chez les plantes aquatiques, la partie ligneuse des faisceaux se réduit beaucoup,

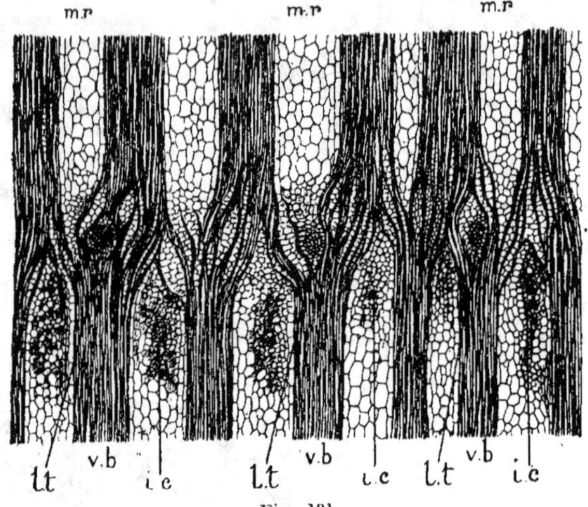

Fig 131.

TRAJET DES FAISCEAUX DANS UNE TIGE DE CALAMARIALE : CALAMITES COMMUNIS, DU CARBONIFÉRIEN.

Coupe tangentielle, passant par un nœud. **v. b**, faisceaux de la tige ; ils s'anastomosent au niveau du nœud et donnent des faisceaux qui se rendent aux feuilles **(l t)** ; — **m. r**, rayons médullaires, avec des amas de cellules petites **(i. c.)**.
(D'après M. SCOTT, 1909.)

tandis que la partie libérienne, restée pleinement fonctionnelle, se maintient intégralement (fig. 133).

3. CONNEXION ENTRE LA RACINE ET LA TIGE.

Chez la plupart des Ptéridophytes et des Phanérogames la structure de la stèle est très différente suivant qu'on l'envisage dans la tige ou dans la racine. La racine a des faisceaux simples, alternativement libériens et ligneux, à bois centripète. La tige, par exemple chez une Dicotylédonée, a des faisceaux libéro-ligneux collatéraux disposés en un cercle péri-phérique ; le liber de chaque faisceau est externe, à différenciation centripète ; le bois est interne, à différenciation centrifuge. La figure 134 montre comment les faisceaux de la racine se raccordent à ceux de la tige

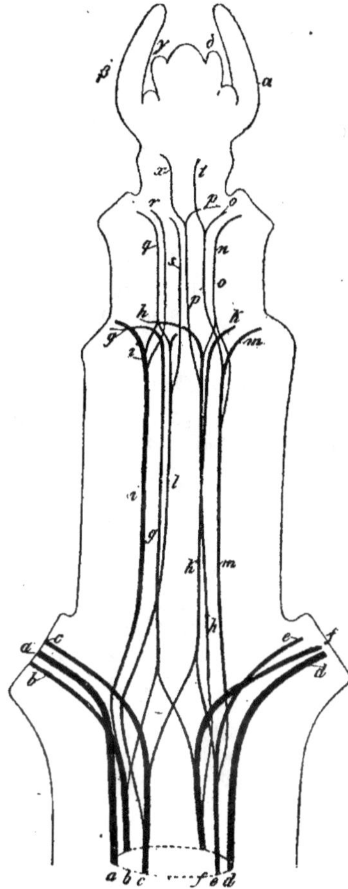

Fig. 132.

LE TRAJET DES FAISCEAUX DANS UNE TIGE DU
TYPE DICOTYLÉ A FEUILLES OPPOSÉES :
CLEMATIS VITALBA (RANALE).

a b c d e f, faisceaux d'un entrenœud qui
s'anastomosent au nœud, puis envoient des
branches qui vont trois par trois, vers les deux
feuilles; **g h i k l m**, leurs ramifications dans
l'entrenœud supérieur ; ils s'anastomosent
aussi au niveau du nœud, et envoient des
branches vers les feuilles et d'autres qui continuent dans le 3e entrenœud. Au sommet de
la tige, ébauches de feuilles : α β, dans le plan
de la figure ; γ δ, dans le plan perpendiculaire

(d'après NAEGELI).

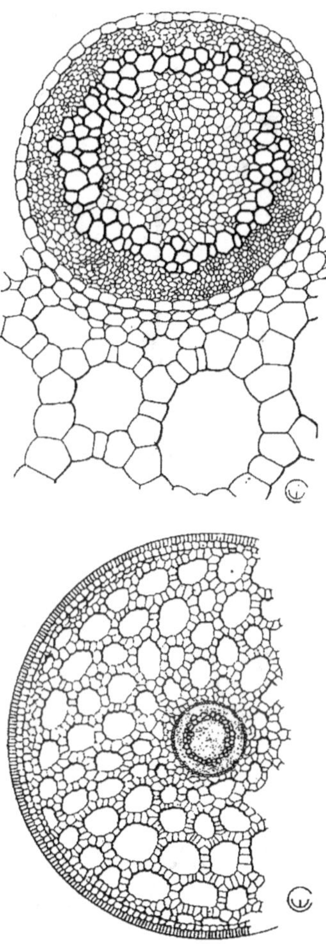

Fig. 133.

LA RÉDUCTION DU BOIS DANS UNE TIGE
DE PLANTE AQUATIQUE :

HIPPURIS VULGARIS (MYRTIFLORALE).

L'écorce est percée de grandes lacunes,
dont les parois séparatrices n'ont qu'une
seule cellule d'épaisseur. En haut, la
stèle plus grossie.

B. *ORIGINE DE LA STRUCTURE PRIMAIRE.*

a. INITIALE UNIQUE.

Les Filicées et les Équisétées, qui forment leurs racines par une initiale pyramidale triangulaire, ont un point végétatif à peu près semblable pour les tiges (fig. 135, 136). Seulement l'initiale est ici tout à fait terminale, et elle ne découpe donc pas de segments sur sa face basilaire.

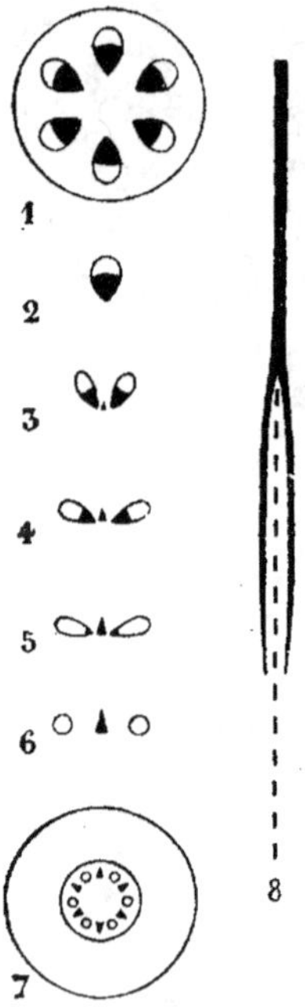

b. INITIALES MULTIPLES.

Chez les Lycopodiées et les Phanérogames, il y a trois groupes d'initiales (fig. 137). Le plus externe produit l'épiderme, — le moyen, l'écorce, — le plus interne, la stèle.

C. *ORIGINE DU POINT VÉGÉTATIF*

Les points végétatifs des tiges naissent toujours à la périphérie des tiges préexistantes : dans l'épiderme, quand l'ini-

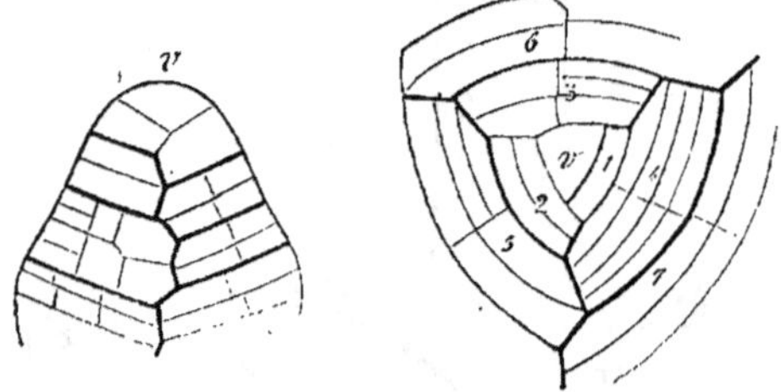

Fig. 135.

L'INITIALE PYRAMIDALE D'UNE TIGE D'ÉQUISETUM.

A gauche, en coupe longitudinale ; à droite, le sommet vu de face. **v**, l'initiale ; — 1, 2, 3... les segments de plus en plus âgés.

(D'après M. Belzung, 1900.)

Fig. 134.

LES CONNEXIONS DES FAISCEAUX DE LA TIGE AVEC CEUX DE LA RACINE.

1, coupe transversale de la tige ; faisceau libéro-ligneux avec bois centrifuge. 2, un des faisceaux de la tige. 3, 4, 5, le même faisceau coupé de plus en plus près de la racine : le faisceau se partage en deux, et entre les deux moitiés s'interpose du bois centripète. 6, la séparation est complète. 7, coupe transversale de la racine. 8, la partie ligneuse d'un faisceau aux diverses hauteurs représentées dans les fig. 1 à 7. (D'après M. Gravis, 1919.)

tiale est unique (fig. 136); dans l'épiderme et dans l'écorce, quand il y a plusieurs initiales (fig. 137).

Quant aux bourgeons qui naissent sur les racines, ils se forment à l'intérieur, tout comme les racines, et ils doivent aussi se frayer un passage à travers les tissus superficiels.

D. *STRUCTURE SECONDAIRE.*

Les Ptéridophytes actuelles ne dépassent guère la structure primaire ; au contraire, la plupart des Phanérogames présentent des modifications secondaires, qui sont des deux sortes :

a) Celles qui amènent la croissance en épaisseur, par le fonctionnement d'un cambium situé non loin de la périphérie de la stèle ;

b) Celles qui forment du liège, par l'activité d'un phellogène; celui-ci débute à la périphérie de l'écorce, ou même dans l'épiderme.

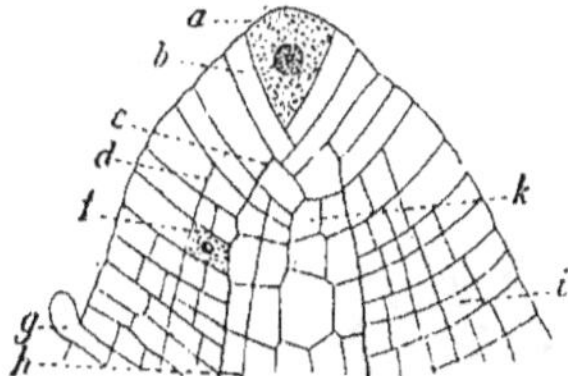

Fig. 136.

INITIALE D'UNE TIGE DE NEPHROLEPIS DAVALLIOIDES (FILICALE).

a, initiale en forme de pyramide triangulaire ; **b**, segments latéraux ; **c, d**, cloisons successives ; **f**, future initiale d'une racine, dans l'endoderme (**h**) ; **i**, écorce ; **k**, stèle ; **g**, papille.
(D'après VAN TIEGHEM, copié dans BELZUNG.)

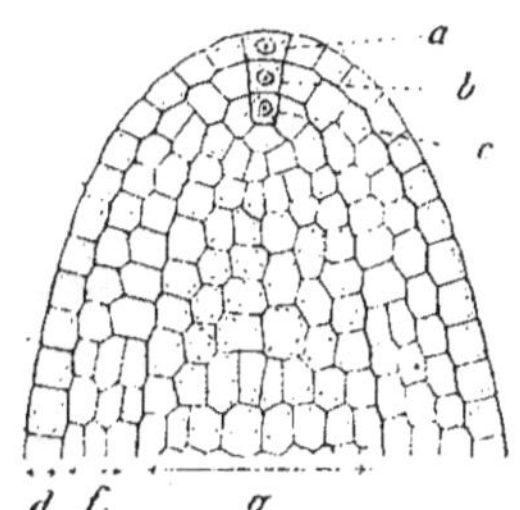

Fig. 137.

INITIALES MULTIPLES D'UNE TIGE DE PHANÉROGAME.

a, initiale de l'épiderme (**d**) ;
— **b**, initiale de l'écorce (**f**) ;
— **c**, initiale de la stèle (**g**).
(D'après M. BELZUNG, 1900.)

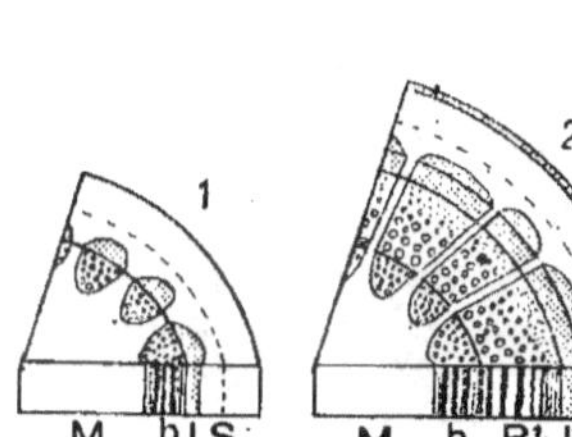
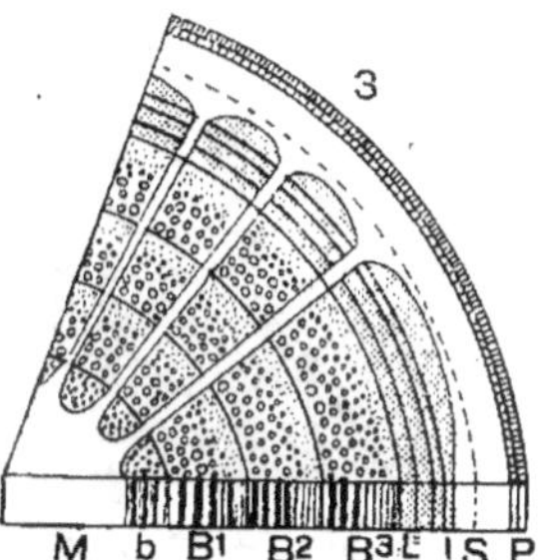

Fig. 138.

LA CROISSANCE EN ÉPAISSEUR D'UNE TIGE DU TYPE DICOTYLÉ.

1, structure primaire ; **2**, structure à la fin de la 1re année ; **3**, structure à la fin de la 3me année. **M**, moelle ; **b**, bois primaire ; **l**, liber primaire ; **S**, limite de la stèle ; **B₁**, **B₂**, **B₃**, bois primaire de la 1re, de la 2e, de la 3e année ; **P**, périderme. (Comparer avec la figure 141).

I. CROISSANCE EN ÉPAISSEUR.

Le cambium a une situation différente, suivant les cas.

a) CAMBIUM INTRA- ET INTERFASCICULAIRE.

Chez les Ginkgoées, les Conifères, les Gnétales et les Dicotylédonées, le cambium naît dans les faisceaux entre le bois et le liber, puis il passe d'un faisceau à l'autre à travers les rayons médullaires (fig. 138, 139, 140).

Il a donc la forme d'un anneau circulaire, immédiatement en dedans des libers.

α) **Les produits du cambium.** — Dans sa partie intrafasciculaire, la zone génératrice donne sur sa face interne du bois secondaire, qui

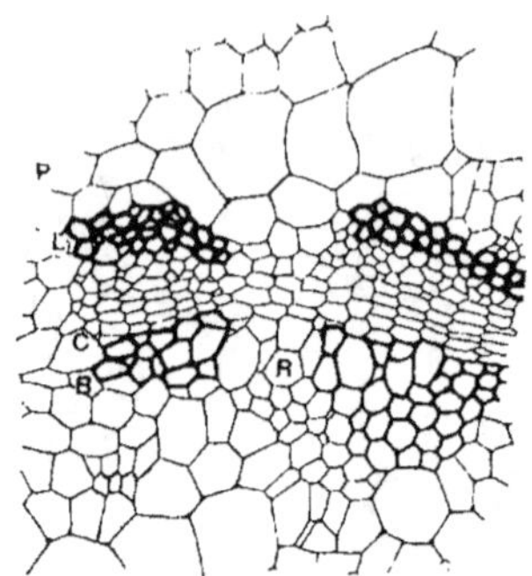

Fig. 139.

NAISSANCE DU CAMBIUM DANS UNE TIGE DU TYPE DICOTYLÉ : CASUARINA (VERTICILLALE).

P, péricycle ; **L**, liber ; **C**, cambium, encore limité aux faisceaux ; **B**, bois ; **R**, rayon médullaire.

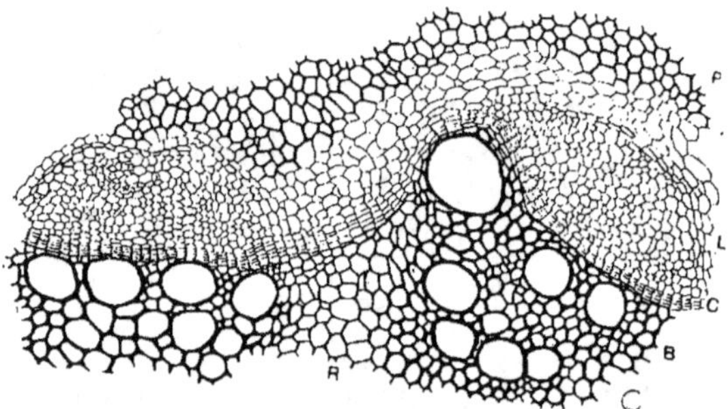

Fig. 140.

FORMATION DU CAMBIUM DANS UNE TIGE DE CLEMATIS VITALBA (RANALE).

P, péricycle ; **L**, liber ; **C**, cambium ; il a passé d'un faisceau à l'autre à travers le rayon médullaire (**R**) ; **B**, bois.

s'ajoute en dehors du bois primaire, — et sur sa face externe du liber secondaire, placé en dedans du liber primaire (fig. 141). A mesure que le cambium fonctionne, le bois primaire et le liber primaire, d'abord contigus, s'éloignent de plus en plus.

Toutefois le cambium produit aussi des files radiales de cellules parenchymateuses. Ce sont des **rayons médullaires internes**, qui ont le même aspect que les rayons médullaires primaires, sauf : *a)* qu'ils ne vont pas depuis la moelle jusqu'au péricycle, mais seulement d'une couche déterminée du bois à la couche correspondante du liber, et *b)* qu'ils n'ont qu'une hauteur d'un petit nombre de cellules.

Sur son trajet interfasciculaire, c'est-à-dire dans les rayons médullaires primaires, le

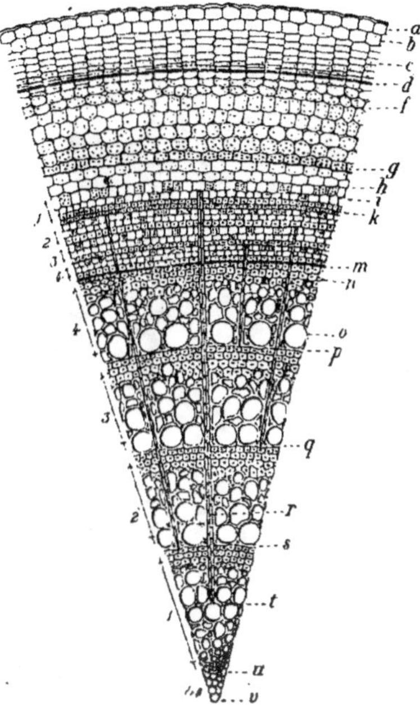

Fig. 141.

STRUCTURE SECONDAIRE D'UNE DICOTYLÉDONÉE.

a, épiderme ; **b**, première assise corticale ; **c**, liège ; **d**, phellogène, dans la 2e assise corticale ; **d f**, phelloderme ; **f g**, assises corticales profondes ; **g**, endoderme ; **g h**, péricycle ; **h i**, liber primaire ; **i k**, liber secondaire de la première année ; **m**, cambium ; **n p**, bois de la 4e année ; **p q**, bois de la 3e année ; **q s**, bois de la 2e année ; **s t**, bois secondaire de la 1re année ; **t u**, bois primaire ; **v**, moelle ; **r**, rayon médullaire secondaire
(D'après M. BELZUNG, 1900).

cambium produit principalement du parenchyme sur ses deux faces ; mais il donne aussi de nouveaux faisceaux qui sont logés dans l'épaisseur du rayon médullaire. Le nombre des faisceaux secondaires est donc supérieur à celui des faisceaux primaires.

β) **Les couches annuelles.** — Le fonctionnement du cambium est loin d'être continu. Il débute au printemps en donnant dans le bois de larges vaisseaux mêlés à quelques cellules de parenchyme et à quelques fibres ; puis naissent des vaisseaux de plus en plus étroits ; enfin, en été, il ne se

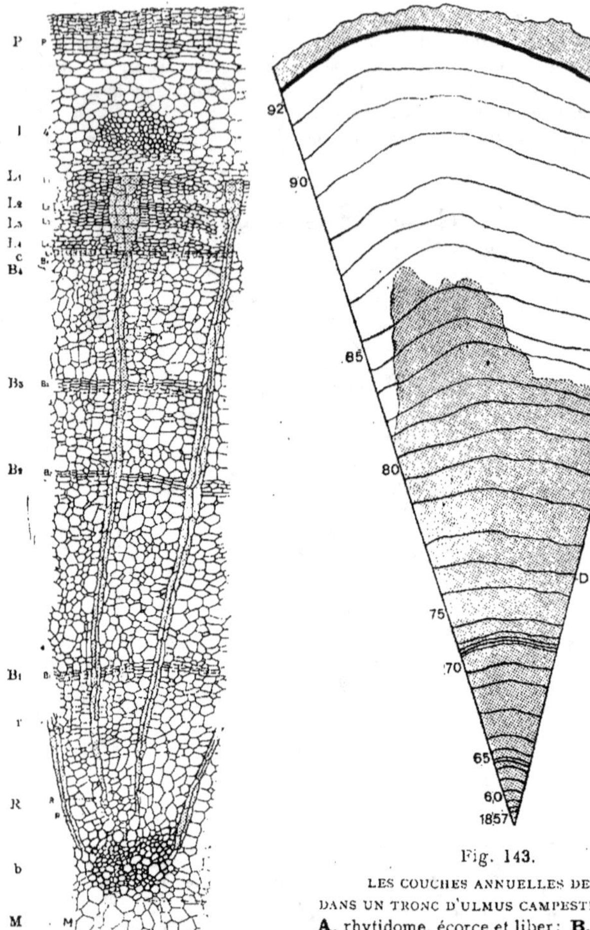

Fig. 142. — LA STRUCTURE D'UNE TIGE, AGÉE DE 4 ANS, DE LIRIODENDRON TULIPIFERA (RANALE).

P, périderme ; l, liber primaire ; **L₁, L₂, L₃. L₄**, libers secondaires de la 1ʳᵉ, de la 2ᵉ, de la 3ᵉ, de la 4ᵉ année ; **c**, cambium ; **B₄, B₃, B₂, B₁**, limites externes des bois secondaires de la 4ᵉ, de la 3ᵉ, de la 2ᵉ, de la 1ʳᵉ année ; **r**, rayon médullaire primaire ; **R**, rayon médullaire secondaire ; **b**, bois primaire, **M**, moelle.

Fig. 143.

LES COUCHES ANNUELLES DE BOIS DANS UN TRONC D'ULMUS CAMPESTRIS (ORME).

A, rhytidome, écorce et liber ; **B**, cambium ; **C**, aubier ; **D**, bois de cœur.

Les couches annuelles sont numérotées, depuis 1857, année où s'est formée la couche la plus interne, jusqu'en 1892, dernière année où l'arbre ait poussé. L'arbre a vécu en pépinière jusqu'en novembre 1863 : puis transplanté en 1864, il n'a fait qu'une faible couche de bois. Mais il a vite repris sa vigueur. Puis, il a été transplanté de nouveau, pendant l'hiver 1870-1871 ; ce deuxième déplacement, effectué quand il avait déjà une quinzaine d'années, a eu des conséquences plus graves que le premier : pendant trois années les couches de bois ont été fort minces. Mais il s'est remis, et depuis lors il a poussé normalement.

(D'après L. ERERA ET E. LAURENT, 1897.)

forme plus guère que des fibres (fig. 142, 144). L'activité du cambium cesse alors brusquement, pour reprendre au printemps de l'année suivante.

Le bois lâche et mou, avec de grands vaisseaux, qui naît au printemps, sert surtout à la conduction ; il se produit au moment où l'arbre a besoin de canaliser vers ses jeunes feuilles une énorme quantité d'eau. Le bois dur et serré, construit plus tard, assure la solidité du tronc et des branches.

L'épaisseur de la couche annuelle de bois est très variable (fig. 143) ; elle dépend des conditions météorologiques, de la fertilité du terrain, de l'état de santé de l'arbre, et de son âge.

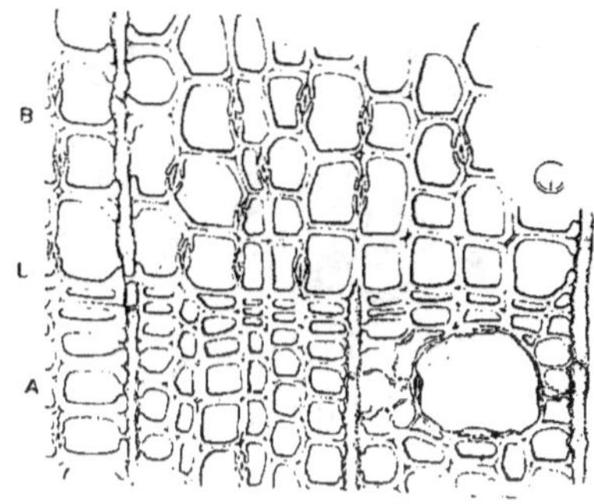

Fig. 144.

COUPE TRANSVERSALE DU BOIS DE PINUS SYLVESTRIS

(CONIFÈRE)

A, dernières assises d'une couche annuelle, composées surtout de fibres ; **L**, limite entre cette couche et la suivante (**B**), dont on voit les premières assises, composées surtout de vaisseaux ; leurs parois radiales portent des ponctuations aréolées, vues en coupe. La coupe contient trois rayons médullaires.
A droite, coupe d'un canal résineux.

(Comparer avec les fig. 145 et 146)

γ) **Le bois de cœur et l'aubier.** — Pendant un certain nombre d'années, le bois maintient intégralement tous ses caractères. Mais il vient un moment où ses éléments, vaisseaux, fibres et cellules parenchymateuses, s'incrustent de corps résineux et de matières minérales, parmi lesquelles domine l'oxalate de calcium. En même temps succombent les dernières cellules du parenchyme, et le tissu, définitivement mort, ne sert plus guère à la conduction. Ce bois, à la fois minéralisé et imprégné d'antiseptiques, résiste beaucoup mieux à la pourriture, aussi est-il beaucoup plus apprécié pour les usages industriels. On l'appelle le bois de cœur ; il est généralement plus foncé que le bois jeune, encore parsemé de cellules vivantes, ou aubier, situé à la périphérie du tronc (fig. 143).

L'âge auquel s'opère la transformation d'aubier en bois de cœur est très variable suivant les essences. Dans un même tronc, elle n'a d'ailleurs pas lieu au même âge pour toutes les couches; la limite du bois de cœur est donc assez irrégulière (fig. 143). Dans certains troncs de Hêtre, on a constaté que des couches âgées de 135 ans contenaient encore des cellules vivantes; or, ces cellules ne s'étaient plus divisées depuis qu'elles étaient sorties du cambium; elles avaient donc vécu sans changements depuis si longtemps.

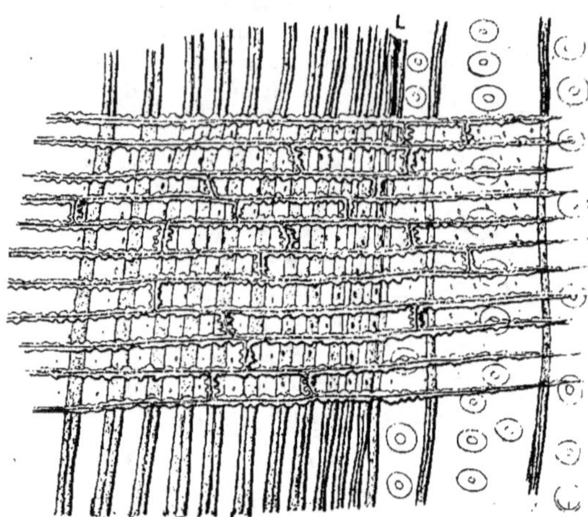

Fig. 145.

COUPE LONGITUDINALE RADIALE
DU BOIS DE PINUS SYLVESTRIS (CONIFÈRE)

A gauche les dernières assises d'une couche annuelle, composées surtout de fibres; **L**, limite entre cette couche et la suivante (à droite), dont on voit les premières assises, composées surtout de vaisseaux; leurs parois radiales, vues de face, portent des ponctuations aréolées. Un rayon médullaire, ayant une hauteur d'une dizaine de cellules, traverse horizontalement la coupe. (Comparer avec les fig. 144 et 146)

 δ) **Les dessins du bois.** — Ce qui vient d'être dit permet de comprendre les dessins du bois, qui sont caractéristiques pour chaque essence. Si nous laissons de côté la limite du cœur et de l'aubier, les dessins qu'on distingue dans le bois sont de deux sortes :

Les limites des couches annuelles ;

Les rayons médullaires, presque tous secondaires.

Ces dessins présentent de grandes différences suivant que la coupe est transversale, c'est-à-dire perpendiculaire à l'axe, longitudinale radiale, c'est-à-dire parallèle à l'axe et parallèle à un rayon, ou longitudinale tangentielle, c'est-à-dire parallèle à l'axe et perpendiculaire à un rayon. Les figures 144, 145 et 146 donnent une bonne idée de ces divers aspects du bois.

b) Cambium des Ptéridophytes.

Les Ptéridophytes arborescentes du Primaire avaient d'énormes troncs (fig. 228). La structure secondaire de la stèle correspondait dans ses grandes lignes à celle des Dicotylédonées, sauf en un point : le bois secondaire, constitué presque exclusivement par des trachéides (fig. 50), d'un calibre à peu près uniforme, était trop mou et ne pouvait pas donner à l'arbre la solidité nécessaire ; aussi les éléments sclérenchymateux étaient-ils très abondants dans l'écorce (fig. 147).

c) Cambiums anormaux des lianes.

La tige des lianes est sans cesse exposée à se détacher des arbres sur lesquels elle grimpe et à retomber par terre ; elle doit donc être capable de se laisser impunément plier et

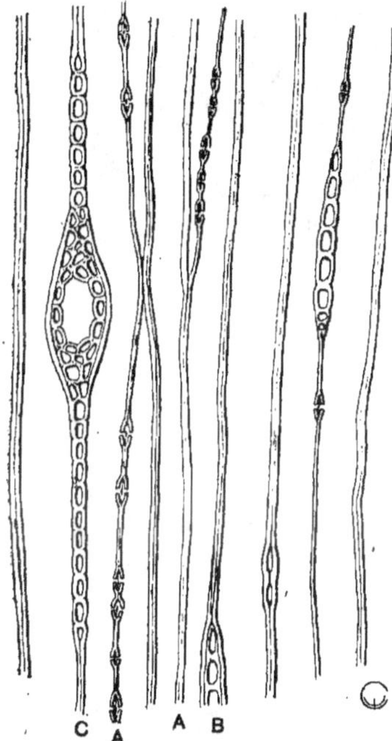

Fig. 146.

COUPE LONGITUDINALE TANGENTIELLE DU BOIS DE PINUS SYLVESTRIS (CONIFÈRE).

La coupe passe par des vaisseaux ; on voit, au milieu en haut, que ce sont des trachéides. Les rayons médullaires (**B,C**), se présentent en coupe verticale ; celui de gauche (**C**) loge un canal résineux. Dans les parois des vaisseaux, des ponctuations aréolées, vues en coupe (**A**).

(Comparez avec la fig. 144 et 145.)

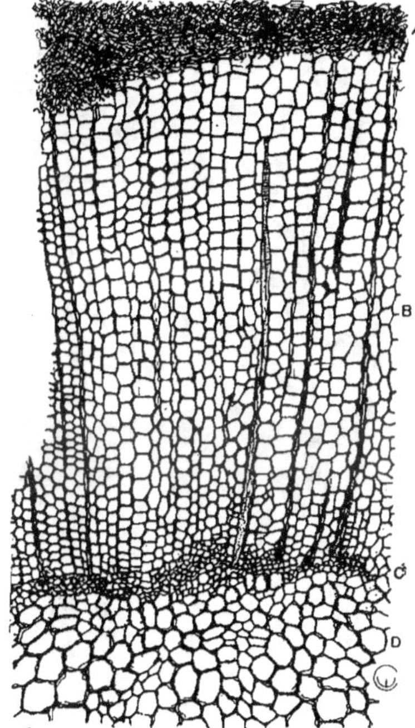

Fig. 147

LE BOIS SECONDAIRE

D'UNE LÉPIDOPHYTALE DU CARBONIFÉRIEN : LÉPIDODENDRON BREVIFOLIUM.

A, liber ; **B**, bois secondaire, avec rayons médullaires secondaires ; **C**, bois primaire ; **D**, moelle.

tordre. Ceci n'est pas possible si les faisceaux sont contigus, et par conséquent solidaires, comme dans les arbres. Dans les lianes ils sont séparés par d'épaisses lames de tissu parenchymateux mou, dans lesquels ne naissent pas de faisceaux secondaires. Ailleurs la tige, au lieu de rester plus ou moins cylindrique, s'aplatit secondairement en forme de ruban ; ou bien chaque cambium, après avoir fonctionné quelque temps, est remplacé par une nouvelle assise génératrice née dans l'écorce, dans le péricycle ou dans le liber. Les figures 148 à 151 en représentent quelques cas.

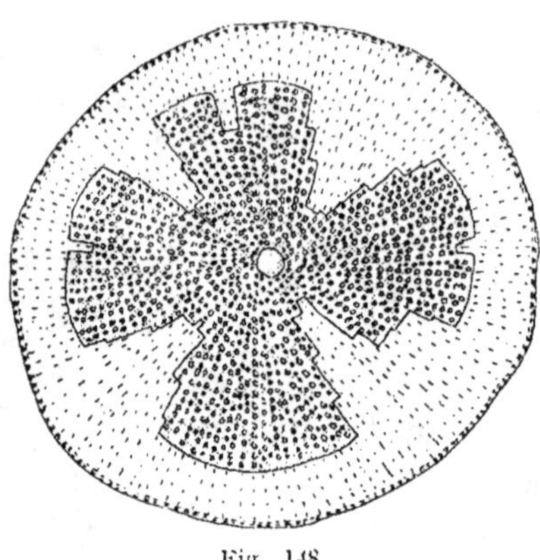

Fig. 148

LA CROISSANCE EN ÉPAISSEUR
DE LA TIGE D'UNE LIANE BRÉSILIENNE
(BIGNONIACÉE).

Fig. 149.

TIGE APLATIE ET
ONDULEUSE D'UNE
LIANE :
BAUHINIA (ROSALE)
DU BRÉSIL.

Les feuilles étaient placées sur deux rangs ; la tige s'est aplatie perpendiculairement au plan d'insertion des feuilles.

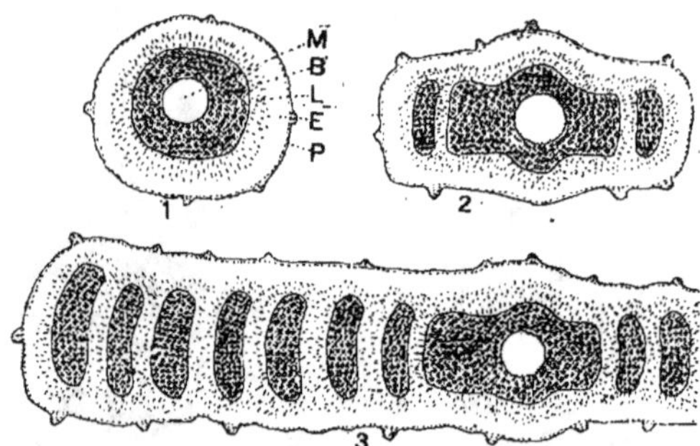

Fig. 150.

LE DÉVELOPPEMENT D'UNE TIGE DE LIANE :
CISSUS SCARIOSA (SAPINDALE), DE JAVA.

1, état jeune, **M**, moelle ; — **B**, bois ; — **L**, liber ; — **E**, écorce ; — **P**, périderme. 2, le cambium n'a plus fonctionné que suivant un seul diamètre ; puis il a cessé de fonctionner ; un nouveau cambium, parallèle au premier, est né dans le liber. 3, des cambiums, toujours parallèles, sont nés plusieurs fois de suite.

d) Cambium péricyclique

Les rares Monocotylédonées qui
croissent en épaisseur ont un cambium qui n'a aucun rapport avec les
faisceaux primaires. Quelques couches de cellules situées en dehors
des faisceaux, dans le péricycle par
conséquent, prennent des cloisons
tangentielles et forment à la fois du
parenchyme et de nouveaux faisceaux, à peu près semblables aux
faisceaux primaires (fig. 152).

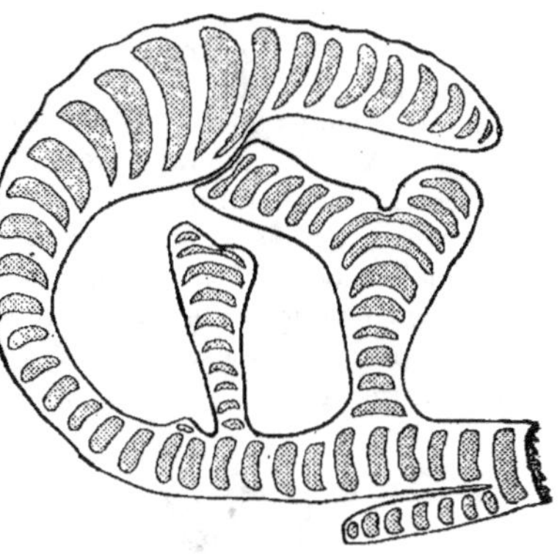

Fig. 151.

COUPE TRANSVERSALE D'UNE TIGE DE LIANE
RÉCOLTÉE A RIBA-RIBA (CONGO) PAR E. LAURENT.

La tige est plate et elle porte des ailes, qui
peuvent être ailées à leur tour. De nouveaux
cambiums remplacent sans cesse les anciens.

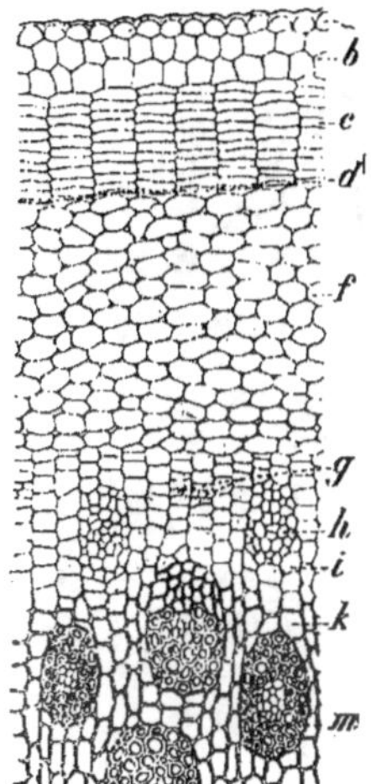

Fig. 152.

LA STRUCTURE SECONDAIRE
D'UNE MONOCOTYLÉDONÉE
ARBORESCENTE :
DRACOENA (LILIFLORALE).

a, épiderme; **b**, assises
corticales externes; **c**, liège;
d, phellogène; **f i**, péricycle; **g**, première ébauche
d'un nouveau faisceau,
dans le cambium péricy-
clique; **h**, faisceau déjà
mieux différencié; **m**, faisceau adulte: il est con-
centrique, à liber central;
k, parenchyme scléreux.
(D'ap. M. Belzung, 1900).

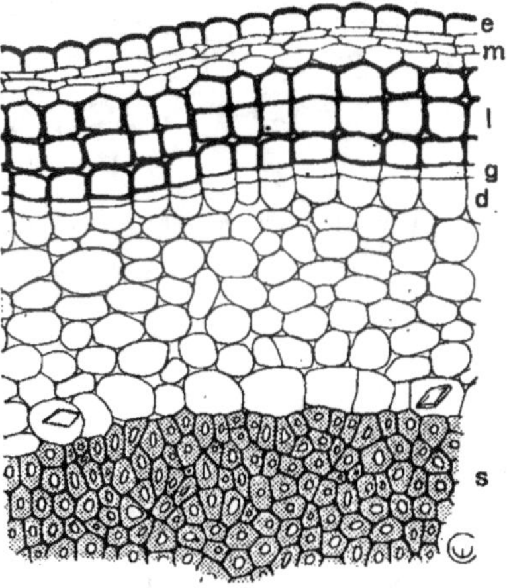

Fig. 153.

FORMATION D'UN PHELLOGÈNE DANS LA
QUATRIÈME COUCHE CORTICALE
DE WISTARIA SINENSIS (ROSALE).

e, épiderme; **m**, les trois assises corticales
mortifiées; **l**, liège; **g**, phellogène; **d**, phelloderme; **s**, parenchyme sclérenchymateux.

2. FORMATION DU RHYTIDOME.

En même temps que la tige croît en épaisseur, ses tissus périphériques, incapables à la fois de multiplier leurs cellules et de les agrandir dans le sens tangentiel, se fendraient et mettraient à nu les tissus profonds, si un nouveau système tégumentaire ne remplaçait l'ancien : un phellogène prend naissance près de la surface, et se met à fonctionner (fig. 153).

Le liège ainsi formé est à peu près impénétrable aux gaz et à l'eau. Mais il présente de place en place des lenticelles par lesquels se fait l'aération (fig. 154).

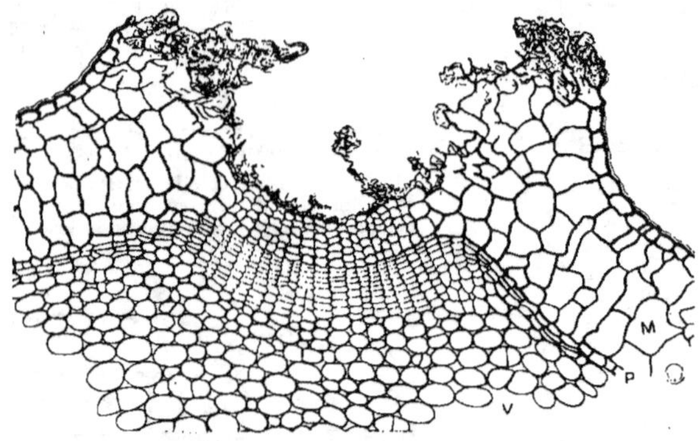

Fig. 154.

LA STRUCTURE D'UNE LENTICELLE.

Coupe transversale de la périphérie de la tige de *Syringa Josikaea* (Contortale).

A, épiderme ; **M**, couches périphériques de l'écorce ; **P**, phellogène ; **V**, couches internes de l'écorce. Au milieu de la coupe, une lenticelle : le liège est plus épais, mais ses cellules laissent entre elles des méats.

Presque toujours ce phellogène meurt bientôt, et il s'en produit un nouveau, plus profondément ; dès que celui-ci a donné sa couche de liège, toutes les cellules encore vivantes, situées entre celle-ci et la couche précédente, sont vouées à la mort par inanition. Ce deuxième phellogène est lui aussi éphémère, et il est remplacé par un troisième ; celui-ci par un quatrième, et ainsi de suite.

Il naît ainsi, tout autour de la tige, une masse plus au moins épaisse de tissus morts, dont chaque couche est comprise entre deux phellogènes ; cet ensemble est le rhytidome (fig. 155).

Parfois chaque nouveau phellogène fait un anneau complet ; les tissus mortifiés s'enlèvent alors en lambeaux annulaires, comme chez le Bouleau jeune et le Cerisier. Le plus souvent chaque phellogène s'appuie latéralement sur les lièges préexistants; dans ce cas le rhytidome se détache par écailles plus ou moins grandes. D'habitude, celles-ci sont polygonales, par exemple chez les Pins et les Platanes; sur les tiges grimpantes des Chèvrefeuilles et des Clématites, on les voit pendre comme de longues lanières.

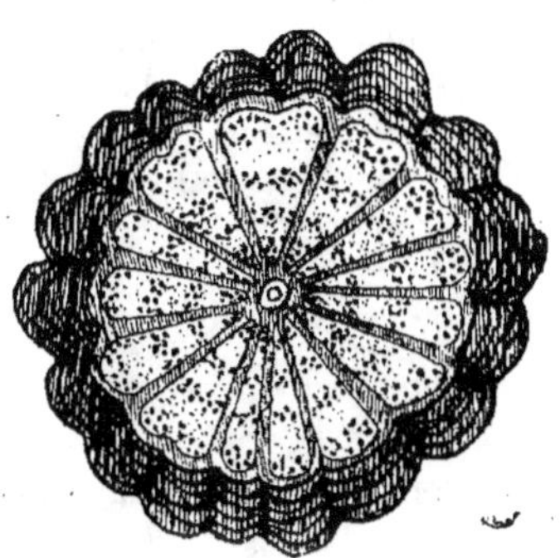

Fig. 155.

LE RHYTIDOME ENTOURANT
UNE TIGE DE CLEMATIS VITALBA
(RANALE).

Les faisceaux sont séparés par de larges rayons médullaires. Alor que les faisceaux (et les rayons médullaires) n'étaient qu'au nombre de six dans la structure primaire, ils se sont multipliés, ce qui facilite les torsions et les courbures de la tige. Celle-ci est une liane.

(D'après Mlle BARZIN
ET Mlle BRASSINE, 1911.)

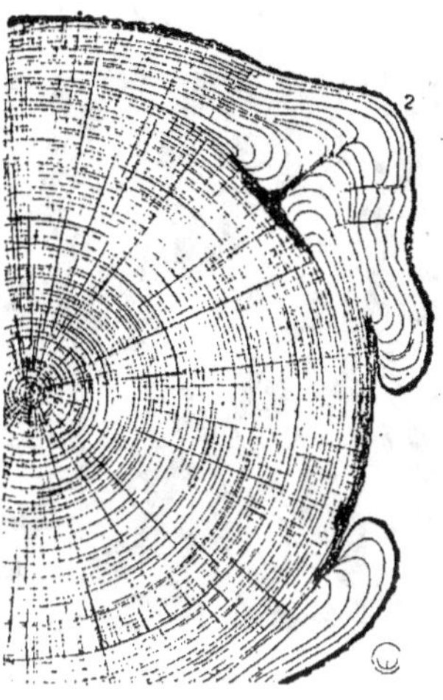

Fig. 156.

LA CICATRISATION DE BLESSURES
SUR UN TRONC
DE FAGUS SYLVATICA (HÊTRE).

Deux larges plaies traversaient les tissus superficiels et atteignaient le bois. La blessure 1 est en voie de cicatrisation par des bourrelets issus du cambium ; la blessure 2, moins large, est déjà recouverte.

5. RÉPARATION DES BLESSURES.

La cicatrisation présente dans la tige un aspect très particulier lorsque la lésion intéresse le cambium. Les petites plaies superficielles se ferment simplement par un phellogène superficiel. Mais quand elles pénètrent jusqu'à la zone génératrice, celle-ci se met à fonctionner beaucoup plus vivement au niveau de sa surface mise à nu. Les bourrelets formés tout autour de la plaie marchent à la rencontre les uns des autres (fig. 156), jusqu'à ce que la fermeture soit complète.

C'est de la même manière que se recouvrent les plaies laissées sur un tronc d'arbre par la chute naturelle des branches inférieures.

IV. LA FEUILLE.

A. **ANATOMIE ET MORPHOLOGIE EXTERNES**.

La feuille est le siège principal de l'assimilation chlorophyllienne et de la transpiration. En outre, chez les Phanérogames, elle porte à son aisselle un bourgeon qui peut se développer en un rameau.

Fig. 157.
FEUILLE AVEC LIMBE, PÉTIOLE ET STIPULES DE MESPILUS MONOGYNA (AUBÉPINE).
(D'après Mlles COENRAETS ET D'HAENENS, 1922.)

Les feuilles sont toujours portées sur la tige. Le niveau d'insertion d'une ou de plusieurs feuilles s'appelle le nœud ; la portion de tige comprise entre deux nœuds successifs est l'entrenœud.

A. LES PARTIES DE LA FEUILLE ET LEUR ORIGINE.

La feuille se compose du limbe, du pétiole, de la gaine et des stipules (fig. 157, 158, 159).

Le limbe, large et aplati, est l'élément essentiel, puisque c'est là que sont localisés les parenchymes assimilateurs et transpirateurs.

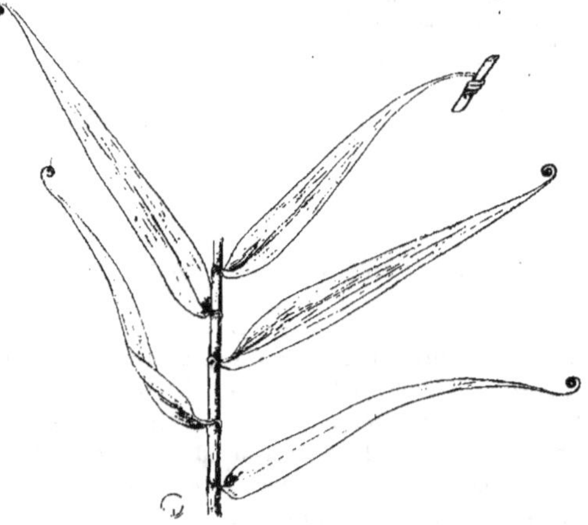

Fig. 158. — LES PARTIES DE LA FEUILLE DE FLAGELLARIA INDICA (LILIIFLORALE).
Chaque feuille porte inférieurement une gaine qui entoure la tige.
Elle se termine par une vrille en forme de ressort de montre.

Le pétiole écarte le limbe de la tige et des autres limbes, ce qui la met en meilleure situation par rapport à la lumière.

La base du pétiole est presque toujours fort élargie, assurant ainsi une meilleure fixation sur la tige. L'élargissement est parfois si marqué qu'il forme une gaine entourant complètement la tige, et coopérant à sa con-

Fig. 159.

FEUILLES AVEC GRANDE GAINE, DE MUSA (BANANIER).

La tige est un rhizome souterrain. Les gaines sont enroulées, les plus âgées à l'extérieur. Chaque feuille doit donc traverser de bas en haut le tube limité par les gaines. Quand la plante est adulte, le sommet de la tige traverse à son tour le tube et produit des fleurs.

(D'après PECHUEL-LOESCHE, copié dans PETERSEN, 1889).

solidation (fig. 158, 159) Quand la gaine manque, on trouve fréquemment deux lames vertes, les stipules, l'une à droite, l'autre à gauche (fig. 157); elles servent d'habitude à protéger le bourgeon axillaire ou les feuilles plus jeunes.

La feuille naît sur le point végétatif de la tige comme une petite saillie (fig. 160, 161). Celle-ci s'allonge par l'activité d'un groupe d'initiales propres, situé à son sommet. Les portions basilaires de la jeune feuille sont donc plus âgées que la pointe ; mais il arrive aussi que le point végétatif a une durée fort courte : l'allongement ultérieur de la feuille s'effectue alors par un méristème basilaire ; ce cas se voit le mieux chez les Graminacées : le sommet d'une feuille est déjà adulte ou même à moitié flétri, alors que sa base, engagée dans la gaine d'une feuille plus âgée, est encore embryonnaire.

Beaucoup de feuilles sont ramifiées, c'est-à-dire que sur les côtés de la saillie foliaire se différencient de nouveaux points végétatifs dont chacun est le point de départ d'un lobe, d'un segment ou d'une foliole (fig. 161, 162). Tantôt les dernières formées de ces ramifications sont près du sommet, tantôt près de la base.

Mais il y a aussi de nombreuses feuilles qui se sont simplifiées dans le cours de l'évolution. Des feuilles ancestrales plus ou moins divisées ont donné des dérivés plus simples, soit par la suppression de folioles, soit par leur coalescence (fig. 165).

Dès qu'une feuille est adulte, son point végétatif cesse de fonctionner, et toute croissance s'arrête. Mais on connaît quelques feuilles à développement indéfini, conservant toujours un ou plusieurs points végétatifs aptes à se remettre en activité. Chez les *Gleichenia* (Filicales),

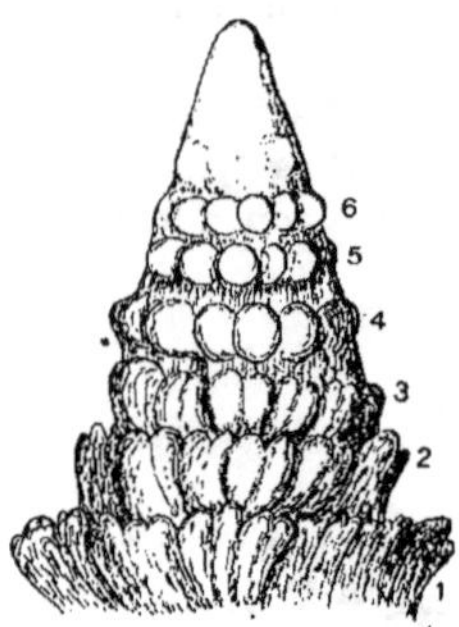

Fig. 160.

LA SUCCESSION DES FEUILLES SUR LE POINT VÉGÉTATIF DE LA TIGE DE CERATOPHYLLUM DEMERSUM (RANALE).

1 à **6**, verticilles de plus en plus jeunes.

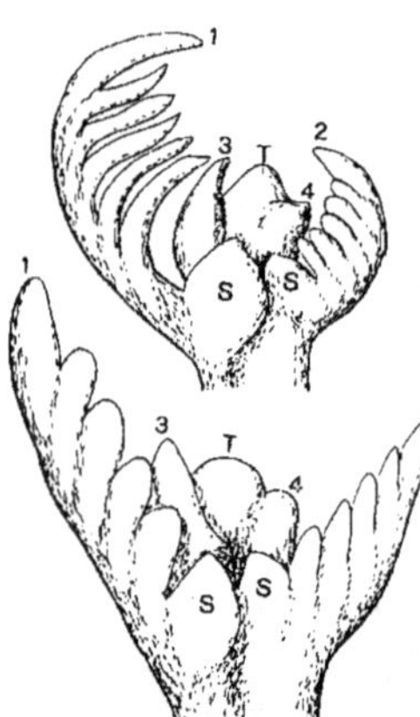

Fig. 161.

LA SUCCESSION DES FEUILLES SUR LE POINT VÉGÉTATIF DE LA TIGE.

En haut *Cicer arietinum*, en bas *Vicia varia* (Rosales). **T**, point végétatif de la tige ; **S**, stipules ; **1**, **2**, **3**, **4**, feuilles de plus en plus jeunes. Les segments de *Cicer arietinum* sont tous assimilateurs ; les segments supérieurs de *Vicia* deviennent des vrilles.

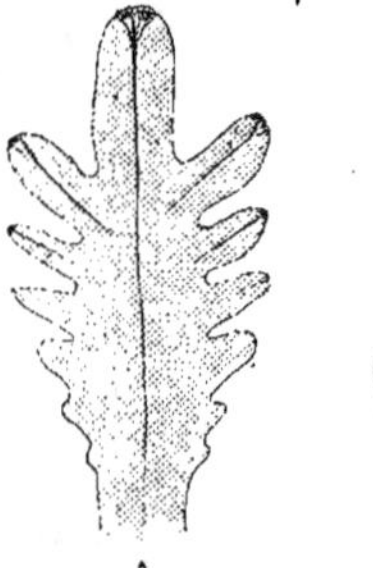

Fig. 162.

LA SUCCESSION DES SEGMENTS SUR LES ÉBAUCHES DE FEUILLES.

A, *Hottonia palustris* (Primulale) ; les segments les plus âgés sont près de la pointe ; **B**, *Sambucus Ebulus* (Rubiale) : les segments les plus âgés sont près de la base.

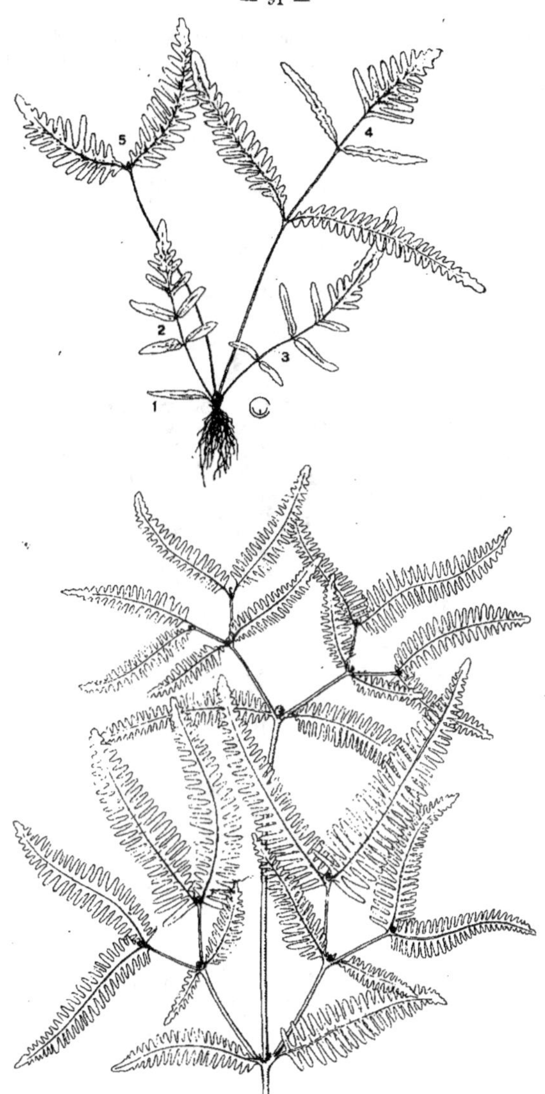

Fig. 163. — LA CROISSANCE INDÉFINIE
DES FEUILLES DE GLEICHENIA
VULCANICA (FILICALE).

En haut, plantule avec les 5 premières feuilles. Les feuilles 1 à 4 ont une croissance définie ; mais la feuille 5 conserve un point végétatif entre les deux segments.

En bas, une feuille de la plante adulte. La feuille se ramifie dichotomiquement ; à chaque bifurcation persiste un point végétatif qui peut se remettre à pousser.

après les toutes premières feuilles qui ont une croissance définie, naissent des feuilles à croissance sympodiale (fig. 163), pseudo-dichotomique, pourvues d'un point végétatif dans chaque fourche. Certaines Sapindales ont aussi des feuilles à croissance illimitée, mais elles sont monopodiales (fig. 164).

Fig. 164.

LA CROISSANCE INDÉFINIE DES FEUILLES DE CHISOCHETON (SAPINDALE).
RAMEAU PORTANT 5 FEUILLES.

Chaque feuille forme successivement des paires de segments, mais son sommet conserve toujours un point végétatif qui peut faire de nouvelles paires de segments.

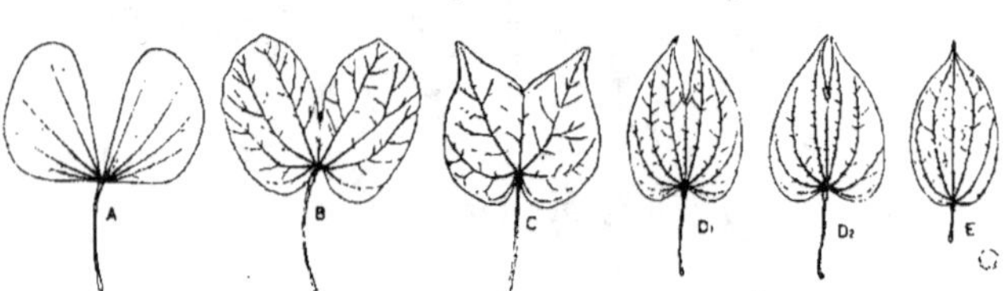

Fig. 165.

LA SOUDURE DE SEGMENTS FOLIAIRES.
Feuilles de *Bauhinia* (Rosale) et de genres voisins.
A, *Bauhinia sp.* ; **B**, *Bauhinia Junghuniana* ; **C**, *Bauhinia scandens* ;
D₁, D₂, *Lasiobema piperata* ; **E**, *Phanera cordifolia*.

B. Ordre d'apparition des feuilles sur le point végétatif : phyllotaxie.

Les ébauches de feuilles ne surgissent pas au hasard sur le sommet de la tige. Ainsi chez les *Vicia* et les genres voisins (fig. 161), les petites éminences foliaires naissent alternativement à droite et à gauche, chacune à un niveau différent. Sur le point végétatif de *Ceratophyllum* (fig. 160), au

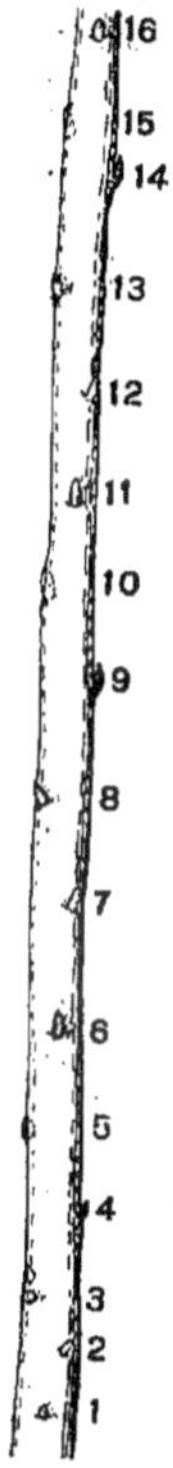

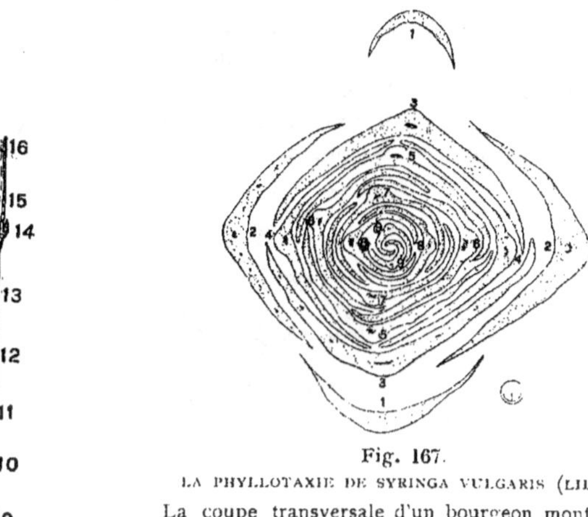

Fig. 167.

LA PHYLLOTAXIE DE SYRINGA VULGARIS (LILAS).

La coupe transversale d'un bourgeon montre les feuilles disposées par paires alternantes ; les deux feuilles d'une même paire ont le même numéro.

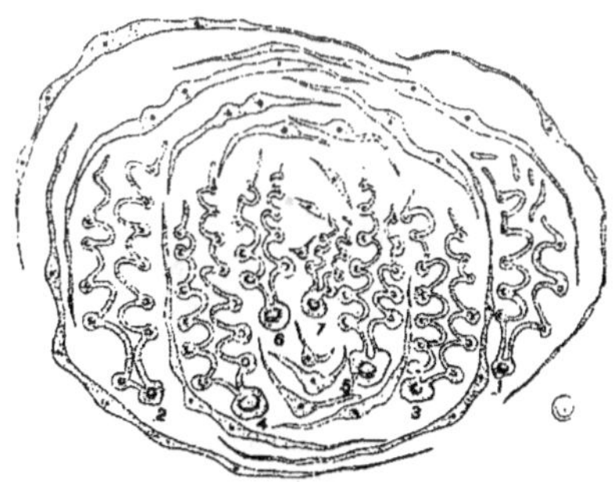

Fig. 166.

LA PHYLLOTAXIE
DE SALIX CAPREA
(SAULE MARSAULT).

Les feuilles sont numérotées : les feuilles **1, 6, 11, 16,** sont superposées.

Fig. 168.

LA PHYLLOTAXIE D'ULMUS CAMPESTRIS (ORME).

La coupe transversale du bourgeon montre 7 feuilles, qui sont chacune pliées le long de la nervure médiane et plissées le long des nervures latérales. Elles sont disposées en deux rangées, à droite et à gauche du centre du bourgeon : leur angle de divergence est donc 1/2. Le bourgeon est protégé par des écailles qui sont les stipules.

contraire, toute une couronne, ou verticille, de mamelons prend naissance à la fois. Isolées chez les *Vicia*, les feuilles sont verticillées chez
Ceratophyllum.

Examinons d'abord ce dernier cas. Le nombre des saillies est le même
dans tous les verticilles, et de plus, celles d'un verticille donné alternent
régulièrement avec celles du verticille précédent et celles du verticille
suivant. C'est comme si, sur le point végétatif, les feuilles étaient ébauchées
précisément aux points où il y a le plus de place, c'est-à-dire entre les
saillies précédentes, et non en face d'elles.

Il en est exactement de même quand il n'y a qu'une feuille à chaque
nœud : sur le point végétatif des Viciées (fig. 161), chaque mamelon se
forme aussi le plus loin possible du précédent, sur l'autre flanc de la tige.

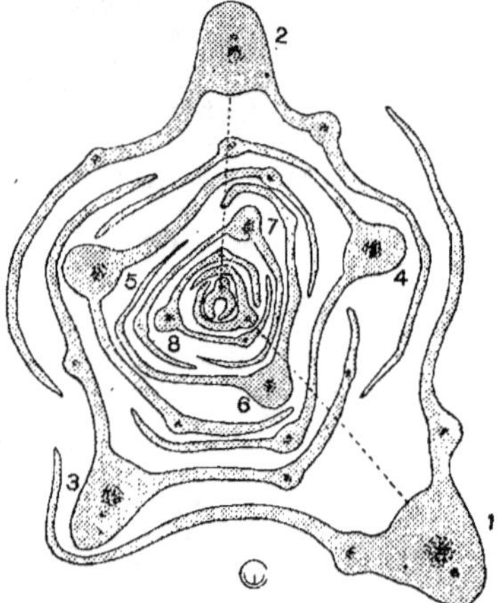

Fig. 169.

LA PHYLLOTAXIE DE SOLIDAGO CANADENSIS (COMPOSITACÉE)
La coupe transversale du bourgeon montre que la feuille **1** est
superposée à la feuille **9**, et la feuille **2** à la feuille **10**. Quand on
trace une ligne de **1** à **2**, à **3**, etc., jusqu'à **9**, on fait trois fois le
tour du bourgeon : l'angle de divergence de deux feuilles successives est donc $3/8$. (Voir le diagramme, fig. 170.)

On voit que les feuilles de Viciées sont disposées sur deux rangs ; leur angle de
divergence, c'est-à-dire l'angle qui sépare deux feuilles successives, est donc égal à 180°,
ou la moitié d'un cercle complet. Mais ceci est un cas assez exceptionnel. L'angle de divergence
est généralement plus petit que la moitié. Ainsi chez *Salix Caprea* (fig. 166) et chez *Ribes
Uva-crispa* (fig. 453), il y a cinq rangées de feuilles le long de la tige ; les feuilles 1 et 6 sont
superposées : de même les feuilles 2 et 7, — 3 et 8, — 4 et 9, — 5 et 10, — 6 et 11. Toutefois comme cette dernière rangée n'est que la continuation de la rangée 1 et 6, l'ensemble des
feuilles trace sur la tige cinq lignes longitudinales en tout. Quel est dans ce cas l'angle de
divergence ? Pour le déterminer, allons d'une feuille, par exemple du n° 1, à la feuille sui-

vante (n° 2) par le chemin le plus court, puis continuons par les feuilles 3, 4 et 5, jusqu'à la feuille 6, qui est superposée à 1. Dans ce trajet nous avons rencontré 5 feuilles, et nous avons fait deux fois le tour de la tige ; l'angle qui sépare deux feuilles successives est donc égal à $^2/_5$ de cercle.

Au lieu d'examiner les feuilles placées aux nœuds successifs le long d'une tige, nous pouvons aussi étudier une coupe transversale faite à travers le bourgeon terminal ; les feuilles y sont naturellement ordonnées suivant leur succession sur le point végétatif, les

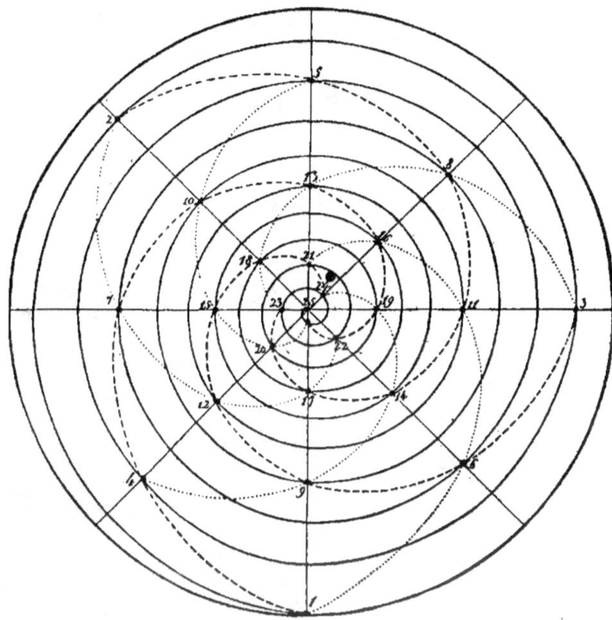

Fig. 170.

DIAGRAMME DE LA PHYLLOTAXIE.

Les feuilles sont numérotées dans l'ordre où elles ont apparu sur le point végétatif de la tige ; la spire pleine les réunit dans l'ordre de leur succession. Les spires en trait interrompu sont au nombre de **3** ; les spires en pointillé sont au nombre de **5**.
L'angle de divergence est $^3/_8$. (Comparer avec fig. 169.)

plus âgées vers le dehors, les plus jeunes près du centre. Ainsi la coupe à travers un bourgeon de Lilas (fig. 167) nous montre des feuilles verticillées par 2, et les paires successives alternant régulièrement, tout comme les verticilles de *Ceratophyllum*. Le bourgeon d'Orme (fig. 168) fait voir des feuilles disposées sur deux rangs, comme chez les Viciées. Le bourgeon de *Solidago* (fig. 169) a ses feuilles sur huit rangs ; pour aller de la feuille 1 à la feuille 9 qui lui est superposée, on passe par huit feuilles et on fait trois fois le tour du bourgeon ; la divergence est donc $^3/_8$. Un coup d'œil sur ces coupes donne nettement l'impression que les jeunes feuilles naissent sur le point végétatif aux endroits où il y a le plus de place.

C'est généralement par un diagramme (fig. 170), coupe idéale à travers le bourgeon,

Fig. 171.

LA PHYLLOTAXIE DE GASTERIA CANDICANS
(LILIIFLORALE).

Les feuilles décrivent deux spires autour de la
tige. Elles sont charnues.

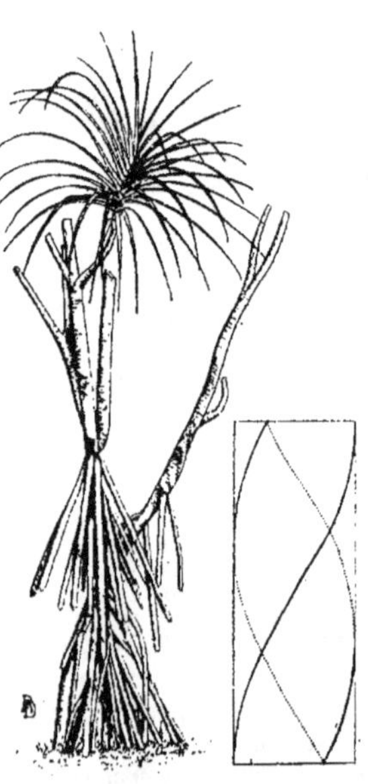

Fig. 172.

LA PHYLLOTAXIE
DE PANDANUS UTILIS.

Les feuilles décrivent trois
spires autour de la tige,
comme l'indique le schéma.
La tige porte des racines-
échasses.

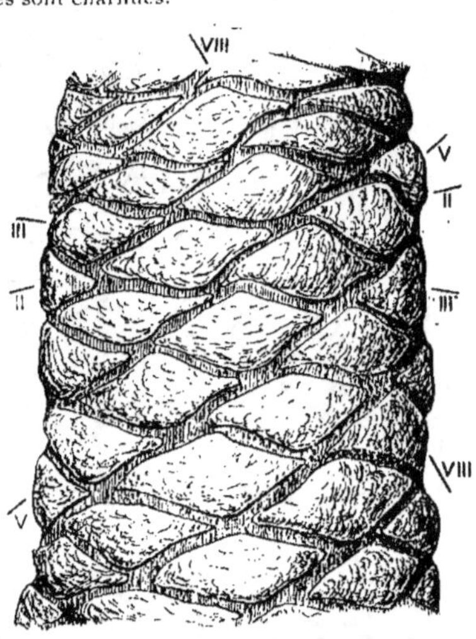

Fig. 173.

LA PHYLLOTAXIE DE PHOENIX CANARIENSIS
(PALMACÉE).

Les cicatrices foliaires persistant sur le
tronc sont disposées en spires. Chaque cicatrice a la forme d'un losange et fait partie de quatre systèmes de spires : deux
sont parallèles aux côtés du losange, et
deux sont parallèles à ses diagonales. Celle
qui suit la petite diagonale est très inclinée sur l'horizontale (VIII); il y en a 8
pour faire le tour complet du tronc. De celles
qui suivent la grande diagonale (II), il n'y
en a que 2. Il y en a 3 et 5 de celles qui
sont parallèles aux côtés du losange.

qu'on représente la disposition des feuilles, ou p h y l l o t a x i e . Des cercles concentriques y
indiquent les nœuds successifs, et les rangées suivant lesquelles les feuilles sont superposées
sur la tige se présentent sous forme de rayons. La spire continue passant successivement
par toutes les feuilles dans l'ordre où elles sont nées sur le point végétatif, est la s p i r e

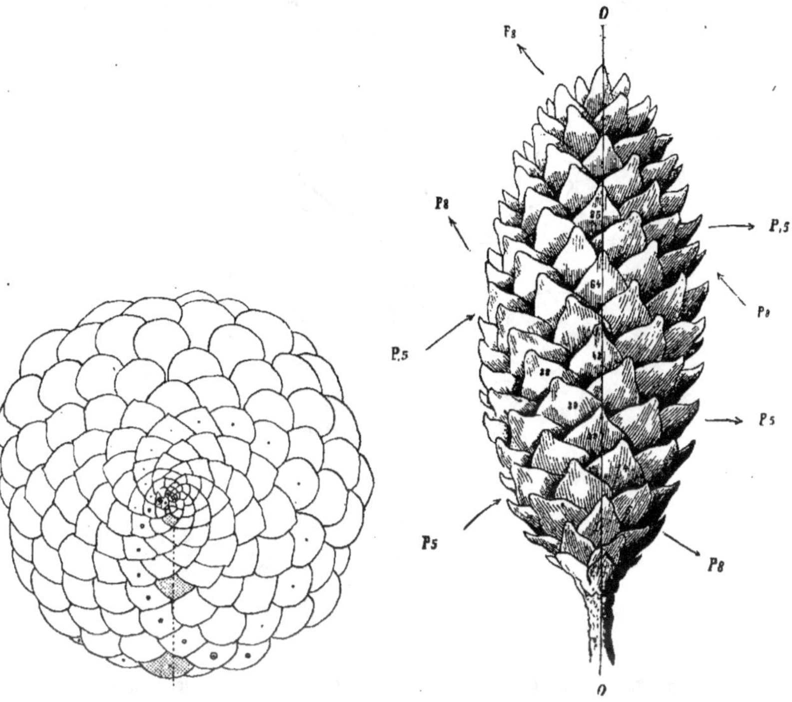

Fig. 174.

LA PHYLLOTAXIE
DE SEMPERVIVUM TABULAEFORME
(ROSALE).

Il y a 8 spires comme celle qui est
marquée d'un point, et 13 comme
celle qui est marquée d'un petit cercle. Les trois feuilles ombrées sont
superposées.

Fig. 175.

LA PHYLLOTAXIE D'UN CONE
DE PICEA EXCELSA (ÉPICÉA).

Les carpelles sont disposées en spires ;
celles dont il y en a **5**, et celles dont il y
en a **8**, sont marquées. L'angle de divergence des carpelles est $^8/_{21}$: les carpelles **1** (choisi arbitrairement), **22**,
43, **64**, **85** sont superposés.
(D'après REINKE, 1880.)

fondamentale. Mais elle est souvent peu apparente, et on remarque plus facilement
d'autres spires, les unes tournant vers la droite, les autres vers la gauche.

Ces mêmes spires, en nombre variable, se manifestent chaque fois que les feuilles sont
serrées le long d'une tige (fig. 171 à 173, 175), ou mieux encore quand elles s'étalent en

7

rosette au sommet de la tige (fig. 174). Le plus souvent le nombre des lignes spirales rentre dans la série de Fibonacci :

$$0, \quad 1, \quad 1, \quad 2, \quad 3, \quad 5, \quad 8, \quad 13, \quad 21, \quad 34, \quad 55, \quad 89\ldots$$

Ainsi la figure 171 montre deux spires ; la figure 172 en a trois ; la figure 173 en montre 2, 3, 5 et 8. Sur la rosette de *Sempervivum*, les spires les plus apparentes sont au nombre

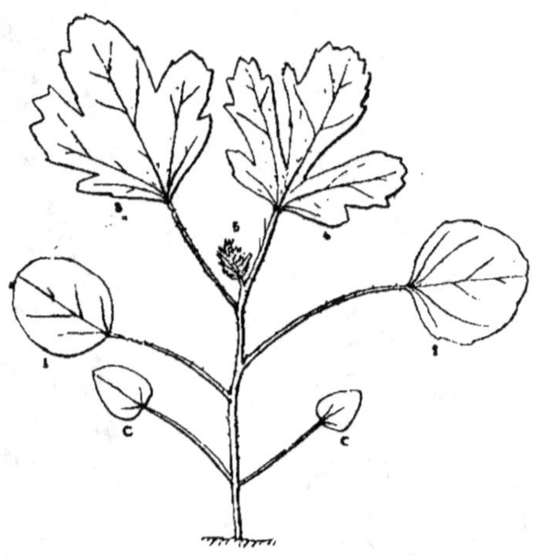

Fig. 176.

LES COTYLÉDONS ET LES PREMIÈRES FEUILLES
DE HIBISCUS VESICARIUS (MALVALE).

de 8 et de 13. Dans les fleurs femelles des Conifères, la disposition des carpelles suit les mêmes règles (fig. 175).

La divergence des feuilles est le plus souvent égale à l'une des fractions suivantes du cercle :

$$\tfrac{1}{2}, \quad \tfrac{1}{3}, \quad \tfrac{2}{5}, \quad \tfrac{3}{8}, \quad \tfrac{5}{13}, \quad \tfrac{8}{21}, \quad \tfrac{13}{34}, \quad \tfrac{21}{55}\ldots$$

On remarque que le numérateur et le dénominateur de ces fractions font également partie de la série de Fibonacci.

C. Feuilles modifiées.

α) **Cotylédons.** — Les embryons des Phanérogames possèdent, dans la graine, des feuilles qui fonctionnent plutôt comme accumulateurs de réserve ; ce sont les cotylédons. Ils sont de forme et de structure très diverse (fig. 176).

β) **Écailles.** — Beaucoup de bourgeons hivernants de nos arbres et arbustes sont couverts de feuilles très réduites, qui ont surtout des fonctions protectrices (fig. 177).

Fig. 177.

ÉCAILLES PROTÉGEANT LES BOURGEONS HIVERNANTS.
A, *Fagus sylvatica* (Hêtre). **B**, *Aesculus Hippocastanum* (Marronnier).
C, *Populus candicans.*
En **A** et en **B**, on voit aussi les cicatrices des écailles de l'année précédente.
(D'après Mlles COENRAETS ET D'HAENENS.)

De même les bourgeons latéraux que portent les tubercules de Pommes de terre (fig. 114), de Topinambour, etc., sont abrités sous des écailles.

γ) **Épines.** — Les feuilles des Cactacées et de nombreuses autres plantes sont épineuses, soit en totalité, soit en partie.

δ) **Feuilles charnues.** — Chez les plantes habitant les rochers, les sables et les déserts, les feuilles, tout en restant assimilatrices, sont fréquemment transformées en réservoirs d'eau (fig. 171).

D'autres végétaux possèdent des feuilles souterraines, qui sont égale-

Fig. 178.

LES GRAPPINS FOLIAIRES DE DESMONCUS (PALMACÉE).

Les segments proximaux de chaque feuille ont la structure habituelle; les segments distaux sont petits, ligneux et réfléchis en arrière. Toutes les parties de la feuille sont couvertes d'émergences piquantes.

ment renflées; elles sont généralement serrées en un ensemble qu'on appelle un bulbe, par exemple dans l'Oignon, le Lis, la Jacinthe.

ε) **Feuilles accrochantes.** — Les feuilles des Lianes se modifient dans deux directions principales :

Elles deviennent des grappins, chez certaines Palmacées (fig. 178).

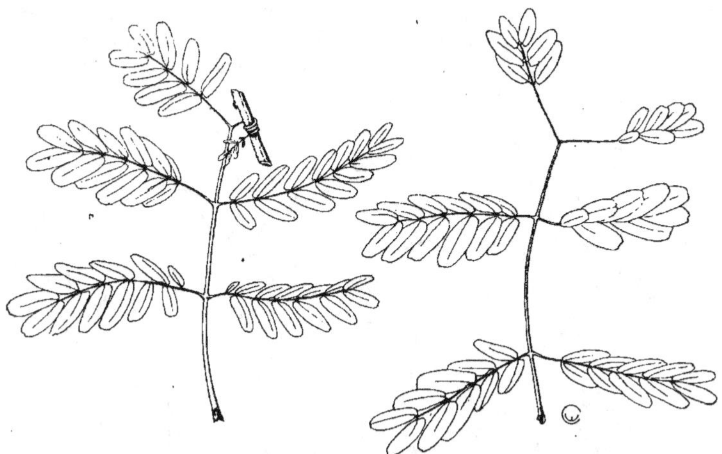

Fig. 179.

LA FORMATION D'UNE VRILLE FOLIAIRE D'ENTADA POLYSTACHYA (ROSALE).

A droite, une feuille qui n'a pas saisi de support. Les deux segments distaux ont une portion inférieure sans folioles, qui est sensible au contact, comme le montre la feuille de gauche; quand le segment s'enroule autour d'un support, ses folioles restent petites.

Fig. 180.

LES VRILLES FOLIAIRES DE COBAEA SCANDENS
(TUBIFLORALE).

Après les cotylédons, la plantule donne des feuilles entièrement assimilatrices, qui manquent parfois (**B**), puis des feuilles dont la partie distale est transformée en une vrille ramifiée.

Ailleurs elles sont en partie transformées en vrilles (fig. 179 à 182). A l'état tout à fait jeune, ces vrilles se montrent semblables à des seg‑ ments foliaires (fig. 161); ou bien, les feuilles de la toute jeune plante sont entièrement constituées par des segments foliacés, tandis que celles de l'individu adulte ont les segments supérieurs changés en vrilles (fig. 180).

Fig. 181.

LES VRILLES FOLIAIRES DE LATHYRUS TENUIFOLIUS (ROSALE).

A, B, plantules avec feuilles réduites au pétiole aplati de haut en bas ;
C à H, feuilles avec vrille et folioles ;
I, J, feuilles avec vrille, folioles et stipules.

ε) **Feuilles carnivores.** — Chez les plantes carnivores, sur lesquelles nous aurons à revenir, les organes de capture et de digestion sont toujours dérivés de feuilles. Un cas remarquable est celui de *Nepenthes* (fig. 183).

ξ) **Feuilles collectrices.** — Certaines Fougères épiphytes ont des feuilles disposées en forme de large entonnoir, dans lequel tombent des détritus variés (fig. 184). D'autres portent deux sortes de feuilles (fig. 185); les unes dressées obliquement contre le tronc qu'habite la plante, meurent dès qu'elles ont leur taille définitive; mais derrière leur squelette s'accu‑ mulent des débris de tout genre, qu'exploitent les racines; les autres feuilles remplissent les fonctions habituelles.

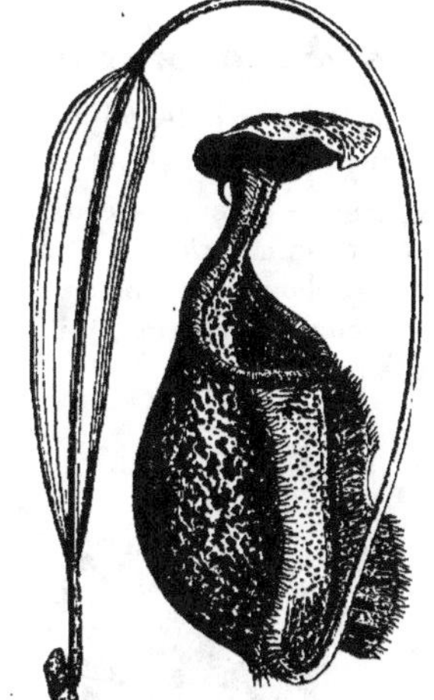

Fig. 183. — LA FEUILLE CARNIVORE
DE NEPENTHES MASTERSIANA
(SARRACÉNIALE).
(D'après M. VELENOWSKY, 1907.)

Fig. 182.

LA SUCCESSION
DES FEUILLES DE
LATHYRUS APHACA
(ROSALE).

Les deux cotylédons
sont restés dans la
graine ; **1, 2, 3,**
écailles ; **4,5,** feuilles avec les stipules
et une paire de fo-
lioles ; **6,** feuille
avec les stipules
seules ; **7,8,** feuilles
avec les stipules et
une vrille.

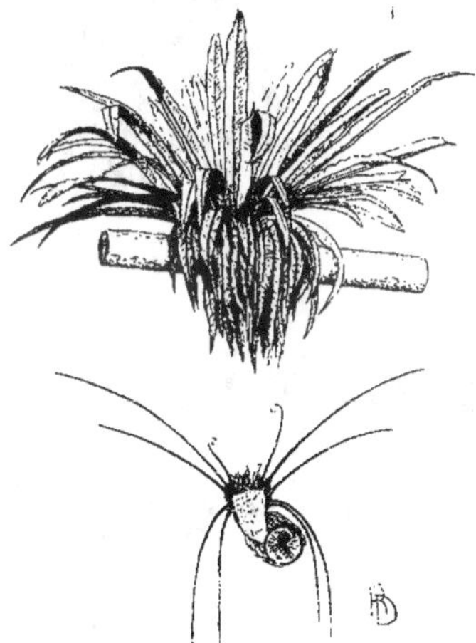

Fig. 184. — LES FEUILLES COLLECTRICES
D'ASPLENIUM NIDUS (FILICALE).

La plante vit en épiphyte ; ses
feuilles forment un large entonnoir
dans lequel s'accumulent des débris
de toute nature ; des racines spéciales s'engagent dans cette masse et
l'exploitent (voir le schéma).

B. **ANATOMIE ET MORPHOLOGIE INTERNES.**

Le pétiole, la gaine et les stipules sont peu intéressantes ; aussi n'étudierons-nous que le limbe.

α) **Nervures.** — Les faisceaux venant de la tige, par le pétiole, se ramifient abondamment dans le limbe. Dans la tige ils ont d'habitude le liber vers le dehors et le bois vers le dedans ; comme ils ne se tordent pas en s'infléchissant vers les feuilles, ils y ont le bois vers le haut, et le liber vers le bas (fig. 188).

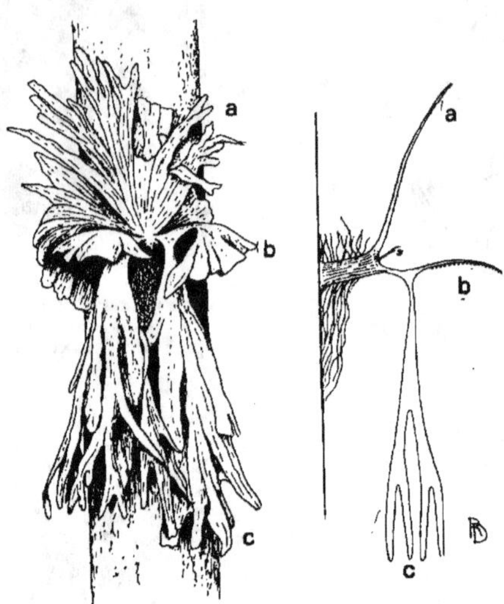

Fig. 185.

LES FEUILLES COLLECTRICES DE PLATYCERIUM GRANDE (FILICALE).

La plante, qui est épiphyte, donne deux sortes de feuilles. Les unes (**a**) sont dressées obliquement ; derrière elles s'accumulent des débris qui sont exploités par des racines spéciales. Les autres sont formés de deux parties : une horizontale (**b**) qui porte les sporanges à la face inférieure ; une pendante (**c**) qui est assimilatrice. Cette dernière portion reste longtemps verte, tandis que l'autre meurt aussitôt après la dissémination des spores. Les feuilles collectrices (**a**) meurent aussi dès qu'elles sont adultes, mais leur squelette persistant suffit pour retenir la masse de détritus.

Les nervures se distribuent à travers tout le limbe. Elles servent à la fois à amener aux parenchymes assimilateurs l'eau et les matières minérales, à emporter vers les réservoirs les substances organiques élaborées, et à assurer la consolidation du limbe. Aussi renferment-elles en même temps des vaisseaux, des tubes criblés et des éléments lignifiés.

Chez les Ptéridophytes les moins spécialisées, et chez quelques Gymnospermes, les nervures restent libres, ce qui signifie qu'elles ne contractent pas d'anastomoses entre elles (fig. 186). Mais d'habitude elles

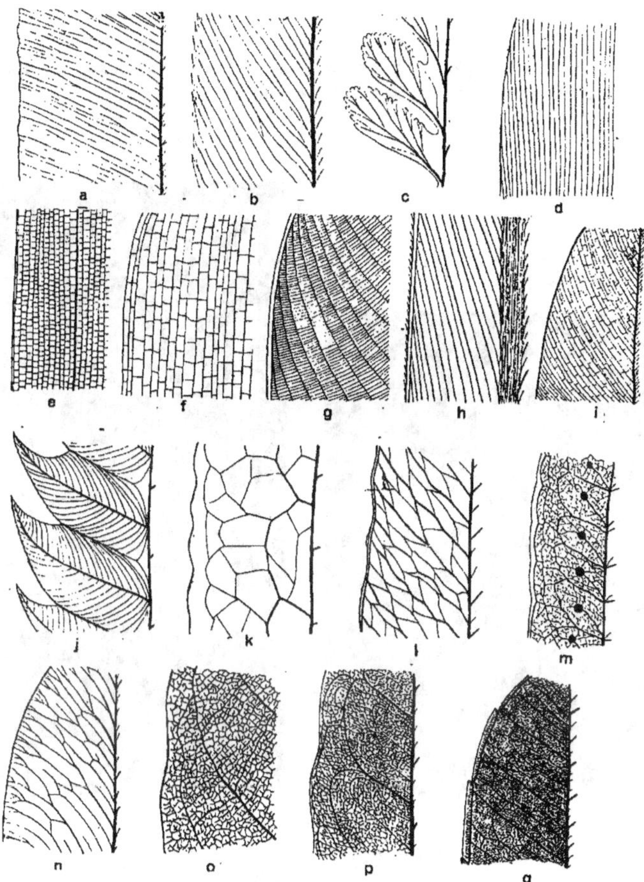

Fig. 186. — LA NERVATION DES FEUILLES.

Nervation libre : **a,** *Lygodium dichotomum* (Filicale); **b,** *Polypodium fraxinifolium* (Filicale); **c,** *Trichomanes auriculatum* (Filicale); **d,** *Dammara orientalis* (Conifère); *Nervation anastomosée :* **e,** *Arundinaria japonica* (Glumiflorale); **f,** *Pilcairnia tabulaeformis* (Farinosale); **g,** *Maranta bicolor* (Scitaminale); **h,** *Amomum Cardamomum* (Scitaminale); **i.** *Calophyllum dasypodum* (Pariétale); **j,** *Nephrodium multijugum* (Filicale); **k,** *Polypodium Phymatodes* (Filicale); **l,** *Polypodium urophyllum* (Filicale); **m,** *Polypodium dilatatum* (Filicale); **n,** *Trifolium pratense* (Rosale); **o,** *Crudia bantamensis* (Rosale); **p,** *Gnetum Gnemon* (Gnétée); **q,** *Evia sp.* (Rubiale).

unissent leurs rameaux, ce qui crée un lacis de forme étonnamment variée (fig. 186, 187).

β) **Épiderme.** — Les cellules sont presque toujours engrenées et couvertes d'une cuticule épaisse (fig. 41, 42). Les stomates sont généralement plus nombreux à la face inférieure.

Fig. 187.
NERVATION ANASTOMOSÉE EN RÉSEAU.
A gauche, *Populus alba* (Peuplier blanc) ;
à droite, *Prunus Avium* (Mérisier).
(D'après Mlles COENRAETS ET D'HAENENS.)

γ) **Parenchyme.** — Dans une feuille placée horizontalement, ce qui est le cas habituel, le parenchyme chlorophyllien a une structure différente sur les deux faces. Sous l'épiderme supérieur, il est palissadique ; à la face inférieure, il est lacuneux (fig. 188, 189).

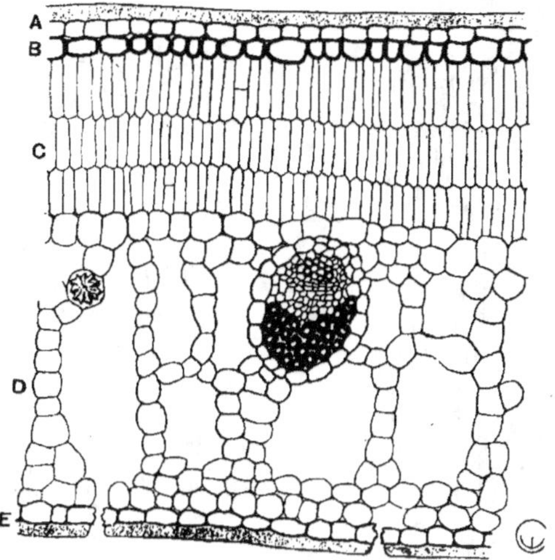

Fig. 188.

LA STRUCTURE D'UNE FEUILLE DORSIVENTRALE D'ILEX
AQUIFOLIUM (HOUX).

A, épiderme supérieur avec une forte cuticule; **B**, parenchyme à parois épaisses; **C**, trois assises de parenchyme palissadique; **D**, parenchyme lacuneux; **E**, épiderme inférieur avec stomates et cuticule. Dans la nervure, il y a, de haut en bas: le bois; les tubes criblés et le parenchyme libérien; de fortes fibres libériennes.

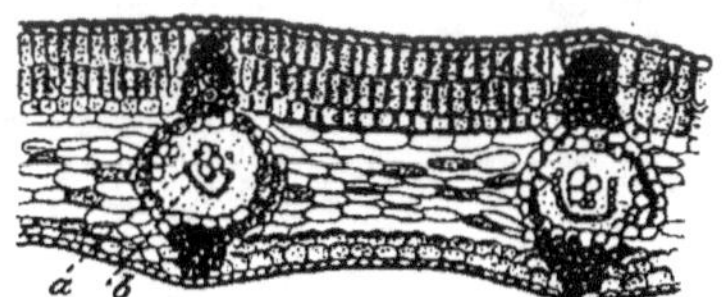

Fig. 189.

LA STRUCTURE D'UNE FEUILLE DE COR
DAÏTÉE DU CARBONIFÉRIEN : CORDAITES
LINGULATUS.

En haut, tissu palissadique; en bas, tissu lacuneux. **a**, bois; **b**, liber.
(D'après Renault.)

A côté des feuilles ordinaires, à structure dorsiventrale, il en est qui sont équifaciales. Tantôt les deux faces ont du tissu lacuneux, comme chez certaines Filicales d'endroits très humides; tantôt les deux faces

Fig. 191.
LA CHUTE DE LA FEUILLE
D'AESCULUS HIPPOCASTA-
NUM (MARRONNIER).
A gauche, base de la
feuille; à son aisselle, le
bourgeon; à droite, la tige.
Entre la feuille et la tige,
tout juste en dehors du
bourgeon, couche de liège
qui traverse tous les tissus, sauf les faisceaux.

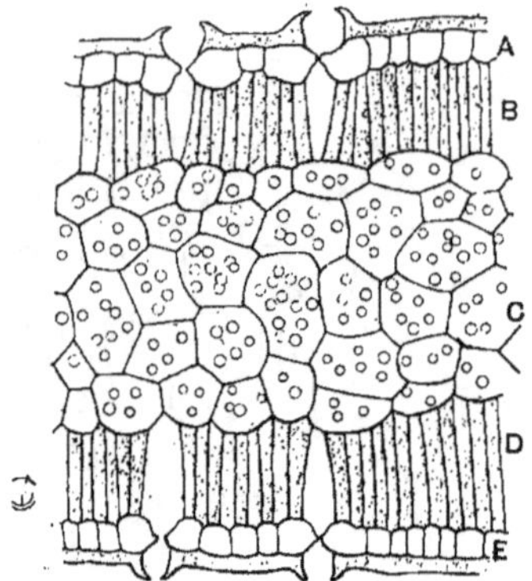

Fig. 190. — LA STRUCTURE D'UNE FEUILLE
ÉQUIFACIALE DE CALLISTEMON
(MYRTIFLORALE).

A et **E**, épidermes supérieur et inférieur,
avec une épaisse cuticule et des stomates
précédés d'un vestibule. **B** et **D**, tissus
palissadiques ; **C**, tissu parenchymateux,
avec des ponctuations sur les parois cellulaires. La feuille se tord à la base et se
place verticalement.

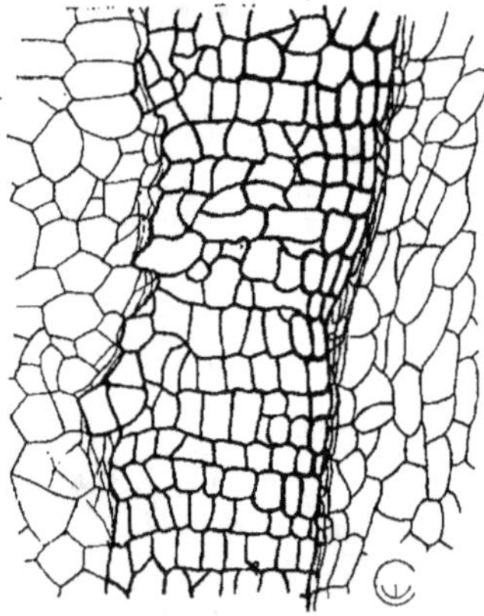

Fig. 192. — L'ASSISE SÉPARATRICE DE
LA FEUILLE D'AESCULUS HIPPO-
CASTANUM (MARRONNIER)
Partie plus grossie de la fig. 191.

portent du tissu palissadique
(fig. 190). Ce dernier cas se
trouve réalisé chez quelques
plantes de stations sèches,
qui disposent leurs feuilles,
non pas horizontalement,
mais verticalement.

ठ) **Lame séparatrice.** — La chute des feuilles est amenée par un méristème
spécial, qui traverse tous les tissus vivants, à la base du pétiole (fig. 191, 192). La séparation
s'opère entre deux des assises. Le plus souvent il s'est déjà produit une couche de liège
sur la face proximale de la lame séparatrice : la blessure est donc cicatrisée, avant même
que la feuille ne soit tombée.

B. **APPAREIL REPRODUCTEUR. — SYSTÉMATIQUE.**

Alors que les racines, les tiges et les feuilles des Ptéridophytes et des Phanérogames ont une anatomie remarquablement semblable, depuis les groupes les moins spécialisés jusqu'à ceux qui montrent l'évolution la

Fig. 193.

LA DIFFÉRENCIATION DES FEUILLES CHEZ UNE FILICALE :
DRYMOGLOSSUM PILOSELLOIDES.
Il naît alternativement des feuilles stériles et des sporophylles.
La plante est épiphyte : elle s'attache à un tronc à l'aide de racines adventives.

plus avancée, les modes de reproduction manifestent au contraire une très grande variété. L'anatomie et la morphologie des organes végétatifs ne nous renseignent en aucune façon sur la phylogénie des végétaux supérieurs, tandis que le système reproducteur nous permet de suivre pas à pas les progrès de leur évolution. L'antithèse est complète, au point de vue systématique, entre la phase diploïde, comprenant tout l'appareil végétatif, et la phase haploïde, qui va de la formation des spores à celle des gamètes (fig. 27) : autant la première est homogène, autant la seconde est diversifiée.

L'étude de la reproduction se confond par conséquent avec celle de la classification. Aussi allons-nous avoir à changer de méthode : au lieu d'examiner successivement les diverses sortes d'organes, comme nous l'avons fait jusqu'ici, nous suivrons l'ordre systématique, des types les plus primitifs aux plus spécialisés.

A. PTÉRIDOPHYTES.

I. **FILICÉES OU FOUGÈRES**.

A. **Filicales.**

La plante adulte forme sur ses feuilles, souvent à la face inférieure, des sporanges où naissent les spores (fig. 194).

En général toutes les feuilles de la plante adulte sont également aptes à

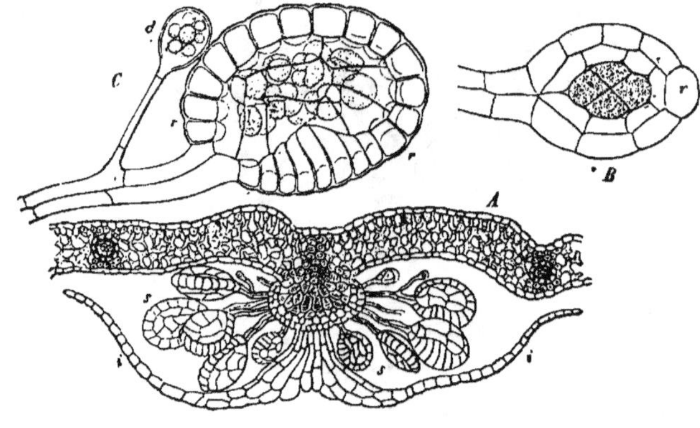

Fig. 194.

SPORANGES DE FILICALE : ASPIDIUM FILIX-MAS.

A, coupe transversale d'une feuille, portant à sa face inférieure un seul groupe de sporanges recouvert d'une indusie (**i**). **B**, jeune sporange avec les cellules-mères des spores. **C**, sporange avec les jeunes spores.
(D'après Van Tieghem, 1891.

porter des sporanges. Mais parfois une différenciation s'établit : certaines parties de la feuille sont uniquement assimilatrices et stériles, alors que d'autres sont sporangifères (voir vol. I, fig. 86); ou bien certaines feuilles sont en entier assimilatrices et stériles, et d'autres en entier sporifères (fig.193) Dans ces cas on constate que les parties fertiles se flétrissent et meurent aussitôt après la mise en liberté des spores, tandis que les parties stériles restent vertes pendant longtemps. Ainsi *Blechnum Spicant*, commun dans nos bois, donne au printemps d'abord une dizaine de feuilles assimilatrices, puis trois à cinq feuilles fertiles; celles-ci meurent déjà en été, tandis que les feuilles stériles persistent pendant plus d'un an, jusqu'au milieu du printemps suivant.

Le sporange naît d'une seule cellule épidermique (fig. 195), se divise plusieurs fois et donne ainsi une partie basilaire, qui deviendra le

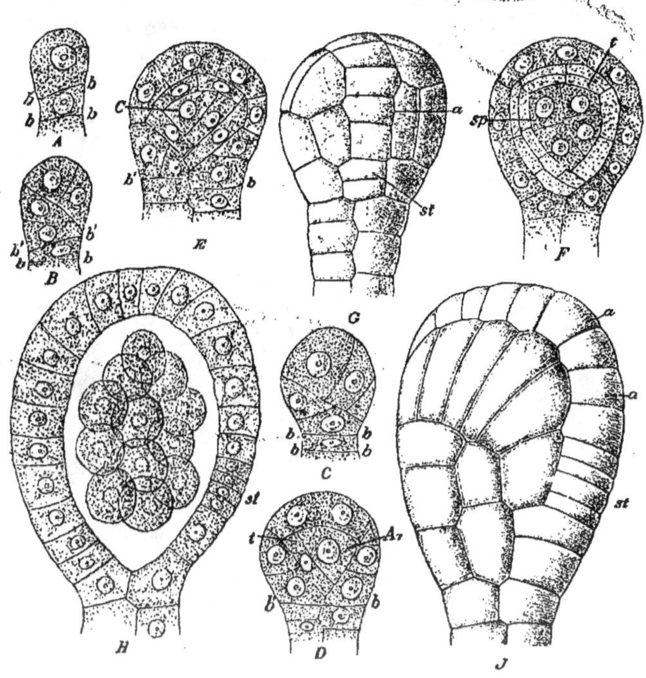

Fig. 195.

LE DÉVELOPPEMENT DES SPORANGES D'UNE FILICALE :
ASPLENIUM ADIANTUM NIGRUM.

A, B, C, D, cloisonnements conduisant à la différenciation de la paroi, du tapis
(t) et de l'archéspore.
E, F, séparation du tapis en deux assises.
H, le tapis s'est désagrégé pour nourrir les spores.
G, J, vues superficielles pour montrer l'anneau **(a)**.
(D'après M. Sadebeck, 1898.)

pédicule et une partie distale, plus épaisse. Cette dernière se segmente par des cloisons obliques, qui isolent une grande cellule tétraédrique, centrale, entourée d'une assise continue de cellules pariétales. La cellule centrale se divise quatre fois de suite, de façon à donner une archéspore composée de 16 cellules, qui sont les cellules-mères de spores. Chacune de celles-ci se divise encore deux fois : la première division est réductionnelle,

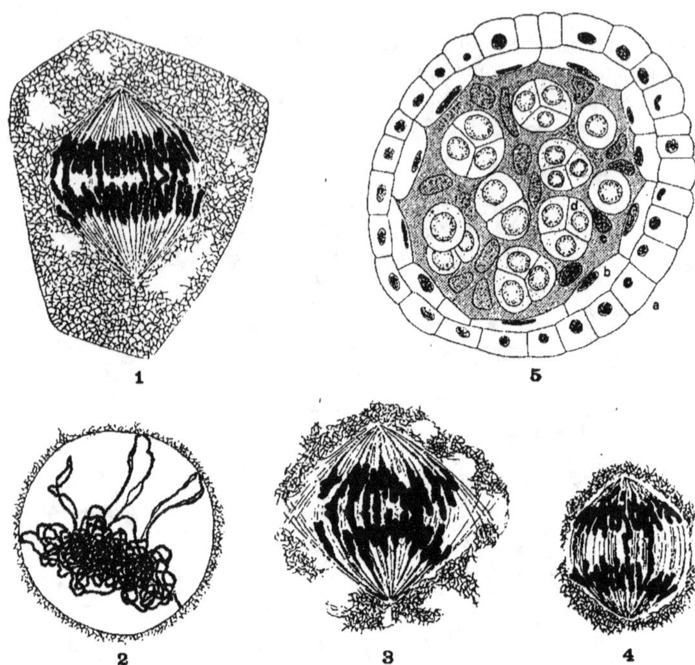

Fig. 196. — LA SPOROGENÈSE DES FILICALES.

1 à 4, *Nephrolium molle* : **1**, anaphase d'une division caryocinétique d'une cellule-mère de spore (diploïde ; **2**, synapsis ; **3**, anaphase de la division réductionnelle : **4**, anaphase de la division suivante (haploïde).
On compte 128 ou 132 chromosomes dans la cellule diploïde (**1**) et seulement 64 ou 66 dans les cellules haploïdes (**3** et **4**). — (1 à 4, d'après M . YAMANOUCHI, 1908.)
5, *Osmunda regalis* : Les cellules de l'assise interne du tapis sont désagrégées ; elles sont mêlées aux cellules-mères déjà divisées en tétrades.

la seconde équationnelle (fig. 196). Ainsi chaque cellule-mère, qui était encore diploïde, produit quatre spores qui sont haploïdes.

Pendant ce temps la couche pariétale s'est dédoublée (fig. 195). L'assise externe devient la paroi définitive ; la couche interne est l'assise nourricière ou tapis : ses cellules, après s'être remplies de matières de réserve, se gélifient et laissent ainsi échapper leur contenu ; c'est dans cette masse alimentaire que les jeunes spores puisent leur nourriture (fig. 196, 199).

Pendant la maturation du sporange, une nouvelle différenciation s'effectue, cette fois dans l'unique assise qui constitue la paroi : quelques cellules, le plus souvent disposées en un anneau longitudinal, ont épaissi leur membrane (fig. 194, 195), et sont devenues très hygroscopiques : les mouvements brusques qu'elles font en se desséchant provoquent la rupture des cellules restées minces et la mise en liberté des spores, qui seront ensuite emportées par le vent.

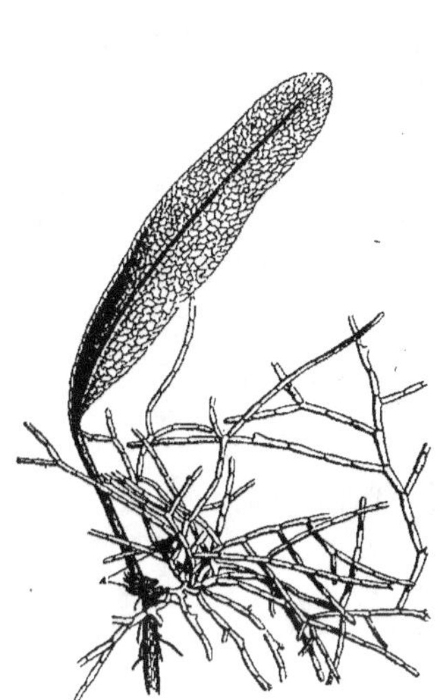

Fig. 197.
LE PROTHALLE FILAMENTEUX DE
TRICHOMANES RIGIDUM.
(D'après M. Goebel, 1887).

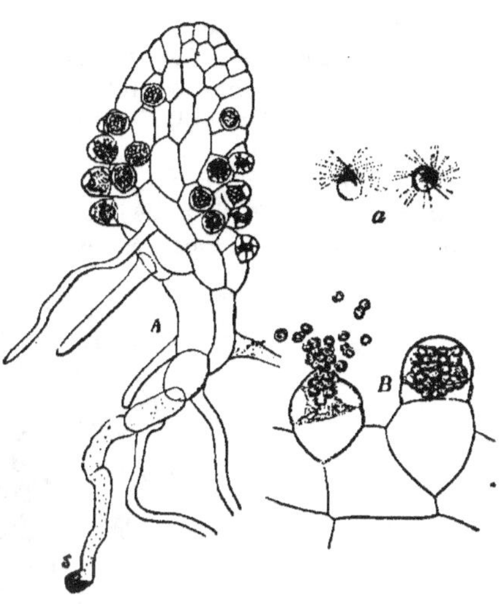

Fig. 198.
PROTHALLE DE FILICALE (PTERIDIUM AQUILINUM),
AVEC DES ANTHÉRIDIES.
A, spermatozoïdes.
(D'après Thuret. Copié dans Van Tieghem).

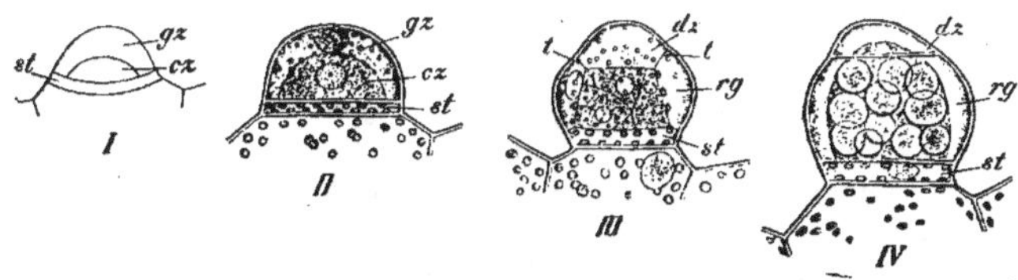

Fig. 199.
LE DÉVELOPPEMENT DE L'ANTHÉRIDIE D'UNE FILICALE : ANEIMIA HIRTA.
cz, cellule centrale ; **gz**, cellule hémisphérique, donnant **dz**, cellule apicale et **rg**,
cellule annulaire ; **st**, cellule basilaire.
(D'après M. Sadebeck, 1898.)

La spore en germant donne parfois un prothalle filamenteux (fig. 197). Mais d'ordinaire le prothalle est une lame plate, formée de cellules vertes et rattachée au sol par des rhizoïdes (fig. 198). Il a tout à fait la structure du thalle de certaines Hépatiques ; de même que celui-ci, il s'accroît par une initiale en forme de coin (comparer avec la fig. 10).

Dès qu'il a atteint sa taille définitive, il produit des gamètes des deux sexes.

Les spermatozoïdes naissent dans une anthéridie plus ou moins globuleuse (fig. 199), issue de la division d'une cellule unique. Elle est constituée par une paroi unisériée, et elle renferme une grosse cellule centrale

Fig. 200.
SPERMATOZOÏDE DE NEPHRODIUM MOLLE (FILICALE).
(D'après M. Yamanouchi, 1908).

qui se divise en spermatozoïdes. Ceux-ci ont la forme d'un ruban spiralé (fig. 200), plus fin en avant qu'en arrière, et portant des bouquets de cils très ténus. Un reste vésiculeux, provenant du cytoplasme de la cellule-mère, est souvent entraîné par le spermatozoïde ; ce résidu n'a d'ailleurs aucune importance.

Les spermatozoïdes sont libérés lorsque l'anthéridie étant mouillée, gonfle et rejette son couvercle.

Les archégones (fig. 201) sont situés à la face inférieure du prothalle, sur la partie médiane plus épaisse. Chaque archégone procède d'une cellule unique. Par une série de bipartitions, se produisent le col, qui fait saillie sur le prothalle, et le ventre qui est enfoncé dans les tissus du prothalle. A la maturité, le ventre renferme une cellule unique, l'oosphère (fig. 202) ; la cavité du col est obstruée par une file de cellules de canal. Mais les parois qui séparent toutes ces cellules s'effacent, et il suffit maintenant qu'une goutte d'eau vienne mouiller le col, pour que son bout s'ouvre. Aussitôt les cellules de canal, déjà gélifiées, se répandent dans la goutte et s'y désagrègent, laissant le passage libre vers l'oosphère.

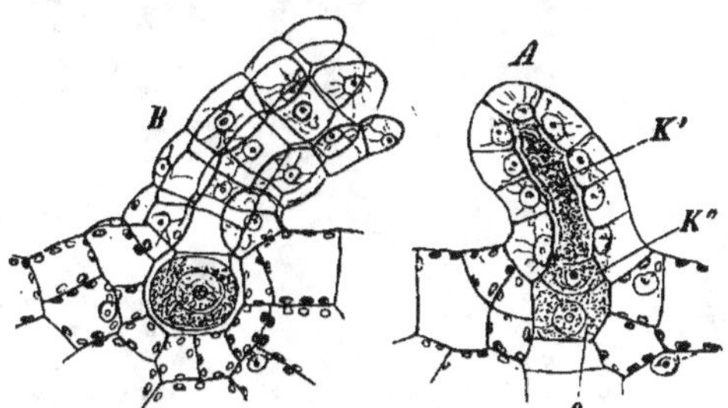

Fig. 201.

ARCHÉGONES DE FILICALE : POLYPODIUM VULGARE.
A, archégone jeune; **O**, oosphère; **K'**, cellules de canal; **K"**, cellule de canal du ventre. **B**, archégone ouvert.
(D'après M. SCHENCK).

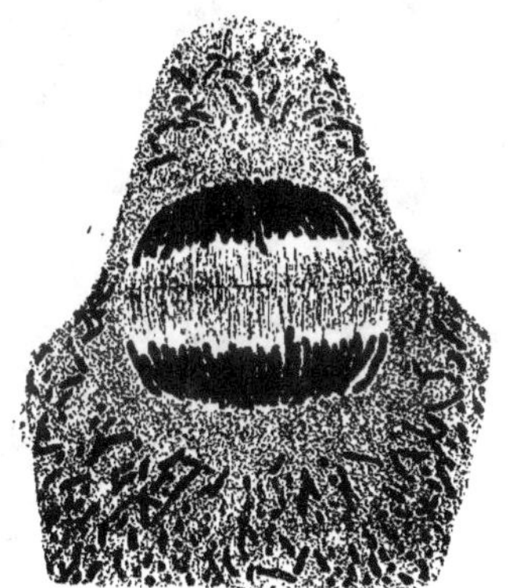

Fig. 202.
ANAPHASE D'UNE DES DIVISIONS CONDUISANT
A LA FORMATION DE L'OOSPHÈRE.
(D'après M. YAMANOUCHI, 1908).

Le rejaillissement de la pluie amène des spermatozoïdes dans le voisinage de l'archégone ouvert (fig. 203); or, celui-ci laisse diffuser de l'acide malique, auquel les spermatozoïdes sont sensibles (voir vol. I, p. 128). Ils nagent donc vers l'orifice de l'archégone, puis par le col ils arrivent jusqu'au fond, où ils rencontrent l'oosphère à féconder (fig. 203).

La zygote se développe aussitôt, sans passer par une phase de

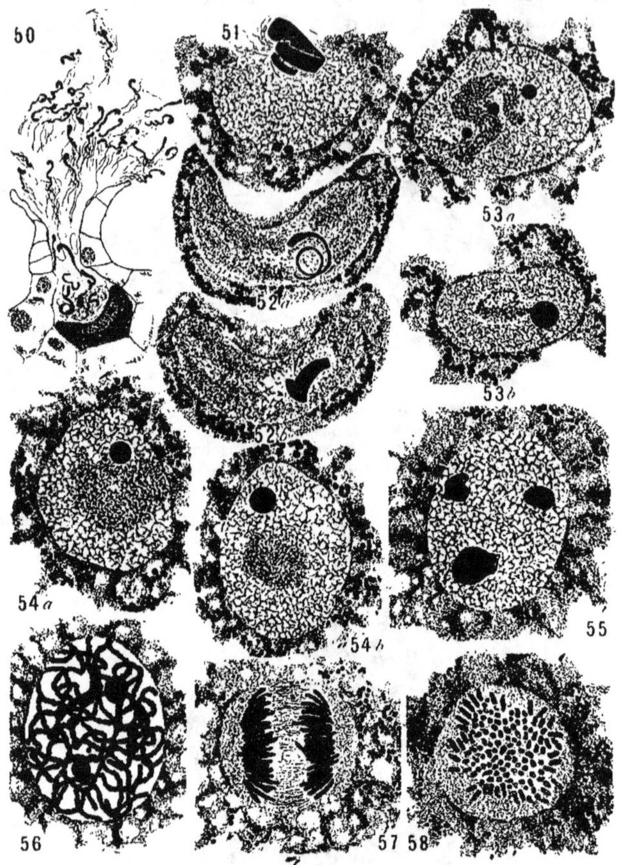

Fig. 203.

LA FÉCONDATION ET LA PREMIÈRE DIVISION DE LA ZYGOTE DE NEPHRODIUM MOLLE
(FILICALE).

50, pénétration des spermatozoïdes dans l'archégone ; **51**, le spermatozoïde entre dans
le noyau de l'oosphère ; **52 a b**, deux coupes à travers une même oosphère : le spermatozoïde ne s'est pas encore modifié ; **53 a b**, deux coupes à travers une oosphère dans
laquelle le spermatozoïde est depuis plus longtemps : il se résout en chromosomes ; **54
a b**, la résolution est plus avancée à la fois dans l'oosphère et dans le spermatozoïde ;
55, les chromosomes mâles et femelles sont intimement mélangés ; **56**, prophase de la
première division de la zygote ; **57**, anaphase de la même division vue de côté ; **58**, vue
polaire de cette anaphase : il y a 128 chromosomes.
(D'après M. YAMANOUCHI, 1908.)

repos (fig. 204). Les bipartitions répétées donnent un massif cellulaire qui ne tarde pas à distendre l'archégone, puis fait hernie à la face inférieure du prothalle. Cet embryon est divisé en quatre quartiers, ayant chacun sa destinée propre (fig. 204).

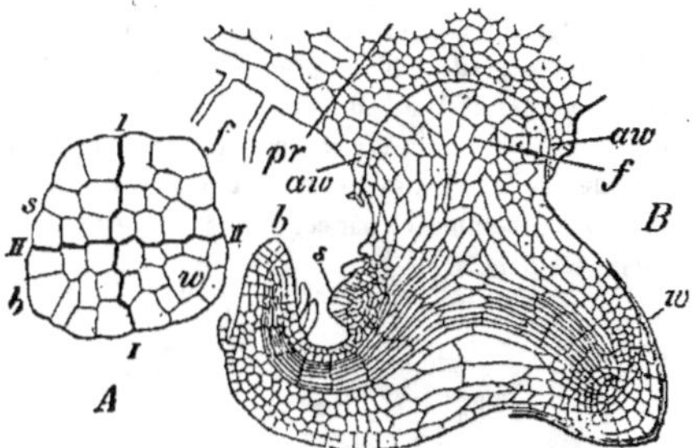

Fig. 204. — LE DÉVELOPPEMENT DE L'EMBRYON D'UNE FILICALE : PTERIS SERRULATA.
A, les premières divisions de la zygote ; B, embryon plus avancé ; f, pied ; s, tige; b, première feuille ; w, racine ; pr, prothalle ; aw, paroi de l'archégone.
(D'après HOFMEISTER, 1867.)

L'un des quartiers reste fixé au fond de l'archégone où il prend de la nourriture au prothalle ; c'est le pied. Le deuxième devient une racine ; on y reconnaît bientôt une initiale pyramidale triangulaire produisant à la fois la coiffe et les tissus définitifs. Le troisième possède une initiale de même forme, mais tout à fait périphérique ; de celui-ci procède la jeune tige. Enfin le quatrième quartier, pourvu d'une initiale semblable à celle du troisième, donne la première feuille.

La racine, grâce à son géotropisme, pousse vers le bas ; bientôt elle

Fig. 205. — JEUNES SPOROPHYTES DE FILICALE (ATHYRIUM FILIX-FOEMINA), ENCORE ATTACHÉS AU PROTHALLE.

donne des poils absorbants et pénètre dans le sol. Elle peut alors prendre l'eau et les matières minérales, et elle fixe la jeune Fougère à la terre. De même la feuille ne tarde pas à assimiler. A partir de ce moment le prothalle se désagrège peu à peu (fig. 205) et la plante mène une existence indépendante. Elle n'a plus qu'à grandir et à multiplier ses racines et ses feuilles pour devenir semblable à l'individu adulte et sporifère dont nous sommes partis.

B. **Marattiales et Ophioglossales.**

Ces Fougères (fig. 206, 207, 208) diffèrent des Filicales principalement par le sporange. Alors que celui des Filicales possède à la maturité une paroi qui n'a qu'une seule cellule d'épaisseur, ceux des Marattiales et des Ophioglossales ont une paroi massive.

Les prothalles sont plus grands et ont une vie plus longue que ceux des Filicales. A tous les points de vue il semble que les Marattiales et les Ophioglossales soient plus primitives que les Filicales. Si nous avons commencé par ces dernières, c'est uniquement parce qu'elles sont mieux connues dans les détails.

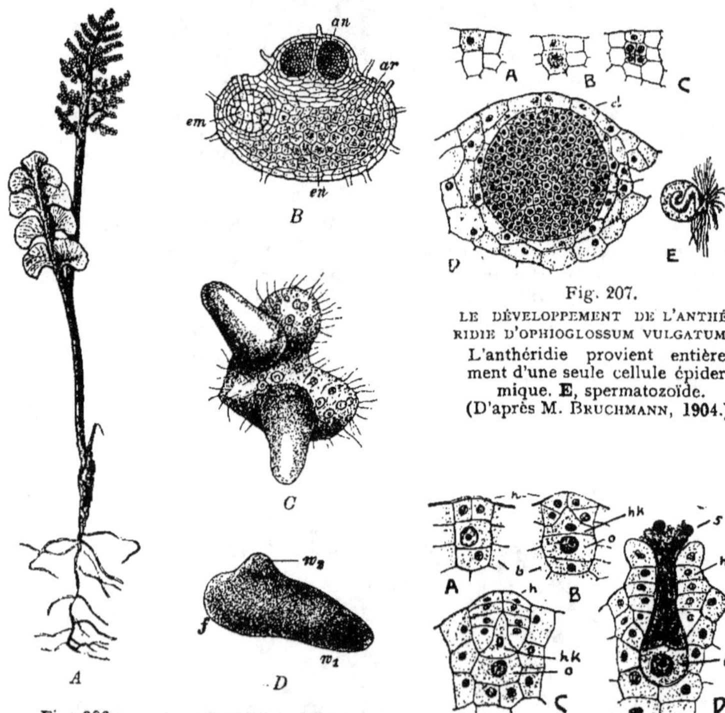

Fig. 207.

LE DÉVELOPPEMENT DE L'ANTHÉ-RIDIE D'OPHIOGLOSSUM VULGATUM.
L'anthéridie provient entièrement d'une seule cellule épidermique. **E**, spermatozoïde.
(D'après M. BRUCHMANN, 1904.)

Fig. 206. — SPOROPHYTE ET GONOPHYTE DE BOTRYCHIUM LUNARIA (OPHIOGLOSSALE).

A, sporophyte ; **B**, coupe du prothalle avec anthéridies (**an**), un archégone (**ar**) et un embryon (**em**) ; dans les cellules internes (**en**), des filaments de Champignon : **C**, prothalle avec deux embryons ; **D**, embryon avec le pied (**f**), et deux racines (**w₁**, **w₂**).

(**A** d'après M. SCHENCK, 1912 ; **B-D** d'après M. BRUCHMANN.)

Fig. 208.

LE DÉVELOPPEMENT DE L'ARCHÉGONE D'OPHIOGLOSSUM VULGATUM.
o, oosphère ; **h**, col ; **hk**, cellule de canal du col ; **b**, cellule basilaire ; **s**, spermatozoïdes devant l'orifice de l'archégone.
(D'après M. BRUCHMANN, 1904.)

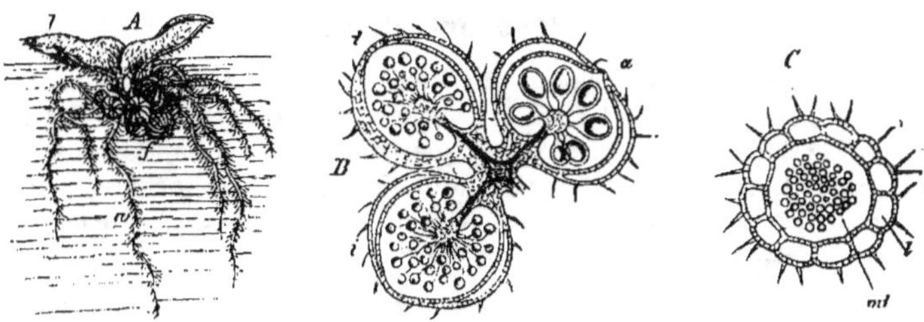

Fig. 209.

LES SPORANGES DIFFÉRENCIÉS DE SALVINIA NATANS (HYDROPTÉRIDALE).

A, plante flottante; **l**, feuilles; **w**, feuilles submergées fonctionnant comme racines;
b, les groupes de sporanges.
B, trois groupes de sporanges : un avec macrosporanges (**a**)
deux avec microsporanges (**i**).
C, coupe transversale d'un microsporange.
(D'après Sachs.)

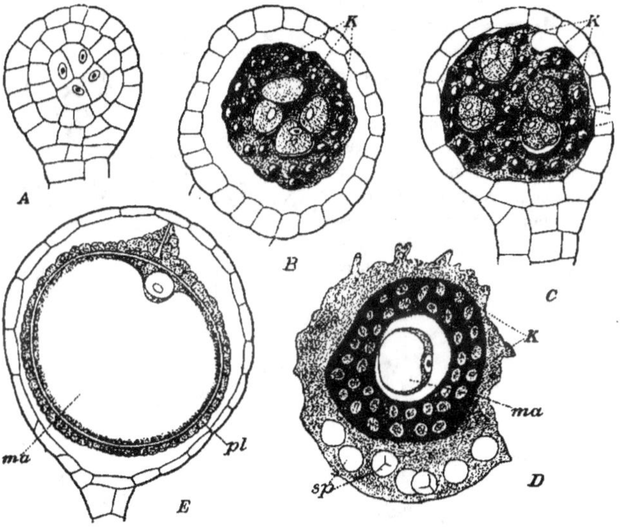

Fig. 210.

LE DÉVELOPPEMENT DE LA MACROSPORE DE SALVINIA NATANS.

A, formation de huit cellules-mères de macrospores (quatre seulement sont
représentées) ; **B**, les cellules du tapis sont désagrégées ; **K**, leurs
noyaux ; **C**, les cellules-mères se sont divisées chacune en quatre spores ;
D, une seule macrospore continue à se développer ; **sp**, les macrospores
sacrifiées, et repoussées en dehors de la masse nourricière ; **E**, la macrospore s'est développée davantage ; **pl**, la couche externe de sa membrane.
La paroi du macrosporange est unisériée.

(**A** à **D** d'après M. Heinricher, 1882 ; **E** d'après Juranyi, 1873.
Copié dans Sadebeck, 1898.)

C. **Hydroptéridales.**

Leurs sporanges ont une paroi unisériée comme celui des Filicales. Elles se distinguent de toutes les autres Filicées par la différenciation des sporanges et des spores. Il y a des microspores, donnant à la germination un prothalle qui ne produit que des anthéridies, et des macrospores dont le prothalle, purement femelle, ne porte que des archégones. Les deux sortes de spores naissent dans deux sortes de sporanges.

Nous n'examinerons que *Salvinia* (fig. 209), petite plante flottant à la surface des eaux. Les deux sortes de sporanges naissent séparément dans des boîtes spécialisées (fig. 209). Le microsporange se compose d'une paroi unisériée, d'un tapis et d'un massif sporogène. Les cellules du tapis se désorganisent entièrement et leur contenu forme une sorte de bouillie où plongent les microspores ; celles-ci sont groupées par quatre, chaque groupe provenant d'une cellule-mère.

Le macrosporange est construit sur le même modèle . Ici aussi le tapis se résout en une masse homogène. Mais des multiples cellules-mères de spores, une seule persiste. Puis des quatre spores qui y naissent, il en meurt encore trois, de sorte qu'en fin de compte le macrosporange ne renferme qu'une unique macrospore qui a étouffé toutes les autres (fig. 210).

A la germination la microspore ne forme pas un prothalle vert. Les réserves qu'elle a emportées sont suffisantes pour lui permettre de produire des spermatozoïdes sans avoir à se nourrir au dehors. La microspore donne deux uniques cellules prothalliennes (fig. 211) et deux

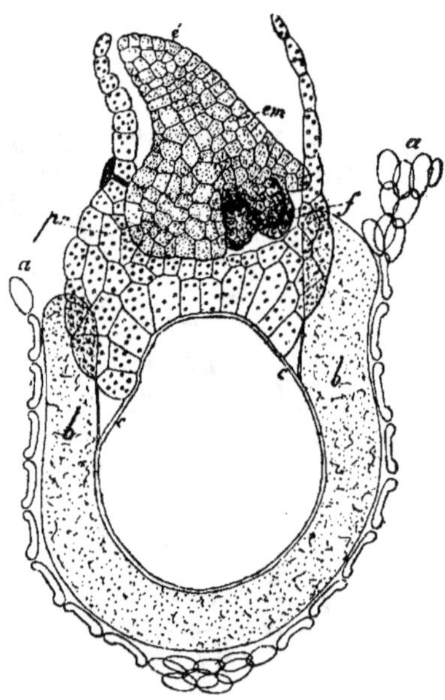

Fig. 212.
LE PROTHALLE FEMELLE DE SALVINIA NATANS (HYDROPTÉRIDALE).

a, paroi du macrosporange ; b, réserves alimentaires résultant de la désagrégation des macrospores sacrifiées ; c, cloison séparant le prothalle en deux portions : une inférieure unicellulaire remplie de réserves, et une supérieure (p r) pluricellulaire, verte, formant les archégones ; em, embryon dans un archégone ; e, première feuille. (D'après Pringsheim, 1865. Copié dans Van Tieghem.)

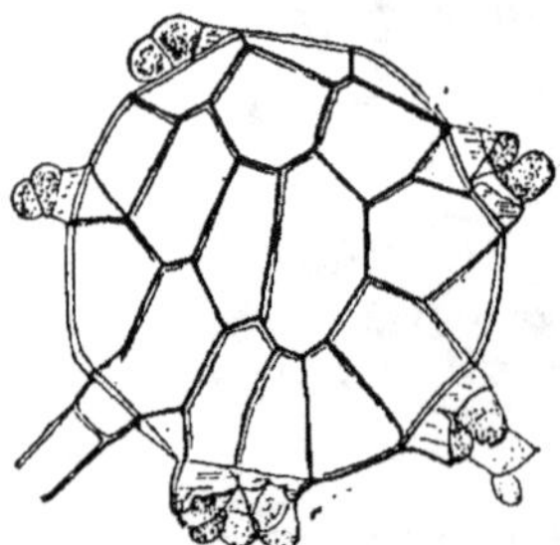

Fig. 211. — GERMINATION DES MICROSPORES A L'INTÉRIEUR D'UN MICROSPORANGE DE SALVINIA NATANS (HYDROPTÉRIDALE).

t, prothalles mâles sortant par les déchirures de la paroi du microsporange ; chaque prothalle forme 8 spermatozoïdes (D'après Pringsheim, 1865. Copié dans Van Tieghem).

anthéridies, dont chacune ne donne que quatre spermatozoïdes. Ceux-ci sont spiralés et munis de nombreux cils.

La macrospore est également gorgée de provisions de toute sorte. Le prothalle se compose d'une grosse cellule servant de réservoir et d'un massif de cellules plus petites au milieu desquelles naissent trois archégones seulement (fig. 212).

La zygote se développe, sans temps d'arrêt, en un embryon où se retrouvent les quatre quartiers que nous connaissons déjà chez les Filicales (voir fig. 204).

Les Hydroptéridales diffèrent donc des Filicales, d'abord par la différenciation des sporanges, des spores et des prothalles, qui sont les uns mâles, les autres femelles ; ensuite par la réduction des prothalles, le mâle ne possédant même plus de cellules assimilatrices.

II. CYCADOFILICÉES OU PTÉRIDOSPERMÉES.

Dans la nature actuelle les Marattiales et les Ophioglossales ne possèdent pas de descendants hétérosporés, c'est-à-dire produisant, comme les Hydroptéridales, des spores différenciées. Mais il existe un groupe important de fossiles du Primaire, qui doivent être considérés comme des dérivés hétérosporés de Fougères à sporanges épais.

L'appareil végétatif des Cycadofilicées ressemble à tel point à celui des Fougères arborescentes qu'on les a pendant longtemps classées avec celles-ci. On sait maintenant que leur tige se distingue par sa croissance en épaisseur, qui s'opère comme chez les Dicotylédonées par l'activité d'un cambium compris entre le bois et l'écorce.

Fig. 213.

LES MICROSPORANGES DE LYGINODENDRON OLDHAMIUM (CYCADOFILICÉE, ANCIENNEMENT APPELÉE CROSSOTHECA. (Copié dans Scott, 1907).

Fig. 214.

RESTAURATION DE LA GRAINE DE LYGINODENDRON (APPELÉE AUPARAVANT LAGENOSTOMA LOMAXI).

(D'après MM. Oliver et Scott).

On comprend qu'il n'ait pas été facile d'identifier des fossiles dont on découvrait les fragments séparément. Il paraît maintenant hors de doute qu'il faut rapporter à un même organisme les fossiles suivants, qui avaient été décrits d'abord comme des êtres distincts :

Tiges : *Lyginodendron Oldhamium* (fig. 129).

Feuilles : *Sphenopteris Hoenighausii.*

Pétioles : *Rachiopteris aspera.*

Microsporanges : *Crossotheca Hoenighausii* (fig. 213).

Macrosporanges : *Calymnotheca Stangeri* et *Lagenostoma Lomaxi* (fig. 214).

Ce sont les glandes très caractéristiques portées par *Lagenostoma* qui ont permis de faire l'identification.

Les microsporanges ressemblent aux sporanges ordinaires des Marattiales (fig. 213).

Les macrosporanges ne contiennent plus à la maturité qu'une seule macrospore (fig. 215, 216). Ce qui est tout à fait neuf dans l'histoire des Ptéridophytes, c'est que la macrospore ne se détache pas, et que le prothalle se développe donc, non pas par terre ni dans l'eau, mais à l'endroit où il est né sur une feuille, dans la cime de l'arbre.

Une difficulté se présente aussitôt. Comment les spermatozoïdes pourront-ils nager de l'anthéridie vers l'archégone, si celui-ci est situé tout en haut d'un arbre? Il faut absolument qu'il existe au voisinage immédiat de l'archégone, un aquarium dans lequel les microspores pourront germer après y avoir été transportées par le vent, et d'où les spermatozoïdes nage-

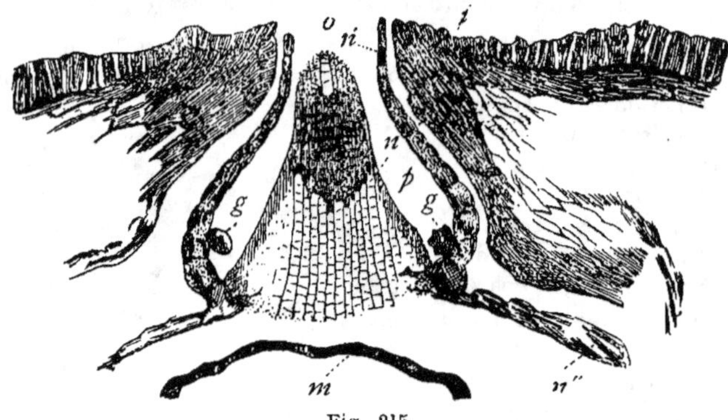

Fig. 215.

LA CHAMBRE POLLINIQUE DE LA GRAINE DE LYGINODENDRON.

i, tégument ; **n**, **n′**, **n″**, paroi du macrosporange; **p**, chambre pollinique
contenant des microspores (**g**); **o**, orifice de la chambre pollinique ;
m, paroi du prothalle.

(D'après M. Oliver, 1905.)

ront ensuite vers l'oosphère. C'est ainsi, en effet, que les choses se présentent (fig. 215, 216). La paroi du macrosporange délimite autour du sommet du prothalle un espace, la chambre pollinique, dans laquelle tombent les microspores. Il est vraisemblable que cette cavité était remplie de liquide et que les microspores y germaient (fig. 217); les spermatozoïdes atteignaient alors facilement l'orifice de l'archégone.

La macrospore ne se détachait donc de la plante-mère qu'après avoir germé en un prothalle et même après que la fécondation fut déjà opérée. De plus, elle restait engagée dans le macrosporange, et celui-ci était protégé contre les intempéries par un tégument qui l'enfermait presque complètement (fig. 214, 215). Ce n'était donc pas une spore qui était disséminée, comme chez les Hydroptéridales, mais une graine (fig. 216), analogue à celle que nous rencontrons chez beaucoup de Gymnospermes.

III. **SPHÉNOPHYLLÉES**.

Ce sont de petites Ptéridophytes du Primaire, à tige articulée, portant des verticilles de feuilles. La structure de la stèle rappelle celle des *Psilotum* (voir fig. 121).

Les sporanges (fig. 218), tous semblables, sont portés à la face supérieure de feuilles plus petites que les feuilles végétatives, mais placées comme elles en verticilles.

La partie de la tige qui porte les sporanges est nettement spécialisée.

IV. **ÉQUISÉTÉES**.

Les Équisétées ont également des tiges articulées (fig. 131), des feuilles

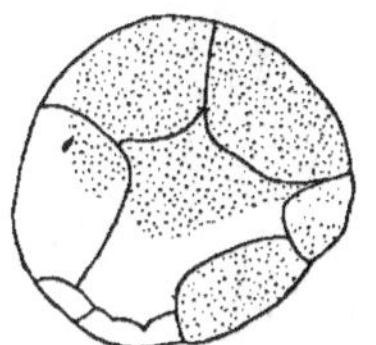

Fig. 217.

LE PROTHALLE MÂLE DE CYCADOFILICÉES.
Coupe à travers les prothalles. A gauche, *Physostoma elegans*. A droite, *Stephanospermum akenioides*.

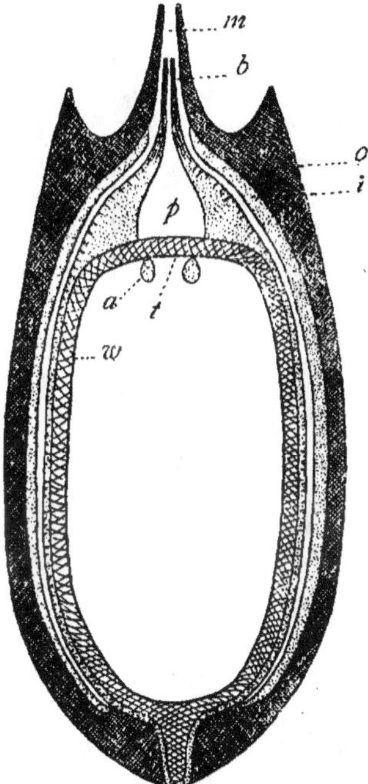

Fig. 216.

LE MACROSPORANGE
D'UNE CYCODAFILICÉE :
STEPHANOSPERMUM AKENIOIDES.

o, i, tégument ; **m**, son orifice ; **p**, chambre pollinique ; **b**, extrémité du macrosporange ; **t**, assise vasculaire ; **w**, paroi du prothalle. ; **a**, archégones.

(D'après M. OLIVER, 1904.)

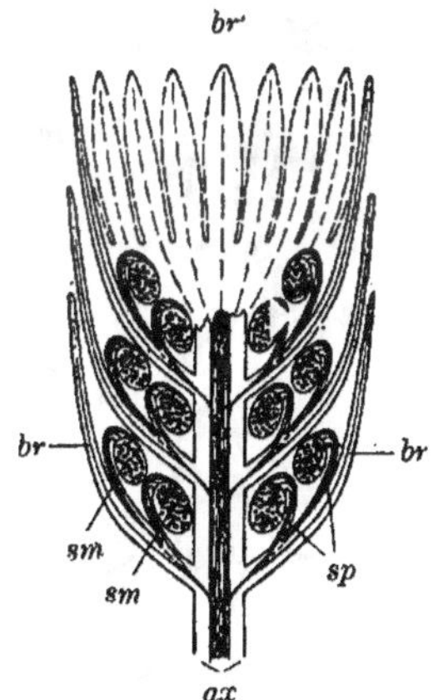

Fig. 218.

L'APPAREIL SPORIFÈRE DE SPHENOPHYLLUM
DAWSONI.

br, bractées ; **sp**, sporophylles.
(D'après M. SCOTT, 1907).

verticillées, et les sporanges portés par des feuilles réduites, sur une partie différenciée de la tige (fig. 219, 224).

Il y a même beaucoup d'espèces qui possèdent des tiges de deux sortes (fig. 219) : les unes fertiles, non ramifiées, sans chlorophylle, terminées par

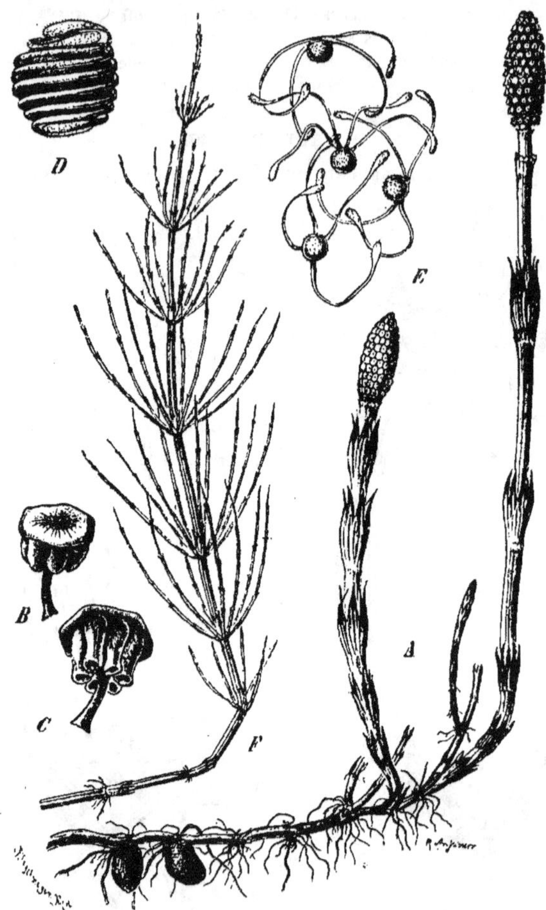

Fig. 219.

UNE ÉQUISÉTÉE : EQUISETUM ARVENSE.

A, tiges fertiles, issues d'un rhizome garni de tubercules; la tige assi milatrice est encore toute jeune près du sommet du rhizome ; **B**, sporophylle discoïde avec les sporanges encore fermés; **C**, les sporanges sont ouverts ; **D**, spore encore humide, avec les élatères recourbées autour de la spore ; **E**, spores sèches, avec les élatères déroulées ; **F**, tige stérile, assimilatrice. — (D'après M. Schenck.)

un cône de feuilles sporifères ; les autres stériles et assimilatrices. D'autres espèces ont des tiges toutes assimilatrices, et pouvant se terminer toutes par des cônes. Enfin il en est qui donnent au printemps des tiges fertiles, pâles, devenant vertes après la dissémination des spores.

A. **Équisétales.**

Nos Équisétales actuelles ont des sporanges semblables portés à la face inférieure de feuilles en forme de disque (fig. 219). Les spores sont entourées de deux filaments croisés, très hygroscopiques.

Quoique non différenciées, les spores donnent des prothalles de deux sortes : les uns mâles, assez petits, les autres femelles (fig. 220, 221, 222).

Fig. 221

SPERMATOZOÏDE D'ÉQUISETUM ARVENSE.

bl, blépharoplaste et cils. (D'après M. SHARP, 1912. Copié dans SCHENCK).

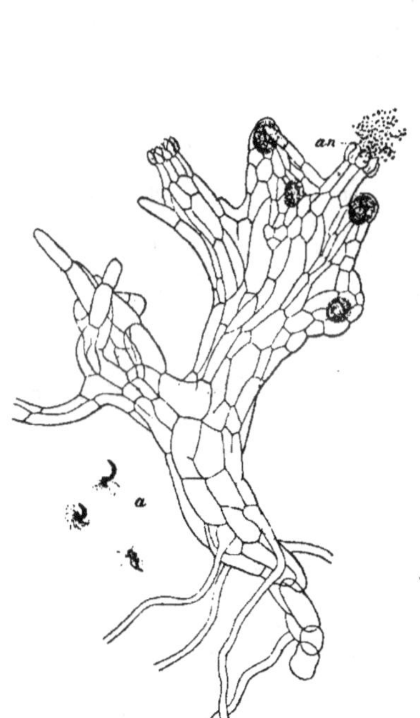

Fig. 220.

LE PROTHALLE MÂLE D'EQUISETUM LIMOSUM. (D'après THURET, 1851).

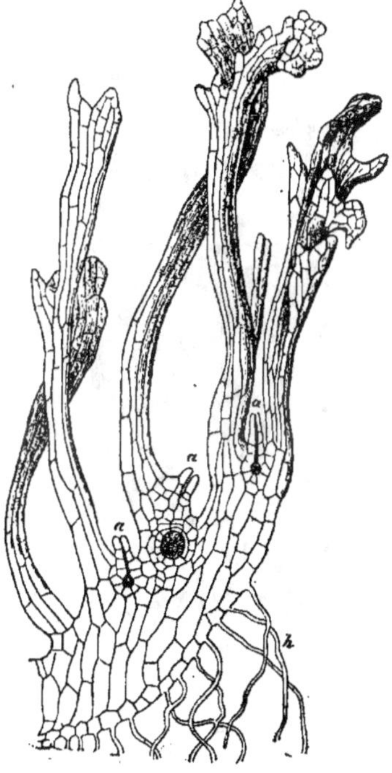

Fig. 222.

LE PROTHALLE FEMELLE D'EQUISETUM ARVENSE. (D'après HOFMEISTER).

Fig. 223.

RAMEAUX ET VERTICILLES DE FEUILLES D'UNE CALAMARIALE :
ANNULARIA SPHÉNOPHYLLOIDES DU CARBONIFÉRIEN.
(D'après ZEILLER, 1900).

Les anthéridies, les spermatozoïdes, les archégones, les oosphères, les embryons, sont construits sur le même type que chez les Filicales.

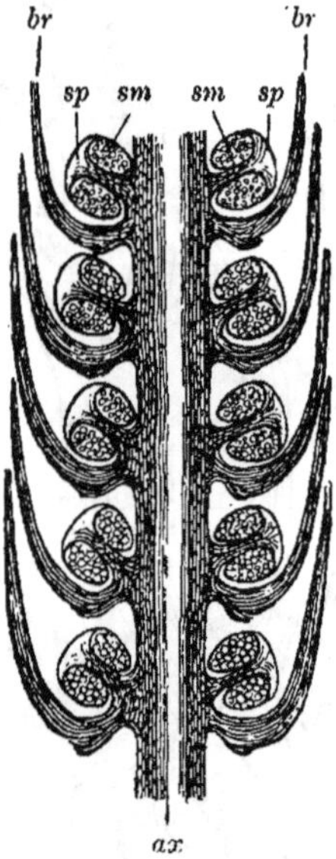

B. CALAMARIALES.

Pendant le Primaire vivaient de gigantesques Équisétées dont les tiges s'accroissaient en épaisseur par un cambium intrafasciculaire. Les feuilles verticillées étaient bien formées (fig. 223).

Les sporanges, tantôt semblables (fig. 224), tantôt différenciés, étaient portés de la même façon que chez les Équisétales actuelles.

V. LES LYCOPODIÉES.

Alors que les Filicées et les Cycadofilicées ont de grandes feuilles isolées, les Sphénophyllées et les Équisétées des feuilles petites et verticillées, les Lycopodiées ont des feuilles petites et isolées.

A. Lycopodiales.

Ce sont des plantes assez petites (fig. 225), à tige monostélique, sans croissance en épaisseur.

Les sporanges, semblables, sont insérés à la face supérieure des feuilles (fig. 226); celles-ci ne portent chacune qu'un seul sporange ; parfois elles sont semblables aux

Fig. 224.

L'APPAREIL SPORIFÈRE D'UNE CALAMARIALE: PALAEOSTACHYA
br, bractée; **sp**, sporophylle en forme de disque portant sur sa face inférieure des sporanges (**sm**).

(D'après RENAULT, 1885).

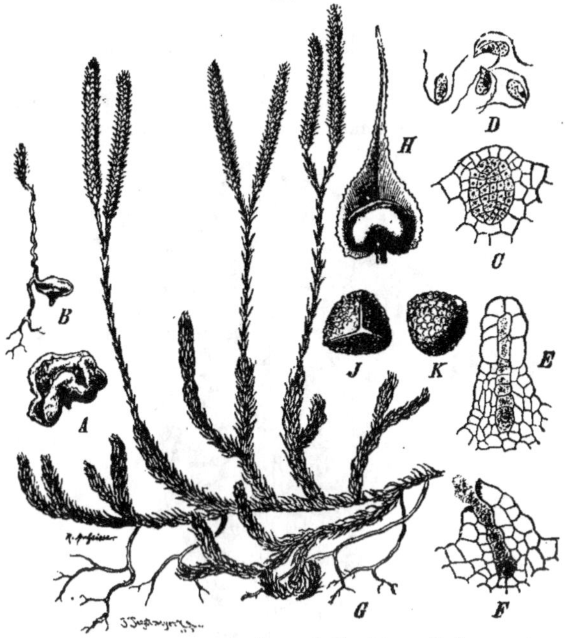

Fig. 225. — LYCOPODIUM CLAVATUM. **A**, prothalle; **B**, prothalle avec jeune sporophyte; **C**, anthéridie; **D**, spermatozoïdes à 2 cils; **E, F**, archégones; **G**, plante adulte avec racines, tiges garnies de feuilles et tiges dressées portant des sporophylles; **H**, une sporophylle et un sporange; **J, K**, spores.
(**A-F** d'après M. BRUCHMANN, 1910; **G-K** d'après M. SCHENCK, 1912).

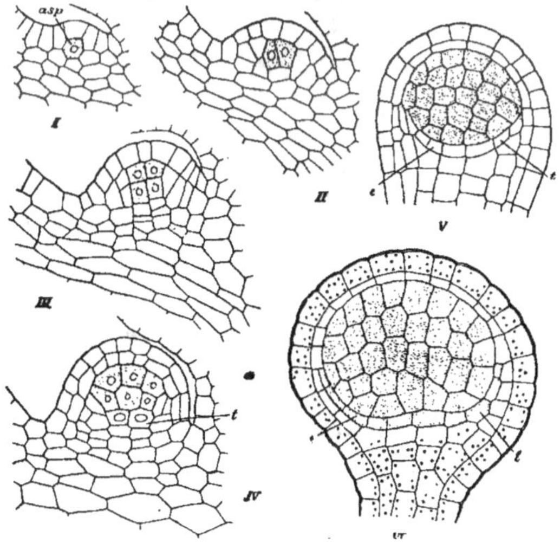

Fig. 226.
LE DÉVELOPPEMENT
DU SPORANGE
DE LYCOPODIUM
CLAVATUM.
asp, archéspore;
t, tapis ou assise
nourricière.
(D'après
M. SADEBECK,
1898.)

feuilles assimilatrices, mais le plus souvent, elles en diffèrent quelque peu et elles occupent uniquement les bouts des tiges (fig. 225).

Les spores donnent un prothalle très particulier, vivant en symbiose avec des filaments de Champignons (fig. 227). Les anthéridies et les

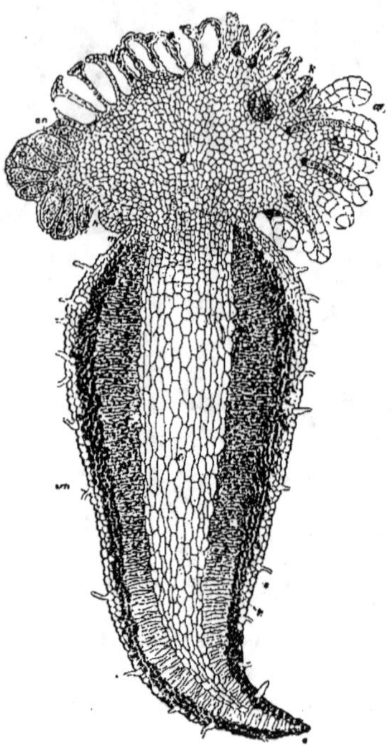

Fig. 227.
PROTHALLE DE LYCOPODIUM COMPLANATUM
ar, archégones; **an**, anthéridies. Dans la partie inférieure du prothalle, les cellules corticales sont associées à un Champignon.
(D'après M. BRUCHMANN, 1898).

archégones ont la structure habituelle. Les spermatozoïdes diffèrent de ceux des Filicées et des Équisétées en ce qu'ils n'ont que deux cils (fig. 225).

B. **Psilotales.**

Plantes de petite taille, dépourvues de racines, fixées par des tiges souterraines (fig. 112). La tige a jusqu'à un certain point une structure de racine (fig. 121). Les sporanges sont tous semblables.

C. **Lépidophytales.**

Lycopodiées arborescentes du Primaire (fig. 228 à 231). La tige, monostélique, possède un cambium (fig. 230). Les troncs portent des cicatrices foliaires caractéristiques (fig. 229). Les sporanges sont différenciés. (fig. 232). Chez certaines Lépidophytées, la macrospore germait sur place, de la même façon que chez les Cycadofilicées.

D. **Sélaginellales.**

Lycopodiées actuelles, de petite taille (fig. 333). La tige est polystélique (fig. 122, 123) et n'a pas de cambium.

Fig. 228.
RECONSTITUTION D'UNE LÉPIDOPHYTALE : LEPIDODENDRON ELEGANS.
L'arbre porte des cônes. — (D'après GRAND'EURY).

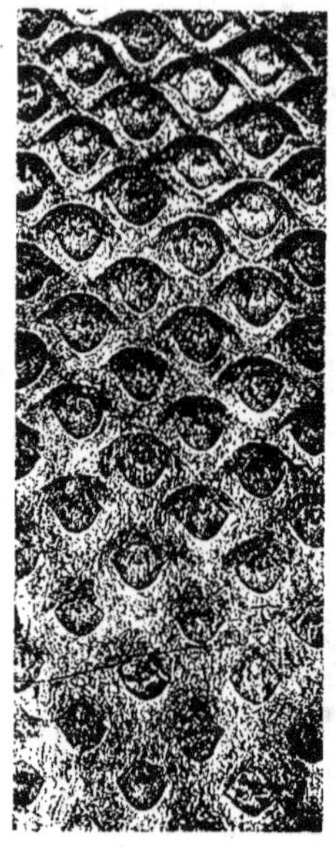

Fig. 229.

LES CICATRICES FOLIAIRES
D'UNE LÉPIDOPHYTALE :
SIGILLARIA BRARDI.

(D'après ZEILLER, 1900)

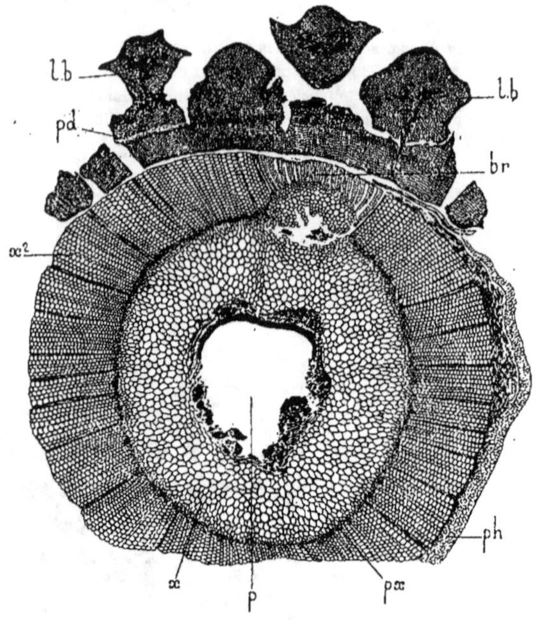

Fig 230.

LA STRUCTURE DE LA TIGE DE LÉPIDOPHYTALE :
LEPIDODENDRON BREVIFOLIUM.

lb, base des feuilles: **pd**, périderme; **br**, faisceaux se rendant
sur une feuille; **ph**, liber; x^2, bois secondaire; **px**, protoxy-
lène; **x**, bois primaire centripète; **p**, moelle.

(D'après M. SCOTT, 1909)

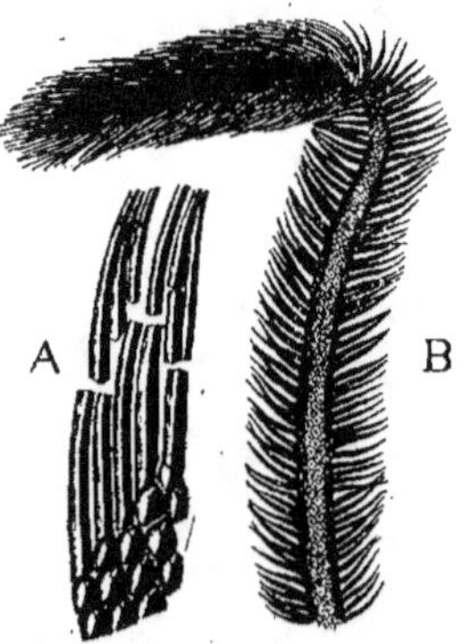

Fig. 231. — TIGE ET FEUILLES
D'UNE LÉPIDOPHYTALE :
LEPIDODENDRON OPHIURUS.

A, feuilles et bases foliaires;
B, rameau avec feuilles, terminé par
un cône.
(D'après ZEILLER.)

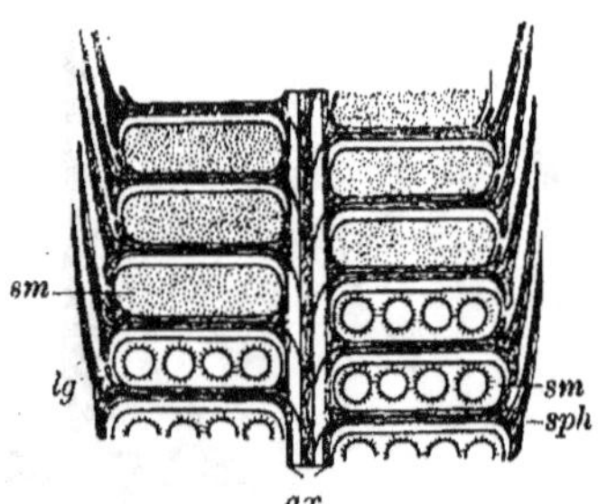

Fig. 232.

LES SPORANGES DIFFÉRENCIÉS D'UNE
LÉPIDOPHYTALE : LEPIDOSTROBUS.

(D'après M. SCOTT, 1907.)

Les sporanges, situés à l'aisselle de feuilles un peu spécialisées, sont dissemblables (fig. 233). Le microsporange renferme de nombreuses microspores; dans le macrosporange une seule cellule-mère arrive à maturité; elle donne quatre macrospores.

La microspore germe sans s'ouvrir (fig. 234). Une première cloison sépare une petite cellule, qui à elle seule représente le prothalle, et une grande cellule qui devient l'anthéri-

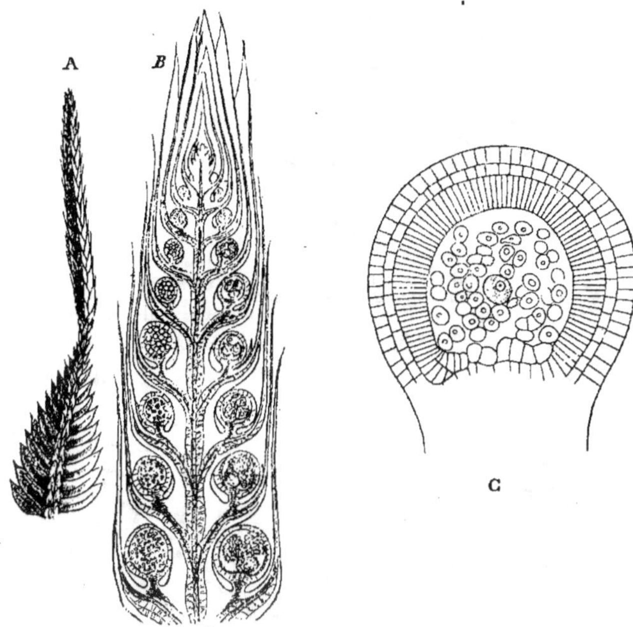

Fig. 233.

SPOROPHYLLES ET SPORANGES DE SELAGINELLA INAEQUALIFOLIA.

A, rameau ordinaire terminé par des sporophylles; **B**, coupe longitudinale de la portion sporifère : en bas, à droite, macrosporanges; à gauche, microsporanges.
(D'après SACHS.)

C, macrosporange. Toutes les cellules-mères de spores meurent, sauf une.
(Daprès Mlle LYONS)

die. Par des cloisons obliques, celle-ci isole une paroi unisériée et une cellule centrale, dans laquelle naissent des spermatozoïdes biciliés.

La macrospore se divise par une cloison courbe en une cellule inférieure, gorgée de réserves, et une cellule supérieure qui se cloisonne aussitôt davantage (fig. 235). C'est dans cette partie supérieure que se développent les archégones, en petit nombre; ils sont d'ailleurs fort réduits, et leur col n'a qu'une hauteur de deux cellules.

La zygote se divise en deux par une cloison transversale (fig. 235) : la cellule externe s'allonge beaucoup, non vers le dehors, mais vers le dedans, ce qui pousse la cellule

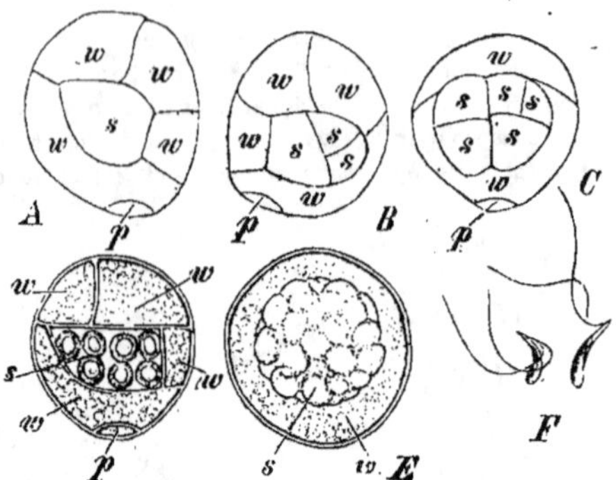

Fig. 234.

LE PROTHALLE MÂLE
DE SELAGINELLA STOLONIFERA.

p, cellule prothallienne unique ; **w**, cellules de
la paroi de l'anthéridie ; **s**, cellules-mères des spermatozoïdes ; **F**, spermatozoïdes avec deux cils.

(D'après M. Belajeff, 1885.)

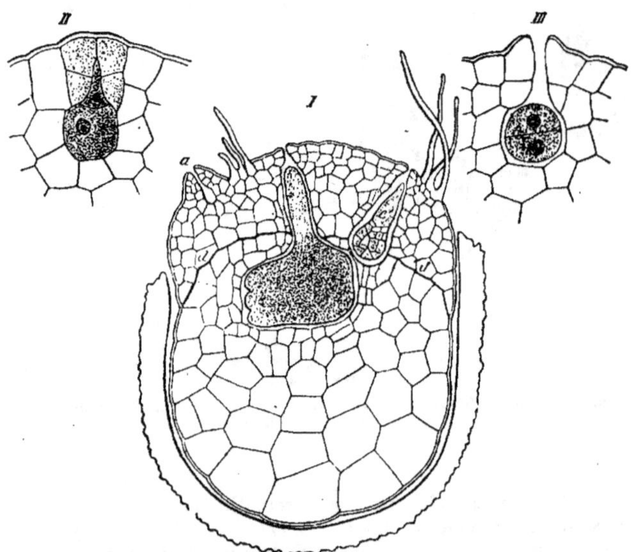

Fig. 235.

LE PROTHALLE FEMELLE DE SELAGINELLA MARTENSII.

I, coupe longitudinale du prothalle ; **d**, première cloison, séparant la
partie inférieure, contenant les réserves, de la partie supérieure où sont
les archégones (**a**) ; e', **e**, deux embryons : le plus grand déjà plongé
dans les réserves ; **II**, jeune archégone ; **III**, première division de la
zygote. — (D'après Pfeffer, 1871.)

interne et ses dérivées à travers la cloison courbe jusque dans la masse de réserves logée au fond du prothalle. Là l'embryon se développe à la façon habituelle.

Lors de l'allongement de la jeune tige issue de l'embryon, on remarque le plus souvent qu'elle porte deux feuilles opposées, ressemblant aux cotylédons d'une Dicotylédonée.

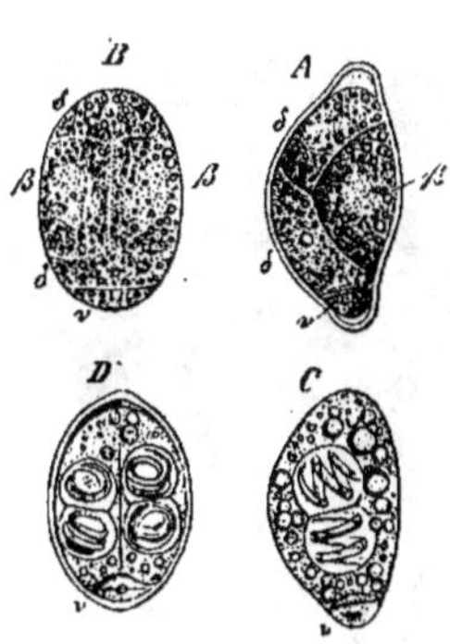

Fig. 236.

LE PROTHALLE MÂLE
D'ISOËTES LACUSTRIS.

A, B, état jeune; v, δ, cellules du prothalle; β, cellules-mères des spermatozoïdes. **D, C**, état plus avancé; les parois inter-cellulaires ont disparu, sauf celle de la cellule v; quatre spermatozoïdes se sont formés.

(D'après MILLARDET, 1869.)

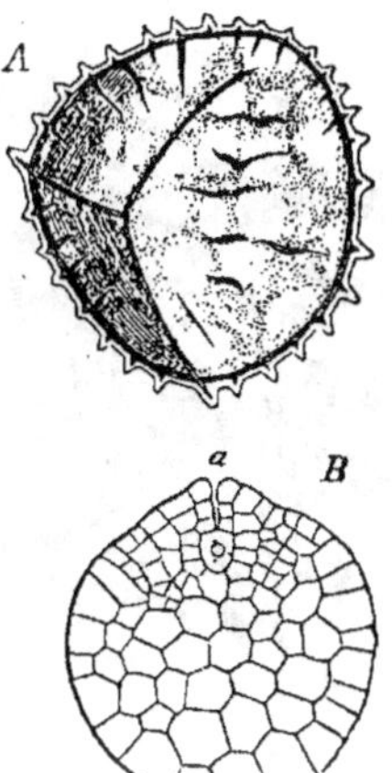

Fig. 237.

LE PROTHALLE FEMELLE
D'ISOËTES LACUSTRIS.

A, macrospore; **B**, coupe longitudinale du prothalle, inclus dans la paroi de la macrospore; **a**, archégone.

(D'après HOFMEISTER. 1858.)

VI. ISOÉTÉES

On les classe d'habitude avec les Lycopodiées, mais leurs spermatozoïdes multiciliés les en éloignent, pour les rapprocher davantage des Filicées et des Équisitées.

Ce sont de petites plantes dont les feuilles portent dans leur épaisseur les sporanges. Les prothalles sont très réduits (fig. 236, 237).

B. PHANÉROGAMES.

1. GYMNOSPERMES.

Dans trois des lignées de Ptéridophytes nous avons vu les sporanges et les spores se différencier ; en même temps la phase haploïde, d'abord semblable à celle des Anthocérotées, se réduisait jusqu'à n'être plus représentée que par un tout petit nombre de cellules, qui, au lieu de s'alimenter au dehors, utilisent simplement des réserves provenant de la plante-mère.

Enfin, degré ultime de cette spécialisation, l'unique macrospore n'est plus mise en liberté, mais elle donne directement son prothalle à l'intérieur du macrosporange, qui est resté en place sur la feuille où il est né.

Cette évolution apparaît le plus clairement dans la lignée des Filicées et des Cycadofilicées. Quand ces dernières se sont éteintes dans le Permien,

Fig. 238.

INDIVIDU FEMELLE DE CYCAS REVOLUTA, EN FLEURS.
(D'après M. KARSTEN, 1914.)

la même évolution s'est poursuivie dans les Cycadées et les Bénettitées ; en réalité la séparation des Cycadofilicées d'avec les Cycadées et le Bénettitées est purement artificielle.

A. Cycadées.

Ce sont des plantes à aspect de Fougères, avec de grandes feuilles segmentées, qui sont enroulées en crosse dans le jeune âge, comme celles des Fougères.

La tige, rattachée au sol par une racine pivotante, est souvent simple (fig. 238) ; elle est monostélique et croît en épaisseur par un cambium situé entre le bois et le liber. Le bois primaire possède souvent la croissance à la fois centrifuge et centripète, comme chez les Cycadofilicées (fig. 129).

Les microsporanges naissent en nombre considérable à la face inférieure de feuilles spécialisées, disposées en cône (fig. 239).

Ils ont une paroi massive et un tapis (fig. 240). Chaque cellule-mère se divise, à la façon ordinaire, deux fois de suite.

Les macrosporanges sont très gros. Chez *Cycadospadix* (fig. 241) et *Cycas* (fig. 242), ils sont portés sur des feuilles peu différentes en somme

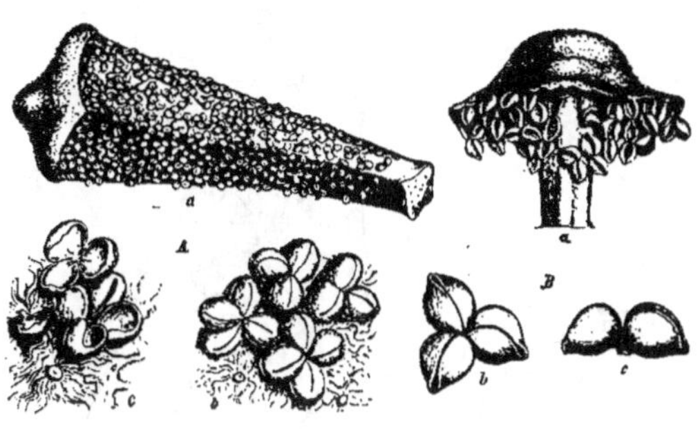

Fig. 239.

SPOROPHYLLES MÂLES DE CYCADÉES

A, *Cycas circinalis* : **a**, sporophylle entière ; **b**, **c**, groupes de microsporanges ; **B**, *Zamia integrifolia* : **a**, sporophylle entière ; **b**, **c**, groupes de microsporanges.

(**A a**, **B**, d'après RICHARD ; **Ab**, d'après BLUME. Copié dans EICHLER.)

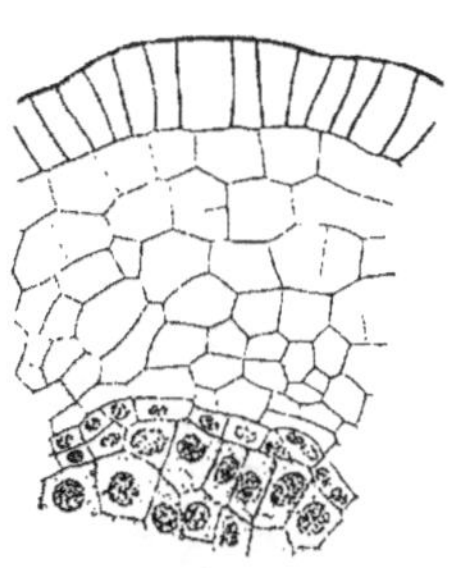

Fig. 240.

LA STRUCTURE
DU MICROSPORANGE
D'UNE CYCADÉE : DIOON EDULE.

De l'extérieur vers l'intérieur : épiderme ; paroi plurisériée ; tapis ; cellules - mères des microsporanges.

(D'après M. CHAMBERLAIN, 1909.)

Fig. 241.

CARPELLE D'UNE CYCADÉE
DU LIASIQUE :
CYCADOSPADIX HENNOQUEI.

(D'après DE SAPORTA
ET MARION.

Fig. 242. — SPOROPHYLLES FEMELLES DE CYCADÉES.

A, *Cycas revoluta* ; **B** *Cycas circinalis* ; **C**, *Cycas Normanbyana* : la sporophylle porte encore des segments foliaires ; **D**, *Dioon edule* ; **E**. *Encephalartos Preissii* : le nombre des macrosporanges se réduit à deux ; **F**, *Zamia integrifolia* ; **G**. *Ceratozamia mexicana* : la portion distale de la sporophylle s'atrophie.

(**A**, d'après SACHS ; **B**, **D**, **G**, d'après EICHLER ; **C**. **F**, d'après VON MULLER ; **E**, d'après MIQUEL. Copié dans EICHLER.)

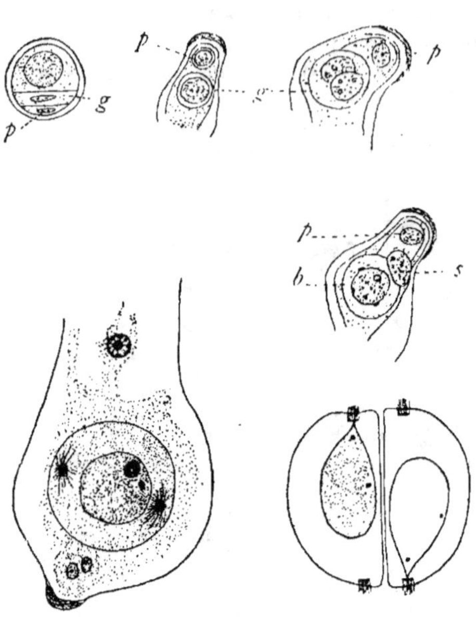

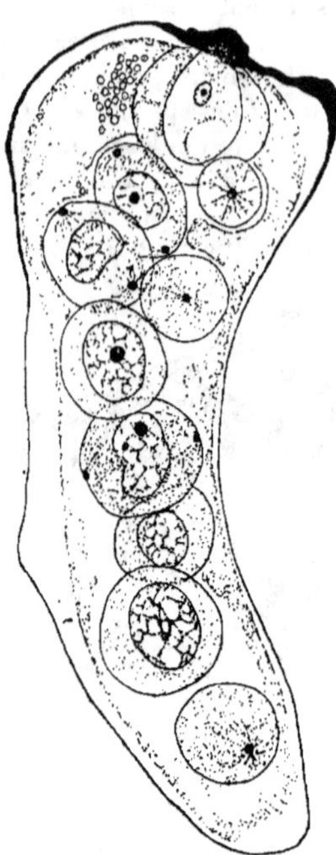

Fig. 243.

LE DÉVELOPPEMENT DU PROTHALLE MÂLE DE CYCAS REVOLUTA

En haut, microspore divisée en 3 cellules ;
g, la cellule-mère des spermatozoïdes ; en bas,
sommet du prothalle : la cellule-mère avec les
deux spermatozoïdes.
(D'après M. Ikeno, 1898.)

Fig. 244.

MULTIPLES CELLULES-MÈRES
DE SPERMATOZOÏDES
DE MICROCYCAS CALOCOMA
dans le prothalle mâle.
(D'après M. Caldwell, 1907.)

des feuilles assimilatrices. La tige montre alternativement quelques spires
de feuilles assimilatrices, puis quelques spires de feuilles sporifères. Mais
dans les genres plus évolués, les feuilles sporifères sont de plus en plus
distinctes des autres ; elles sont alors placées en un cône et ne portent
plus que deux macrosporanges (fig. 242).

Le macrosporange est entouré d'un tégument épais. Il ne renferme
qu'une seule cellule-mère. Des quatre macrospores produites, une seule
se développe après avoir écrasé les trois autres (fig. 247).

Cette macrospore germe sur place, dans le macrosporange encore fixé.
Elle produit un gros prothalle multicellulaire, gorgé de provisions, dont la
partie supérieure donne quelques archégones (fig. 246, 248).

La microspore se divise déjà avant la dissémination. Elle donne d'abord

un certain nombre de cellules prothalliennes (fig. 243), puis des cellules-
mères de spermatozoïdes ; celles - ci,
d'abord au nombre d'une huitaine
(fig. 244), sont finalement réduites à une
seule (fig. 243).

Amenée par le vent dans la chambre
qui surmonte le prothalle femelle, la
microspore s'allonge en un tube qui
s'implante dans les tissus du tégument et
y puise de la nourriture. Puis les cellules-mères de spermatozoïdes se divisent chacune en deux spermatozoïdes,

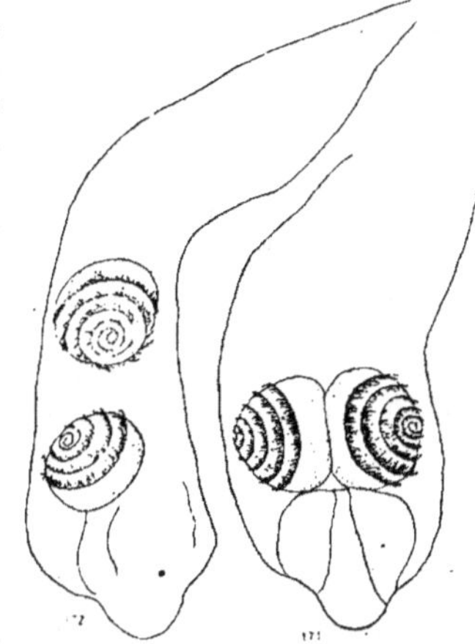

Fig. 245.
SPERMATOZOÏDES DE CYCAS REVOLUTA,
au sommet du prothalle.
(D'après M. MIYAKE, 1906.)

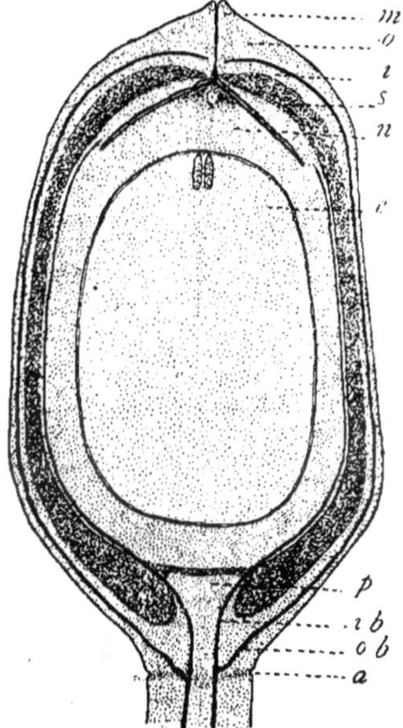

Fig. 246.
MACROSPORANGE D'UNE CYCADÉE ;
DIOON EDULE.

a, assise séparatrice; **ib**, **ob**, appareil vasculaire des téguments; **p**, papille basilaire;
i, **s**, couche charnue et couche dure du
tégument interne; **o**, tégument externe ;
m, micropyle; **n**, paroi du macrosporange;
e, prothalle contenu dans la macrospore.

(D'après M. CHAMBERLAIN, 1906.)

Fig. 247.
LES QUATRE MACROSPORES D'UNE CYCADÉE :
ZAMIA FLORIDANA.
L'inférieure seule persistera.
(D'après Mlle GRACE SMITH, 1910.)

dont le blépharoplaste spiralé porte des centaines de cils (fig. 245).

Le spermatozoïde nage dans la chambre pollinique, remonte le col de l'archégone et arrive ainsi à l'oosphère (fig. 249).

La zygote se segmente aussitôt. Un long suspenseur plonge l'embryon dans la masse de réserves prothalliennes. A la maturité, l'embryon comprend une petite racine, une petite tige, et deux grands cotylédons (fig. 250); autour de lui le tégument s'est partiellement lignifié sous forme d'une enveloppe résistante. La graine ainsi constituée peut donc supporter impunément une période de repos.

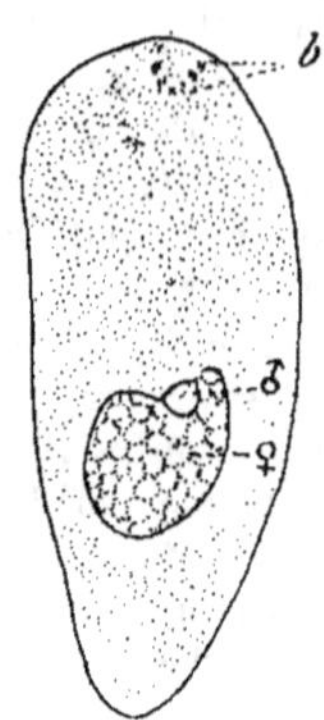

Fig. 249.

LA FÉCONDATION
D'UNE CYCADÉE :
ZAMIA FLORIDANA.

Le spermatozoïde, après avoir abandonné son blépharoplaste à l'entrée de l'oosphère (**b**) a rencontré le noyau de l'oosphère.

(D'après M WEBBER, 1897.)

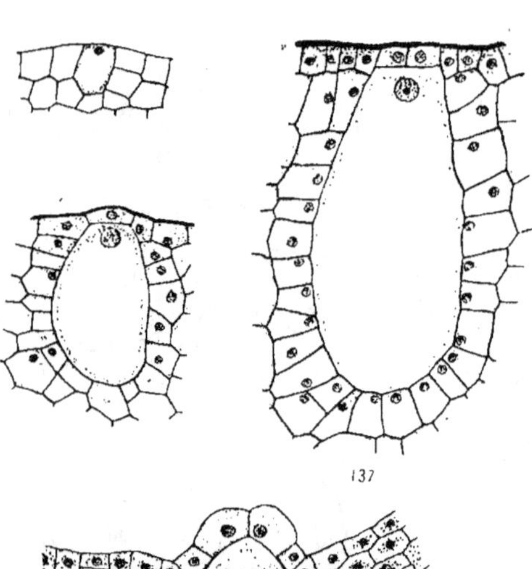

Fig. 248.

LE DÉVELOPPEMENT DE L'ARCHÉGONE D'UNE CYCADÉE :
DIOON EDULE.

Il provient d'une seule cellule périphérique (en haut, à gauche).
A l'état définitif son col n'a que deux cellules de hauteur (en bas).
(D'après **M**. CHAMBERLAIN, 1906.)

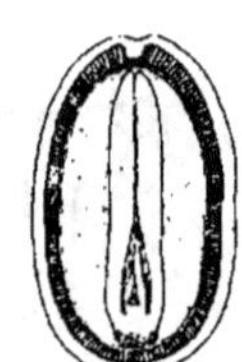

Fig. 250.

GRAINE
D'UNE CYCADÉE :
DIOON EDULE.
Embryon avec deux cotylédons, entouré d'un albumen.

(D'après
M. CHAMBERLAIN,
1910.)

B. **Bénettitées.**

En même temps qu'apparaissaient au début du Secondaire les Cycadées qui ont persisté jusqu'à nous, naissaient les Bénettitées, ou Cycadoïdées, qui n'ont pas dépassé le Crétacé.

Fig. 251. — RECONSTITUTION D'UNE BÉNETTITÉE : WILLIAMSONIA GIGAS.
Cicatrices foliaires sur le tronc Entre les feuilles, deux fleurs.
(D'après M. WILLIAMSON, 1870.)

Ce sont de grands végétaux à aspect de Cycadées (fig. 251).

L'appareil de reproduction est complètement distinct de la partie végétative, et portée sur des rameaux spéciaux. Il comprend (fig. 252), de dehors en dedans, des verticilles de feuilles protectrices, couvertes de longs poils ; puis un verticille de feuilles à microsporanges, segmentées à la façon des feuilles assimilatrices ; enfin, au centre, un cône de feuilles à macrosporanges, très profondément spécialisées.

Le macrosporange donnait une seule macrospore qui germait sur place. L'embryon se développait avant la dissémination (fig. 254). La graine renfermait un embryon pourvu de deux cotylédons.

Fig. 252.

UNE FLEUR HERMAPHRODITE D'UNE BÉNETTITÉE : CYCADOIDEA DACOTENSIS.

Du dehors en dedans : bractées très velues; sporophylles mâles, l'une encore repliée, l'autre étalée; sporophylles femelles nombreuses, disposées sur la partie terminale, conique, de l'axe de la fleur. (D'après M. WIELAND, 1906.)

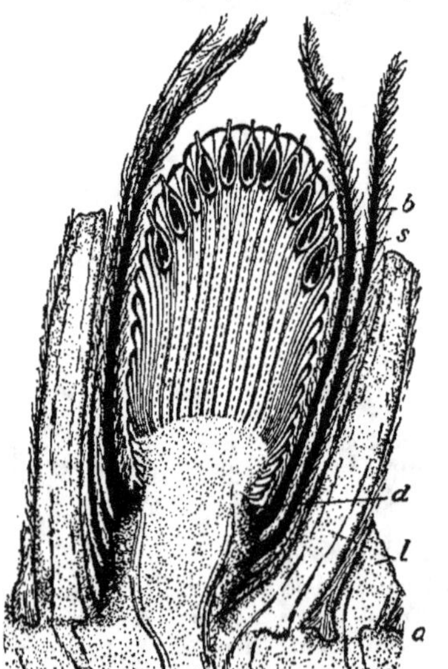

Fig. 253. — UNE FLEUR FEMELLE D'UNE BÉNETTITÉE :
CYCADOIDEA WIELANDII.

De dehors en dedans : **a**, insertion de feuilles ; **l**, bases de feuilles ; **b**, bractées velues ; **d**, vestiges des sporophylles mâles ; **s**, graines (voir fig. 254.) (D'après M. WIELAND, 1906.)

Fig. 254.

UNE GRAINE
DE BÉNETTITES
GIBSONIANUS.

(D'après SOLMS-LAUBACH, 1890.)

C. **Cordaïtées**.

Parmi les plantes que nous avons étudiées jusqu'à présent, il n'en est pas une qui ait le port d'un arbre dicotylédoné, par exemple d'un Chêne. Mais déjà dans les couches dévoniennes, on rencontre des fossiles qui ont cette allure (fig. 255). Ce sont les Cordaïtées ; elles n'ont pas vécu au delà du Primaire.

Fig. 255

RECONSTITUTION D'UNE CORDAÏTÉE :
DORYCORDAITES.
L'arbre porte des inflorescences.
(D'après GRAND'EURY, 1877.
Copié dans SCOTT.)

Fig. 256.

FEUILLES ET FLEURS DE CORDAITES LAEVIS.
A droite, au milieu, un bourgeon.
(D'après GRAND'EURY, 1877.)

Elles ont de longues feuilles (fig. 256) dont la structure est identique à celle des arbres actuels (fig. 189).

La reproduction (fig. 256,257) est analogue à celle des Cycadofilicées, des Cycadées et des Bénettitées.

D. **Ginkgoées**.

Ce sont aussi des arbres ressemblant à des Dicotylédonées et dont l'anatomie est la même. Nées au Permien, elles restent abondantes jusqu'à l'Eocène, pour disparaître alors presque complètement. On n'en connaît actuellement qu'une seule espèce, qui est sauvage en Chine.

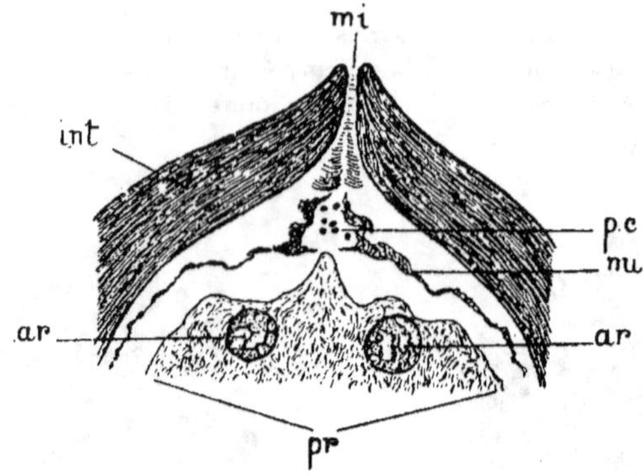

Fig. 257.

LE MACROSPORANGE D'UNE CORDAÏTÉE :
CYCADINOCARPUS AUGUSTODUNENSIS.

int, tégument ; **p.c.** chambre pollinique ;
nu, macrosporange ;
mi, micropyle ; **pr**, prothalle ; **ar**, archégones.
(D'après RENAULT, 1896. — Copié dans SCOTT.)

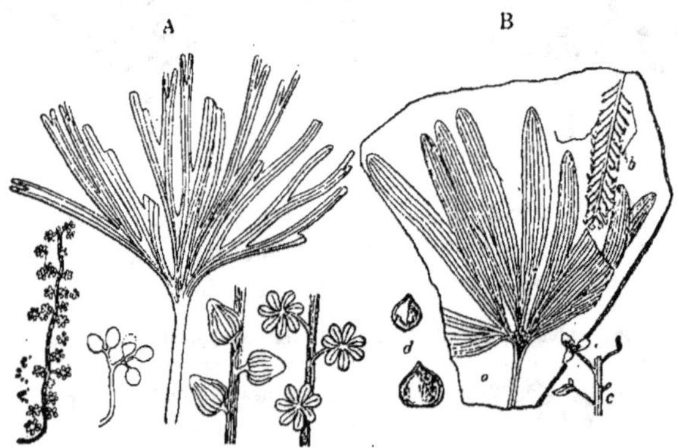

Fig. 258.

GINKGOÉES DU SECONDAIRE.

A, *Baiera Münsteriana* du Rhétien ; **a,** feuille ; **b, c, d,** fleurs mâles:
e, fleur femelle.
B, *Ginkgo sibirica* du Jurassique ; **a,** feuille ; **b, c,** fleurs mâles.
(**A**, d'après SCHENCK ; **B**, d'après HEER. Copié dans POTONIÉ.)

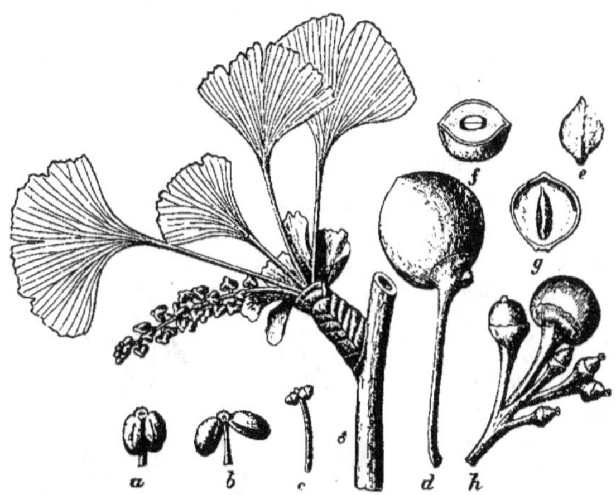

Fig. 259.

L'APPAREIL REPRODUCTEUR DE GINKGO BILOBA.

Au milieu, rameau avec chaton de fleurs mâles ; **a**, **b**, sporophylles mâles ; **c**, fleur femelle ; **d**, fruit ; **e**, son noyau ; **f**, **g**, le noyau coupé transversalement et longitudinalement pour montrer l'embryon ; **h**, inflorescence femelle.

(**a**, **d**, d'après EICHLIER ; les autres figures d'après RICHARD. Copié dans KARSTEN.)

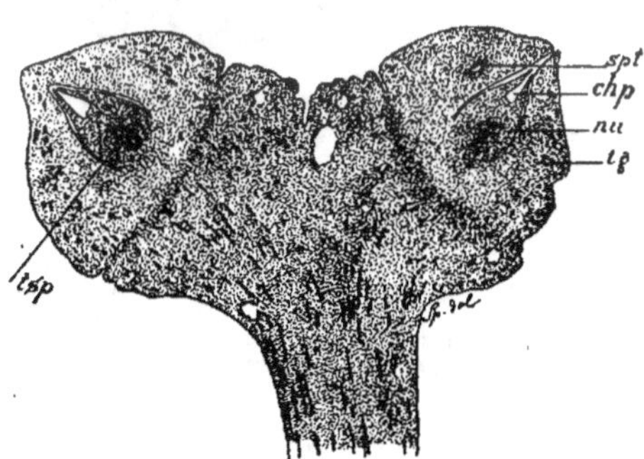

Fig. 260.

FLEUR FEMELLE DE GINKGO BILOBA.

La fleur est coupée longitudinalement, elle porte deux sporophylles.

tsp, tissu sporogène ; **nu**, macrosporange (nucelle) ; **tg**, téguments ; **chp**, chambre pollinique.

(D'après M. SPRECHER, 1907.)

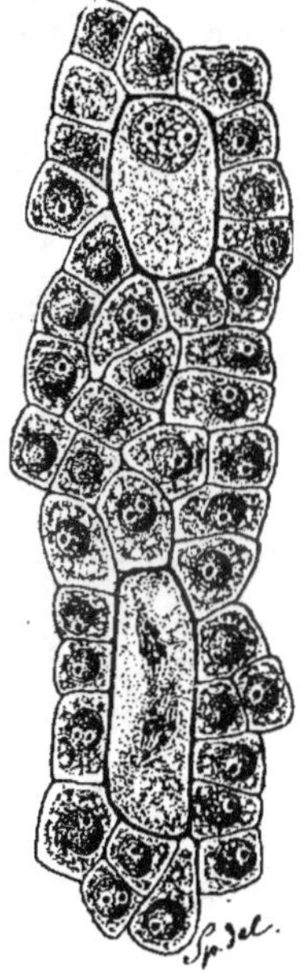

Fig. 261.

CELLULES-MÈRES DE MACROSPORES.

Elles sont logées dans le tissu sporogène ; la supérieure est encore simple ; l'inférieure se divise.

(D'après M. SPRECHER, 1907.)

Les feuilles (fig. 258, 259) ont une forme très caractéristique rappelant celle des *Adiantum*, qui sont des Fougères.

La reproduction (fig. 260, 261, 262) ressemble dans ses grands traits à celle des Cycadées et des Cycadofilicées. Ainsi les spermatozoïdes ont un blépharoplaste contourné en spirale, sur lequel sont insérés de nombreux cils.

E. **Conifères.**

Depuis les Hépatiques jusqu'aux Ginkgoées, nous avons vu la fécondation opérée par un spermatozoïde cilié, nageant par le col de l'archégone jusqu'à l'oosphère. Mais alors que la natation a lieu chez les Bryophytes et les Fougères dans une goutte d'eau apportée par la pluie, il n'en est plus de même chez les Cycadées et les Ginkgoées : ici la macrospore produit son prothalle, non pas

Fig. 262.

EMBRYON DE GINKGO BILOBA.
cot, cotylédons ; **pb**, première feuille; **ct**, cellules à tannin.
(D'après M. Sprecher, 1907.)

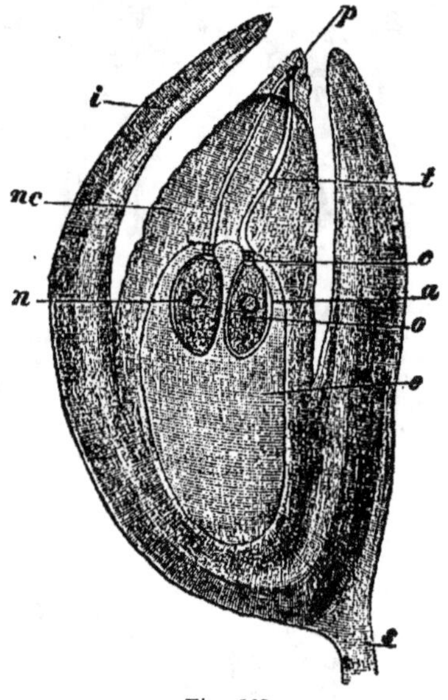

Fig. 263.

LA GERMINATION DES MICROSPORES D'UN CONIFÈRE : PICEA EXCELSA (ÉPICÉA).

i, téguments ; **nc**, macrosporange ; **p**, microspores avec leur prothalle; **t**, tubes polliniques; **e**, prothalle inclus dans la macrospore; **c, a**, col et ventre d'un archégone ; **o, n**, oosphère et son noyau.
(D'après M. Strasburger, 1872.)

par terre, mais tout en haut dans la cime de l'arbre. Aussi le prothalle est-il muni d'un aquarium qu'il alimente lui-même, et dans lequel les microspores amenés par le vent déposeront leurs spermatozoïdes.

Les Conifères marquent une nouvelle étape. Au lieu que les archégones viennent affleurer à la surface du microsporange, ce qui permet aux spermatozoïdes de s'y introduire aisément, la paroi du macrosporange devient ici très épaisse (fig. 263), et les archégones sont donc enfouis profondément.

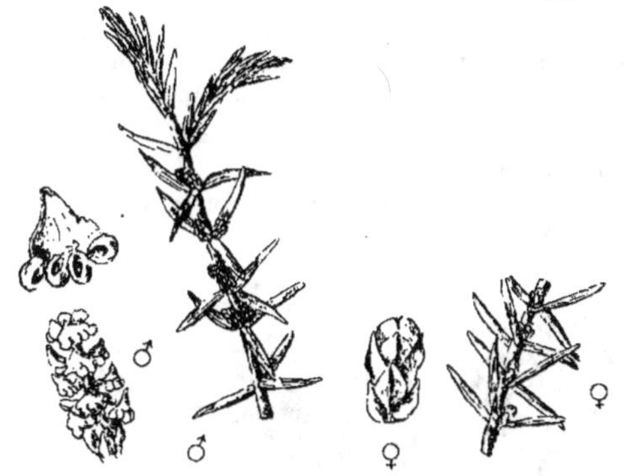

Fig. 264.

FLEURS DE JUNIPERUS COMMUNIS.

A gauche, rameau mâle; à droite, rameau femelle.
Les feuilles, les étamines et les carpelles sont placés
en verticilles de 3 pièces.
(D'après Mlles COENRAETS ET D'HAENENS, 1922.)

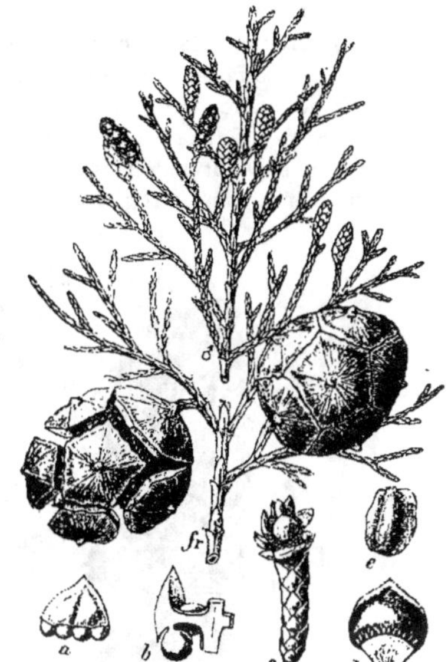

Fig. 265.

FLEURS MÂLES ET FEMELLES DE
CUPRESSUS SEMPERVIRENS (CONIFÉRALE).

Au milieu, en haut, rameau avec fleurs
mâles : les feuilles et les sporophylles
sont opposées-décussées. Au milieu, en
bas, rameau avec fruits : les feuilles et
les sporophylles sont opposées-décussées.

a, sporophylle mâle, vue de dos; **b**, la
même en coupe longitudinale; **c**, fleur
femelle; **d**, une sporophylle avec les macrosporanges; **e**, un macrosporange.

(Les grandes figures d'après EICHLER,
1889 ; a-e, d'après RICHARD, 1828.)

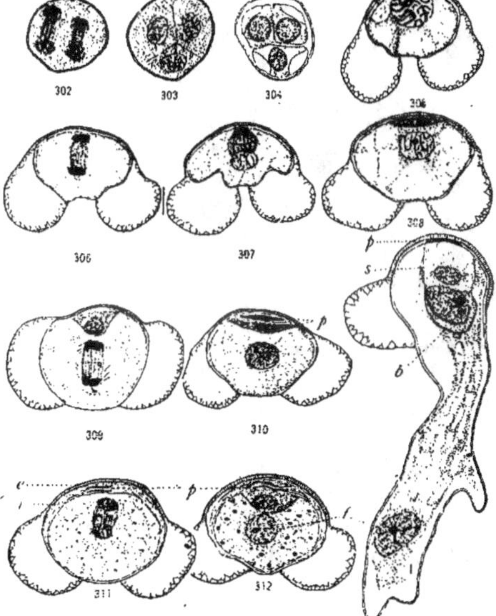

Fig. 266.

LE DÉVELOPPEMENT DE LA MICROSPORE
ET DU PROTHALLE MÂLE DE PINUS LARICIO.

p, s, b, cellules du prothalle; **t**, cellule-mère des deux
spermatozoïdes.
(D'après MM. COULTER ET CHAMBERLAIN, 1910.)

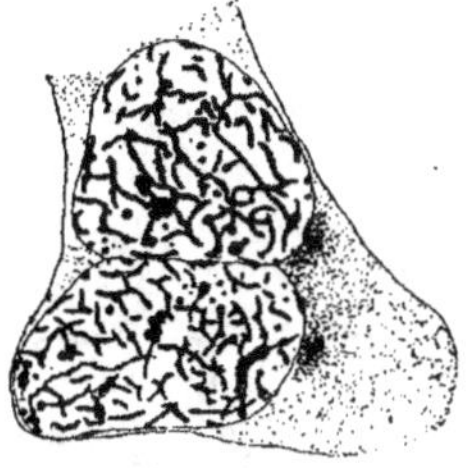

Fig. 267.

LES DEUX SPERMATOZOÏDES AU SOMMET
DU PROTHALLE DE PINUS LARICIO.
(D'après M. CHAMBERLAIN, 1899.)

10

Aussi n'est-ce plus en nageant que les spermatozoïdes atteignent l'oosphère, mais en se faisant pousser en avant par la croissance du prothalle, ainsi que nous allons le voir.

Les Conifères sont des arbres ou des arbustes ; leur tige est bâtie sur le type des Dicotylédonées, tant dans la structure secondaire que dans la structure primaire (fig. 144, 145, 146).

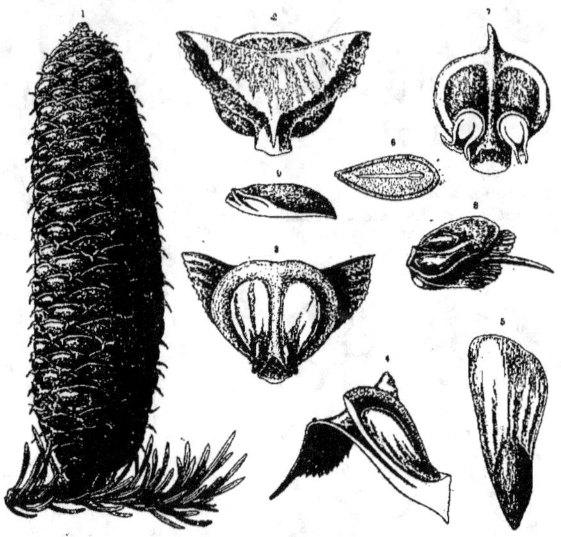

Fig. 268.

LA FLEUR FEMELLE DE CONIFÈRES.

1 à 6. *Abies pectinata* (Sapin) : **1**, le cône entier ; **2, 3**, un carpelle vu de dehors et de dedans ; **4**, coupe longitudinale du carpelle ; **5**, une graine ailée ; **6**, coupe longitudinale d'une graine ; **7**, carpelle avec les deux ovules, de *Pinus sylvestris* ; **8, 9**, carpelle entier et coupé en long, de *Larix europaea* (Mélèze).
(D'après KERNER, 1891.)

Les microsporanges sont portés en nombre variable sur des feuilles spécialisées, formant des cônes (fig. 264, 265).

Les macrosporanges naissent tantôt nombreux tantôt par deux, sur des feuilles également disposées en cônes (fig. 264, 265, 268, 269).

Chaque macrosporange contient une seule cellule-mère de spores. Elle se divise, comme toujours, deux fois de suite, mais il ne persiste qu'une seule spore (fig. 270) ; celle-ci produit un prothalle surmonté de quelques archégones (fig. 263).

La microspore est apportée par le vent à la surface du macrosporange, à l'endroit où le tégument manque (fig. 263). A ce moment elle a déjà subi plusieurs bipartitions à l'intérieur de sa membrane. Elle s'allonge maintenant en un tube (fig. 266) qui se glisse entre les cellules de la paroi du macrosporange et pénètre ensuite dans un archégone (fig. 271). La cellule-mère des spermatozoïdes forme à présent deux spermatozoïdes (fig. 267) ; l'un de ceux-ci conjugue avec l'oosphère (fig. 271).

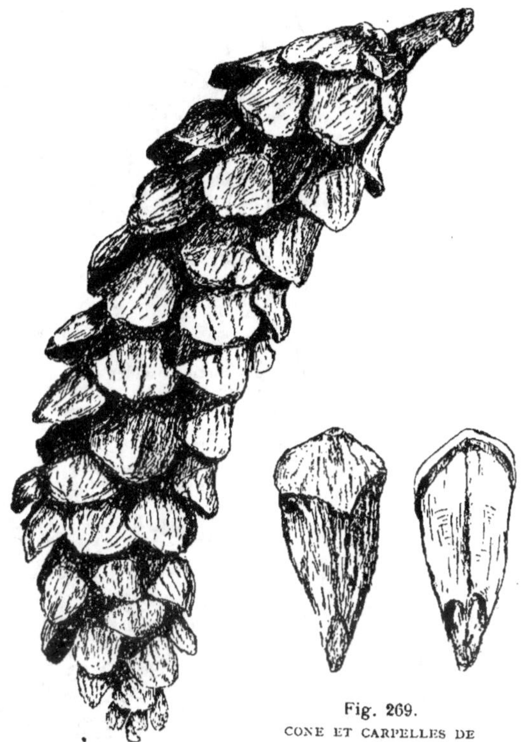

Fig. 269.
CONE ET CARPELLES DE
PINUS STROBUS (PIN WEYMOUTH).
Le cone est pendant. A droite, carpelles vus par la face externe et par la face interne ; cette dernière montre la place des deux graines.
(D'après Mlles COENRAETS ET D'HAENENS, 1922.)

L'embryon est poussé par le suspenseur dans la masse de tissu prothallien. A la maturité la graine renferme un embryon pourvu généralement de deux cotylédons ; mais il peut y en avoir jusqu'à dix.

F. Gnétées.

Nouvelle étape dans l'évolution de la reproduction : les microspores ne tombent plus sur le macrosporange lui-même, mais sur le tégument prolongé en tube (fig. 272).

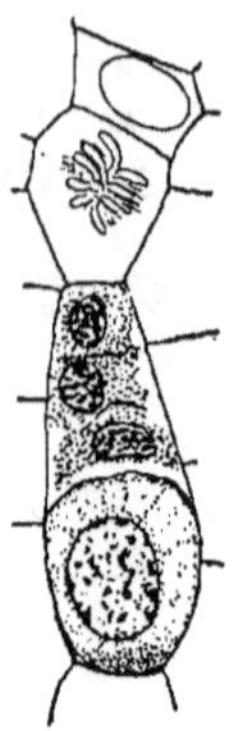

Fig. 270.

LES QUATRE
MACROSPORES
D'UN CONIFÈRE :
PINUS LARICIO.

L'inférieure seule
persistera.

(D'après
MM. COULTER ET
CHAMBERLAIN,
1910.)

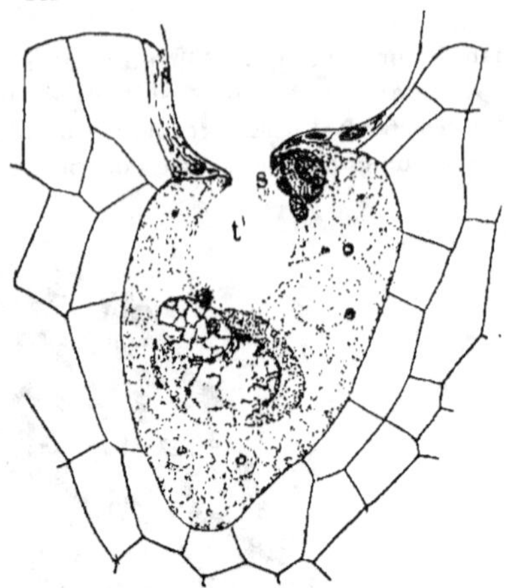

Fig. 271.

LA FÉCONDATION D'UN CONIFÈRE :
TORREYA TAXIFOLIA.

L'un des spermatozoïdes a été amené par le sommet du prothalle (**t**) jusqu'au noyau de l'oosphère; l'autre spermatozoïde est arrêté plus haut (**s**).

(D'après MM. COULTER ET LAND, 1906.)

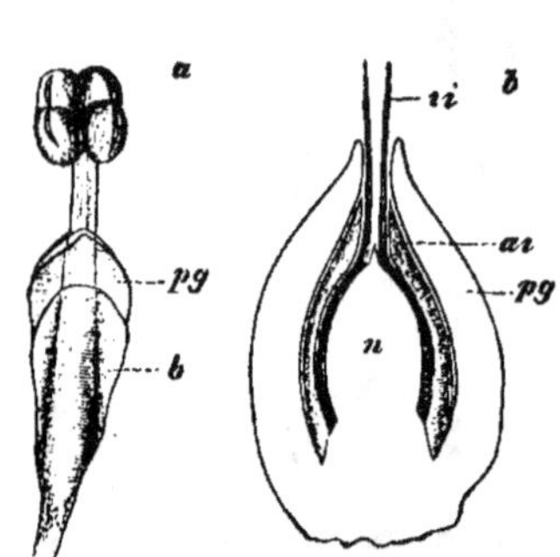

Fig. 272.

FLEURS MÂLE ET FEMELLE D'UNE GNÉTÉE :
EPHEDRA ALTISSIMA.

a, fleur mâle; **pg,** son périanthe; **b,** bractée. **b**, fleur femelle en coupe longitudinale; **pg**, périanthe; **ai**, tégument externe; **ii**, tégument interne prolongé en tube; **n**, macrosporange.

(D'après M. KARSTEN, 1910.)

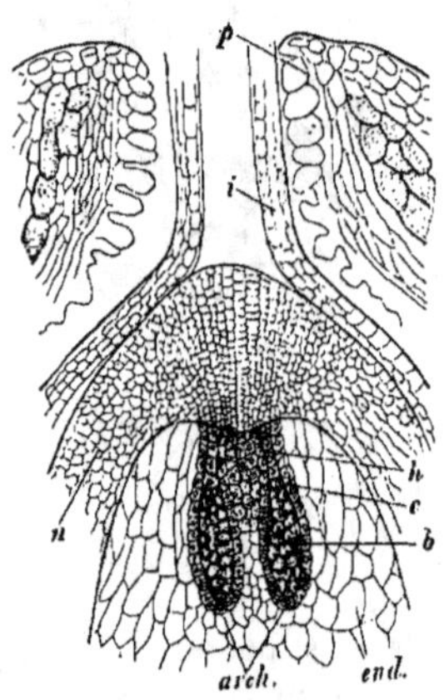

Fig. 273 — LE PROTHALLE FEMELLE
D'UNE GNÉTÉE : EPHEDRA ALTISSIMA.

p, périanthe; **i**, tégument; **n**, paroi du macrosporange (nucelle); **end**, prothalle (endosperme); **arch.**, archégone; **b**, oosphère; **c**, cellule de canal; **h**, cellules du col.

(D'après STRASBURGER, 1872. Copié dans EICHLER, 1889.)

En dehors de ce tégument, il en est un second; puis, protection encore plus efficace, une feuille se replie autour du macrosporange (fig. 272 b).

La feuille sporifère mâle est également envelop-pée d'une feuille protec-trice (fig. 272 a).

Enfin, dernière parti-cularité : alors que les Ptéridophytes et les Gymnospermes étudiées jusqu'ici n'ont dans leur bois que des trachéides, les Gnétées ont à la fois des trachéides et des trachées, tout comme les Angiospermes.

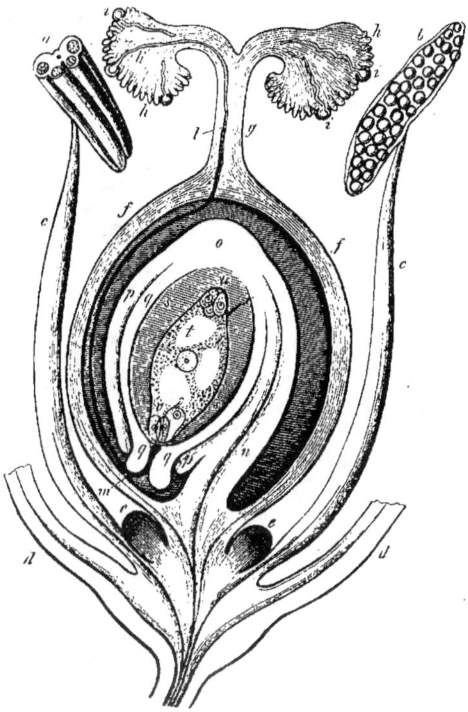

II. **ANGIOSPERMES**.

Les microspores des Cycadées, des Ginkgoées et des Conifères peuvent tomber directement sur le macrosporange, puisque la feuille portant celui-ci est ouverte (fig. 265, 268). Chez les Gnétées, il y a déjà une petite modi-fication, en ce sens que les téguments du macro-sporange se prolongent au devant de lui, et que les microspores ne dé-barquent donc pas à sa surface ; toutefois la feuille sporifère reste béante. On donne à ces

Fig. 274.

d, périanthe; **c**, filet de l'étamine; **a**, **b**, anthère coupée transversalement et longitudinalement ; **e**, nectaires; **f**, ovaire; **g**, style; **h**, stigmate; **i**, grain de pollen germant; l, tube pollinique; **m**, micropyle de l'ovule; **n**, funicule; **o**, chalaze; **p**, **q**, téguments interne et externe; **t**, noyau du sac embryonnaire; **u**, antipodes; **v**, synergides; **z**, oosphère. (D'après SACHS.)

Phanérogames, depuis les Cycadées jusqu'aux Gnétées, le nom de Gymnospermes.

Chez les Angiospermes, dont nous allons maintenant aborder l'examen, la moitié droite et la moitié gauche de la feuille carpellaire se replient vers le haut le long de la nervure médiane, et leurs bords se soudent l'un à l'autre; les macrosporanges se trouvent ainsi enfermés dans une cavité délimitée par la feuille elle-même. Comment les spermatozoïdes vont-ils atteindre l'oosphère? Les microspores germent sur la surface de la feuille sporifère femelle, et elles envoient d'ici leurs spermatozoïdes par un long tube vers l'archégone (fig. 274). Ce tube qui n'avait à traverser, chez les Conifères, que la paroi du macrosporange (fig. 263), et qui s'est allongé un peu chez les Gnétées (fig. 272), atteint chez certaines Angiospermes une longueur de plus d'un décimètre.

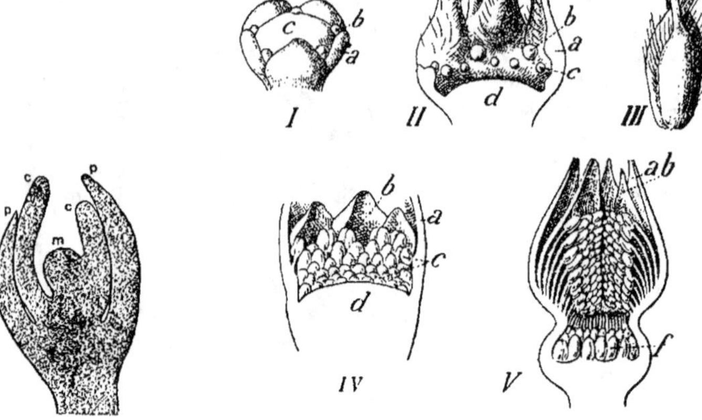

Fig. 275.

LE CARPELLE
ENCORE OUVERT DANS
UNE JEUNE FLEUR
DE FICUS CARICA
(FIGUIER).

p, périanthe;
c, carpelle; **m**, nucelle
(macrosporange)

Fig. 276.

LE DÉVELOPPEMENT DE LA FLEUR DE ROSA ALPINA.

I, apparition des pétales (**b**) alternant avec les sépales (**a**), autour du réceptacle (**c**); **II**, apparition des étamines externes (**c**), autour du réceptacle (**d**); **III**, bouton au moment où naissent les carpelles; **IV**, toutes les étamines (**c**) sont ébauchées; le réceptacle (**d**) est encore convexe; **V**, les carpelles (**f**) apparaissent au fond du réceptacle devenant concave.

(D'après Payer.)

Il est intéressant de constater que dans la fleur embryonnaire l'ébauche du macrosporange est encore largement exposée et que le carpelle n'est pas fermé (fig. 275).

En même temps que s'effectue l'emprisonnement des macrosporanges, d'autres changements s'accomplissent dans les feuilles sporifères et dans les feuilles voisines.

Nous avons vu chez les Filicales que si les feuilles sporifères sont généralement semblables aux autres, il y a aussi des cas où elles en diffèrent plus ou moins (fig. 193); toutefois une même tige produit encore alternativement des feuilles fertiles et des feuilles stériles. Certains *Equisetum* (fig. 219) sont plus profondément différenciés: il y a des tiges qui ne portent que des feuilles sporifères et d'autres qui sont uniquement assimilatrices.

Nous avons ici pour la première fois une fleur, c'est-à-dire une portion de tige spécialisée, donnant des feuilles sporifères.

Passons aux Gymnospermes. Les *Cycas* n'ont pas à proprement parler de fleur femelle, puisque les feuilles à macrosporanges ne sont pas localisées sur des tiges spéciales (fig. 238), mais sont mélangées sur la même tige avec les feuilles stériles. Au contraire, les feuilles à microsporanges forment une fleur, et il en est de même de toutes les fleurs, tant femelles que mâles, des autres Gymnospermes.

Les Angiospermes ont aussi des fleurs pleinement spécialisées.

Avant d'étudier la structure des spores et des prothalles, nous avons à jeter un coup d'œil sur l'anatomie et la morphologie externes de la fleur et de l'inflorescence, ainsi que nous l'avons fait pour les organes végétatifs.

Quant à son embryologie, qu'il nous suffise de renvoyer à la figure 276.

1. Anatomie et morphologie externes de la fleur.

A. *LES PARTIES DE LA FLEUR.*

La fleur d'une Angiosperme se compose essentiellement des feuilles sporifères femelles et mâles (fig. 274).

a) **Le carpelle.** — La feuille à macrosporanges est appelée le carpelle. La face supérieure de la feuille devient la face interne du carpelle fermé, et sa face inférieure, la face externe. Les carpelles sont orientés de telle façon que les bords soudés regardent le centre de la fleur (fig. 293 A).

Les macrosporanges, munis des téguments, sont les ovules ; ils naissent sur les bords droit et gauche de la feuille carpellaire.

La bande de tissu qui forme les ovules s'épaissit ; c'est le placenta.

Le carpelle se compose de trois parties (fig. 274) :

α) L'ovaire, situé à la base, où se trouvent les ovules.

β) Le stigmate, distal, garni d'une surface réceptive pour les microspores.

γ) Le style, interposé entre l'ovaire et le stigmate.

L'ensemble des feuilles femelles constitue le gynécée.

b) **L'étamine.** — C'est la feuille à microsporanges. Son pétiole s'appelle le filet ; son limbe fortement modifié et produisant les microsporanges est l'anthère. L'ensemble des feuilles mâles constitue l'androcée.

c) **Le périanthe.** — Autour des carpelles et des étamines, la fleur possède encore d'autres feuilles transformées ; leur fonction principale est de protéger les organes reproducteurs proprement dits. L'ensemble de ces feuilles constitue le périanthe.

d) **L'axe ou réceptacle.** — C'est la portion de tige où sont insérés le périanthe, les étamines et les carpelles.

e) **Les bractées.** — Souvent l'action modificatrice exercée par les feuilles sporifères ne s'arrête pas au périanthe ; elle atteint aussi les feuilles situées en dehors de la fleur, parfois à plusieurs mètres de distance (fig. 301). Ces feuilles transformées sont les bractées.

La position réciproque des diverses pièces florales est la même que chez les Bénettitées (fig. 252) : de l'extérieur de la fleur vers l'intérieur, — ou ce qui revient au même, du bas vers le haut, — on rencontre successivement le périanthe, les étamines, les carpelles.

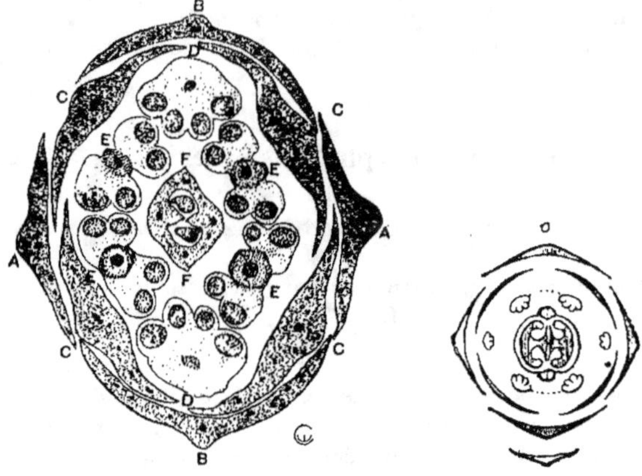

Fig. 277.

COUPE TRANSVERSALE D'UNE FLEUR DE BRASSICA OLERACEA
(CHOU).

A, les 2 sépales externes ; **B**, les 2 sépales internes ; **C**, les 4 pétales ; **D**, les 2 étamines externes ; **E**, les 4 étamines internes ; **F**, les 2 carpelles. La placentation est pariétale ; la fausse cloison n'est pas encore complète.
A droite, le diagramme, c'est-à-dire la coupe orientée et interprétée. (D'après EICHLER, 1875.)

B. *MODES DE REPRÉSENTATION DES STRUCTURES FLORALES.*

On figure la constitution de la fleur par des diagrammes et par des formules.

a) LE DIAGRAMME. — C'est une projection horizontale de la fleur. Quand une coupe transversale rencontre tous les organes au même niveau, elle donne directement le diagramme (fig. 277) ; sinon on dessine sur une seule figure des organes qui sont en réalité à des hauteurs différentes. De plus, le diagramme est orienté : un point placé en haut indique la position de la tige sur laquelle la fleur est insérée latéralement.

On figure souvent au bas du diagramme la bractée à l'aisselle de laquelle naît la fleur, — et à droite et à gauche les deux bractées que porte souvent le pédicelle.

La comparaison des figures 277, et des figures 278 et 288 A fait voir comment on représente les diverses pièces de la fleur.

b) LA FORMULE FLORALE. — Elle donne la structure par une combinaison de chiffres, de lettres, et de signes conventionnels :

P, périanthe.

Pk, périanthe calicoïde, vert.

Pc, périanthe corollin, coloré.

K, calice.

C, corolle.

A, androcée.

G, gynécée.

1, 2, 3, 4, 5, n... nombre de pièces de chaque verticille. Quand la fleur est spiralée, ces chiffres indiquent le nombre de pièces de chaque sorte d'organes.

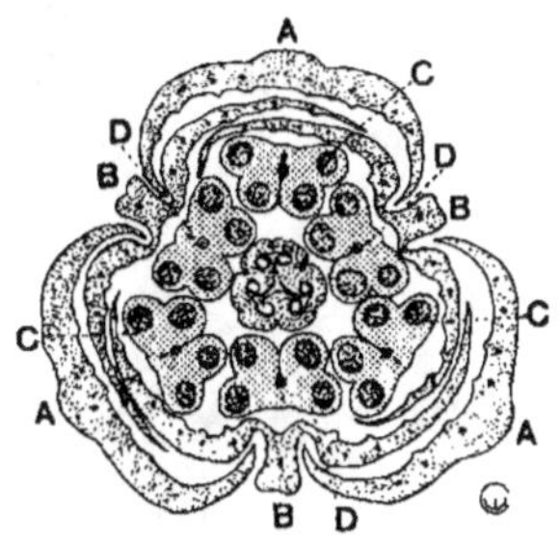

Fig 278.

COUPE TRANSVERSALE
D'UNE FLEUR
DE LILIUM CROCEUM.

A, pièces externes du périanthe ; **B**, pièces internes ;
C, étamines externes ;
D, étamines internes.
(Voir diagramme, fig. 288 A.)

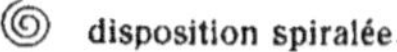   disposition spiralée.

⊕   disposition radiaire : à plusieurs plans de symétrie.

·|·   disposition bilatérale : à un seul plan de symétrie.

,   sépare deux verticilles qui alternent régulièrement ; quand les pièces ne sont pas verticillées, la virgule sépare les organes de nature différente.

| rupture de l'alternance : le verticille qui précède le signe et celui qui le suit, sont superposés et non alternants.

( ) organes soudés ensemble.

♂ fleur mâle ; ♀ fleur femelle ; ☿ fleur hermaphrodite ; ♂♀ fleurs unisexuelles.

Signes spéciaux au gynécée.

—, ce signe accompagne le nombre des carpelles : en dessous de ce nombre, l'ovaire est supère ; au dessus de ce nombre, l'ovaire est infère.

A droite sont deux petits signes :

L'inférieur est soit c, soit p : c indique que l'ovaire est uniloculaire à placentation centrale ; p, qu'il est uniloculaire à placentation pariétale. Quand l'ovaire a autant de loges que de carpelles et que la placentation est axile, il n'y a pas de signe.

Le signe supérieur indique le nombre d'ovules dans la loge unique ou dans chaque loge.

[*]

Séparé du reste de la formule par un tiret, est l'une des lettres H, P, E.

H, fleur hypogyne.
P, fleur périgyne.
E, fleur épigyne.

Exemple de formule florale :

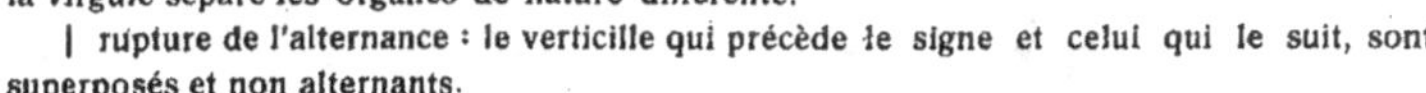

Voici ce que cette formule signifierait. Le calice et la corolle sont formés de pièces libres, en nombre indéfini, disposées en spires. A partir de l'androcée la symétrie de la fleur est bilatérale. L'androcée se compose de deux verticilles de cinq étamines ; les externes sont soudées ensemble, les internes sont libres. Le gynécée est formé de deux carpelles soudés en un ovaire supère; la loge unique, à placenta central, renferme un nombre indéfini d'ovules. La fleur est hypogyne.

C. *LA STRUCTURE DE LA FLEUR PRIMITIVE.*

Nous ne connaissons pas, par l'observation directe, la structure des plus anciennes fleurs d'Angiospermes, datant du Crétacé. Mais en combi-

Fig. 279. — SCHÉMAS DE L'ÉVOLUTION DE LA FLEUR DES ANGIOSPERMES.
A, fleur complètement acyclique; de bas en haut : pièces du périanthe, non différenciées, étamines, carpelles ; **B**, le périanthe est différencié en calice et corolle ; **C, D**, fleurs hémicycliques : en **C**, le calice et la corolle sont placés en verticilles ; en **D**, ce sont les carpelles ; **E**, fleur cyclique : tous les verticilles sont composés du même nombre de pièces (**5**), et d'un verticille à l'autre, les pièces alternent.

nant les caractères encore primitifs que nous constatons dans les fleurs actuelles, nous pouvons légitimement imaginer comment étaient celles des premières Angiospermes.

Chez la plupart des Conifères, la disposition des feuilles florales est la même que celle des feuilles assimilatrices.

Quand celles-ci sont opposées, les carpelles et les étamines le sont également (fig. 265). Quand elles sont verticillées par trois, comme dans *Juniperus*, les fleurs sont du même modèle (fig. 264). Quand elles sont placées en spires, ce qui est le cas le plus habituel, les fleurs ont également une structure spiralée (fig. 269).

Il en est de même pour les Angiospermes. Dans les cas primitifs, les feuilles du périanthe, les étamines et les carpelles décrivent des spires le long de l'axe cylindrique (fig. 279, 280, 281, 285). Les pièces florales sont

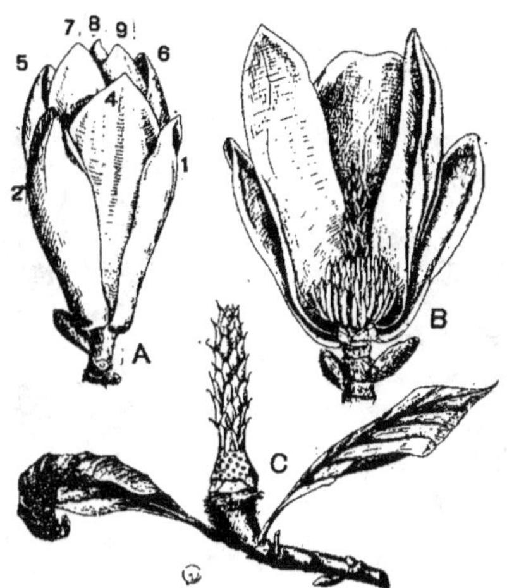

Fig. 280.
LA STRUCTURE ACYCLIQUE D'UNE ANGIOSPERME PRIMITIVE : MAGNOLIA CONSPICUA (RANALE.)

A, la fleur vue du dehors; **1**, **2**,... **9**, les pièces successives du périanthe ; **B**, les pièces antérieures ont été enlevées pour montrer la disposition spiralée de l'androcée et du gynécée; **C**, une fleur après la chute du périanthe et des étamines : on voit nettement la disposition spiralée des cicatrices des étamines, ainsi que des carpelles.

Les pièces du périanthe ont la divergence $^2/_5$; les carpelles, la divergence $^5/_{13}$.

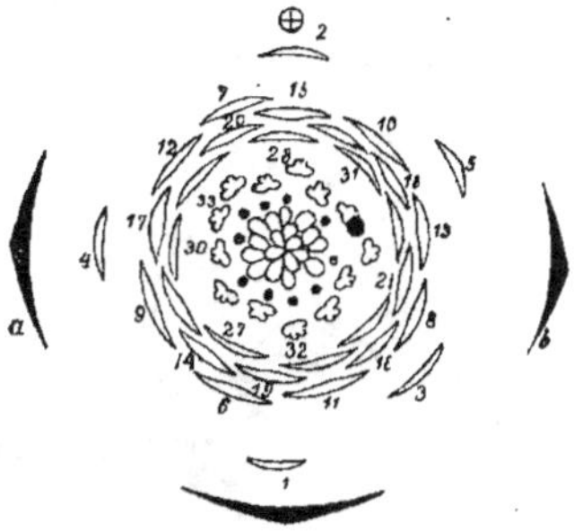

Fig. 281.
LA STRUCTURE ACYCLIQUE D'UNE ANGIOSPERME PRIMITIVE : CALYCANTHUS FLORIDUS (RANALE).

Les pièces du périanthe sont numérotées dans l'ordre de leur apparition sur le point végétatif.
(D'après EICHLER, 1875.)

Fig. 282.
DIAGRAMME DE CAMELLIA JAPONICA (PARIÉTALE).

1-6, bractées passant insensiblement aux sépales (**7-12**).
(D'après EICHLER, 1875.)

Fig. 283.
LA PERSISTANCE DES BOURGEONS A L'AISSELLE DES SÉPALES D'UNE ANGIOSPERME PRIMITIVE :

Opuntia Bergeriana.

A gauche, un jeune fruit qui s'est enraciné, et dont un bourgeon a donné une raquette; à droite, un bourgeon a donné une nouvelle fleur.

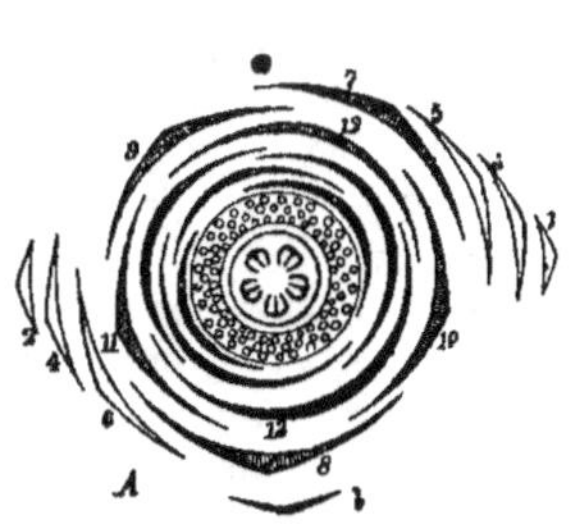

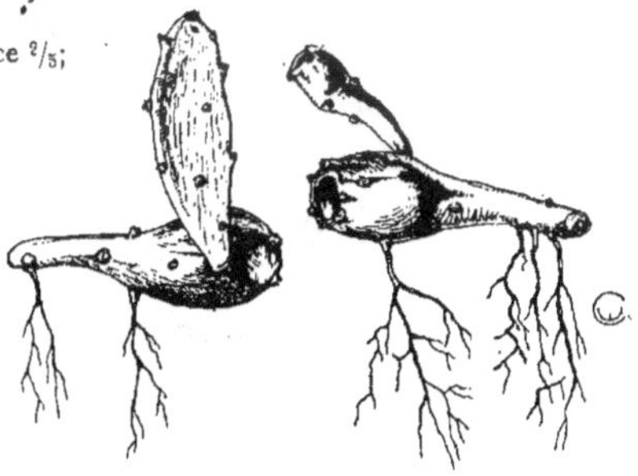

libres entre elles, comme le sont les feuilles assimilatrices. On passait sans doute par des transitions insensibles des feuilles ordinaires aux bractées, puis de celles-ci au périanthe (fig. 282, 284). Il est probable que les

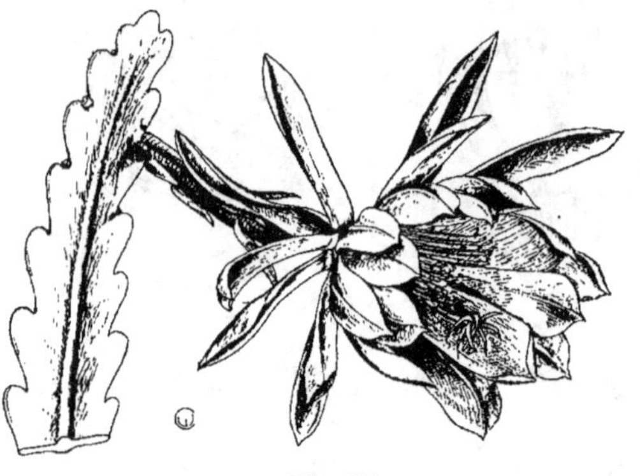

Fig. 284.

FLEURS HÉMICYCLIQUES D'OPUNTIALES.

A gauche, *Phyllocactus crenatus* ; à droite, *Opuntia Bergeriana*. Les sépales, les pétales et les étamines sont disposées en spires.

pièces du périanthe avaient conservé un bourgeon axillaire et que celui-ci pouvait s'accroître en un rameau ou en une fleur (fig. 283).

Voyons maintenant quelle évolution cette fleur a subie dans diverses directions.

D. *SPÉCIALISATION DES ENVELOPPES.*

Au début le périanthe était probablement formé de parties toutes semblables, servant à la protection. Mais en même temps qu'apparaissaient au Crétacé les premières Angiospermes, naissaient aussi les Insectes qui visitent les fleurs : Diptères, Hyménoptères, Lépidoptères. On peut donc supposer que les fleurs acquirent bientôt une corolle brillante, attirant les Insectes. Quant aux feuilles externes du périanthe, elles restèrent herbacées, et formèrent le calice (fig. 279 B). On appelle sépales les pièces du calice, et pétales celles de la corolle.

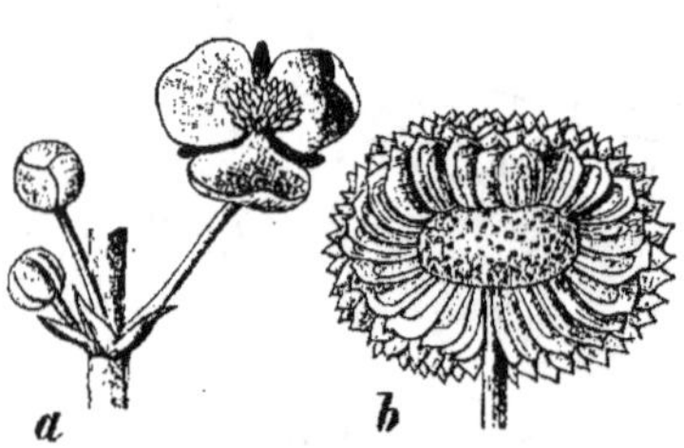

Fig. 285.

FLEURS HÉMICYCLIQUES D'HÉLOBIALE : SAGITTARIA SAGITTIFOLIA.

a, fleur mâle; **b**, fruit.

Les pièces des enveloppes sont verticillées ; les étamines et les carpelles sont spiralées.

(D'après M. KARSTEN, 1910.)

E. *PASSAGE DE LA DISPOSITION SPIRALÉE*
A LA DISPOSITION VERTICILLÉE.

Les fleurs primitives, entièrement spiralées, ou acycliques (fig. 279 A, B) ont raccourci leur axe ; les pièces, au lieu d'être placées en spirales, forment maintenant des verticilles. Tantôt ce sont les pièces externes qui sont verticillées (fig. 729 C), par exemple chez les Bénettitées (fig. 252) et certaines Anonacées. Tantôt le raccourcissement affecte au contraire le sommet de l'axe (fig. 279 D), comme chez *Nymphaea* (fig. 332). Ces deux sortes de fleurs sont hémicycliques.

Enfin la structure verticillée envahit toute la fleur, et celle-ci devient cyclique (fig. 279 E). On retrouve alors nettement la règle de l'alternance que nous avons déjà énoncée à propos des feuilles assimilatrices (fig. 160) : dans les verticilles successifs, les pièces alternent régulièrement (fig. 288 A).

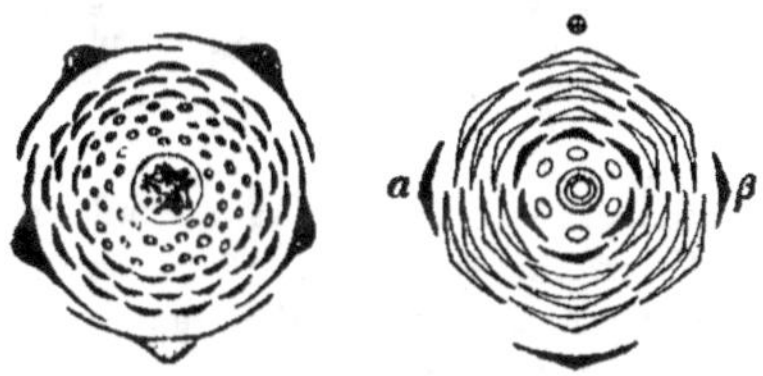

Fig. 286.

LA MULTIPLICITÉ DES VERTICILLES SIMILAIRES.

A gauche, *Mesembryanthemum violaceum* (Centrospermale) ; à droite, *Nandina domestica* (Ranale) avec 8 verticilles au calice.

(*Mesembryanthemum*, d'après VAN TIEGHEM, 1891 ; *Nandina* d'après EICHLER, 1875.)

Dans la structure spiralée, il y a un nombre indéterminé, et généralement élevé, d'organes semblables (fig. 280, 284, 285). Lorsque la disposition devient verticillée, les pièces commencent par rester nombreuses : aussi y a-t-il alors de multiples verticilles semblables (fig. 286, 331 A, 334), et de nombreuses pièces dans chaque verticille (fig. 286 A). Mais dans la suite de l'évolution, une réduction notable s'opère ; dans les cas les plus avancés il n'y a plus que quatre verticilles : un de sépales, un de pétales, un d'étamines et un de carpelles (fig. 289).

Quand il y a beaucoup de pièces dans chaque verticille, leur nombre est souvent sujet à des fluctuations étendues. Au contraire, dès que le nombre se réduit, il devient fixe : on compte le plus souvent 1, 2, 3 ou 5 pièces par verticille, ce qui nous fait rentrer dans la série de Fibonacci.

F. *SUPPRESSION DE VERTICILLES.*

a) **Rupture de l'alternance.** — La disparition d'un verticille entraîne la rupture de l'alternance entre les verticilles. Voici quelques exemples.

Dans la famille des Géraniacées, *Monsonia* possède trois rangs d'étamines, et tous les verticilles alternent. Chez *Geranium* le rang externe a

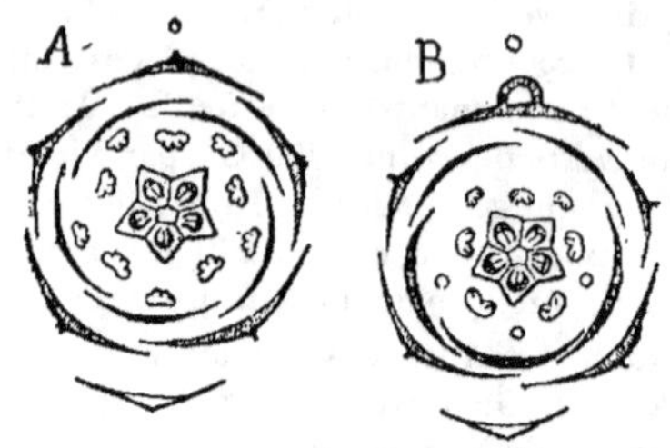

Fig. 287.

L'ATROPHIE D'ÉTAMINES CHEZ LES GÉRANIACÉES·

A, *Geranium sanguineum* ; **B,** *Pelargonium zonale* : trois étamines du verticille externe sont atrophiées et la fleur devient zygomorphe.

(D'après Van Tieghem, 1891.)

disparu et les étamines du deuxième rang sont opposées aux pétales (fig. 287 A). Chez *Pelargonium* il manque trois des étamines du deuxième rang (fig. 287 B), et chez *Erodium* la deuxième rangée tout entière : la fleur a retrouvé l'alternance. Voici les formules :

Monsonia	⊕	K 5,	C 5,	A 5,	5,	5,	G (5)^1	- H
Geranium	⊕	K 5,	C 5	|A	5,	5,	G (5)^1	— H
Pelargonium	·|·	K 5,	C 5	|A	2,	5,	G (5)^1	— H
Erodium	⊕	K 5,	C 5,	A		5,	G (5)^1	— H

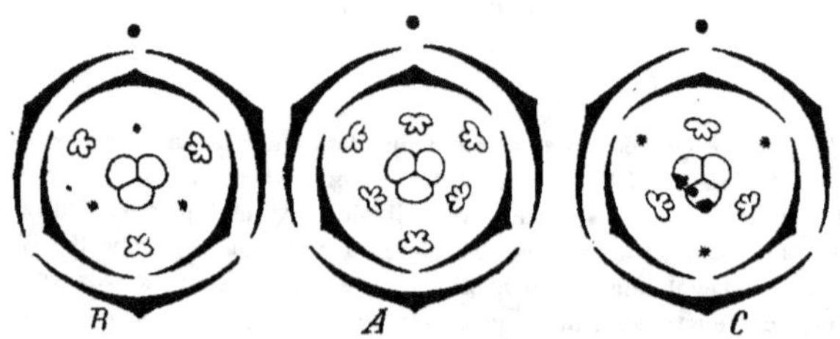

Fig. 288.

L'ATROPHIE D'ÉTAMINES CHEZ LES LILIIFLORALES.

A, Liliacée : 2 verticilles d'étamines ; **B,** Iridacée : le verticille interne manque ; **C,** Hémodoracée : le verticille externe manque.

(D'après M. Pax, 1890.)

Chez *Lilium* (Liliiflorales), il y a deux rangs d'étamines, et tous les verticilles de la fleur alternent (fig. 288 A). Chez *Iris*, le rang interne d'étamines fait défaut : les étamines externes et les carpelles sont superposées (fig. 288 B). Chez *Haemodorum*, c'est le rang externe qui manque : les pétales et les étamines sont superposées (fig. 288 C).

Les Primulales avaient certainement au début deux verticilles d'étamines ; les *Naumburgia* ont encore des traces d'un rang externe (fig. 289 A). Mais chez *Primula* son effacement est complet (fig. 289 B), et les pétales sont superposés aux étamines conservées.

b) **Atrophie complète d'une sorte d'organes.** — Tout indique qu'à l'inverse des fleurs de Gymnospermes, qui sont presque toutes unisexuelles, celles des Angiospermes étaient primitivement hermaphrodites. Mais on connaît de nombreux exemples de fleurs qui sont devenues uniquement

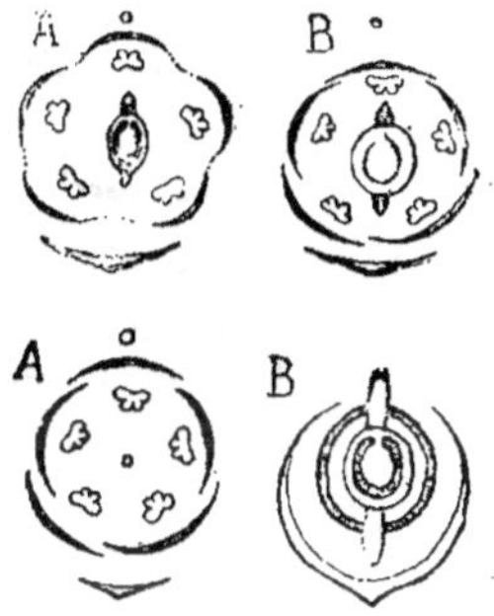

Fig. 290.

L'AVORTEMENT DES ORGANES SEXUELS DES URTICALES.
En haut, fleurs hermaphrodites :
A, *Ulmus campestris*; **B**, *Celtis australis*.
En bas, fleurs devenues unisexuelles de *Cannabis sativa* :
A, fleur mâle ; **B**, fleur femelle
(D'après VAN TIEGHEM, 1897.)

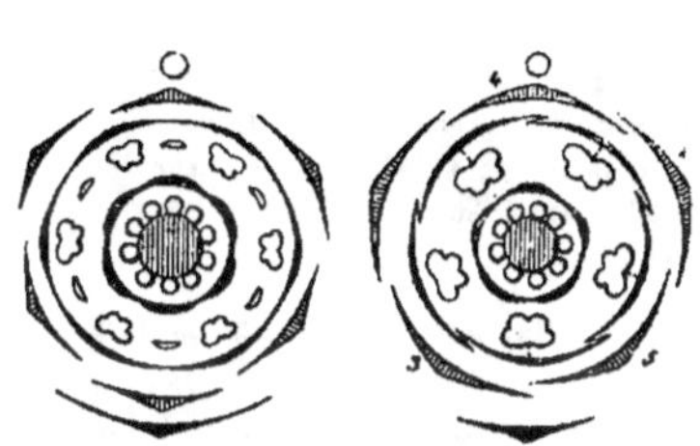

Fig. 289.

L'ATROPHIE D'UN VERTICILLE D'ÉTAMINE CHEZ LES PRIMULALES.

A gauche, *Naumburgia thyrsiflora* : le verticille externe d'étamines a cessé d'être fonctionnel. A droite, *Primula officinalis* : le verticille externe d'étamines a complètement disparu.　　(D'après EICHLER, 1875.)

mâles ou uniquement femelles par avortement : dans certaines fleurs, toutes les étamines avortent, et il ne reste que les carpelles ; dans d'autres, ce sont les carpelles qui disparaissent (fig. 290).

Il n'est pas rare que la corolle s'atrophie, par exemple chez les *Fraxinus*, qui sont des Oléacées, et chez les *Alchemilla* (fig. 334) qui sont des Rosacées. On tend à admettre actuellement que toutes les Angiospermes apétales ont simplement perdu la corolle.

G. RAMIFICATION DES PIÈCES.

Parfois le nombre de pièces augmente secondairement par ramification (fig. 291), par exemple chez les Crucifèracées, où chaque étamine de la rangée interne est divisée en deux (fig. 277).

H. CONCRESCENCE DES PIÈCES.

Primitivement toutes les pièces étaient séparées. Mais les soudures sont fréquentes. Ainsi chez l'Œillet les sépales sont soudés ; chez les *Primula*, à la fois les sépales et les pétales. Les étamines peuvent aussi contracter des adhérences entre elles ; même celles de deux verticilles distincts, comme chez *Vicia* (fig. 292) où neuf étamines sont soudées, tandis qu'une seule est restée libre.

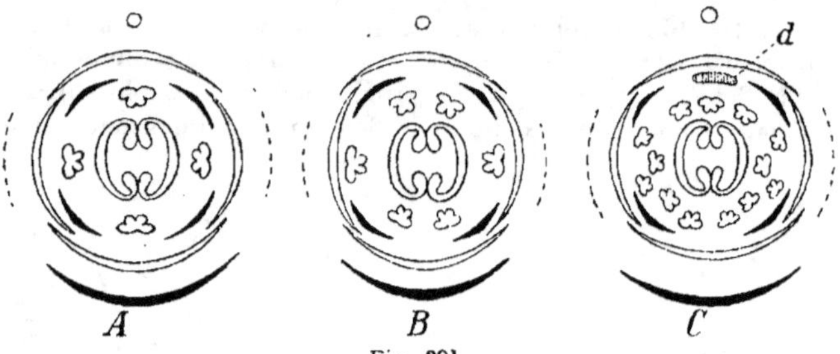

Fig. 291,

LA RAMIFICATION DES ÉTAMINES CHEZ LES CAPPARIDACÉES (RHÉADALES).
A, *Cleome tetrandra* ; **B**, *Cleome spinosa* ; **C**, *Polanisia graveolens*.
(D'après M. PAX, 1890.)

Les concrescences les plus intéressantes sont celles des carpelles.

Les carpelles sont d'abord libres (gynécée apocarpe) (fig. 293 A), par exemple chez *Helleborus* (fig. 325). S'ils se rapprochent du milieu, ils

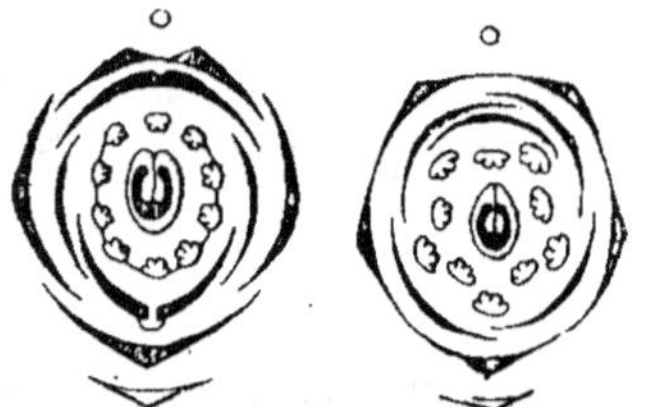

Fig. 292.

LA SOUDURE DES ÉTAMINES
CHEZ LES LÉGUMINÉES.

A droite, **Cercis Siliquastrum**, avec étamines libres; à gauche **Vicia Faba,** avec 9 étamines soudées et 1 libre.
(D'après EICHLER, 1875.)

pourront se toucher et adhérer légèrement (fig. 293 B), comme chez *Aquilegia* (gynécée syncarpe). Puis ils s'élargissent et se collent ensemble par leurs parois (fig. 293 C) ; les placentas, tous contigus, forment une colonne, parfois épaisse, dans l'axe de l'ovaire général ; celui-ci comprend autant de loges qu'il y a de carpelles (fig. 287, 288) ; c'est la placentation axile.

Cet état peut évoluer de deux façons différentes. Ou bien les cloisons s'atrophient et l'ovaire devenu ainsi uniloculaire possède un placenta au centre de sa base (fig. 293 E, 289) (placentation centrale). Ou bien les carpelles se soudent entre eux par les bords; l'ovaire devient également uniloculaire, mais les placentas sont pariétaux (fig. 293 D, 294); c'est la placentation pariétale.

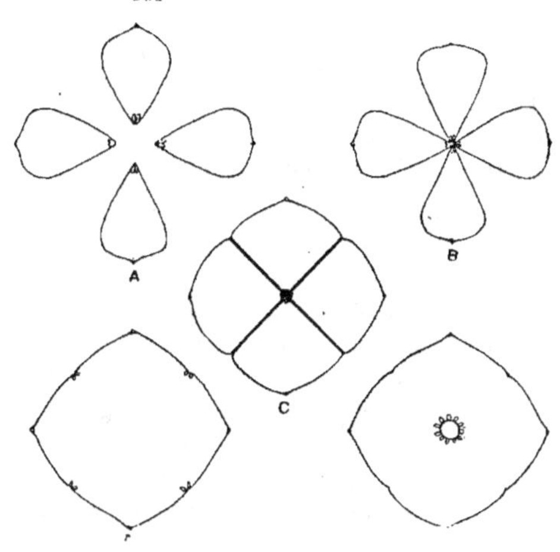

Fig. 293.

LA SOUDURE DES CARPELLES.

A, carpelles libres : ovaire apocarpe ; **B**, carpelles rapprochés par leurs bords internes ; **C**, carpelles soudés par leurs faces externes : placentation axile ; **D**, carpelles soudés par leurs bords : placentation pariétale ; **E**, carpelles soudés par leurs faces externes, comme dans C, mais les cloisons sont résorbées : placentation centrale.

I. SUPPRESSION DE PIÈCES DANS UN VERTICILLE.

Lorsque la fleur fut devenue cyclique, tous les verticilles comptaient le même nombre de pièces (fig. 288, 287 A); la fleur est alors homéomère. Mais il arrive souvent que des pièces s'atrophient dans l'un ou l'autre verticille, qui devient alors oligomère ; nous en avons vu un exemple chez *Pelargonium*.

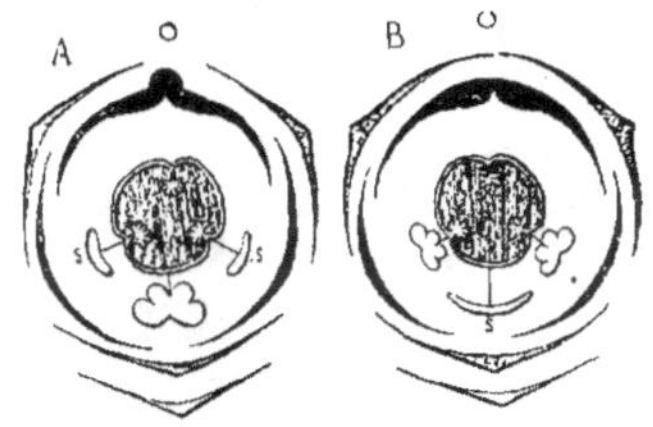

Fig. 294.

DIAGRAMMES D'ORCHIDACÉES.

A, *Orchis* ; une seule étamine fertile ;
B, *Cypripedium* ; deux étamines fertiles.
(D'après VAN TIEGHEM, 1891.)

En voici un autre.

Les Microspermales dérivent sans doute de Monocotylédonées voisines des Liliiflorales et ayant deux rangs de trois étamines. Les formules suivantes, et la fig. 294, montrent la réduction de ce nombre.

Neuwiedia	·|·	Pc 3,	3,	A 1,	2,	G $\overline{(3)}\,_p^n$ — E
Cypripedium	·|·	Pc 3,	3,	A	2,	G $\overline{(3)}\,_p^n$ — E
Orchis	·|·	Pc 3.	3,	A 1,		G $\overline{(3)}\,_p^n$ — E

J. *SYMÉTRIE DE LA FLEUR.*

On voit immédiatement que si la fleur de *Lilium* possède trois axes de symétrie (fig. 288 A), celles des Microspermales, avec leurs étamines manquantes, n'en possèdent plus qu'un seul (fig. 294).

1. **Asymétrie primitive.** — Les fleurs acycliques ou hémicycliques ne peuvent évidemment pas être partagées en deux moitiés symétriques.

2. **Symétrie rayonnante, ou actinomorphe.** — Une fleur verticillée homéomère possède autant de plans de symétrie qu'il y a de pièces par verticille. Ainsi *Monsonia*, *Geranium* et *Erodium* ont cinq plans de symétrie ; *Lilium*, *Iris* et *Haemodorum* en ont trois.

3. **Symétrie bilatérale, ou zygomorphe.** — Si dans un verticille quelconque l'une des pièces est sensiblement plus grande ou plus petite que les autres ou s'en distingue par une autre particularité, la fleur n'a plus qu'un seul plan de symétrie, passant par la pièce modifiée ; c'est par

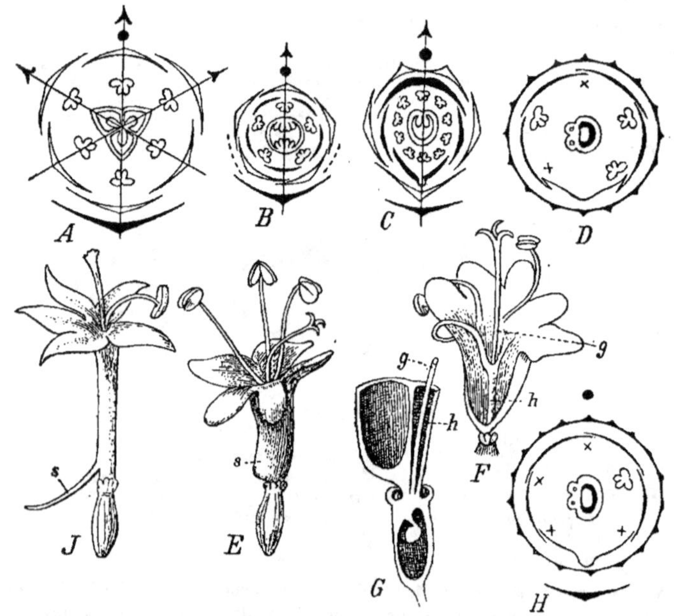

Fig. 295.

LE PASSAGE DE LA SYMÉTRIE RAYONNÉE A LA SYMÉTRIE BILATÉRALE ET A L'ASYMÉTRIE. **A**, *Juncus glaucus* (Liliiflorale); **B**, *Ribes alpinum* (Rosale); **C**, *Vicia sativa* (Rosale); **D**, *Valeriana officinalis* (Rubiale); **H**, *Centranthus ruber* (Rubiale); **E**, *Valeriana officinalis* ; **F**, la même fleur fendue et **G**, coupée longitudinalement ; **J**, *Centranthus ruber*. (D'après M. Pax, 1890.)

exemple ce qui se voit dans *Gladiolus* (Glaïeul), qui est construit sur le même type qu'*Iris* (288 B).

Mais ce n'est pas seulement pour cette raison que les fleurs deviennent zygomorphes : le plus souvent une ou plusieurs pièces s'atrophient dans

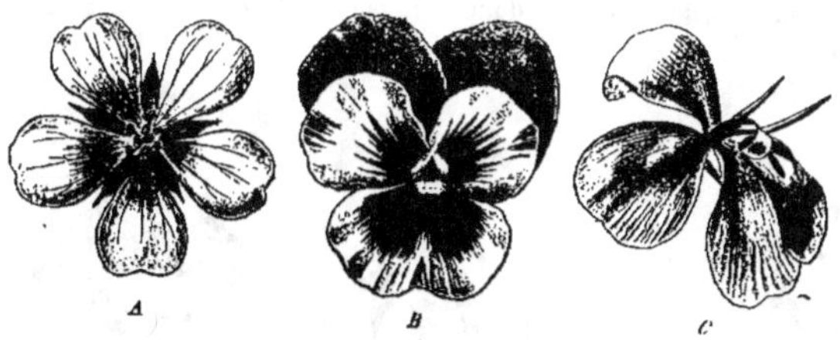

Fig. 296.
SYMÉTRIE RAYONNÉE, SYMÉTRIE BILATÉRALE ET ASYMÉTRIE.
A, *Geranium sanguineum*; **B**, *Viola tricolor* (Pariétale); **C**, *Canna Indica* (Scitaminale). (D'après M. KARSTEN, 1910.)

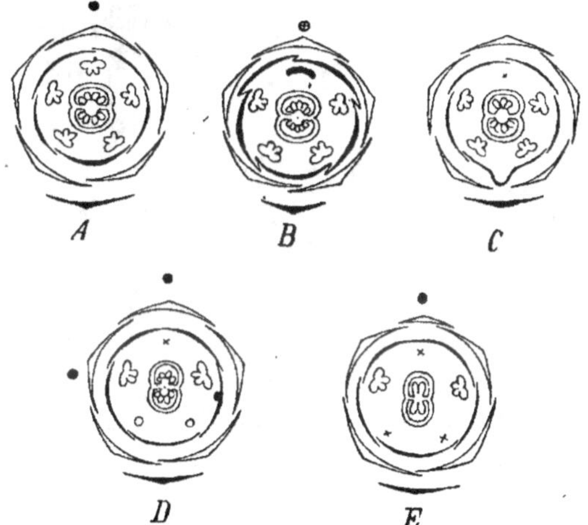

Fig. 297. — L'ATROPHIE D'ÉTAMINES CHEZ LES SCROPHULARIACÉES.
A, *Verbascum nigrum*; **B**, *Scrophularia nodosa*; **C**, *Linaria vulgaris*; **D**, *Gratiola officinalis*: **E**, *Veronica sp.*
(D'après M. PAX, 1890.)

un verticille (fig. 295). Ainsi on voit immédiatement que si *Geranium* (fig. 296) est actinomorphe, *Pelargonium* est zygomorphe.

Un bon exemple est celui des Scrophulariacées. La fleur ancestrale était sans doute actinomorphe et composée de quatre verticilles de cinq pièces : calice, corolle, androcée, gynécée. Mais le gynécée se réduisit bientôt à deux pièces, et la fleur devint donc zygomorphe.

Puis on assista à la disparition d'une étamine, d'un pétale, d'un sépale, et enfin de deux nouvelles étamines. La fig. 297 donne une idée de cette évolution.

Il semble que chez certaines espèces la zygomorphie ne soit pas encore pleinement établie. Ainsi la plupart des espèces de *Corydalis* ont des fleurs dont le diagramme est celui de la fig. 298 E; mais de temps en temps on rencontre des *C. solida* dont les fleurs ont deux éperons égaux et qui possèdent donc deux plans de symétrie, l'un antéro-postérieur, l'autre transversal (fig. 299).

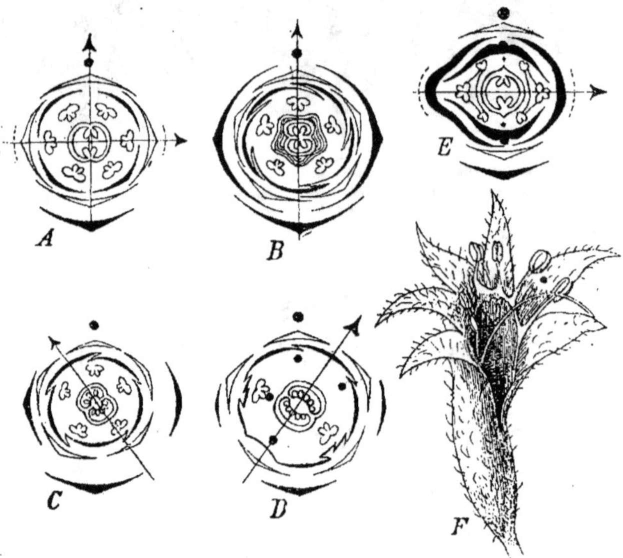

Fig. 298.

L'ORIENTATION DU PLAN DE SYMÉTRIE.

A, Cruciféracée; **B**, *Calystegia sepium* (Tubiflorale); **C**, *Hyoscyamus albus* (Tubiflorale); **D**, *Schizanthus retusus* (Tubiflorale); **E**, *Corydalis cava* (Rhéadale); **F**, *Anigosanthus pulcherrimus*; le plan de symétrie est transversal.

(D'après M. Pax, 1890.)

La direction du plan de symétrie varie avec les fleurs. Le plus souvent elle est antéro-postérieure (fig. 298), parfois oblique, rarement transversale.

4. Asymétrie dérivée. — Si une pièce disparaît dans un verticille, et une autre pièce dans le verticille voisin, la fleur n'a plus aucun plan de symétrie, puisqu'il n'y a plus de concordance entre les plans de symétrie des divers verticilles. Les fig. 295 et 296 donnent des exemples de ces asymétries secondaires.

K. *MODIFICATIONS DE L'AXE.*

L'axe de la fleur n'est autre chose que le rameau portant les diverses feuilles transformées.

1. Hypogynie. — Primitivement toutes les pièces sont insérées les unes au-dessus des autres sur l'axe ; les sépales, les pétales et les étamines sont alors fixés en dessous des carpelles (fig. 279, 300 *a, b*).

2. Périgynie. — La partie inférieure de l'axe portant les sépales, les pétales et les étamines s'élargit (fig. 300 *1, 2*) et même se creuse de telle sorte que les étamines entourent les carpelles.

3. Épigynie. — Le réceptacle se creusant de plus en plus, les carpelles s'engagent dans la cavité et celle-ci se ferme par le haut (fig. 300 *3*); l'ovaire est maintenant inclus dans l'axe excavé et soudé avec lui.

Dans les fleurs hypogynes et périgynes l'ovaire est supère ; dans les fleurs épigynes il est infère.

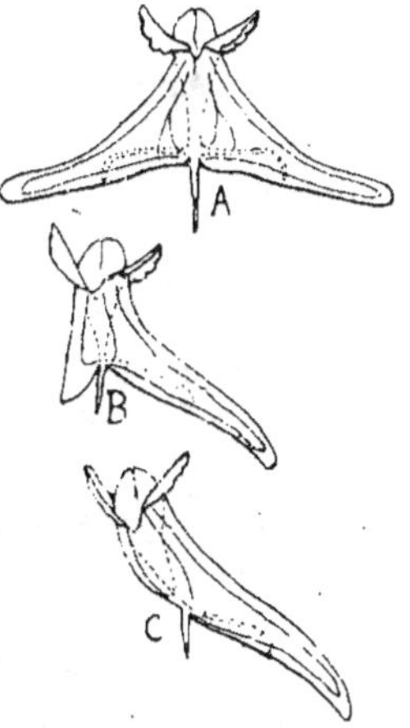

Fig. 299.

LE RETOUR DE LA SYMÉTRIE ZYGOMORPHE A LA SYMÉTRIE ACTINOMORPHE.

C, fleur normale, zygomorphe, de *Corydalis solida* (Rhéadale) ; voir le diagramme, fig. 298 E ; **B**, **A**, formation d'un second éperon, ce qui ramène la fleur à la symétrie actinomorphe.

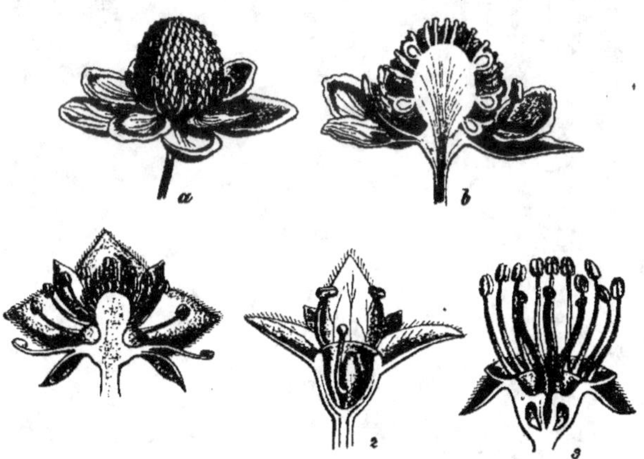

Fig. 300. — LE PASSAGE DE L'HYPOGYNIE A LA PÉRIGYNIE ET A L'ÉPIGYNIE.

En haut, fleur hypogyne de *Ranunculus sceleratus*, entière et coupée. En bas, Rosacées : 1, fleur périgyne de *Potentilla palustris*; 2, fleur périgyne d'*Alchemilla alpina*; 3, fleur épigyne de *Pirus Malus*.
(*Ranunculus* d'après BAILLON ; les Rosacées d'après M. FOCKE.)

2. Anatomie et morphologie de l'inflorescence.

Les fleurs des Ptéridophytes et des Gymnospermes sont en général solitaires, soit terminales, soit axillaires. Il en est de même chez pas mal d'Angiospermes ; mais le plus souvent les fleurs sont groupées sur certaines parties de l'individu, où les feuilles sont réduites à l'état de bractées (fig. 302). On appelle inflorescences ces régions adaptées à la production de fleurs ; elles ont parfois des dimensions énormes (fig. 301).

Fig. 301.

INFLORESCENCES D'AGAVE (LILIIFLORALE) SUR UN HAUT PLATEAU MEXICAIN.

(D'après KERNER, 1891.)

A. Classification des inflorescences.

La structure de l'inflorescence est conditionnée par le mode de croissance de la tige qui forme son axe. Si elle est monopodiale (fig. 303), elle s'allonge de plus en plus et l'épanouissement des fleurs se fait de la base vers

Fig. 302.

LE PASSAGE DES FEUILLES AUX BRACTÉES.

A-F, feuilles, puis bractées, de *Serratula centauroides* (Compositacée).

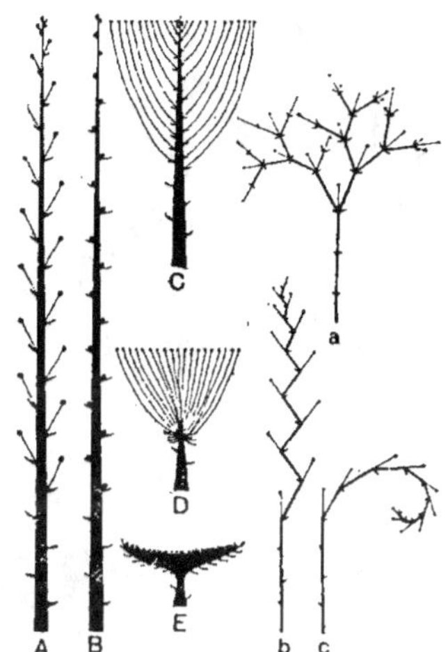

Fig. 303.

SCHÉMAS DES PRINCIPALES INFLORESCENCES

A, grappe; **B**, épi; **C**, corymbe; **D**, ombelle; **E**, capitule.
a, cyme bipare; **b**, cyme unipare hélicoïde; **c**, cyme unipare scorpioïde.

le sommet. Au contraire si elle est sympodiale et produit une fleur à son sommet, elle ne pourra se continuer que par des rameaux latéraux, qui à leur tour se terminent par une fleur et se ramifient.

1. Inflorescences monopodiales, ou botrytiques, ou en grappe.

a) **Simples** : toutes les fleurs sont insérées directement sur l'axe, ou pédoncule.
α) *Grappe* : les fleurs sont pédicellées (fig. 303 A).
β) *Épi* : les fleurs sont sessiles (fig. 303 B.)

Le *chaton* est un épi unisexuel, qui se détache d'une pièce (fig. 304, 305).

Le *spadice* est un épi qui est entouré d'une large bractée, ou **spathe**.

γ) *Corymbe* : l'axe est raccourci ; les fleurs arrivent toutes à la même hauteur (fig. 303 C).

δ) *Ombelle :* l'axe est encore plus court ; toutes les fleurs sont insérées au même niveau ; les bractées réunies à la base forment l'involucre (fig. 303 D).

ε) *Capitule :* l'axe raccourci est étalé en réceptacle, sur lequel sont insérées les fleurs sessiles ; autour du capitule, de nombreuses bractées constituent l'involucre (fig, 303 E).

b) **Ramifiées :** l'axe principal se ramifie, de sorte que les fleurs sont portées par des rameaux de 2ᵉ, de 3ᵉ, de 9ᵉ ordre. Les principales sont :

α) *Panicule* : grappe composée.

β) *Ombelle composée* : chaque fleur de l'ombelle simple est remplacée par une ombellule ; celle-ci a un **involucelle**.

Fig. 304.
CHATON FEMELLE D'ACALYPHA
WILKESIANA (GÉRANIALE).

Fig. 305.
CHATONS MÂLES ET FEMELLES DE SALIX CAPREA (SAULE MARSAULT).
En bas, fleurs mâle et femelle isolées.
(D'après Mˡˡᵉˢ COENRAETS ET D'HAENENS, 1922.)

2. Inflorescences sympodiales, ou cymeuses.

α) *Cyme multipare :* sous la fleur il y a plusieurs bractées ; à l'aisselle de chacune de celles-ci se forme un rameau.

β) *Cyme bipare :* sous la fleur il y a deux bractées opposées, donnant chacune un rameau (fig. 303 a).

γ) *Cyme unipare :* une seule bractée sous chaque fleur.

Les bractées sont disposées en une hélice (fig. 303 b) : la cyme est hélicoïde.

Elles sont placées toutes du même côté (fig. 303 c) : la cyme est scorpioïde.

3. Inflorescences mixtes.

Très souvent les inflorescences sont des combinaisons de celles que nous venons d'énumérer. Ainsi chez les *Echium* (Vipérine) l'inflorescence est une grappe de cymes scorpioïdes ; beaucoup d'Ombellifères ont des panicules d'ombelles composées ; les *Achillea* ont un corymbe de capitules, etc.

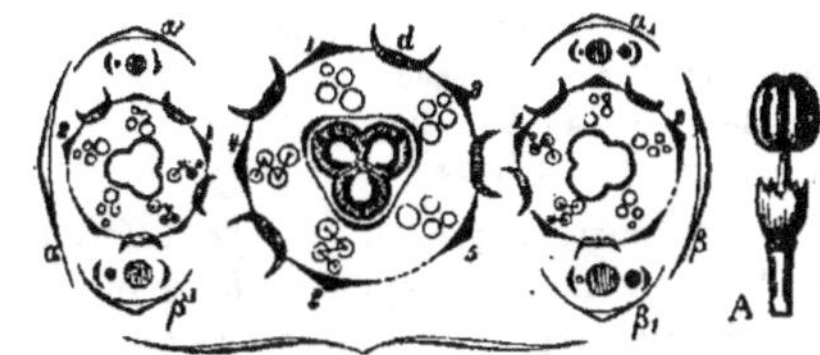

Fig. 306. — DIAGRAMME DE TROIS INFLORESCENCES D'EUPHORBIA PEPLUS.
À droite, fleur mâle d'*Anthostema*, composée d'une étamine unique, et d'un périanthe très réduit. Celui-ci s'atrophie encore davantage chez *Euphorbia* (voir fig. 307).
(Diagramme d'après EICHLER, 1875 ; *Anthostema* d'après BAILLON. Copié dans VELENOWSKY.)

B. Évolution des inflorescences.

Les bractées subissent souvent une réduction considérable ; elles finissent même par disparaître complètement. Ainsi les grappes des Choux (*Brassica*) n'ont plus la moindre trace des bractées axillantes. De même dans les capitules de beaucoup de Compositacées, les bractées axillantes ont disparu, et il ne reste que celles qui protègent le capitule dans son ensemble.

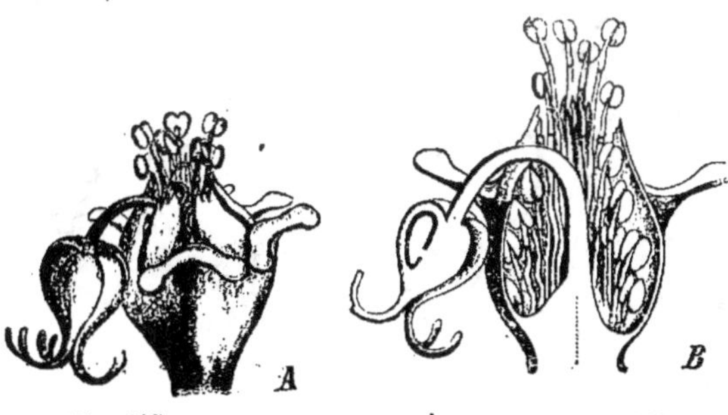

Fig. 307. — INFLORESCENCES D'EUPHORBIA LATHYRIS.
On y voit l'unique fleur femelle terminale et les vingt fleurs mâles. (D'après M. KARSTEN, 1910.)

Quand les bractées sont très développées, il arrive souvent que le calice s'atrophie ; si elles sont en même temps colorées, la corolle peut disparaître à son tour. C'est ce qu'on voit le mieux chez les *Euphorbia* (fig. 306, 307) :

L'inflorescence, entourée de bractées brillamment colorées, est cymeuse. Le diagramme de la figure 306 montre que l'axe principal est terminé par une fleur femelle sans périanthe, réduite à ses trois carpelles. En dessous d'elle, à l'aisselle de cinq bractées, naissent des rameaux qui sont des cymes unipares hélicoïdes; chaque cyme donne 4 fleurs mâles sans périanthe, réduites à une seule étamine. Entre les bractées axillantes des rameaux mâles sont disposés des nectaires qui ont souvent la forme de croissants. Cet ensemble simule une fleur unique avec un périanthe constitué par les bractées et les nectaires, vingt étamines en quatre verticilles, et un gynécée de trois carpelles soudés. Sous l'inflorescence qui vient d'être décrite il y a des bractées (au nombre de deux dans la fig. 306), ayant à leur aisselle une inflorescence du même genre.

Il n'est pas rare que les fleurs se différencient lorsque l'inflorescence est dense. Ainsi dans les capitules de beaucoup de Compositacées les fleurs de la périphérie, larges et rayonnantes, sont très différentes des fleurs centrales, petites et tubuleuses.

2. Anatomie et morphologie internes de l'appareil reproducteur.

Dans les grandes lignes les sporanges et les spores naissent de la même façon que chez les Conifères et les Gnétées.

Chaque anthère forme quatre microsporanges, qu'on appelle les sacs polliniques (fig. 308, 309). Un peu avant la maturité les microsporanges

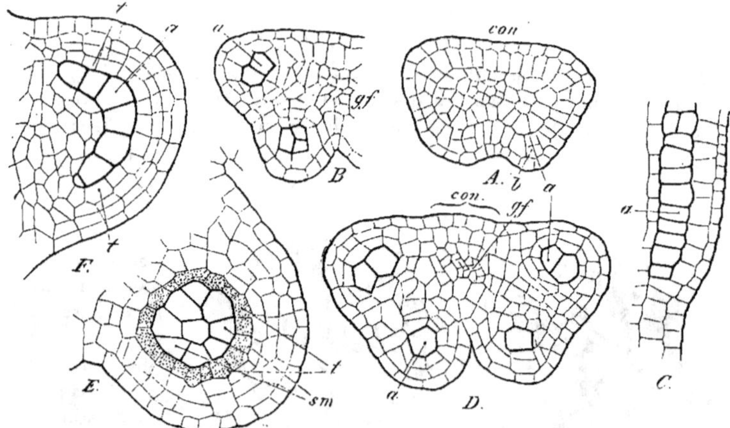

Fig. 308.

LE DÉVELOPPEMENT DES SACS POLLINIQUES (MICROSPORANGES) D'ANGIOSPERMES.

A-D, *Doronicum macrophyllum* (Campanulale) : coupes transversale et longitudinale dans des anthères de plus en plus âgées; **a**, archéspore; **b**, paroi; **con**, connectif; **gf**, faisceau venant du filet

E, *Menyanthes trifoliata* (Contortale); coupe transversale de l'anthère; **t**, tapis; **sm**, cellules-mères de microspores.

F, *Mentha aquatica* (Tubiflorale) : coupe transversale de l'anthère ; **a**, archéspore ; **t**, tapis.   (D'après M. WARMING. — Copié dans ENGLER, 1889.)

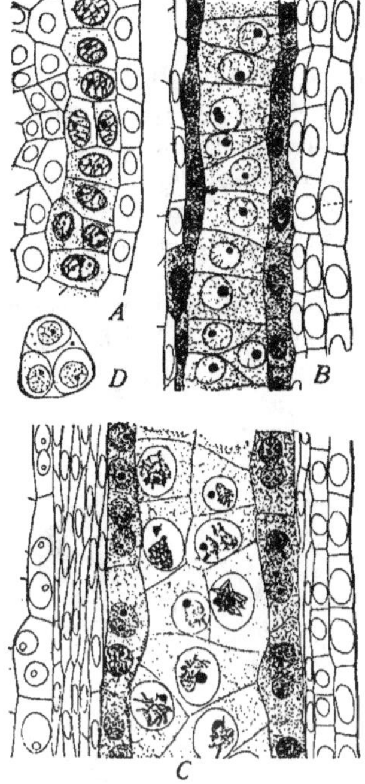

Fig. 309.

LE DÉVELOPPEMENT DU MICROSPORANGE
DE SILPHIUM INTEGRIFOLIUM
(CAMPANULALE)

Coupes longitudinales des anthères.
A, archéspores avant la séparation du tapis, qui est formé en **B**; **C**, synapsis des cellules-mères des microspores.

(D'après M. MERRELL, 1900.)

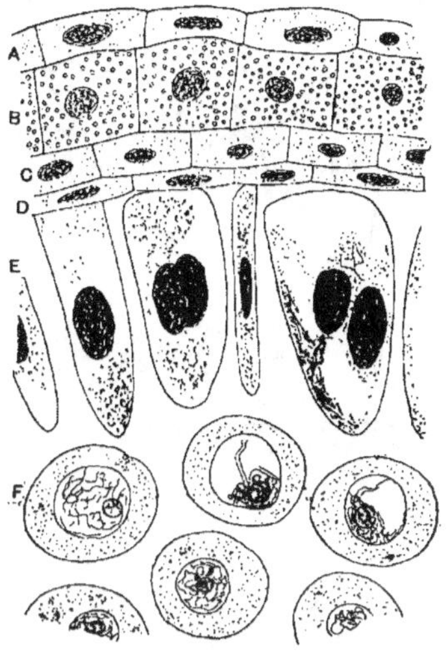

Fig. 310.

LA STRUCTURE DE L'ANTHÈRE DE LILIUM
CANDIDUM, AU MOMENT DE LA DIVISION
RÉDUCTIONNELLE DES CELLULES-MÈRES
DES MICROSPORES.

A, épiderme ; **B**, assise qui deviendra fibreuse; **C**, **D**, assises qui seront écrasées; **E**, tapis avec des cellules ayant souvent deux noyaux ; **F**, cellules-mères.

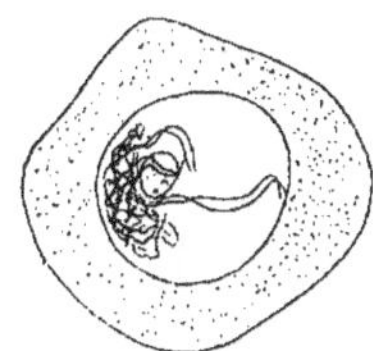

Fig. 311.

CELLULE-MÈRE DES MICROS-
PORES DE LILIUM CANDI-
DUM, A LA PROPHASE DE
LA DIVISION RÉDUCTION-
NELLE.

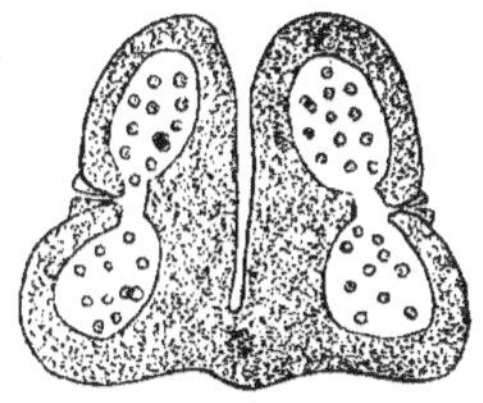

Fig. 312.

ANTHÈRE DE LILIUM TIGRINUM,
APRÈS LA RÉUNION DES DEUX
SACS POLLINIQUES DE CHAQUE
CÔTÉ EN UNE SEULE LOGE.

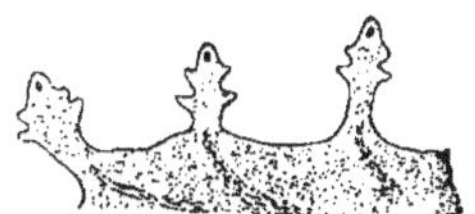

Fig. 313.

JEUNES OVULES DE PAPAVER
DUBIUM (RHÉADALE).

Ils sont insérés sur le placenta, et montrent les ébauches des deux téguments.

confluent deux à deux ; l'anthère mûre contient donc deux loges polliniques (fig. 312).

Le microsporange a une paroi massive, dont l'assise interne est le tapis (fig. 308, 310). Les cellules-mères des microspores subissent les deux bipartitions habituelles, dont la première est réductionnelle (fig. 311), pour donner les quatre microspores, ou grains de pollen.

Le macrosporange, d'abord simple saillie du placenta (fig. 313, 314) ne tarde pas à présenter un bourrelet annulaire qui, en s'accroissant, forme un tégument. Puis naît souvent un tégument en dehors du premier (fig. 313, 316, 317).

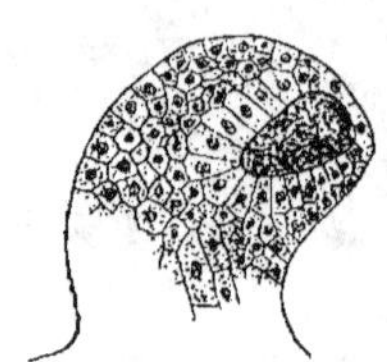

Fig. 314.

NUCELLE JEUNE DE LI-
LIUM CANDIDUM AVEC LA
CELLULE-MÈRE DES
MACROSPORES.

Les téguments ne sont pas encore ébauchés.

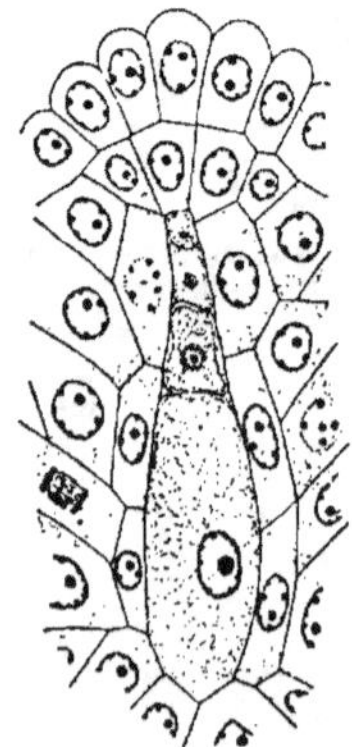

Fig. 315.

LA FORMATION DE LA
MACROSPORE DE CANNA
INDICA (SCITAMINALE).

Des quatre macrospores issues de la division de la cellule-mère, l'inférieure seule persistera.

(D'après M. Wiegand, 1900.)

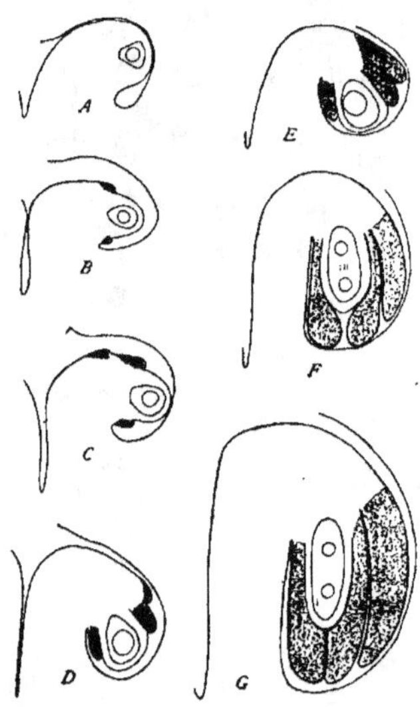

Fig. 316.

LE DÉVELOPPEMENT DE L'OVULE
DE LILIUM PHILADELPHICUM.

A, ovule encore nu ; **B**, ébauche du tégument interne ; **C, D, E**, formation du tégument externe ; **F, G**, le tégument interne s'est allongé au devant du nucelle et ainsi se trouve constitué le micropyle par lequel pénètrera le tube pollinique.

(D'après
· MM. Coulter et Chamberlain, 1903.)

Près du sommet se différencie une seule cellule-mère de macrospore (fig. 314) ; par deux divisions, dont la première est réductionnelle, elle produit quatre macrospores (fig. 315, 317) ; mais une seule persiste.

On appelle ovule l'ensemble du macrosporange et des téguments ; le macrosporange est le nucelle ; la macrospore est le sac embryonnaire.

Voyons maintenant comment naissent les gamètes.

Le noyau de la macrospore, ou sac embryonnaire, se divise trois fois de

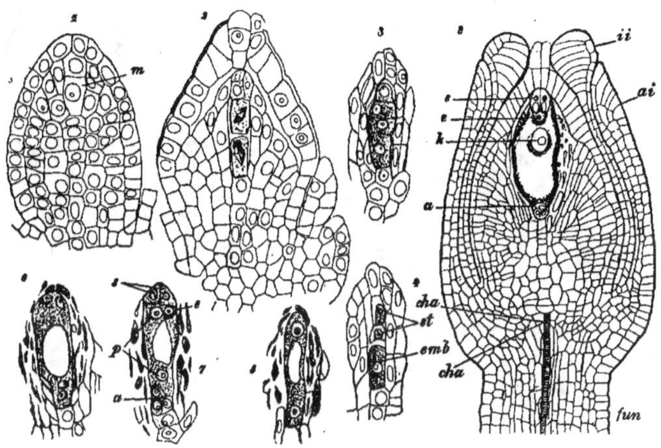

Fig. 317.

LE DÉVELOPPEMENT DU SAC EMBRYONNAIRE DE POLYGONUM DIVARICATUM.

1, le nucelle (macrosporange) encore nu ; **m**, cellule-mère des macrospores (sacs embryonnaires) ; **2**, le nucelle couvert du tégument interne ; la cellule-mère s'est divisée une première fois ; **3**, la cellule-mère s'est divisée une deuxième fois ; **4**, quatre macrospores, dont l'inférieure seule persiste (**emb**.), les autres (**st**) sont écrasées ; **5, 6, 7**, la macrospore conservée se divise trois fois de suite ; **8**, l'ovule adulte : **ai**, tégument externe ; **ii**, tégument interne ; **mi**, micropyle ; **s**, synergides ; **e**, oosphère ; **k**, noyau du sac, provenant de la fusion des deux cellules polaires ; **a**, antipodes ; **fun**, funicule (attache de l'ovule au placenta) ; **cha**, chalaze (insertion du funicule sur l'ovule).
(D'après STRASBURGER.)

suite (fig. 317 *5, 8*) : de ces huit cellules, trois vont vers le fond ; ce sont les antipodes qui ne jouent généralement plus aucun rôle ; — trois autres se réunissent dans le haut : ce sont l'oosphère et les deux synergides ; — les deux dernières, les cellules polaires, se dirigent vers le milieu du sac, où elles se rencontrent.

Le grain de pollen a déjà subi une bipartition avant d'être disséminé ; il contient alors la cellule végétative et la cellule-mère des spermatozoïdes (fig. 318). Arrivé sur le stigmate, il produit un long tube (fig. 319) dans lequel la cellule-mère se divise en deux spermatozoïdes. Ceux-ci sont amenés par la croissance du tube jusque contre le sac embryonnaire. Le tube s'ouvre alors et les deux spermatozoïdes s'engagent dans le sac : l'un va conjuguer avec l'oosphère ; l'autre avec les deux cellules polaires, ce qui constitue une cellule triploïde (fig. 320).

Que deviennent à partir de ce moment, la cellule triploïde, la zygote, l'ovule et le carpelle ?

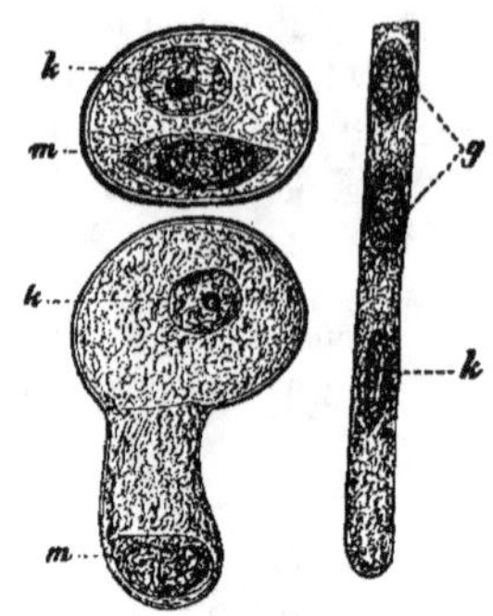

Fig. 318.

LE PROTHALLE MÂLE
DE LILIUM MARTAGON.

En haut à gauche, grain de pollen au moment de la dissémination : **m**, cellule-mère des spermatozoïdes ; **k**, cellule stérile
En bas, le tube pollinique.
A droite, la cellule-mère a donné les deux spermatozoïdes (**g**).

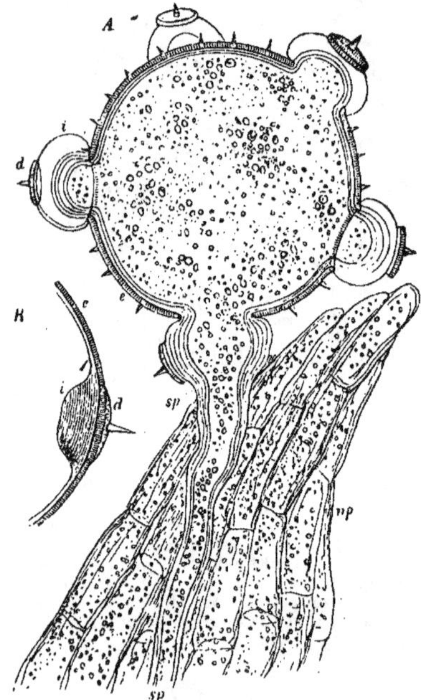

Fig. 319.

GERMINATION DU POLLEN SUR LE STIGMATE.
Grain de pollen de *Cucurbita Pepo* (Courge). La couche externe de la paroi présente des ouvertures fermées par un couvercle (**d**), et à travers lesquelles la couche interne (**i**) fait saillie. Par un des orifices, le tube pollinique (**sp**), pénètre dans les tissus du stigmate (**np**).

(D'après Sachs.)

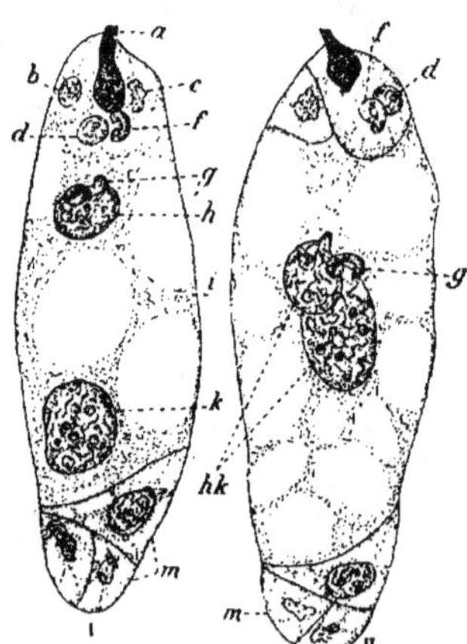

Fig. 320.

DEUX STADES SUCCESSIFS DE LA FÉCONDATION DE LILIUM MARTAGON.

a, l'extrémité du tube pollinique ; **b**, **c**, les cellules synergides ; **d**, l'oosphère ; **f**, **g** les deux spermatozoïdes; **h**, **k**, les deux noyaux polaires; **m**, les trois cellules antipodes.

(D'après M. Guignard, 1891.)

La cellule triploïde se divise activement; elle donne un tissu gorgé de réserves, qui remplit et distend le sac embryonnaire (fig. 321) ; c'est l'endosperme ou albumen.

La zygote prend d'abord une cloison transversale ; celle-ci sépare la portion inférieure, le futur embryon, de la portion supérieure, le suspenseur, qui s'allonge beaucoup et qui plonge l'embryon dans l'albumen (fig. 322). Les bipartitions répétées donnent à l'embryon sa structure définitive : une racine, une tige, et deux cotylédons ou un seul (fig. 323).

Pendant tout son développement l'embryon se nourrit de l'albumen. Chez certaines Plantes celui-ci est complètement absorbé et la graine mûre ne contient plus que l'embryon; c'est le

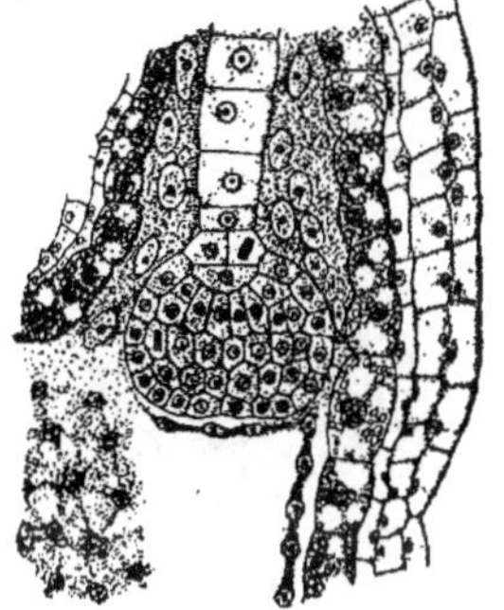

Fig. 322.

LA PÉNÉTRATION DU JEUNE EMBRYON DE CAPSELLA BURSA PASTORIS (RHÉADALE) DANS L'ALBUMEN.

Il y est poussé par l'allongement du suspenseur.

(D'après MM. COULTER ET CHAMBERLAIN, 1903.)

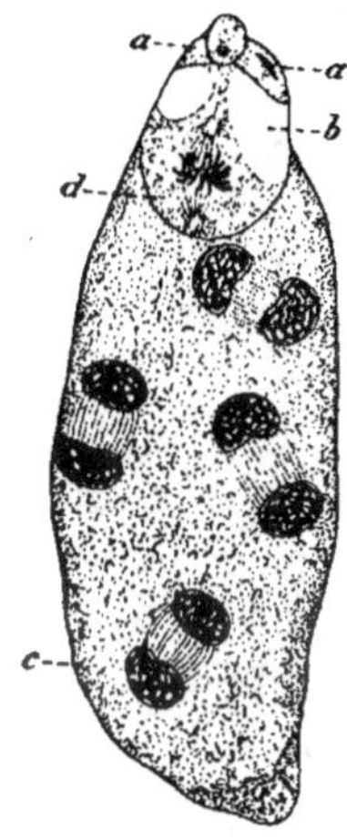

Fig. 321.

DÉBUT DU DÉVELOPPEMENT DE L'EMBRYON ET DE L'ALBUMEN, DE LILIUM MARTAGON.

L'oosphère (d) qui a été fécondée devient l'embryon. La cellule triploïde résultant de la fusion des deux cellules polaires et d'un spermatozoïde, s'est déjà divisée trois fois pour donner l'albumen.

(D'après M. GUIGNARD, 1891.)

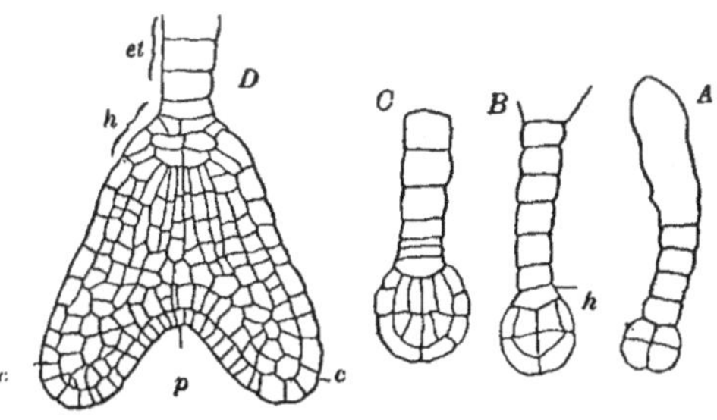

Fig. 323.

LE DÉVELOPPEMENT DE L'EMBRYON DE CAPSELLA BURSA PASTORIS (RHÉADALE) et, suspenseur ; h, sommet de la racine ; c, cotylédons ; p, sommet de la tige.

(D'après HANSTEIN. — Copié dans KARSTEN.)

cas pour le Pois. Ailleurs il en persiste une proportion plus au moins notable (fig. 324).

Parfois, il y a aussi des réserves dans une partie persistante des parois du nucelle; c'est le périsperme (fig. 324).

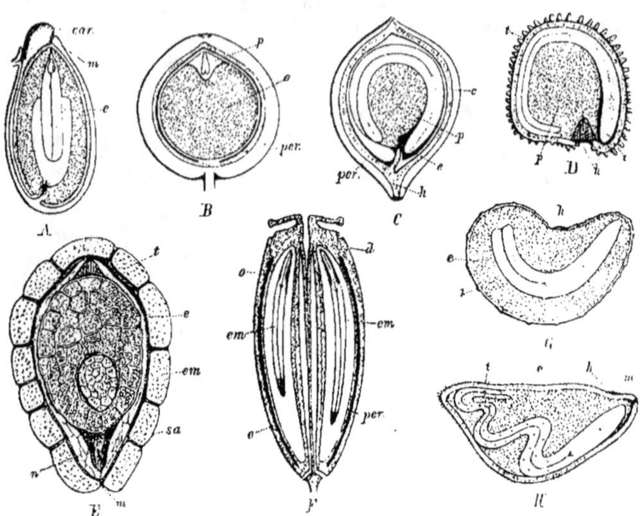

Fig. 324.

GRAINES MÛRES AVEC ALBUMEN ET PÉRISPERME.

A, *Ricinus communis* (Géraniale) : **e,** embryon; **car,** caroncule partant du micropyle (**m**).

B, *Piper nigrum* (Poivre); **e,** albumen; **p,** périsperme; **per,** carpelle.

C, *Spinacia oleracea* (Épinard); **e, p, per,** voir B; **h,** chalaze; **c,** embryon.

D, *Agrostemma Githago* (Nielle); **p, h, e,** comme C; **t,** tégument.

E, *Orobanche Galii* (Tubiflorale); **em,** embryon; **e,** albumen; **n,** restes du nucelle; **sa,** restes du sac embryonnaire; **m,** micropyle; **t,** tégument.

F, *Peucedanum Palimba* (Ombelliflorale); coupe verticale dans les deux akènes; **per,** carpelle; **e,** albumen; **em,** embryon.

G, *Papaver somniferum* (Rhéadale), et **H,** *Convolvulus arvensis* (Contortale) **e, h, t, m,** comme plus haut.

(**B,** d'après Baillon, les autres d'après Harz. — Copié dans Engler, 1889.)

L'ovule devient la **graine**; ses téguments se transforment en une enveloppe dure.

Enfin les carpelles forment le **fruit.** Tantôt ils sont secs à la maturité, tantôt leurs tissus deviennent charnus. Les fruits secs sont les uns déhiscents, les autres indéhiscents.

Voici les caractères des principaux fruits.

A. Fruits secs déhiscents, contenant en général plusieurs graines.

1. Fruits constitués par un seul carpelle.

Follicule : à la maturité le carpelle s'ouvre par une fente correspondant à la suture des bords (fig. 325).

Gousse : le carpelle s'ouvre à la fois par la suture et par la nervure médiane.

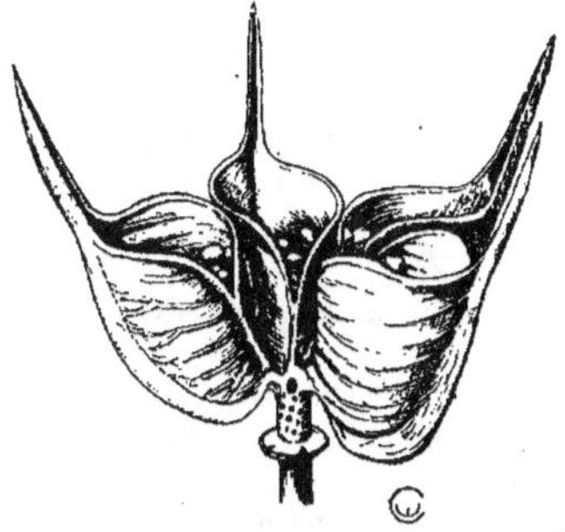

Fig. 325.
FOLLICULES DE HELLEBORUS FOETIDUS
(RANALE)

2. Fruits constitués par plusieurs carpelles.

Pyxide : s'ouvrant par une fente transversale (fig. 326 D, E).
Capsule poricide : s'ouvrant par des pores (fig. 326 C).
Capsule septicide : s'ouvrant par les sutures des carpelles (fig. 326 A, B).
Capsule loculicide : s'ouvrant par les nervures médianes des carpelles.

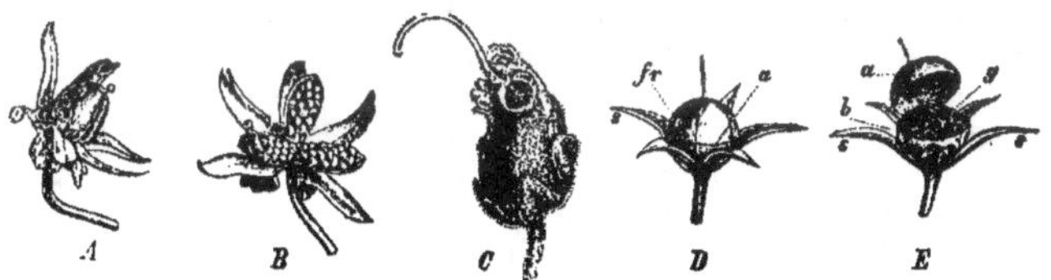

Fig. 326.
QUELQUES MODES DE DÉHISCENCE.
A, **B**, capsules de *Viola tricolor* (Pensée) à placentation pariétale : la déhiscence s'opère par des fentes dans les nervures médianes des carpelles.
C, capsule d'*Antirrhinum majus* (Muflier) : déhiscence par des pores.
D,**E**, pyxides d'*Anagallis arvensis* (Mouron rouge) : elles s'ouvrent par une fente circulaire. (D'après Schimper.)

B. Fruits secs indéhiscents, contenant en général une seule graine.

Samare : avec des ailes dépendant des carpelles (fig. 337 Q à U).
Akène : sans appareil de vol ou avec une aigrette (fig. 337 A à J).
Caryopse : la graine est soudée au carpelle par toute sa surface (chez les Graminacées).

C. Fruits charnus.

Baie : la paroi des carpelles est entièrement charnue.

Drupe : la paroi est charnue dans sa couche externe, et dure dans sa couche interne.

QUELQUES CAS EXCEPTIONNELS.

a) L'apogamie.

L'embryologie que nous venons d'étudier est celle de la grande majorité des Angiospermes. Mais on connaît aussi des exceptions, dont quelques-unes sont intéressantes.

Il y a en effet des Angiospermes qui produisent des graines sans fécondation préalable. Chaque fois que l'étude cytologique a pu être faite, on a constaté qu'on a affaire à de l'apogamie, non à de la parthénogenèse; en d'autres termes, l'embryon ne naît pas d'une cellule haploïde, l'oosphère, mais d'un élément qui n'a pas subi la réduction, et qui est donc resté diploïde.

Chez *Antennaria alpina* (fig. 327 B), les individus mâles sont rarissimes, et malgré cela les femelles fructifient régulièrement. La cellule-mère des macrospores, au lieu de se diviser deux fois de suite (fig. 315), donne directement le sac embryonnaire, dont les cellules sont donc diploïdes. L'embryon provient d'une de ces cellules, celle qui correspond à l'oosphère dans l'espèce voisine, *Antennaria dioica*, qui est restée normale (fig. 327 A).

Une autre Compositacée, *Taraxacum officinale* (Pissenlit) n'est représentée non plus que par des individus femelles. A première vue on dirait que les fleurs sont hermaphrodites; mais un examen plus attentif fait voir que les anthères sont vides; si par hasard des grains de pollen se forment, ils sont incapables de germer. La cellule-mère des macrospores subit une seule bipartition; celle-ci se prépare comme pour une réduction, mais en réalité elle est caryocinétique : les deux cellules-filles possèdent 26 chromosomes, tout comme la cellule-mère. Des deux cellules ainsi formées, la supérieure écrase sa sœur, et devient le sac embryonnaire (fig. 337 C, D, E).

Balanophora globosa est une plante javanaise dont on ne rencontre sur de grandes étendues que des femelles. On ne sait pas comment naît ici le sac embryonnaire, mais il n'est probablement pas davantage précédé d'une réduction. Des huit cellules du sac embryonnaire une seule persiste, la cellule polaire supérieure, et c'est d'elle que dérive l'embryon (fig. 327 F, G, H).

b. La polyembryonie.

Les graines de plusieurs Angiospermes renferment à côté de l'embryon normal, issu de la zygote, des embryons supplémentaires qui proviennent de cellules du nucelle. Il en est ainsi pour les *Citrus* ; chacun a pu constater que les pépins d'orange (*Citrus Aurantium*) contiennent plusieurs embryons. Quand on féconde *C. Aurantium*, dont les feuilles sont unifoliolées, par *C. trifoliata*, dont les feuilles sont trifoliolées, on obtient à la fois des plantules à feuilles trifoliolées, qui sont des hybrides, et des plantules à feuilles unifoliolées, dérivant uniquement de la mère.

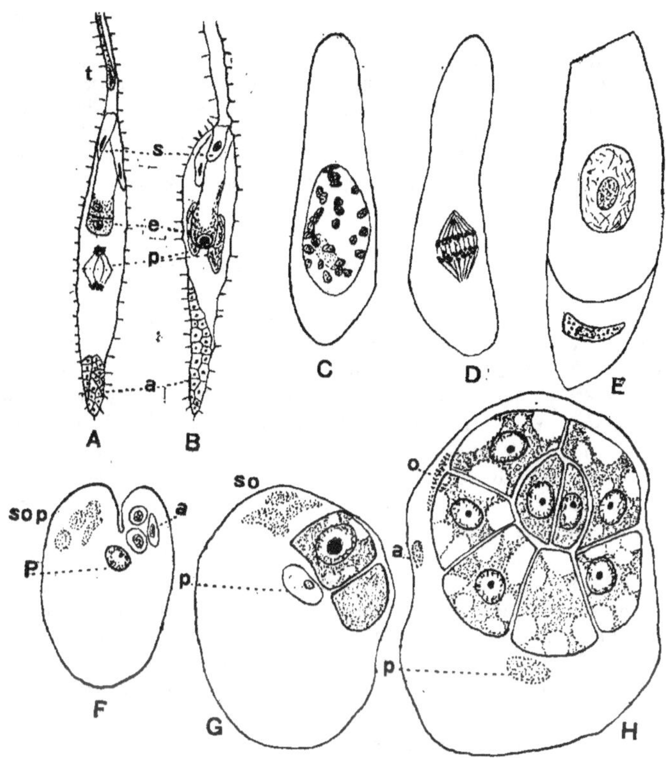

Fig. 327.

L'APOGAMIE CHEZ LES PHANÉROGAMES.

A, B, *Antennaria* (Campanulale) : **A**, *Antennaria dioica*, dont la reproduction est normale (**t**, reste du tube pollinique) ; **B**, *Antennaria alpina*, apogame : **s**, synergides ; **e**, jeune embryon ; **p**, cellules polaires ; **a**, massif provenant des antipodes.
C, D, E, *Taraxacum officinale* (Campanulale) : **C**, cellule-mère de la macrospore en prophase : on y compte 2t chromosomes ; **D**, anaphase ; **E**, des deux cellules formées, la supérieure écrase l'autre.
F, G, H, *Balanophora globosa* (Santalale) : **s**, synergides ; **o**, oosphère ; **p**, cellule polaire qui disparait ; **P**, cellule polaire persistante ; **a**, antipodes. — **F**, le sac embryonnaire encore au complet ; **G**, la cellule polaire persistante a subi une première division ; **H**, elle a produit l'embryon entouré de l'albumen.

(**A, B**, d'après M. Juel, 1 00; **C, D, E**, d'après M. Juel, 1905;
F, G, H, d'après M. Lotsy, 1899.)

c. LA PARTHÉNOCARPIE.

Certains fruits sont normalement stériles : les corinthes, les bananes, les ananas, etc. Parmi eux, il en est qui ne se développent que si la fleur a reçu du pollen. C'est le cas pour la Courge (*Cucurbita Pepo*) : pour provoquer son grossissement il suffit d'appliquer sur le stigmate du pollen broyé dans un mortier et n'ayant plus une seule cellule intacte ; c'est donc une substance chimique du pollen qui agit comme excitant. D'autres fruits se forment sans aucune intervention du pollen. Une inflorescence de Bananier (*Musa*, fig. 159) porte d'abord des fleurs femelles, puis des fleurs mâles ; or, les ovaires des premières se nouent et deviennent des fruits mûrs alors même qu'il n'y a pas de fleurs mâles ouvertes.

4. Étude de quelques lignées.

Quelles sont les primitives, des Monocotylédonées ou des Dicotylédonées ? Tant au point de vue de leur port qu'à celui de la structure de la tige, les Dicotylédonées se rapprochent beaucoup plus des Gnétées et des autres Gymnospermes que les Monocotylédonées. Aussi considère-t-on aujourd'hui les Dicotylédonées comme les plus anciennes Angiospermes ; les Monocotylédonées ne sont donc qu'un rameau.

Et parmi les Dicotylédonées, quelles sont les premières ? Sont-ce celles dont les fleurs sont privées de pétales, comme les Urticales et les Fagales, ou bien celles dont les pièces florales sont disposées en spires, telles que certaines Ranales ? On admet à présent que les Dicotylédonées ancestrales étaient des Ranales, et que les Apétales ont en réalité perdu les pétales. On connaît d'ailleurs une foule de plantes dont les fleurs étaient pourvues d'un calice et d'une corolle, et qui ont perdu soit la corolle seule (*Alchemilla*, fig. 334 B), soit à la fois les deux enveloppes : les *Acalypha* (fig. 304) et les *Euphorbia* (fig. 306, 307) n'ont plus aucune enveloppe florale, alors que les Euphorbiacées sont apparentées aux Géraniacées (fig. 287, 296) et possèdent dans les formes primitives un calice et une corolle typiques.

Les Archichlamydées sépaloïdiennes (voir le tableau de la p. 181) seraient des Archichlamydées parvenues à ce stade d'évolution. Quant aux pétaloïdiennes (du même tableau), elles représenteraient des sépaloïdiennes ayant réacquis secondairement un périanthe corollin; les pièces colorées ne font pourtant pas partie de la corolle, mais du calice.

Enfin nous avons vu que les fleurs à pièces libres sont moins évoluées que celles dont les pièces sont soudées.

A tous les égards ce sont donc les Ranales qui paraissent être les Angiospermes archaïques. Ajoutons que des Magnoliacées appartenant à cet ordre ont été reconnues déjà dans le Crétacé.

Il serait oiseux de passer en revue tous les ordres d'Angiospermes. Nous nous contenterons d'étudier quelques lignées, choisies parmi celles qui ont présenté les évolutions les plus intéressantes.

TABLEAU DE LA
CLASSIFICATION DES PRINCIPALES ANGIOSPERMES.

DICOTYLÉDONÉES

Archichlamydées...

corolliennes . . . .
- Ranales.
- Rhéadales.
- Sarracéniales.
- Rosales.
- Centrospermales.
- Géraniales.
- Sapindales.
- Rhamnales.
- Malvales.
- Pariétales.
- Opuntiales.
- Myrtiflorales.
- Ombelliflorales.

sépaloïdiennes . . . .
- Verticillales.
- Pipérales.
- Salicales.
- Myricales.
- Juglandales.
- Fagales.
- Urticales.

pétaloïdiennes . . . .
- Protéales.
- Santalales.
- Aristolochiales.
- Polygonales.

Métachlamydées . . .

pléiocycliques . . . .
- Diospyrales.
- Éricales.
- Primulales.

tétracycliques
- superovariées .
  - Contortales.
  - Tubiflorales.
  - Plantaginales.
- inferovariées .
  - Rubiales.
  - Campanulales.

MONOCOTYLÉDONÉES . . . . . .

primitives . . . .
- Hélobiales.

anémophiles. . . . .
- Principales.
- Synanthales.
- Spathiflorales.
- Glumiflorales.

entomophiles . . . .
- Farinosales.
- Lilliflorales.
- Scitaminales.
- Microspermales.

Les Ranales.

Calycanthus florida.	⊚ P$_{kc}$ n,		A n,	G $\underline{n}^1$ — P
Michelia fuscata	⊚ K 2,	C 5,	A n,	G $\underline{n}^n$ — H
Magnolia conspicua	⊚ K 2,	C n,	A n,	G $\underline{n}^2$ — H
Illicium anisatum	⊚ P$_{kc}$ n,		A n,	⊕ G $\underline{n}^1$ — H
Anona coriacea	⊕ K 3,	C 3,3, ⊚ A n,		G $\underline{n}^1$ — H
Asimina triloba	⊕ K 3,	⊚ C 3,3,	A n,	⊕ G $\underline{6}^n$ — H
Ranunculus acris	⊚ K 5,	C 5,	A n,	G $\underline{n}^1$ — H
Adonis autumnalis	⊚ K 5,	⊕ C 8,	⊚ A n,	G $\underline{n}^1$ — H
Anemone nemorosa	⊚ K 3,	⊕ C 3,3,	⊚ A n,	G $\underline{n}^1$ — H
Nigella Damascena	⊚ K 5,	⊕ C 8,	⊚ A n,	⊕ G $\underline{(5)}^n$ — H
Aconitum Napellus	·|· K 3,	C 7,	⊚ A n,	⊕ G $\underline{3}^n$ — H
Aquilegia vulgaris	⊕ K 5,	C 5,	A 5, 5, 5, 5, 5, 5, 5, 5, 5, 5,	G $\underline{(5)}^n$ — H
Cimicifuga racemosa	⊕ K 2, 2,		⊚ A n,	G $\underline{1}^2$ — H
Clematis integrifolia	⊕ K 4,		⊚ A n,	G $\underline{n}^1$ — H
Nymphaea alba	⊚ K 4,	C n,	A n,	⊕ G $\underline{n}^n$ — H
Victoria regia	⊚ K 4,	C n,	A n,	⊕ G $\overline{\underline{n}}^n$ — E
Cabomba caroliniana	⊚ K 3,	C 3,	⊕ A 6,	G $\underline{3}^3$ — H
Cocculus carolinianus	⊕ K 3, 3,	C 3,3,	A 3,3,	G $\underline{3}^1$ — H
Berberis vulgaris	⊕ K 3, 3,	C 3,3,	A 3,3,	G $\underline{1}^1$ — H

Fig. 328.
FLEUR ACYCLIQUE DE MICHELIA
FUSCATA (MAGNOLIACÉE).
(D'après Baillon.)

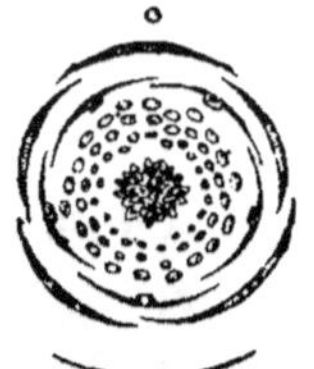

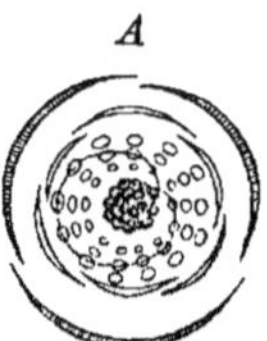

Fig. 329.
FLEURS DE RENONCULACÉES.
A gauche, fleur acyclique de *Ranun-culus acris*. (D'après Van Tieghem.)
A droite, fleur hémicyclique d'*Ane-mone nemorosa*. Les spires formées par les étamines sont indiquées.
(D'après Baillon.)

Certaines structures tout à fait archaïques se sont perpétuées jusqu'à maintenant. Ainsi *Calycanthus* (fig. 281) et *Illicium* ont un périanthe non différencié en calice et corolle ; les pièces externes sont calicoïdes, les internes sont plus ou moins colorées.

D'autre part, *Calycanthus*, *Michelia* (fig. 328) et *Magnolia* (fig. 280) ont toutes les pièces disposées en spire, depuis les enveloppes jusqu'aux carpelles. Dans la fleur de *Michelia* on reconnaît aisément que toutes les pièces sont insérées sur une spire fondamentale unique.

Puis les pièces similaires se condensent, à tel point qu'elles ont l'air d'être disposées en verticilles. Ainsi le calice et la corolle de *Ranunculus* (fig. 300) qui, au premier abord, semblent verticillés, ont en réalité la divergence $^2/_5$.

Enfin certaines parties se placent réellement en verticilles. C'est parfois le calice (*Asimina* (fig. 330 A) ou la corolle (*Anemone*, fig. 329) ; parfois l'androcée et le gynécée à la fois (*Aquilegia*, fig. 331), ou le gynécée seul (*Nymphaea*, fig. 332). Dans les cas extrêmes, les organes sont tous verticillés (*Cocculus*).

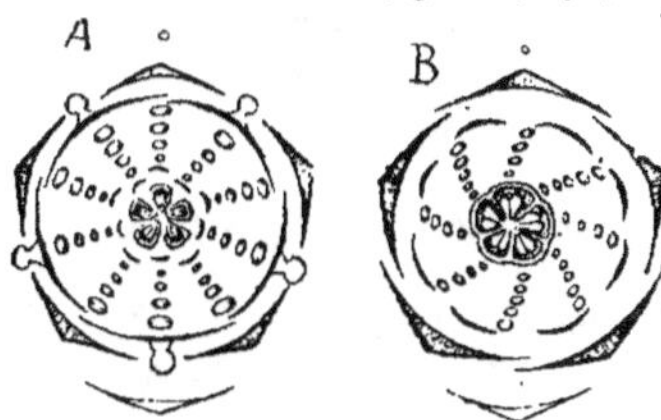

Fig. 331,
FLEURS HÉMICYCLIQUES DE RENONCULACÉES
A, *Aquilegia vulgaris*; **B**, *Nigella damascena*. (D'après Van Tieghem, 1891.)

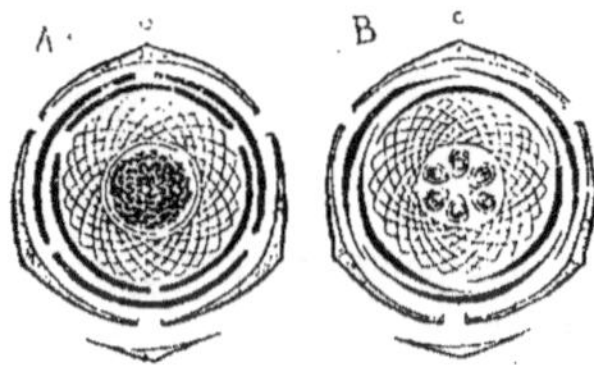

Fig. 330.
FLEURS HÉMICYCLIQUES D'ANONACÉES.
Les étamines ne sont indiquées que par leurs spires d'insertion.
A, *Anona coriacea*; **B**, *Asimina triloba*.
(D'après Van Tieghem, 1891.)

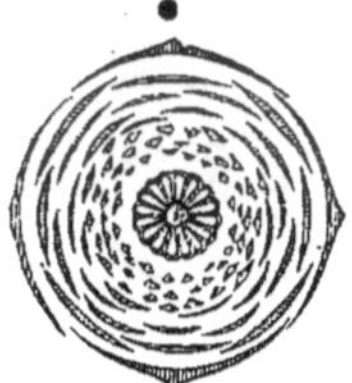

Fig. 332. — FLEUR HÉMICYCLIQUE
DE NYMPHAEA ALBA.
(D'après M. Karsten, 1910)

Fig. 333.
L'ÉPIGYNIE DE LA FLEUR DE VICTORIA REGIA
(Nymphéacée).

D'abord les pièces de même nature sont nombreuses. Ainsi, il y a assez fréquemment deux verticilles de sépales ou de pétales : *Aquilegia* a jusqu'à dix verticilles d'étamines (fig. 331 A). Ailleurs le nombre des pièces de chaque verticille dépasse la normale : huit pétales chez *Adonis*, quinze à vingt carpelles chez *Nymphaea* (fig. 332) et *Victoria*.

Les carpelles, d'abord libres et pluriovulés, subissent de multiples évolutions :

1. Leur nombre diminue et finalement se réduit à un seul (*Cimicifuga*, *Berberis*).
2. Ils se disposent en verticilles (*Illicium*, *Asimina*, fig. 330 B).
3. Ils se soudent (*Nigella*, *Nymphaea*, fig. 331 B ; fig. 332).

— 184 —

4. Le nombre des ovules, d'abord indéfini, se réduit progressivement à trois (*Cabomba*), et à un (*Ranunculus*). Le fruit, qui est primitivement un follicule (*Helleborus*, fig. 325), devient un akène (*Ranunculus*, fig. 300).

La fleur, d'abord sans symétrie (*Michelia*, fig. 328), acquiert la symétrie rayonnante (*Aquilegia*), et enfin la symétrie bilatérale (*Aconitum*).

L'hypogynie primitive (fig. 300) se transforme en périgynie (*Calycanthus*), puis en épigynie (*Victoria*, fig. 333).

Les Rosales (fig. 334).

Oenone flexuosa	⊕ P$_k$ n,		A n,	G ($\underline{2}$)^n — P
Sempervivum montanum	⊕ K 12,	C 12,	A 12, 12,	G ($\underline{12}$)^n — P
Sedum Hispanicum	⊕ K 6,	C 6,	A 6, 6.	G ($\underline{6}$)^n — P
Crassula lactea	☉ K 5,	C 5, ⊕	A 5,	G ($\underline{5}$)^n — P
Saxifraga granulata	☉ K 5,	C 5, ⊕	A 5, 5,	G ($\overline{\underline{2}}$)^n — E
Saxifraga sarmentosa	↓ K 5,	C 5,	A 5, 5,	G ($\underline{2}$)^n P
Saxifraga oppositifolia	☉ K 5,	C 5, ⊕	A 5, 5,	G ($\overline{\underline{2}}$)^n — E
Philadelphus coronarius	⊕ (K 4),	C 4, ⊕	A 4 × n,	G ($\underline{4}$)^n — P
Rosa tomentosa	☉ K 5,	C 5, ⊕	A 10,10,10,10,10,10,10,10,10,10 ☉	G $\underline{n}^1$ — P
Spiraea hypericifolia	⊕ K 5, ☉	C 5, ⊕	A 10, 10, 10, 10,	G $\underline{5}^n$ — P
Sorbus domestica	⊕ K 5, ☉	C 5, ⊕	A 10, 5, 5,	G $\overline{\underline{3}}^2$ — E
Prunus Padus	⊕ K 5, ☉	C 5, ⊕	A 10, 10, 10,	G $\underline{1}^2$ — P
Sanguisorba officinalis	⊕ K 2, 2,		A 2, 2,	G $\underline{1}^1$ — P
Alchemilla arvensis	⊕ K 2, 2,		↓ A 1,	G $\underline{1}^1$ — P
Hirtella triandra	↓ K 5,	C 5,	A 3,	G $\underline{1}^1$ — P
Acacia latifolia	⊕ K 4,	C 4,	A 20, 20, 20, 20,	G $\underline{1}^n$ — P
Mimosa pudica	⊕ K 4,	C 4,	A 4,	G $\underline{1}^n$ — P
Cercis Siliquastrum	↓ (K 5),	C 5,	A (5, 5),	G $\underline{1}^n$ — P
Laburnum vulgare	↓ (K 5),	C 5,	A 5, 5,	G $\underline{1}^n$ — P
Vicia Faba	↓ (K 5),	C 5,	A 1 (4, 5),	G $\underline{1}^n$ — P

Ici nous sommes à un degré d'évolution plus élevé, puisque les moins spécialisées des Rosales sont déjà périgynes.

Le calice et la corolle sont encore souvent spiralés, mais avec l'apparence de verticilles (*Crassula, Rosa*) ; puis ils sont réellement verticillés ; enfin la fleur acquiert la symétrie bilatérale (*Saxifraga sarmentosa, Hirtella, Cercis*).

Les étamines sont souvent en nombre considérable, soit que chaque rang de l'androcée compte deux fois autant de pièces que ceux du calice et de la corolle (*Prunus*) (fig. 334), soit qu'il y ait en outre beaucoup de verticilles (*Rosa*). Ailleurs les étamines sont nettement ramifiées (*Philadelphus*).

Il arrive aussi que les étamines se soudent, soit toutes ensemble (*Laburnum*), soit en laissant une seule pièce libre (*Vicia*).

Plus rarement l'androcée est oligomère : *Hirtella* n'a que trois étamines et *Alchemilla arvensis* une seule.

La corolle peut disparaître complètement : chez *Alchemilla arvensis* le calice reste vert ; chez *Sanguisorba officinalis* il est brillamment coloré en rouge.

Le gynécée subit la même évolution que celui des Ranales : réduction du nombre des carpelles et des ovules ; soudure des carpelles.

L'ovaire peut devenir infère (*Sorbus*). Dans le genre *Saxifraga* il y a des espèces périgynes, des espèces semi-épigynes (*S. granulata*), et des espèces épigynes.

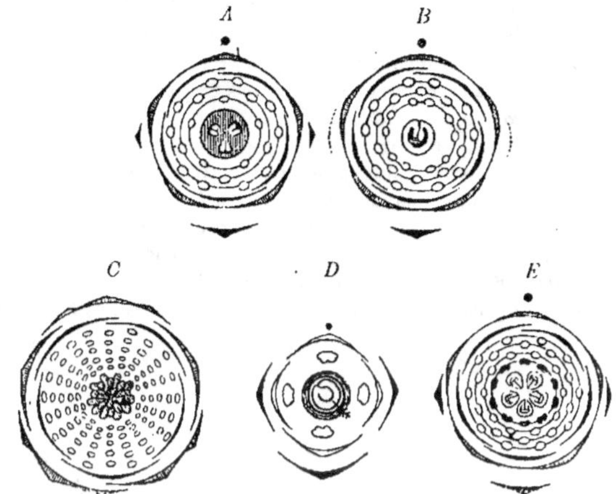

Fig. 334. — DIAGRAMMES DE ROSACÉES.
A, *Sorbus domestica ;* **B**, *Prunus Padus ,* **C**, *Rosa tomentosa ;*
D, *Sanguisorba officinalis ;* **E**, *Spiraea hypericifolia.*
(D'après EICHLER, 1875.)

LES DIOSPYRALES, LES ÉRICALES ET LES PRIMULALES.

Illippe latifolia.	$\oplus$ K 2, 2,C ((4, 4,)	A 8, 8, 8),	G $\underline{(8)}^1$ — H
Pyrola rotundifolia	K 5, C 5, $\oplus$ A 5, 5		G $(5)^n$ — H
Erica coriifolia	$\oplus$ K 4, C (4)	A 4, 4.	G $\underline{(4)}^n$ — H
Rhododendron formosum	K 5, C (5)	A 5, 5,	G $\underline{(5)}^n$ — H
Rhododendron Indicum	K 5; C (5),	A 5,	G $\underline{(5)}^n$ — H
Vaccinium Myrtillus	$\oplus$ K (5), C (5)	A 5, 5,	G $\overline{(5)}^n$ — E
Diapensia Lapponica	K 5, C (5), $\oplus$ A 5,		G $\underline{(3)}^n$ — H
Myrsine capitellata	$\oplus$ K 4, C (4)	A 4,	G $\underline{(4)}^4_c$ — H
Primula elatior	K (5), C (5)	A 5,	G $\underline{(5)}^n_c$ — H
Glaux maritima	$\oplus$ K (4),	A 4,	G $\underline{(4)}^n_c$ — H
Armeria maritima	$\oplus$ K (5), C (5)	A 5,	G $\underline{(5)}^1_c$ — H

Si on a conservé les deux catégories des Archichlamydées et des Métachlamydées c'est uniquement dans un but didactique. En effet plus personne ne considère les Métachlamydées comme un groupe homogène, caractérisé par la soudure des pétales, et dérivé des Archichlamydées, à pétales libres. Il est certain que les Métachlamydées devront être fragmentées en plusieurs groupes, ayant autant d'origines indépendantes dans divers ordres d'Archichlamydées. Mais provisoirement, comme nous ne connaissons pas ces dérivations, nous devons maintenir le nom collectif de Métachlamydées.

Parmi celles-ci, il en est dont la fleur comprend quatre verticilles en alternance régulière : calice, corolle, androcée, gynécée; d'autres ont au moins cinq verticilles, dont deux d'étamines. C'est par ces dernières que nous commencerons.

Comptons d'abord les verticilles. Certaines Diospyrales (*Illipe*) en ont huit, dont rois à l'androcée. Si un des rangs d'étamines disparaît, il y aura superposition des verticilles : l'atrophie du verticille interne amène la rupture de l'alternance entre l'androcée et le gynécée (*Pyrola*); celle du verticille externe superpose la corolle à l'androcée (*Erica, Rhododendron formosum* ; la suppression d'un nouveau verticille peut ramener l'alternance (*Rhododendron indicum*).

Chez les Primulales, il n'y avait sans doute primitivement que deux verticilles d'étamines (fig. 289). La disparition du rang externe amène la superposition de la corolle et de l'androcée : la suppression de la corolle (*Glaux*) fait réapparaître l'alternance.

Les pétales sont encore libres chez *Pyrola*; puis ils se soudent.

La fleur des *Rhododendron* est légèrement zygomorphe.

Le gynécée des Primulales a la placentation centrale. Il devient parfois semi-infère.

LES COMPOSITACÉES.

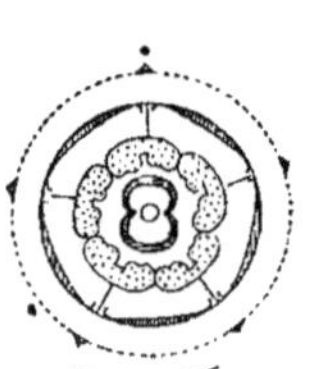

Fig. 335.
DIAGRAMME DE COMPOSITACÉE : CARDUUS.

(D'après M. KARSTEN, 1910.)

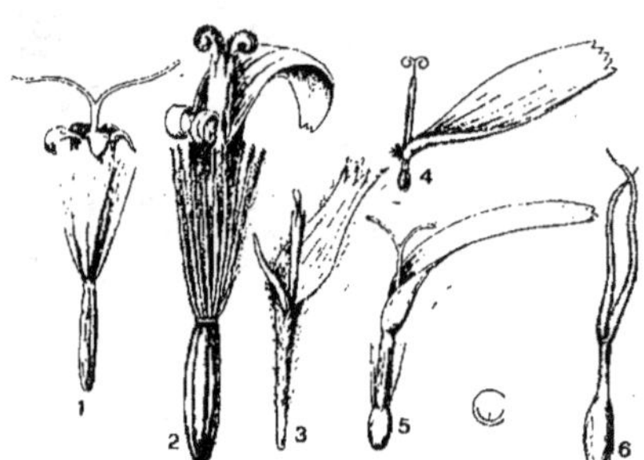

Fig. 336. — LES MODIFICATIONS DE LA COROLLE DES COMPOSITACÉES.
1, *Eupatorium corymbosum* ; **2**, *Nassauvia spicata*; **3**, *Barnadesia rosea*; **4**, *Cichorium Intybus*; **5**, *Othonna crassifolia*; **6**, fleur femelle de *Xanthium orientale*.
(2, 3, d'après M. HOFFMANN, 1897; 6, d'après BAILLON.)

C'est la famille qui a subi l'évolution la plus avancée parmi les Dicotylédonées; c'est aussi parmi toutes les Métaphytes, celle qui compte le plus grand nombre d'espèces. Elle appartient à l'ordre des Campanulales.

Les pétales sont soudés (fig. 335); les étamines adhèrent à la corolle; de plus les anthères sont soudées en un tube qui entoure le style. Les deux carpelles forment un ovaire infère, uniloculaire, à placenta central, uniovulé. Le fruit est un akène. Les fleurs sont groupées en capitules. L'androcée et le gynécée ne varient guère à travers toute la famille; quant au calice et à la corolle, ils présentent les modifications les plus imprévues.

La corolle primitive est tubuleuse et formée de 5 pétales (fig. 336₁). Une première

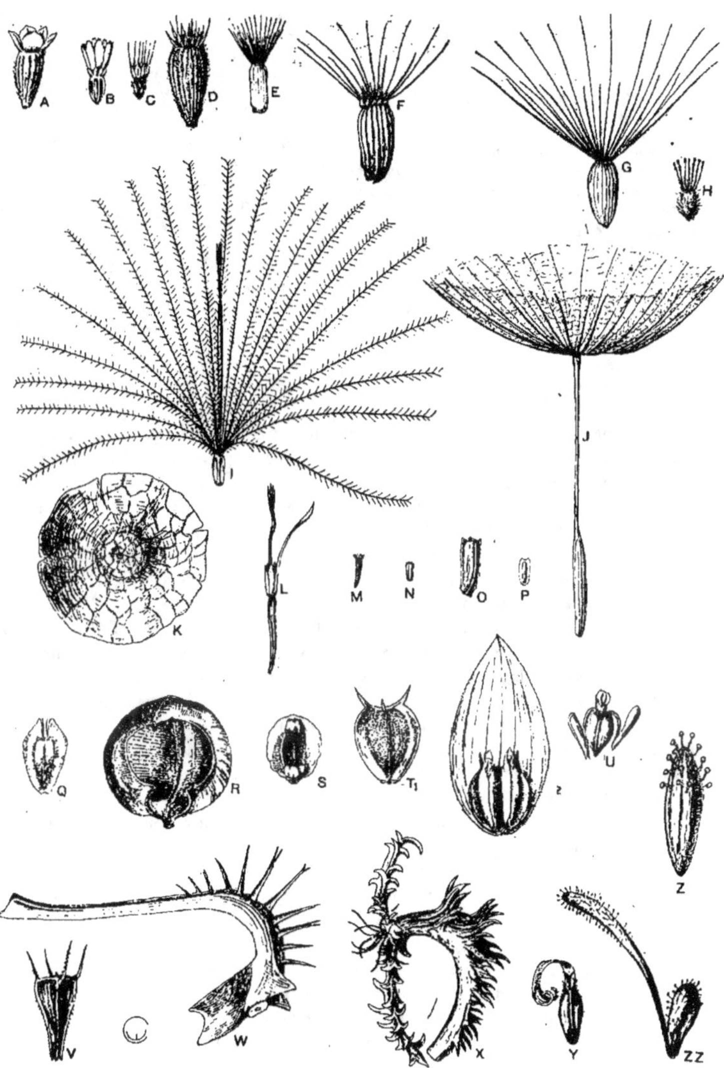

Fig. 337.

L'APPAREIL DE DISSÉMINATION DES COMPOSITACÉES.

Fig. 337. — L'APPAREIL DE DISSÉMINATION DES COMPOSITACÉES.

1. Sépales foliacés :

A, *Helenium setigerum* ; **B**, *Arctotis grandis*.

2. Sépales transformés en soies :

C, *Gaillardia picta* ; **D**. *Xeranthemum cylindraceum* ; **E**, *Centaurea candidissima* ; **F**, *Cnicus benedictus* ; **G**, *Alfredia cernua* ; **H**, *Helipterum roseum* ; **I**, *Cirsium arvense* ; **J**, *Tragopogon orientale*.

3. Sépales soudés en forme de parachute :

K. *Lecocarpus pinnatifidus*

4. Réduction des sépales : akènes petits :

L, *Tagetes erecta* ; **M**, *Ageratum conyzoïdes* ; **N**, *Matricaria inodora* ; **O**, *Rudbeckia laciniata* ; **P**, *Achillea Millefolium*.

5. Ailes non formées par les sépales :

Q, *Verbesina virginica* ; **R**. *Calendula arvensis* (akène de l'intérieur du capitule) ; **S**, *Coreopsis coronata* ; **T**, *Lindheimeria texana* : akène isolé, et akène attaché à la bractée et aux deux fleurs stériles ; **U**, *Parthenium Hysterophorus*.

6. Crochets :

V, *Bidens cernuus* ; **W**, *Calendula arvensis* (akène périphérique) ; **X**, *Dipterocome pusilla* ; **Y**, *Tragoceros zinnioïdes*.

7. Saillies visqueuses :

Z, *Adenocaulon bicolor*, **ZZ**, *Siegesbeckia orientalis*.

(**K**, **U**, **Y**, **Z**, **ZZ**, d'après M. HOFFMANN, 1897, **X**, d'après JAUBERT ET SPACH.)

évolution concerne le nombre. La corolle et l'androcée de *Matricaria discoidea* n'ont que 4 pièces. Par contre à la périphérie du capitule du Bleuet (*Centaurea Cyanus*) il y a des fleurs tubuleuses, stériles, qui ont jusqu'à dix pétales.

Les fleurs stériles du Bleuet sont zygomorphes. Beaucoup d'autres fleurs de Compositacées ont la symétrie bilatérale. Celles de *Barnadesia* (fig. 336₃) sont bilabiées : la lèvre supérieure, tournée vers le centre du capitule, se compose d'un seul pétale ; la lèvre inférieure, tournée vers le dehors, en a 4. Les fleurs de *Nassauvia*, sont également bilabiées : la lèvre supérieure a deux pétales ; l'inférieure en a trois (fig. 336₂).

Si la lèvre supérieure de *Nassauvia*, déjà réduite, disparaît entièrement, il ne reste que celle qui regarde le dehors. Cette régression est accomplie dans les fleurs rayonnantes périphériques d'*Othonna* (fig. 336₅) et de beaucoup d'autres Compositacées.

Ailleurs la corolle est fendue profondément du côté de l'axe, et les cinq pétales sont rejetés tous ensemble vers le dehors, sous la forme d'une ligule terminée par 5 dents (fig. 336₄).

Enfin la corolle peut s'atrophier entièrement, comme dans les fleurs femelles de *Xanthium* (fig. 336₆).

Un mot sur les principales façons dont les diverses formes de corolles sont réparties sur un même capitule.

Certains capitules sont formés uniquement de fleurs ligulées à 5 dents.

Beaucoup de capitules à fleurs tubuleuses sont également homogènes. D'autres ont une bordure de fleurs tubuleuses plus grandes, ou de fleurs bilabiées, ou de fleurs unilabiées à 3 dents.

Ainsi les Chicorées ont des capitules à fleurs toutes ligulées ; les Chardons n'ont que des fleurs tubuleuses ; de même la Tanaisie ; mais cette dernière plante a perdu les fleurs unilabiées périphériques, qui persistent chez les Marguerites.

Très intéressante est l'évolution du calice ; nous l'étudierons en rapport avec la dissémination.

Le calice était sans doute formé au début de cinq sépales verts, comme chez les Campanulacées, voisines des Compositacéed, mais moins évoluées. La condensation des fleurs en capitules a permis aux sépales de perdre complètement leur fonction protectrice, et ils se transforment en organes de vol pour la dissémination des akènes mûrs. Les figures 337 et 338 montrent les étapes principales de cette évolution.

Il y a d'abord cinq sépales membraneux formant ensemble comme une aile au sommet du fruit (A). Des poils peuvent s'y ajouter, portés non par le calice mais par l'akène (D, H).

Puis les sépales s'allongent en devenant étroits et pointus. (B, C). Une véritable aigrette se constitue de cette façon (E, F). Les soies de l'aigrette, d'abord simples (F), deviennent scabres (H), puis plumeuses (I). L'aigrette tout entière est parfois soulevée sur un long pédicule (J). Un cas tout à fait particulier est celui où les sépales se soudent entre eux, en une sorte d'aile circulaire membraneuse (K).

Mais qu'arrive-t-il lorsque les akènes se rapetissent et qu'ainsi leur surface augmente par rapport à leur poids ? Il est évident que dans ces conditions, une aigrette ou une aile est

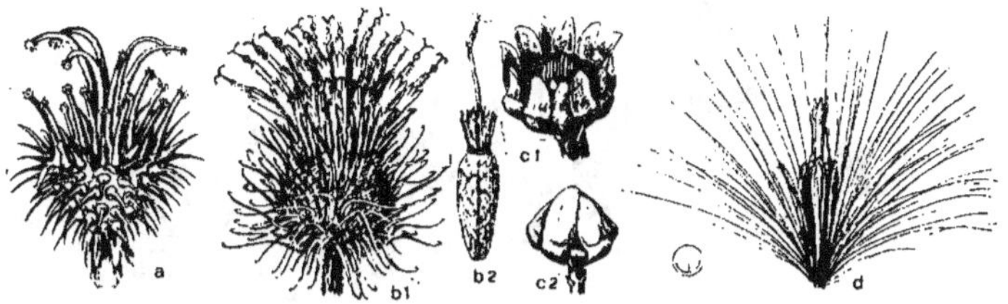

Fig. 338.

L'APPAREIL DE DISSÉMINATION DES COMPOSITACÉES.

a, *Acanthocephalus amplexifolius* ; **b.** *Arctium majus :* capitule entier et akène ; **c,** *Odontospermum pygmaeum :* capitule ouvert (mouillé) et fermé (sec) ; **d,** *Echinops cornigerus.* (**a,** d'après JAUBERT ET SPACH.)

moins nécessaire. L'atrophie de l'aigrette se remarque déjà nettement chez *Zinnia* (L), dont l'akène long et mince est très léger. L'évolution s'accentue, jusqu'à la disparition complète du calice (M, N, O).

Ces akènes de petite taille sont d'habitude aplatis, ce qui augmente encore leur surface de contact avec l'air. D'autres Compositacées ont des fruits légèrement ailés sur les bords (P), puis les ailes grandissent (Q) ; parfois elles sont concaves (R, S). Chez *Lindheimeria* (T_1, T_2) l'appareil de vol est constitué à la fois par une bractée de l'involucre et par deux fleurs stériles.

Il ne manque pas de Compositacées dont les semences sont disséminées par les Animaux. Parfois il y a des poils visqueux qui s'attachent au pelage ; ils sont portés par l'akène même (Z) ou par une bractée qui reste adhérente à l'akène (Z Z). Le plus souvent il y a des crochets, qui sont de nature très diverse. Il dérivent, au moins en partie, du calice (V, a), ou bien ils sont portés par le carpelle (W, X), ou bien encore ils dépendent des bractées de l'involucre (b). Il y a même un cas où le crochet est formé par la corolle, dure et persistante (Y).

Nous venons de voir de nombreux exemples de disparition du calice : quand les carpelles sont très petits, quand ils portent eux-mêmes des ailes ou des crochets, quand l'appareil de dissémination est porté par la corolle ou par des bractées. Le calice peut encore s'atrophier pour d'autres raisons. Ainsi chez *Odontospermum*, qui habite le Sahara, les capitules sont énergiquement fermés aussi longtemps qu'ils sont secs ; mais dès qu'ils sont mouillés, leur involucre s'ouvre (C_2, C_1), les akènes sont largement exposés et le choc des gouttes de pluie suffit maintenant à les détacher et à les éparpiller.

Enfin signalons un dernier cas où l'involucre intervient dans la dissémination. Le capitule d'*Echinops* ne renferme qu'une seule fleur. A la maturité, certaines espèces ont les bractées externes laciniées et formant une sorte d'aigrette (d).

LES GRAMINACÉES.

[Nous avons dit plus haut que les Monocotylédonées sont dérivées des Dicotylédonées. La question se pose maintenant de savoir quelles sont les primitives parmi les Monocotylédonées, et de quelles Dicotylédonées elles proviennent.

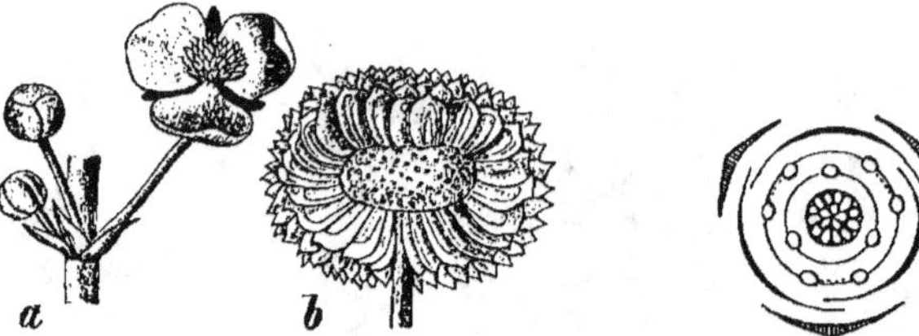

Fig. 339. — LES MONOCOTYLÉDONÉES PRIMITIVES.

a, fleur mâle de *Sagittaria sagittifolia* : étamines nombreuses, disposées en spires ;
b, fruits de *Sagittaria saggittifolia*, pour montrer les nombreux carpelles disposés en spires.
A droite, diagramme d'*Echinodorus parvulus* : carpelles disposés en spires.
(*Sagittaria*, d'après SCHIMPER ; *Echinodorus*, d'après EICHLER.)

Il y a chez les Monocotylédonées une seule famille dont les fleurs sont hypogynes et ont toutes les pièces libres et disposées en spires. C'est celle de Alismatacées parmi les Hélobiales (fig. 339). Mais déjà chez elles, il y a des genres dont l'androcée devient verticillé. Ces formes primitives sont sans doute apparentées aux Ranales.

Sagittaria	♂	◎	K3,	C3,	An		— H
	♀	◎	K3,	C3,		Gn^1	— H
Echinodorus	☿	◎	K3,	C3, ⊕ A6, 3, ◎		Gn^1	— H

Les Hélobiales ont donné naissance à un rameau qui est devenu a n é m o p h i l e (adapté à la pollination par le vent), et à un rameau qui est resté e n t o m o p h i l e (polliné par les Insectes).

Les Graminacées appartiennent à l'ordre des Glumiflorales, qui occupe le sommet de la série anémophile.

Les fleurs des Graminacées forment toujours une inflorescence, l'é p i l l e t (fig. 340, 341). Celui-ci commence par deux bractées stériles, les g l u m e s. Les fleurs sont placées sur deux rangs. Chacune naît à l'aisselle d'une bractée, la g l u m e l l e i n f é r i e u r e; son propre axe porte aussi une bractée, la g l u m e l l e s u p é r i e u r e. Souvent l'épillet se termine par des fleurs avortées. Beaucoup de Graminacées n'ont plus qu'une seule fleur fertile dans chaque épillet.

Les Graminacées primitives sont actinomorphes, et possèdent les cinq verticilles trimères qui sont caractéristiques pour la plupart des Monocotylédonées. Puis le verticille externe

Streptochaete	$\oplus$	Pk	3,	3,	A 3, 3,	G $(\underline{3})_c^{\text{I}}$	— H
Bambusa	$\oplus$	Pk		3,	A 3, 3,	G $(\underline{3})_c^{\text{I}}$	— H
Avena	$\cdot\vert\cdot$	Pk		2,	A 3,	G $(\underline{2})_c^{\text{I}}$	— H
Anthoxanthum	$\cdot\vert\cdot$	Pk		2,	A 2.	G $(\underline{2})_c^{\text{I}}$	— H

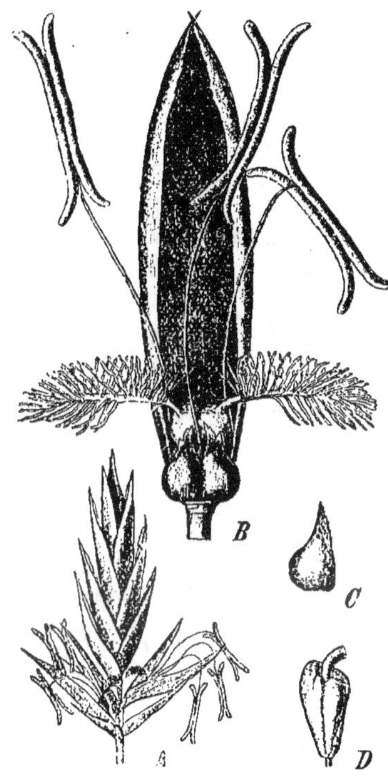

Fig. 340.

L'ÉPILLET ET LA FLEUR D'UNE GRAMINACÉE : FESTUCA ELATIOR

A, épillet complet ; il commence par les deux glumes, et contient une dizaine de fleurs dont les deux inférieures sont ouvertes.

B, fleur dont la glumelle inférieure a été enlevée : les 2 glumellules, les 3 étamines, les 2 carpelles, la glumelle supérieure.

C, une glumellule.

D, l'ovaire vu de côté, avec l'attache d'un des stigmates.

(D'après **M.** Karsten, 1910.)

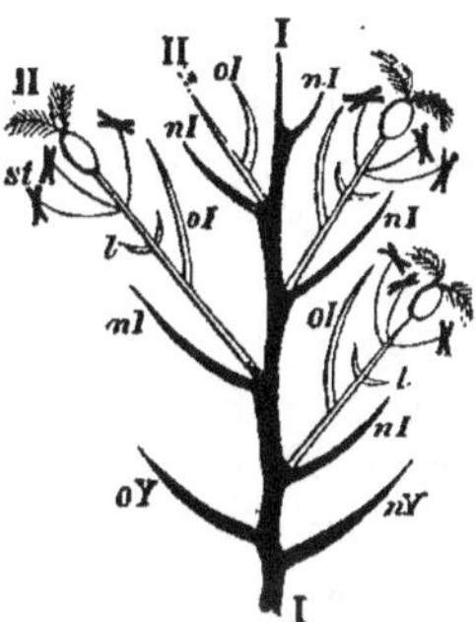

Fig. 341.

SCHÉMA D'UN ÉPILLET DE GRAMINACÉE RENFERMANT 3 FLEURS HERMAPHRODITES.

I, axe de l'épillet ; **II**, axe des fleurs ; **nY**, glume inférieure ; **oY**, glume supérieure ; **nI**, glumelle inférieure ; **oI**, glumelle supérieure.

l, glumellules ; **st**, étamines.

(D'après M. Karsten, 1910.)

Fig. 342.

DIAGRAMME D'UNE FLEUR DE GRAMINACÉE : AVENA.

En haut, glumelle supérieure ; en bas, glumelle inférieure.

Tous les verticilles sont représentés ; les croix indiquent les pièces avortées.

(D'après M. Karsten, 1910.)

du périanthe disparait. Dans la plupart des Graminacées actuelles de nouvelles atrophies se sont effectuées (fig. 342) ; le périanthe ne se compose plus que de deux pièces, les glumellules (fig. 340, 341) ; l'androcée n'a plus qu'un seul verticille de trois pièces (*Anthoxanthum* n'a même plus que deux étamines) ; le gynécée ne comprend plus que deux carpelles, soudés en un ovaire uniloculaire, dont le placenta central porte un seul ovule. A la maturité la graine est soudée aux carpelles, et forme un **caryopse**.

LES LILIIFLORALES.

Juncus effusus	$\oplus$	Pk 3, 3,	A 3, 3,	G $(\underline{3})^n$
Juncus lamprocarpus	$\oplus$	Pk 3, 3,	A 3, 3,	G $(\underline{3})^n_p$
Luzula sylvatica.	$\oplus$	Pk 3, 3,	A 3, 3,	G $(\underline{3})^n_p$
Lilium candidum	$\oplus$	Pc 3, 3,	A 3, 3,	G $(\underline{3})^n$
Aloë vera.	$\oplus$	Pc (3, 3)	A 3, 3.	G $(\underline{3})^n$
Hemerocallis fulva.	$+$	Pc (3, 3)	A 3, 3,	G $(\underline{3})^n$
Maianthemum bifolium	$\oplus$	Pc 2, 2,	A 2, 2,	G $(\underline{2})^n$
Brodiaea capitata	$\oplus$	Pc (3, 3,	A 3, 3),	G $(\underline{3})^n$
Haemodorum spicatum	$\oplus$	Pc 3, 3	A 3,	G $(\underline{3})^n$
Crinum Laurenti	$\oplus$	Pc 3, 3.	A 3, 3,	G $(\overline{3})^n$
Urceolina pendula	$\oplus$	Pc ((3,3),	A 3, 3),	G $(\overline{3})^n$
Iris Pseudo-Acorus.	$\oplus$	Pc (3, 3),	A 3	G $(\overline{3})^n$
Gladiolus segetum	$+$	Pc (3, 3),	A 3	G $(\overline{3})^n$

Ce sont des Monocotylédonées entomophiles.

La fleur a d'abord la structure tout à fait typique (fig. 288 A) : deux verticilles au périanthe, deux verticilles à l'androcée, un verticille au gynécée.

Tantôt le périanthe est calicoïde (*Juncus*), tantôt il est corollin (*Lilium*)

Les pièces, d'abord libres (*Lilium*), peuvent se souder (*Aloë*).

La fleur devient zygomorphe (*Hemerocallis, Gladiolus*) ; mais la symétrie bilatérale tient uniquement aux dimensions respectives des pièces, et non à des suppressions.

L'androcée perd un des verticilles ; tantôt l'externe (*Haemodorum*, fig. 288 C), tantôt l'interne (*Iris*, fig. 288 B).

Les verticilles, normalement trimères, peuvent devenir bimères (*Maianthemum*),

La placentation, d'abord axile, peut devenir pariétale (*Juncus lamprocarpus, Luzula*).

L'ovaire, généralement supère, devient infère (*Crinum*).

5. Coup d'œil général sur l'évolution des Ptéridophytes et des Phanérogames.

Les Ptéridophytes dérivent des Bryophytes. On peut même préciser, et dire qu'elles ont eu pour ancêtres des Bryophytes voisines des Anthocérotées.

Le sporophyte, diploïde, qui est peu important chez les Bryophytes, prend un développement de plus en plus considérable. Sa structure se complique fortement : elle comprend un appareil conducteur et un appareil de soutien, complètement différenciés.

La multiplication se fait par des spores, d'abord semblables, qui produisent un prothalle assimilateur, portant les archégones et les anthéridies (fig. 343[2]).

Puis les spores se différencient : la macrospore donne un prothalle femelle ; la microspore, un prothalle mâle (fig. 343[3]). D'abord les spores

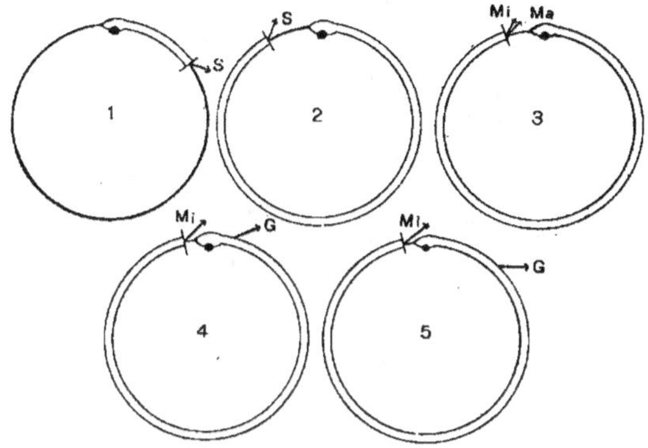

Fig. 343.

CYCLES ÉVOLUTIFS DES BRYOPHYTES, DES PTÉRIDOPHYTES ET DES PHANÉROGAMES.

1, Anthocérotée ; 2, Filicale ; 3, Hydroptéridale ; 4, Cycadofilicée ; 5, Angiosperme.
Le trait simple représente la phase haploïde ; le trait double, la phase diploïde ; les flèches indiquent les moments de la dissémination ; le trait transversal représente la réduction chromatique.
S, spores non différenciées ; **Mi**, microspores ; **Ma**, macrospores ; **G**, graines.

des deux sortes sont mises en liberté. Puis la macrospore reste en place sur la plante-mère et germe aux dépens de celle-ci (fig. 343[4]) : le prothalle femelle se réduit de plus en plus et il finit par n'être plus représenté au total que par une huitaine de cellules (fig. 343[5], 320).

La microspore est emportée par le vent vers les archégones et elle germe aux dépens de ses propres réserves : le prothalle mâle se réduit finalement à une seule cellule (fig. 318).

Quelle que soit l'évolution subie par les spores, la réduction chromatique s'opère toujours au même moment que chez les Bryophytes : lors de la première division de la cellule-mère.

La fécondation se fait d'abord comme chez les Bryophytes, par des spermatozoïdes nageants. Puis les gamètes mâles deviennent immobiles,

13

et ils sont poussés vers l'oosphère par la croissance du prothalle mâle, développé sous la forme d'un tube.

Chez les Phanérogames les plus spécialisées le transport des microspores se fait par les Animaux : les feuilles sporifères sont entourées de feuilles

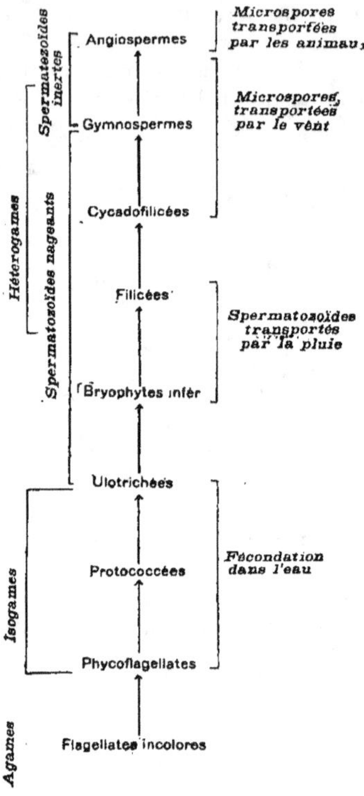

stériles différenciées, servant à protéger les feuilles fertiles et à assurer la pollination par les Animaux.

Alors que les Bryophytes et la plupart des Ptéridophytes se disséminent par les spores (fig. 343[1], [2], [3]), les Phanérogames mettent en liberté de jeunes plantes, issues de la segmentation de la zygote (fig. 343[5]).

Le tableau ci-dessus résume les principales étapes de l'évolution des Phanérogames depuis les organismes élémentaires.

QUATRIÈME PARTIE

LA PHYSIOLOGIE ET L'ÉTHOLOGIE.

Maintenant que nous connaissons dans leurs grandes lignes la morphologie et la systématique des Protistes et des Métaphytes, nous pouvons aborder l'examen de leur physiologie et de leur éthologie.

La physiologie a pour objet la connaissance du fonctionnement de l'organisme considéré en lui-même et abstraction faite du milieu. L'éthologie étudie la façon dont l'être se comporte vis-à-vis du monde extérieur; elle s'occupe donc spécialement des adaptations.

Les deux disciplines sont indissolublement liées. Car comment arriverait-on à comprendre le fonctionnement d'un organisme qui aurait été séparé de son milieu ? Et, d'autre part, n'est-il pas évident que toute adaptation doit avoir une base physiologique, sous peine de tomber dans le pur verbalisme ?

Nous examinerons successivement :
  la croissance,
  les fonctions et adaptations mécaniques,
  »   »   nutritives,
  »   »   défensives,
  »   »   procréatrices,
  »   »   disséminatrices,
  »   »   germinatrices.

Toutes ces parties seront traitées au double point de vue physiologique et éthologique.

Toutefois dans certains chapitres, c'est le côté physiologique qui l'emporte, par exemple dans la croissance ; dans d'autres, par exemple la dissémination, c'est au contraire l'éthologie.

CHAPITRE 1. — LA CROISSANCE.

La faculté de croître d'une façon presque continue, ou du moins d'avoir toujours des portions qui peuvent se remettre à croître, est une caractéristique des Végétaux. Cette notion est même passée dans les langues: en latin *vegetus* signifie fort, vigoureux, qui croît rapidement ; en néerlandais *wassen* signifie croître ; *gewas*, végétal.

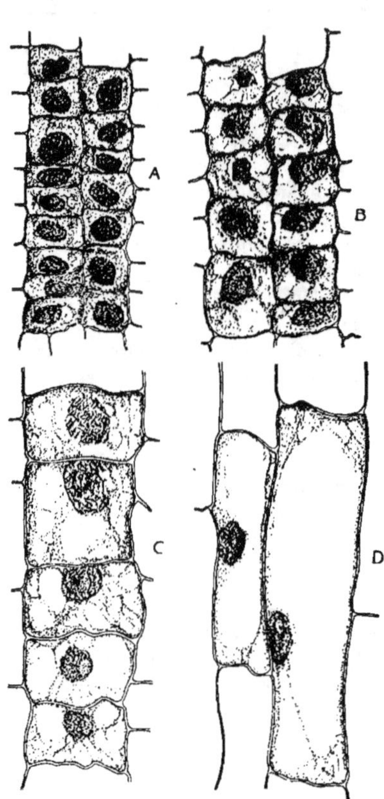

Fig. 344.

LA CROISSANCE DES CELLULES.

Cellules d'une racine d'*Allium Cepa* (Oignon).

A, près du point végétatif, avec vacuoles indistinctes; **B, C, D**, les vacuoles se forment et grossissent, ce qui amène l'accroissement des cellules surtout en longueur. Les cellules D ne sont pas encore adultes.

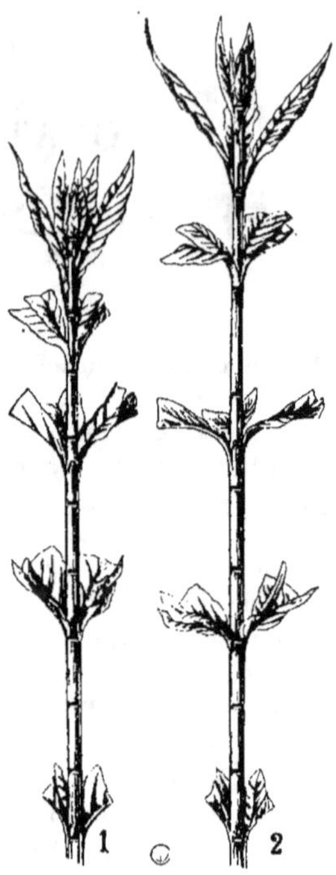

Fig. 345.

LA CROISSANCE D'UNE TIGE
DE LYSIMACHIA VULGARIS

Sur la tige **1** on a fait des marques à 20 m/m de distance. La fig. **2** montre l'écartement des marques 27 heures après.

Numéros des divisions	Allongement après 27 h. en m/m
I (à la pointe)	7
II	8
III	11,5
IV	9
V	3,5
VI	1
VII	0
VIII	0
IX	0

La zone de croissance mesure 120^{m}/^{m}. Le maximum de croissance est à environ 50 m/m de la pointe (au début de l'expérience.)

(D'après
L. ERRERA ET E. LAURENT. 1897.)

A. RÉPARTITION DE LA CROISSANCE.

Toutes les parties d'une plante ne sont pas en état d'allongement. Ainsi, dans un tube pollinique ou dans un filament de Champignon, la croissance est limitée à l'extrême pointe, où la membrane est encore mince et extensible.

Le plus souvent il y a une zone assez étendue, dans laquelle siège la croissance. Ainsi dans les jeunes feuilles de Graminacées et de Jacinthe, on remarque aisément que la partie supérieure est déjà adulte, alors que la base, sur une longueur de plusieurs centimètres, est encore en voie d'allongement.

Mais les cas les plus intéressants sont ceux des tiges et des racines, où la croissance est non pas basilaire, comme dans certaines feuilles, mais subterminale.

Pour définir d'une façon précise le siège de la croissance, on fait sur l'organe des marques équidistantes ; puis, après un temps donné, on mesure de nouveau l'écartement des marques (fig. 345, 346).

La portion méristématique, située au sommet même, c'est-à-dire celle où les divisions cellulaires se succèdent de très près, ne s'allonge pas sensiblement. Mais dès que les cellules sont sorties de l'état embryonnaire, elles se mettent à absorber de grandes quantités d'eau, ce qui dilate leurs vacuoles (fig. 344). Elles augmentent donc fortement de volume.

Leur accroissement ne se fait pas d'une manière uniforme dans les trois direc-

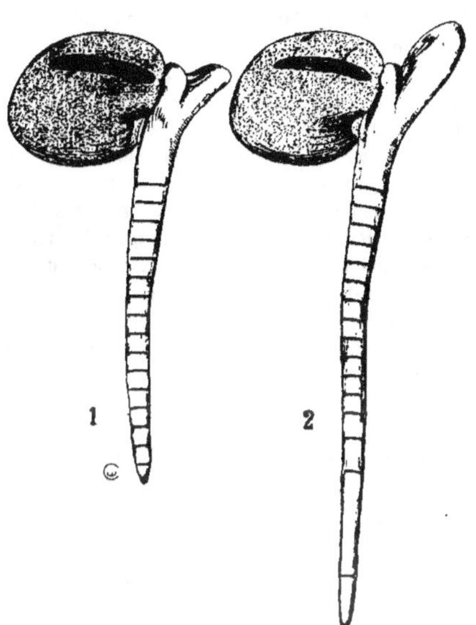

Fig. 346.

LA CROISSANCE D'UNE RACINE DE VICIA FABA (FÈVE).

Sur la racine **1** on a fait des marques à 2 m/m de distance. La racine **2** est dessinée 24 h. plus tard.

Numéros des divisions	Allongement après 24 h. en m/m
I (à la pointe)	3,4
II	8,9
III	1,5
IV	0,5
V	0
VI	0
VII	0
VIII	0
IX	0
X	0

La zone de croissance mesure 8 m/m. Le maximum de croissance est à environ 3 m/m de la pointe (au début de l'expérience).

(D'après L. ERRERA ET E. LAURENT, 1897.)

tions de l'espace ; il est beaucoup plus marqué dans le sens longitudinal, c'est-à-dire parallèlement à l'axe de l'organe dont elles font partie ; aussi celui-ci s'allonge-t-il plus qu'il ne s'épaissit. Après avoir été d'abord très rapide, la croissance des cellules se ralentit peu à peu pour s'arrêter enfin complètement.

En somme, la croissance ne s'effectue pas par la pointe des tiges et des racines, mais par une portion située un peu en arrière ; et c'est un abus de dire que la pointe de l'organe pousse : en réalité elle est poussée par l'allongement des tissus qui la suivent.

L'étendue de la zone de croissance est beaucoup plus grande dans la tige (fig. 345) que dans la racine (fig. 346) ; et le point où se fait l'allongement maximum est donc aussi plus loin du sommet.

Cette différence est en relation avec le mode de vie des deux organes. La tige pousse dans l'air, où elle ne rencontre pas de résistance appréciable la racine au contraire s'enfonce dans le sol où elle doit se frayer un chemin en écartant activement les particules de terre. Si la zone de croissance était située loin de la pointe, la longue portion de racine qui serait poussée en avant risquerait fort de se plier et de se fausser ; mais si le mouvement part d'un endroit proche du sommet, la petite partie conique sur laquelle s'exerce la poussée restera rigide et s'enfoncera malgré la résistance. Ajoutons que la pénétration de la racine est encore aidée par la forme pointue du sommet et par la gélification des cellules superficielles de la coiffe qui la couvre.

Il est intéressant de constater que les racines aériennes, par exemple celles qui descendent des grandes lianes (fig. 78) ont une zone de croissance aussi longue que celle des tiges.

B. FACTEURS QUI MODIFIENT LA VITESSE DE CROISSANCE.

a) **Age.** — Nous venons de voir que dans une tige ou une racine, l'allongement des cellules, d'abord presque nul, s'accélère de plus en plus jusqu'à un maximum, puis se ralentit jusqu'à l'arrêt final.

b) **Nature des organes et des organismes.** — La vitesse de croissance est fort variable. Une Bactérie peut doubler de longueur en vingt minutes. Dans des conditions très favorables, la zone apicale de croissance dans un filament de *Botrytis* (Champignon), qui a 18 μ de longueur, double sa longueur en une minute. Au moment où s'ouvrent les fleurs des Graminacées, les filets des étamines s'allongent de 3 millimètres en deux minutes. On a noté chez des Bambous, à Ceylan, une croissance de 420 millimètres en vingt-quatre heures. Par contre, certains lichens qui forment des taches sur les rochers, ne s'accroissent que d'une fraction de millimètre par an.

c) **Turgescence.** — La croissance est due uniquement à la pression interne de la cellule sur sa paroi ; aussi la perte de la turgescence, par exemple à la suite d'une transpiration exagérée, arrête-t-elle net toute croissance.

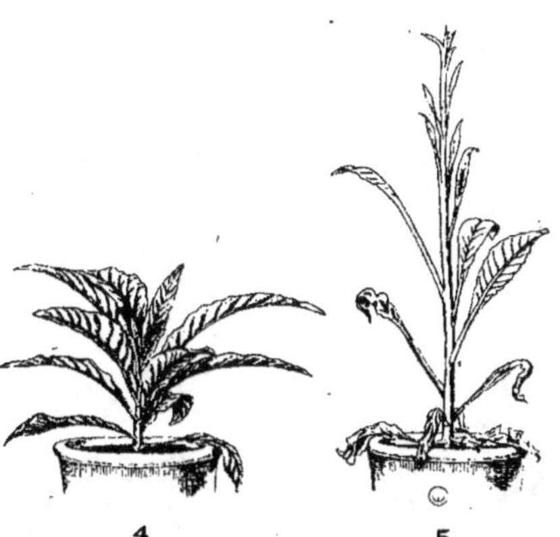

Fig. 347.
LE RALENTISSEMENT DE LA CROISSANCE
PAR LA LUMIÈRE.

Deux plantes de *Nicotiana Tabacum* (Tabac) cultivées, l'une à la lumière (**4**), l'autre à l'obscurité (**5**) :
Celle-ci, qui n'a pu se nourrir que d'eau et de quelques matières minérales, mais qui n'a pas fabriqué
de la matière organique, n'a produit de nouvelles
feuilles qu'en vidant les anciennes.
(D'après L. ERRERA ET E. LAURENT, 1897.)

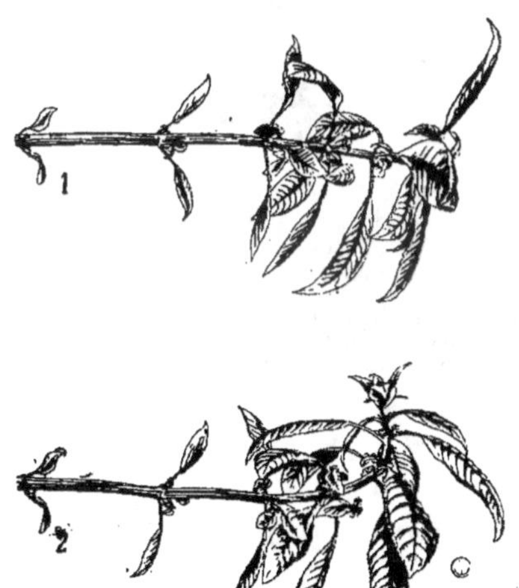

Fig. 348.
LA COURBURE GÉOTROPIQUE.

Un rameau d'*Impatiens Roylei* est couché horizontalement. Après 16 heures, à l'obscurité, le sommet
s'est relevé : la base, déjà adulte, ne s'est pas courbée.
(D'après L. ERRERA ET E. LAURENT, 1897.)

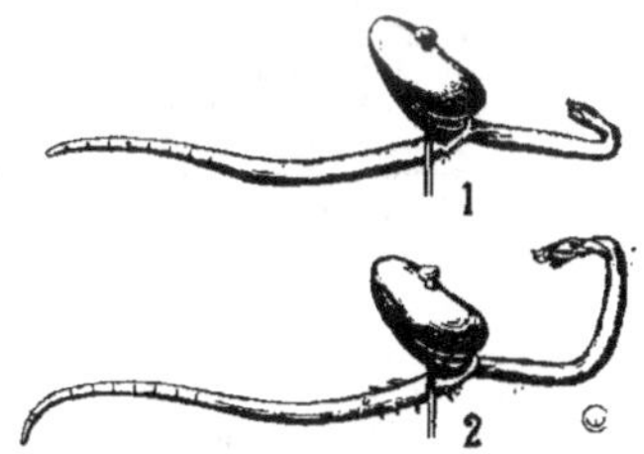

Fig. 349.
LA COURBURE GÉOTROPIQUE.

Une plantule de *Vicia Faba* (Fève) est
couchée horizontalement. Après 27 heures,
la racine s'est courbée vers le bas, et la tige
vers le haut. Les courbures siègent dans
les zones de croissance.

(D'après L. ERRERA ET E. LAURENT, 1894.)

d) **Chaleur.** — On sait que la température présente un optimum bien marqué (voir vol. I, p. 12).

e) **Lumière.** — D'une façon générale, elle ralentit l'allongement. Chacun sait d'ailleurs que les plantes qui ont poussé à l'obscurité, notamment les jets de Pommes de terre dans les caves, sont plus longues qu'en pleine lumière (fig. 347).

Fig. 350.

LA COURBURE PHOTOTROPIQUE.

Un rameau de *Helianthus tuberosus* (Topinambour), qui avait été éclairé également de tous les côtés, est exposé à une lumière unilatérale venant presque horizontalement de gauche Après quatre jours, il s'est courbé vers la lumière (à cause du géotropisme, sa direction n'est pas horizontale). La courbure siège dans l'entrenœud le plus âgé qui fût encore en voie de croissance : c'est celui qui est situé au-dessus de la 6ᵉ paire de feuilles, en comptant du bas.

(D'après L. ERRERA ET E. LAURENT.)

C. LA CROISSANCE ASYMÉTRIQUE : COURBURES.

Pour qu'un organe pousse droit, il faut naturellement que la croissance s'opère de façon égale tout autour de l'axe. Si l'allongement est plus fort sur l'une des faces, celle-ci va devenir convexe. C'est ainsi que s'accomplissent les courbures tropiques (voir vol. I, p. 137), qui sont donc forcément limitées à la zone de croissance. Les figures 348, 349 et 350, le montrent clairement.

Il y a pourtant des espèces qui peuvent remettre dans la bonne position des organes devenus tout à fait adultes ; seulement il existe alors des portions qui ont la faculté de reprendre leur croissance. C'est notamment le cas pour les Graminacées (fig. 351). A chaque nœud la gaine foliaire, fortement renflée, allonge ses cellules lorsque la tige est déplacée de son orientation verticale : la face inférieure s'accroît beaucoup plus que celle qui regarde le haut; il en résulte que la tige se redresse. C'est par un procédé analogue qu'agissent les bourrelets moteurs de certaines feuilles (fig 361).

Fig. 351.

L'INTERVENTION DES NŒUDS DANS LE RELÈVEMENT GÉOTROPIQUE.
Une tige de *Triticum dicoccum* est couchée horizontalement, à l'obscurité. Après deux jours elle a commencé à se redresser; le mouvement est localisé aux nœuds, tandis que les entrenœuds restent rectilignes.
(D'après L. ERRERA ET E. LAURENT, 1897.)

CHAPITRE II.

FONCTIONS ET ADAPTATIONS MÉCANIQUES.

Il faut que les organes aériens aient une certaine raideur pour leur permettre de supporter les efforts de traction, de flexion, d'écrasement, de déchirement... qu'exercent sur elles les forces mécaniques externes : la pesanteur amènerait l'affaissement et la chute des organes ; le vent culbuterait la plante ; la pluie, en s'accumulant sur les feuilles, les arracherait des rameaux ; la grêle déchirerait toutes les parties aériennes.

Les organes souterrains doivent résister surtout à des efforts de traction.

Les plantes submergées n'ont qu'une rigidité très faible : elles ont en effet une densité voisine de celle du milieu et sont soutenues par lui; mais elles s'affaissent dès qu'on les en retire.

A. SOLIDITÉ DES ORGANES AÉRIENS.

a. LES TIGES HERBACÉES ET LES PÉTIOLES.

Beaucoup de Plantes, même parmi celles qui atteignent plusieurs mètres de hauteur, sont entièrement herbacées (fig. 159), ce qui signifie qu'elles ne renferment guère que des parenchymes, et que les éléments durs n'y sont que faiblement représentés. Elles perdent complètement leur rigidité en mourant. Avant de rechercher comment les propriétés des cellules vivantes peuvent amener la solidité de ces organes, examinons la répartition des quelques éléments lignifiés ou minéralisés qu'ils contiennent.

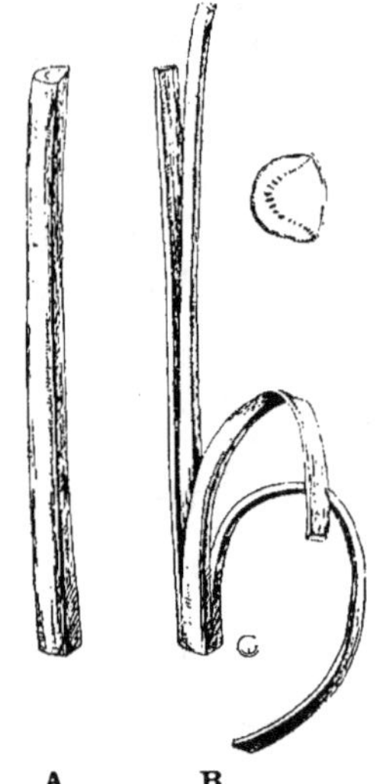

A   **B**

Fig. 352.

LA TURGESCENCE DES TISSUS HERBACÉS

A, Pétiole d'*Eucharis amazonica* (Liliiflorale).

B, Le même pétiole après qu'on a séparé, par trois sections longitudinales, le tissu parenchymateux interne et les cordons fibreux et vasculaires plus périphériques. Le parenchyme s'allonge aussitôt fortement : les lambeaux périphériques se courbent vers le dehors (celui de gauche n'a pas encore eu le temps de le faire).

1. ÉLÉMENTS MÉCANIQUES.

Pour qu'un cylindre vertical résiste à l'écrasement, il suffit que sa section ait la surface voulue. Mais si ce corps cylindrique doit supporter en même temps des poussées latérales, il faut que ses éléments les plus tenaces soient massés à la périphérie du cylindre, ou même qu'ils constituent des arêtes saillantes. C'est pourquoi une colonne creuse est plus efficace qu'une colonne pleine ayant le même poids par unité de longueur.

Les tiges et les pétioles sont constitués sur le même principe : les cellules durcies sont groupées vers la périphérie. Elles occupent principalement trois zones : immédiatement sous l'épiderme, dans l'écorce et le péricycle, dans le liber. Tantôt les cordons sont isolés, tantôt ils sont unis latéralement. La figure 353 résume la plupart des dispositions.

Le tableau suivant donne des indications sur la résistance et l'élasticité de quelques fibres végétales, d'après Schwendener. On y a ajouté les mêmes renseignements pour quelques métaux, d'après Weisbach.

NATURE DES FIBRES	CHARGE EN KILOG. PAR MILLIM. CARRÉ DE SECTION DES FIBRES		Allongement °/₀₀ des fibres, près de la limite d'élasticité
	qui ne détermine pas la rupture	qui détermine la rupture	
Dianthus capitatus	14.3	21.6	7.5
Dasylirion longifolium	17.8	21.8	13.3
Cordyline indivisa	17.	25.	17.
Phormium tenax	20.	26.3	13.
Hyacinthus orientalis	12.3	17.3	50.
Allium Porrum	14.7		38.
Lilium auratum	19		7.6
Nolina recurvata	25.		14.5
Cyperus Papyrus	20.		15.2
Molinia coerulea	22.		11.
Secale cereale	15-20.		4.4
Cibotium Schiedei (Filicale) . . .	18-20.		10.
Argent	11.	29.	
Cuivre	12.1		1.
Laiton	13.3		1.35
Fer forgé	13.13	40 9	0.67
Acier	24.6	82.	1.20

2. TURGESCENCE.

Le tissu parenchymateux est complètement gorgé d'eau et ses cellules sont très turgescentes. Il a donc une grande tendance à croître, et il exerce une traction considérable sur les cordons fibreux qui l'entourent et qui, étant peu extensibles mais très élastiques, sont fortement tendus. L'action combinée de la pression interne et de la tension périphérique détermine une solidité comparable à celle d'un ballon gonflé de gaz : chacun des éléments, considéré isolément, est dépourvu de rigidité, mais l'ensemble possède une solidité remarquable.

Quand une tige herbacée est fendue suivant l'axe, les deux moitiés se courbent aussitôt vers le dehors. L'expérience est encore plus intéressante quand on découpe longitudinalement la tige de façon à séparer, d'une part les tissus internes sous pression, d'autre part les couches périphériques qui s'opposent à l'allongement des premiers : on voit alors les lambeaux périphériques se courber vers l'extérieur, en même temps que la partie centrale croît fortement en longueur (fig. 352).

Des organes de ce genre ne conservent évidemment leur rigidité que pour autant que leur turgescence soit intacte. Si on les prive d'eau ou si on les place dans un liquide plasmolysant, ils se fanent immédiatement et perdent toute raideur. Puisque nous savons que la turgescence est liée à l'intégrité protoplasmique (voir vol. I, p. 64), nous

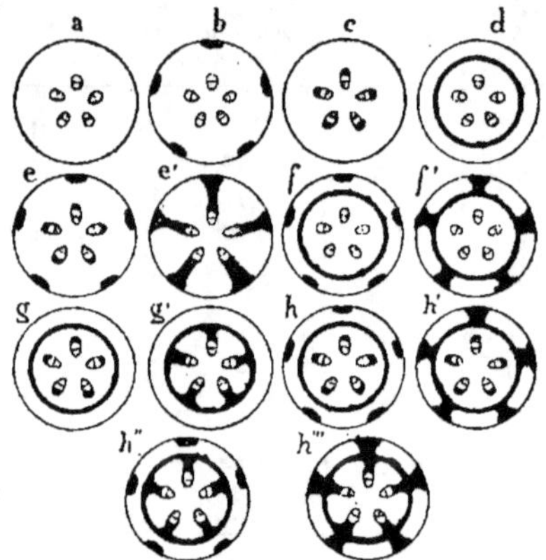

Fig. 353.

SCHÉMAS DE LA DISPOSITION DU TISSU MÉCA-
NIQUE DANS UNE TIGE AVEC CINQ FAISCEAUX
COLLATÉRAUX.

a, pas de cordons fibreux supplémentaires; **b,** cordons périphériques; **c,** cordons fasciculaires; **d,** anneau cortical; **e,** cordons périphériques et cordons fasciculaires; **e',** cordons périphériques, corticaux et fasciculaires soudés; **f,** cordons périphériques et anneau cortical; **f',** soudure des cordons périphériques et de l'anneau cortical; **g.** anneau cortical et cordons fasciculaires; **g',** soudure de l'anneau cortical et des cordons fasciculaires; **h,** cordons périphériques, anneau cortical et cordons fasciculaires; **h' h"h'''**, soudure partielle ou totale des cordons et de l'anneau.

(D'après Van Tieghem, 1891.)

possédons le moyen de rendre ces tiges flasques sans leur enlever de l'eau ; il suffira de tuer les cellules, par exemple en les plongeant dans de l'eau bouillante ou dans un jet de vapeur.

Cette forme de rigidité est limitée aux Végétaux qui ne sont pas trop secoués par le vent, — car les tissus séveux sont très cassants, — et qui ne risquent pas de manquer d'eau. On la trouve communément chez les plantes des sous-bois et des lieux humides.

b. LES TIGES LIGNEUSES.

Les qualités de rigidité, d'élasticité et de ténacité sont naturellemment d'autant plus indispensables que les organes aériens sont plus étendus. Les arbres possèdent dans leur bois,

Fig. 354. — RIGIDITÉ DUE A LA SILICE.

Bambous à Ceylan : la solidité des tiges, qui atteignent 30 mètres de hauteur, est due en partie à ce que les membranes sont imprégnées de silice.   (D'après KERNER, 1890.)

très développé et riche en fibres, le moyen de résister à la fois à l'écrasement par le poids de la cime, et à la rupture par les vents qui secouent tout l'ensemble. Les Graminacées (fig. 354) sont en outre silicifiées.

De plus les arbres ont une architecture très bien adaptée aux exigences. Souvent il y a une flèche exactement verticale, supportant des rameaux horizontaux (fig. 355). Quand ceux-ci s'allongent beaucoup, ils sont étayés de place en place par des racines aériennes, devenant semblables à des colonnes (fig. 68). La base du tronc est fréquemment renforcée par des palettes rayonnantes (fig. 70).

Il n'est pas rare que le tronc porte des saillies verticales en forme d'ailettes (fig. 69). Il arrive même que les rameaux se soudent aux points de contact (fig. 356), établissant une

Fig. 355. — DIFFÉRENCIATION DE LA FLÈCHE, VERTICALE, ET DES RAMEAUX, HORIZONTAUX, DANS ARAUCARIA EXCELSA.
(Copié dans *Revue de l'Horticulture belge et étrangère*, 1878.)

certaine solidarité entre tous les quartiers de la cime. Enfin les rameaux horizontaux ont fréquemment une forme aplatie : les couches annuelles y sont plus épaisses vers le haut, comme chez *Taxus baccata* (If), ou vers le bas, comme chez les *Tilia* (Tilleuls) ; la branche perd alors sa section circulaire primitive, pour devenir elliptique avec le grand axe vertical. Avec une même dépense de substance ligneuse, le rameau présente maintenant une plus grande résistance à la pesanteur.

c. LES FEUILLES.

Le limbe foliaire, presque toujours grand et étalé horizontalement, est particulièrement exposé au déchirement et à l'arrachement.

Les dangers de lacération sont réduits au minimum par les nervures. Celles-ci sont d'habitude anastomosées en réseau. Le long du bord de la feuille, qui est encore plus menacé par le vent que les parties internes, il

Fig. 356.
LA SOUDURE DES BRANCHES DANS LA CIME DE FICUS RUMPHII (URTICALE).

Fig. 357. — LA CONSOLIDATION D'UNE FEUILLE PAR LE PLISSEMENT.
Feuille de *Carludovica plicata* (voisin des Spathiflorales), dont le limbe est plissé.

y a le plus souvent une ou plusieurs séries d'arcades (fig. 186 *m*, *p*, *q*) ; ailleurs le bord est soutenu par des étançons (fig. 186 *c*, *n*), ou bien il est renforcé par une bande sclérifiée (fig. 186 *g*, *l*).

Beaucoup de feuilles sont pliées le long de la nervure médiane ou plissées (fig. 357), ou enroulées sur elles-mêmes.

Lorsqu'une averse abondante tombe sur les feuilles, elles risquent d'être déchiquetées et arrachées. Beaucoup ont un dégouttoir terminal qui facilite l'écoulement rapide de l'eau (fig. 358) ; d'autres sont en outre

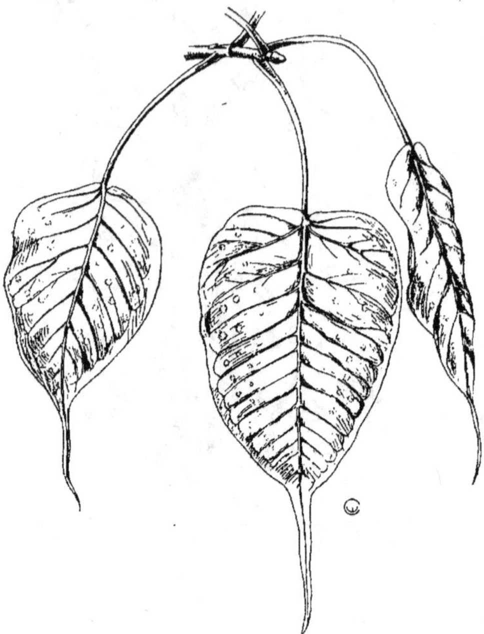

Fig. 358.

LA GARGOUILLE TERMINALE DE LA FEUILLE DE FICUS
RELIGIOSA (URTICALE)
Les taches sur les feuilles sont des dépôts calcaires.

placées verticalement (fig. 359) ; d'autres encore possèdent une couche cireuse qui les empêche d'être mouillées : les gouttes de pluie y roulent comme le mercure sur le verre.

d. LES TIGES A RIGIDITÉ INSUFFISANTE : LES LIANES.

Il y a pas mal de plantes qui sont trop débiles pour se soutenir elles-mêmes. Les unes rampent simplement par terre (voir p. 66) ; d'autres, les lianes, s'appuient sur des voisins plus résistants et s'y accrochent par des procédés variés.

1. Lianes grappinantes.

Ce sont les moins spécialisées. Elles saisissent leur support soit par des émergences dures, comme les Ronces (fig. 46) et certains Palmiers-rotans, soit par des crochets provenant de tiges (fig. 110) ou de segments foliaires (fig. 178).

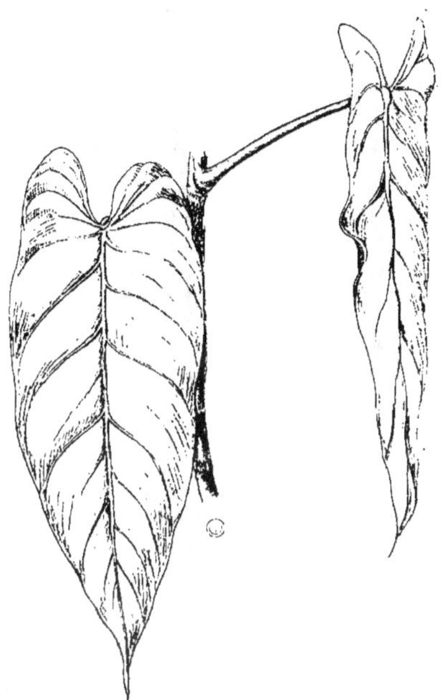

Fig. 359.

LA GARGOUILLE TERMINALE DES FEUILLES DE PHILO-
DENDRON MELANOCHRYSUM (SPATHIFLORALE.)
Les limbes sont en outre placés verticalement.

2. Lianes volubles.

Elles s'enroulent autour du support. Les facteurs qui interviennent dans la préhension sont la croissance, le nastisme latéral et le géotropisme ascendant oblique (fig. 360 et 361).

La croissance fait que le sommet de la tige avance dans l'espace.

Le nastisme latéral détermine une incurvation de la partie distale.

14

Chez le Haricot (fig. 360), à une distance d'environ cinq centimètres du sommet, la tige croît plus fort sur le flanc droit que sur le flanc gauche, ce qui rejette la pointe vers la gauche. A mesure que la tige croît, le lieu du nastisme, restant à la même distance de la pointe, remonte sans cesse, et le sommet exécute dans l'espace une révolution dans le sens inverse des aiguilles d'une montre. Beaucoup d'autres plantes tournent de la

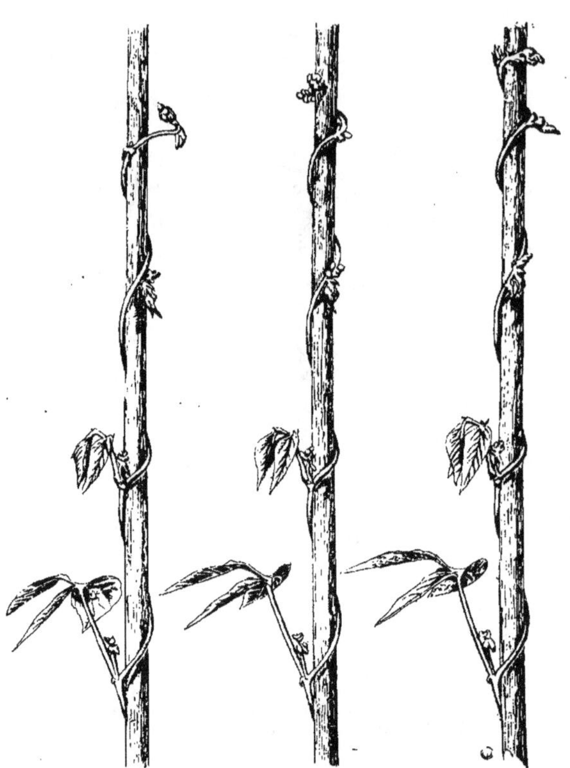

Fig. 360.

L'ENROULEMENT D'UNE PLANTE VOLUBLE.

Trois stades successifs de l'enroulement d'une tige de *Phaseolus multi-florus* (Haricot d'Espagne) autour d'un tuteur, photographiés le même jour : à 11 h. 30 du matin, à 15 h., à 17 h. 15. Les bases des figures étant au même niveau, on constate, par le déplacement des deux bourgeons les plus voisins du sommet, que la croissance est localisée dans le haut de la tige. Pendant la durée de l'expérience l'extrémité fait un tour presque complet. Le géotropisme ascendant de la tige a eu pour effet de redresser les tours d'hélice après leur formation, ce qui se constate en comparant ceux de la base avec ceux du sommet.

(D'après L. ERRERA ET E. LAURENT, 1897.)

même manière ; mais chez le Houblon et le Chèvrefeuille, le nastisme se fait dans le sens direct, c'est-à-dire dans le sens du mouvement des aiguilles. Alors que la plupart des espèces sont soit droitières, soit gauchères, *Loasa lateritia* tourne tantôt dans un sens, tantôt dans l'autre.

La partie terminale de la tige voluble n'est pas dressée verticalement mais nettement oblique. Il suffit de retourner de haut en bas un rameau voluble (fig. 361) pour s'assurer qu'on a affaire à du géotropisme oblique ascendant (voir vol. I, p. 138).

Comment ces facteurs se combinent-ils pour amener la préhension du support ? Les cinq centimètres terminaux de la tige du Haricot tournent constamment sur eux-mêmes. Si pendant que la partie distale balaie ainsi l'espace, elle vient buter contre un corps solide, il n'y a plus que l'extrémité située au delà de l'obstacle qui continuera à tourner, et la tige embrasse ainsi le support.

On voit que celui-ci doit réaliser certaines conditions. Il faut qu'il soit à peu près vertical, car si son obliquité est aussi marquée que celle du sommet, il ne pourra pas être saisi. D'autre part, s'il est trop gros, il ne sera pas entouré.

Après que la plante voluble s'est enroulée autour d'un support approprié, intervient le géotropisme ascendant : celui-ci tend à redresser les tours d'hélice dans la partie déjà adulte, ce qui fait que la tige se serre autour de son tuteur.

3. Lianes a vrilles hélicoïdales.

Les vrilles hélicoïdales sont des organes allongés, minces,

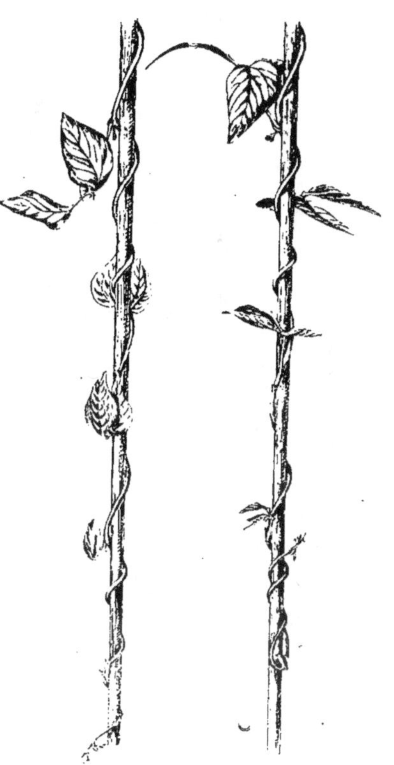

Fig. 361.

L'ENROULEMENT D'UNE PLANTE VOLUBLE.

Tige de *Phaseolus multiflorus*, qui vient d'être retournée la pointe en bas. Après 40 heures, les tours d'hélice les plus jeunes se sont détachés, puis ils se sont relevés par suite de leur géotropisme oblique ascendant; enfin, ils se sont enroulés de nouveau autour du tuteur, de bas en haut. Les feuilles, qui avaient été placées dans une orientation tout à fait vicieuse, se sont redressées, grâce au bourrelet moteur qu'elles ont à la base du pétiole, et aux bourrelets moteurs qui sont à la base des folioles.

(D'après L. ERRERA ET E. LAURENT, 1897.)

sensibles au contact, capables de saisir un corps solide et de s'enrouler autour de lui. Elles ont des origines diverses.

Certaines feuilles (fig. 179) ont la faculté d'être sensibles au contact et de réagir vis-à-vis de cette sensation en s'enroulant autour du corps qu'elles touchent. Puis elles se spécialisent de plus en plus, et le limbe finit par disparaître entièrement (fig. 180, 181, 182).

D'autres plantes ont les tiges sensibles au contact et enroulables (fig. 118). Ici également on suit toute l'évolution depuis les rameaux ayant les fonctions habituelles, et en outre irritables, et ceux qui sont définitivement devenus des vrilles (fig. 362).

Quelle que soit leur origine morphologique, elles fonctionnent toutes d'une manière identique. L'excitation tactile détermine d'abord une courbure au point d'attouchement (fig. 362) ; puis tout ce qui dépasse cet endroit s'enroule peu à peu autour du support.

Fig. 362.

LE FONCTIONNEMENT D'UNE VRILLE.

En haut, rameau de *Bryonia dioica*, déjà rattaché par 2 vrilles à une tige voisine; une troisième vient de toucher une autre tige.

En bas, une vrille, dont la partie proximale s'est enroulée en hélice; on y voit un point d'inversion.

(D'après L. ERRERA ET E. LAURENT, 1897.)

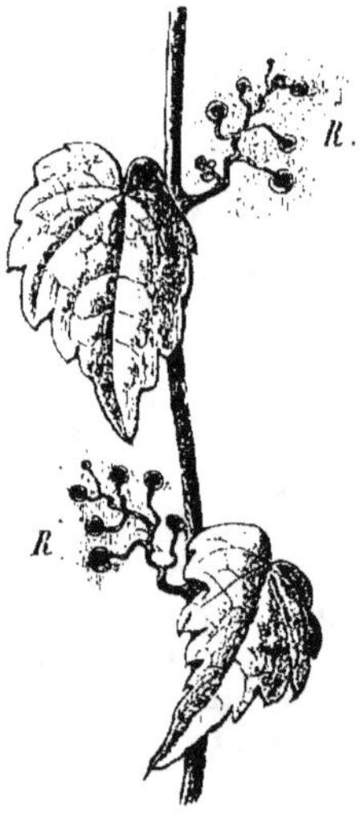

Fig. 363.

LES PELOTES ADHÉSIVES DES VRILLES DE PARTHENOCISSUS TRICUSPIDATA (RHAMNALE).

(D'après NOLL.)

Mais une liane qui serait ainsi accrochée de droite et de gauche aux branches voisines serait à la merci du moindre coup de vent ; en effet les secousses arracheraient immanquablement les vrilles. Ce danger est évité par le fait que toute la partie de la vrille comprise entre son insertion sur la tige et le point de contact avec le soutien s'enroule en hélice, et devient ainsi une sorte de ressort à boudin qui peut impunément s'allonger ou se raccourcir. Seulement, quand on enroule ainsi en hélice un corps cylin-

Fig. 364.
LES VRILLES SPIRALES DE LASIOBEMA PIPERIFOLIA
(ROSALE).

drique fixé aux deux extrémités, il s'y produit une torsion interne. Les fibres de la vrille seraient arrachées par cette torsion, si l'organe ne présentait de place en place des points d'inversion, où l'enroulement change de sens.

On doit faire une catégorie spéciale pour les lianes à pelotes adhésives (fig. 363). Leurs vrilles ramifiées portent à chaque pointe une pelote, très sensible au contact, dont les cellules superficielles s'insinuent dans les moindres anfractuosités d'une écorce ou d'un rocher. Ces vrilles sont très sensibles à la lumière ; contrairement à la plupart des organes aériens, elles vont vers l'ombre, ce qui les rapproche naturellement du tronc ou du rocher sur lequel elles grimpent.

4. Lianes a vrilles spirales.

Ces organes dérivent soit de feuilles (fig. 158), soit de tiges (fig. 364). Ils sont enroulés dans un plan, comme un ressort de montre, et ils sont aplatis perpendiculairement au plan de la courbure. Dès qu'une de ces vrilles touche un corps étranger mince, par exemple un rameau, les secousses imprimées par le vent suffisent à le faire pénétrer passivement jusqu'au centre de la spirale.

Les vrilles spirales réagissent au contact : elles se serrent de plus en plus autour du corps qu'elles ont saisi, puis elles s'épaississent notablement (fig. 364).

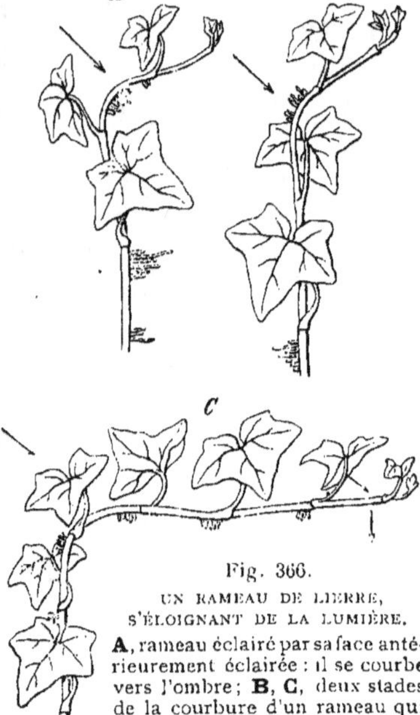

Fig. 366.

UN RAMEAU DE LIERRE, S'ÉLOIGNANT DE LA LUMIÈRE.

A, rameau éclairé par sa face antérieurement éclairée : il se courbe vers l'ombre ; **B**, **C**, deux stades de la courbure d'un rameau qui est éclairé sur sa face antérieurement obscurcie (et qui portait des racines-crampons).

(D'après Sachs.)

Fig. 365.

LES CROCHETS IRRITABLES D'ARTABOTRYS
(RANALE).

5. Lianes a crochets irritables.

Ici les organes d'attache proviennent toujours de tiges (fig. 105). Après avoir saisi un soutien, les crochets ne se courbent guère, mais ils s'épaississent beaucoup (fig. 365).

6. Lianes a racines-crampons.

Elles s'attachent à l'aide de racines qui ont perdu les fonctions absorbantes des racines habituelles (fig. 75, 76, 77). Leurs rameaux se dirigent vers l'ombre et donnent sur la face obscure des racines qui restent le plus souvent courtes (fig. 366); parfois elles s'allongent pourtant un peu (fig. 79). Ces crampons épousent les moindres irrégularités de l'écorce ou de la pierre, et elles meurent dès qu'elles sont solidement fixées; mais quoique mortes, elles continuent à attacher la tige.

B. SOLIDITÉ DES ORGANES SOUTERRAINS.

Les Algues, les Champignons et les Bryophytes sont fixés par des crampons, des filaments mycéliens ou des rhizoïdes ; les Ptéridophytes et les Phanérogames par des racines.

Les organes souterrains sont soumis à de tout autres efforts que les tiges et les feuilles. Alors que celles-ci ont à supporter les efforts verticaux de la pesanteur et les efforts latéraux du vent, les racines doivent lutter, à chaque coup de vent, contre un effort de traction qui tend à arracher la plante du sol. Aussi la racine est-elle construite sur un autre modèle que la tige : au lieu d'avoir les éléments de résistance près de la périphérie, elle les a tous massés au centre, où ils se soutiennent mutuellement (fig. 119).

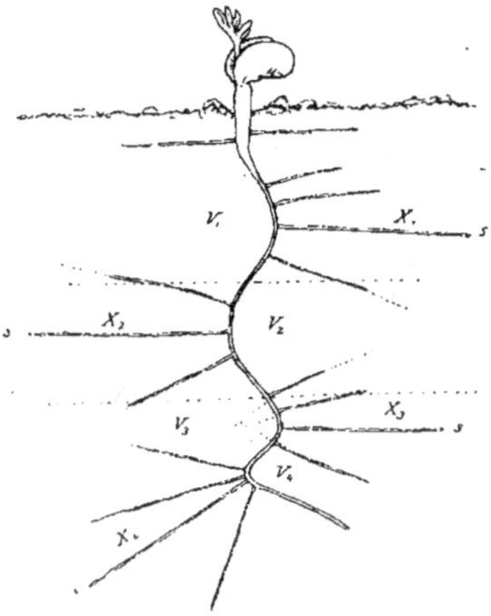

Grâce à l'action combinée de multiples réflexes, les racines se frayent un chemin à travers le sol, et s'y fixent solidement.

La racine principale s'enfonce verticalement : les racines latérales sont obliques (fig 367) : l'ensemble des organes souterrains est ainsi rattaché à une grande masse de terre.

Elle s'éloigne des corps durs, si fréquents dans la terre, et elle accomplit par conséquent un trajet sinueux. Mais les racines latérales naissent uniquement sur les faces convexes (fig. 367). La traction exercée par la tige ne porte donc pas directement sur les poils radicaux insérés près de la pointe : elle tend d'abord à rendre la racine rectiligne ; mais ceci est contrarié par les haubans que constituent les racines latérales.

Fig. 367.

LA NAISSANCE DES RACINES SECONDAIRES
SUR LES FLANCS CONVEXES
DE LA RACINE PRINCIPALE
DE LUPINUS ALBUS (ROSALE).
(D'après NOLL, 1900.)

Enfin une racine qui a atteint sa longueur définitive subit maintenant un raccourcissement accompagné d'épaississement ; c'est cette contraction qui produit les rides transversales qui sont si nettes sur une Carotte. La racine se serre donc contre les parois du puits qu'elle s'était creusée en pénétrant dans le sol.

C. ORGANISMES NON FIXÉS.

De nombreux organismes unicellulaires ou coloniaires se déplacent librement dans le liquide ; tels sont les Flagellates, les Diatomées, les Bactéries. D'autres, par exemple les Protococcées, les Levures, les Radiolaires, quoique inertes, sont aussi suspendus au sein de l'eau. Il en est de même pour des Métaphytes tels que *Utricularia* (fig. 84) et *Lemna trisulca* (fig. 117) tandis que d'autres flottent à la surface : *Salvinia* (fig. 209), *Lemna minor*.

CHAPITRE III.

FONCTIONS ET ADAPTATIONS NUTRITIVES.

A chaque instant de sa vie la plante doit disposer de l'énergie nécessaire à l'accomplissement de ses fonctions. Comment le végétal se procure-t-il les matières organiques dont la combustion mettra en liberté cette énergie? La plupart des Métaphytes sont autotrophes, et elles ont donc la faculté de fabriquer des corps organiques par synthèse totale. Mais parmi les Métaphytes, et surtout parmi les Protistes, il y en a aussi qui sont dépourvues de chromophylles : les unes vivent en parasites; les autres se nourrissent de déchets organiques.

Nous ne nous occuperons ici que des êtres qui se nourrissent par voie autotrophe ou par voie diffusive, laissant entièrement de côté ceux qui ont l'alimentation vacuolaire.

A. Organismes autotrophes.

I. LA COMPOSITION CHIMIQUE DE LA PLANTE.

Avant d'étudier comment la plante se nourrit et comment elle utilise ses aliments, voyons quelle est sa composition chimique.

Composition moyenne de l'herbe de prairie.

Poids des plantes fraîches : 1000 kilos, soit :

Eau	750	kilos.

Substance sèche : 250 kilos, comprenant :

Matière organique, 230 kilos, savoir :

Carbone	110
Oxygène	100
Hydrogène	15
Azote	5

Cendre, 20 kilos, savoir :

Potasse	5.5
Chaux	3
Magnésie	1.2
Oxyde de fer	0.3
Acide phosphorique anhydre	1.5
Acide sulfurique anhydre	0.9
Oxyde de manganèse	0.1
Soude	0.5
Silice	6
Chlore	1

Total.	1000	kilos.

Les quatorze corps simples qui figurent dans ce tableau sont-ils tous indispensables ?

Pour le savoir, constituons un milieu chimiquement déterminé, renfermant tout ce qui est nécessaire à la vie de la plante (fig. 368). L'expérience est facile à réaliser. Elle montre qu'il faut offrir aux racines les éléments suivants : H, N, O, Mg, Ph, S, K, Ca, Fe, qui sont donc suffisants.

Ils sont également indispensables, car si nous supprimons l'un quelconque d'entre eux, le développement du végétal est entravé.

Cette expérience, si simple et si démonstrative, appelle aussitôt certaines remarques.

Un premier fait frappant est que la silice, qui occupe le quatrième rang dans le tableau, n'est pourtant pas indispensable à la vie; elle intervient sans aucun doute pour donner de la solidité aux tiges et aux feuilles, mais elle ne fait pas partie du protoplasme.

Le liquide nutritif ne renferme pas de carbone, quoique la matière sèche de la plante en soit formée pour plus de 2/5. Seulement le carbone est extrait non de la terre, mais de l'air, qui ne renferme pourtant que $3/10,000$ de CO_2.

Chose assez inattendue, l'azote provient de la terre, non de l'air, quoiqu'il forme à peu près les 4/5 de la masse totale de l'atmosphère : une plante qui ne peut pas absorber par ses racines des composés azotés meurt dès qu'elle a épuisé ses réserves (expérience 4 de la fig. 368).

Nous comprenons aisément le rôle de la plupart des éléments indispensables. C, H, O, entrent dans toutes les molécules organiques. N et S sont une partie intégrante des albuminoïdes, constituants essentiels du protoplasme. La nucléine renferme Ph. Les plastides ne peuvent se former qu'à l'aide de Ca, et le chlorophylle n'apparaît pas sans Fe.

II. L'ABSORPTION DE L'EAU ET DES MATIÈRES MINÉRALES.

1. Le liquide nourricier.

C'est dans le sol que la plante prend toute sa nourriture, sauf le carbone et une partie de l'oxygène. Les aliments minéraux se trouvent dans la terre sous forme de solutions extrêmement diluées. Il est difficile de donner une idée de cette dilution pour les liquides qui imprègnent le sol. Mais le tableau de la p. 219, dressé d'après des analyses faites en 1904 par M. Léon Herlant, indique la composition de l'eau de fossés, de canaux, d'étangs et de rivières, dont les bords sont garnis d'une abondante végétation. Encore faut-il ajouter que certaines de ces plantes, les Roseaux, atteignent en deux mois, mai et juin, une hauteur de deux mètres, ce qui suppose une alimentation des plus actives.

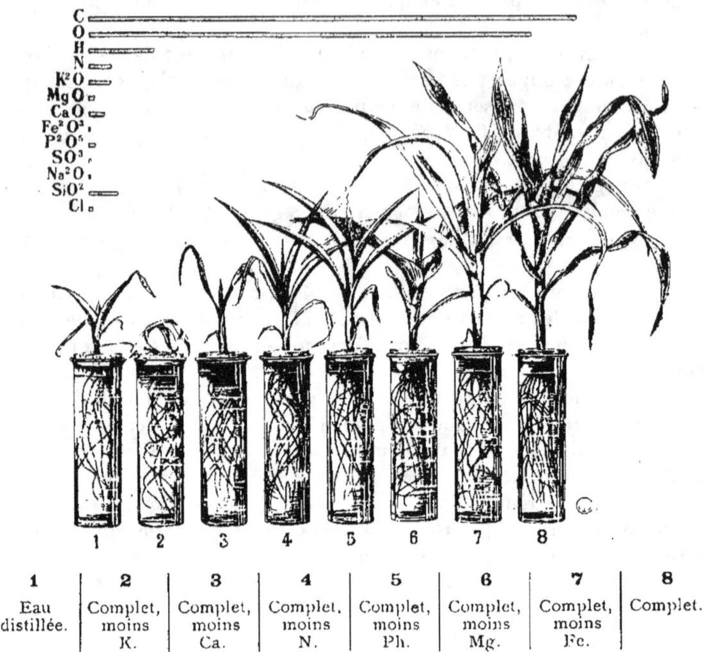

1	2	3	4	5	6	7	8
Eau distillée.	Complet, moins K.	Complet, moins Ca.	Complet, moins N.	Complet, moins Ph.	Complet, moins Mg.	Complet, moins Fe.	Complet.

Fig. 368. — LA NUTRITION PAR LES RACINES.

Des *Zea Mays* (Maïs) sont cultivés depuis deux mois et demi (juillet-septembre 1892), dans des milieux aqueux de composition connue

8. Le liquide renferme : Eau distillée 1000. S O₄ Ca 0.5
N O₃ K 1. (Ph O₄)₂ Ca₃ 0.5
S O₄ Mg 0.5 S O₄ Fe 0.03

La plante y est bien portante, et tout à fait vigoureuse. Les feuilles sont larges et d'un beau vert, les racines nombreuses et bien ramifiées.

7. *Sans fer*. Comme dimensions, la plante est à peu près normale. Les deux premières feuilles, utilisant le fer renfermé dans la graine, étaient vertes; les feuilles suivantes, privées de fer, sont chlorotiques. Racines très ramifiées.

6. *Sans magnésium*) La plante est restée plus petite, mais grâce aux provisions de
5. *Sans phosphore* } Mg., de Ph. et de N. contenues dans la graine, elle a pris tout
4. *Sans azote*) de même un certain développement.

3. *Sans calcium*. La plante est très chétive, à peine plus grande que dans l'eau distillée (culture 1).

2. *Sans potassium*. La plante est déjà morte, après avoir épuisé les réserves de K contenues dans la graine; même, elle s'est moins bien développée que dans l'eau distillée. Racines assez ramifiées.

1. *Sans rien que de l'eau*. La plante est encore vivante mais très faible. Les racines, peu nombreuses, se sont fortement allongées.

En haut, composition centisémale de la matière sèche de l'herbe de prairie.

(D'après L. ERRERA ET E. LAURENT, 1897.)

Composition chimique d'eaux (1000 parties).

	Fossé dans les polders de Coxyde	Fossé à Hingene	Étang du Blankaert	Étang d'Over-meire	Canal de Plasschen-dael à Nieuport	Yser à Stuyve-kenskerke	Escaut à Burght, à marée haute
N H³ salin . .	0.000098	0.0013	0.00016	0.00014	0.00086	0.00014	0.00007
N H³ albumi-noïde . .	0.00021	0.0015	0.00057	0 00074	0.00058	0.0009	0.00047
N O₃ H . .	000	000	000	0 0024	000	000	000
N O₂ H . .	000	Traces	Traces	0.002	000	Traces	000
K Cl . . .	0.0628	0.0143	Traces	0.0095	0.2274	0.0694	0.0478
Ca O . . .	0 137	0.0712	0 0699	0.0865	0.2149	0.2618	0.1653
Mg O . . .	Traces	Traces	Traces	0 0144	0.2882	0.2377	0.1729
Fe₂ O₃ . .	0.0007	0 0026	000	0.0024	0.0042	0.0035	000
Ph₂ O₅ . . .	0 0106	Traces	000	Traces	0.0104	0.0125	Traces
S O₃ . . .	Traces	0.0008	0.024	0.0274	0.3296	0.467	0.2129
Si O₂ . . .	0.0266	0.006	0.008	0.010	0.040	0.028	0.050
Na Cl . . .	0.1666	0.1227	0.1227	0.0526	4.5014	6.3721	2.1630
Résidu solide total . .	0 594	0.346	0.344	0.242	5.688	7.956	3.126

Or, certains éléments, notamment le magnésium, le fer et le phosphore n'existent souvent qu'à l'état de traces, et celles-ci sont parfois si insignifiantes que l'analyse est impuissante à les déceler. Toutefois l'extrême dilution du liquide nourricier est rachetée par sa quantité, pratiquement indéfinie.

Dans la terre les substances minérales ne se présentent pas toutes de la même manière. Certaines sont tout à fait libres et dissoutes. D'autres sont adsorbées : c'est le cas pour les sels ammoniacaux, tandis que les nitrates circulent librement.

Il y a aussi beaucoup de corps qui sont insolubles dans l'eau pure, mais qui se transforment lentement dans l'eau chargée d'anhydride carbonique, en donnant alors des produits solubles. Citons le phosphate tricalcique et la glauconie; celle-ci, un silicate de fer et de potassium, donne des sels solubles de potassium et fonctionne donc comme une réserve de cet élément.

Parfois la solubilisation s'opère à la faveur de substances acides sécrétées par la plante elle-même. Ainsi le carbonate de calcium se dissout au contact des poils radicaux, et chacun de ceux-ci y grave son trajet (fig. 369).

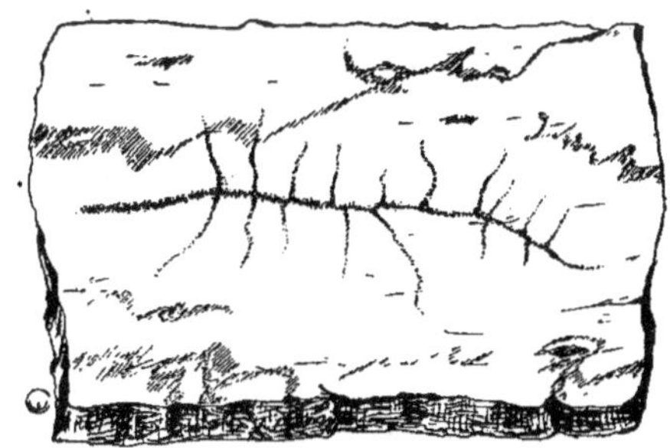

Fig. 369.

LA CORROSION D'UNE PLAQUE DE MARBRE PAR LES RACINES.

2. Le mécanisme de l'absorption.

Les racines ont une étendue prodigieuse (fig. 370). Celles d'une plante de Froment, mises bout à bout, auraient une longueur totale de 1 1/2 kilomètre; celles d'un Melon, 25 kilomètres; celles d'un Bouleau de vingt ans, 550 kilomètres.

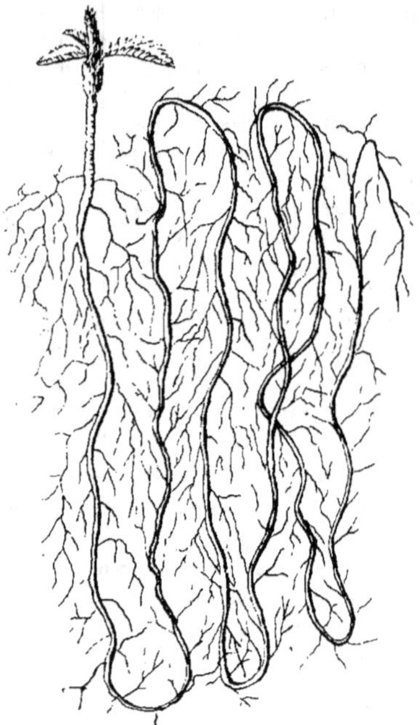

Fig. 370.

LA LONGUEUR DE L'APPAREIL ABSORBANT
DE CIRSIUM ACAULE (CAMPANULALE).

Comparez la longueur de la racine, plusieurs
fois repliée sur elle-même, avec celle de la
tige et des feuilles.

(D'après M. VELENOWSKY, 1910.)

Les racines sont sensibles aux substances chimiques : elles se dirigent vers les régions imprégnées de solutions nutritives, et s'éloignent de celles qui sont trop pauvres en aliments, trop sèches, ou trop durcies.

Toutefois les vrais organes d'absorption ne sont pas les racines, mais les poils radicaux (fig. 371, 372). Ces derniers augmentent la surface d'absorption de 5 à 10 fois. Leur nombre est énorme : sur un millimètre de longueur d'une racine de Pois, il y en a 1094, soit 232 par mm² ; pour le Maïs, ces nombres sont encore plus grands : 1925, et 425.

Faisons remarquer toutefois que les poils n'existent que sur une longueur de quelques millimètres, immédiatement en arrière de la pointe : ils grandissent vite, se dépêchent de fonctionner, et meurent. La zone des poils absorbants se déplace donc à mesure que la racine s'allonge, ce qui assure une exploitation méthodique du sol par des agents jeunes et sans cesse renouvelés. Les portions vieilles de la racine ne servent donc plus qu'à la conduction. De même, dans une houillère, l'abatage

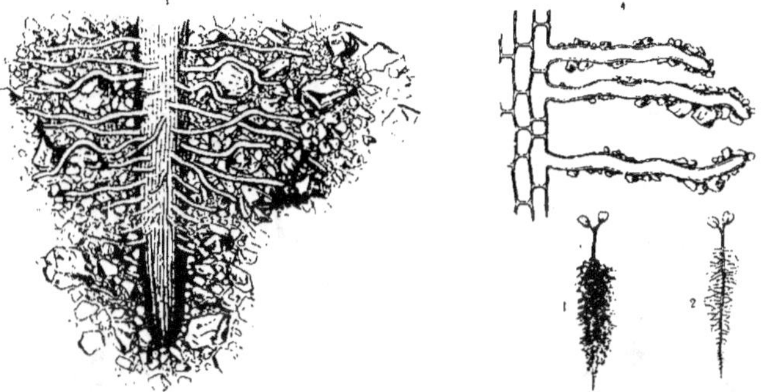

Fig. 371. — LES POILS RADICAUX.

1, 2, plantules croissant dans la terre; en 2 on a secoué la racine dans l'eau pour en détacher les particules de terre ; 3. le sommet de la racine, avec les poils radicaux qui se glissent dans la terre ; 4, quelques poils avec les grains de sable.

(D'après KERNER, 1890.)

du charbon se fait uniquement près du bout des galeries, et les anciennes sections sont utilisées pour le transport.

Les poils radicaux ont une membrane mince et perméable. Ils sont sensibles au contact et se moulent sur les particules terreuses (fig. 371).

Les substances minérales y pénètrent de deux façons différentes. D'abord par diffusion, c'est-à-dire que les molécules dissoutes, traversant la paroi cellulaire, arrivent contre le cytoplasme. Celui-ci est semiperméable (voir vol. 1, p. 64) ; mais sa semiperméabilité n'est que partielle, et elle ne s'oppose pas à l'entrée de molécules alimentaires.

D'autre part, il y a un courant liquide de l'extérieur vers l'intérieur. Il est dû à la pression osmotique du suc cellulaire, et a souvent une valeur considérable, puisque c'est lui qui amène dans l'économie végétale l'eau que la transpiration lui enlève sans cesse.

La pression osmotique des poils radicaux doit être suffisante non seulement pour vaincre la pression osmotique, d'ailleurs insignifiante, du liquide extérieur, mais surtout pour lutter contre l'attraction capillaire que les particules terreuses exercent sur l'eau.

Quand on mouille de la terre sèche, les premières doses de liquide sont intégralement retenues par capillarité; mais si on continue à y verser de l'eau, il arrive un moment où la masse de terre est saturée et où l'eau s'écoule.

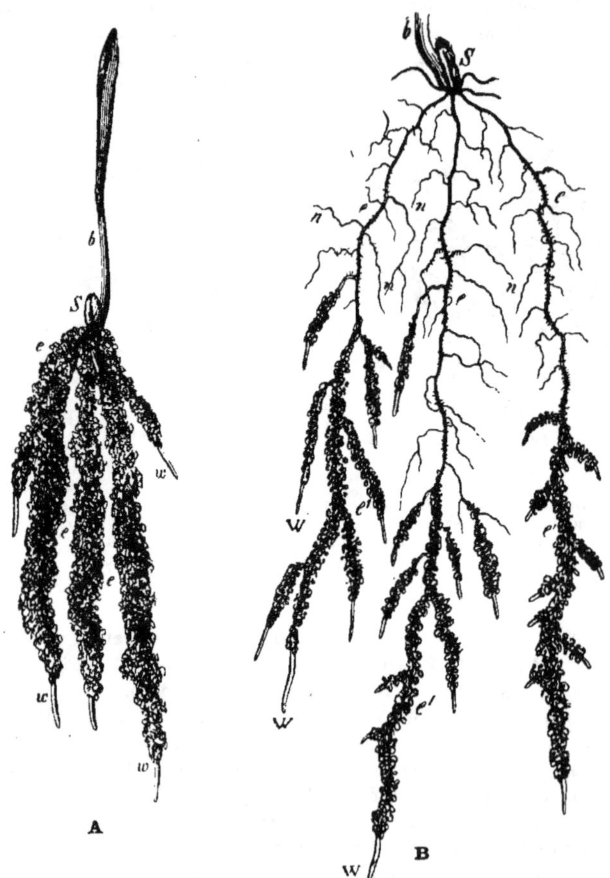

Fig. 372. — LE DÉPLACEMENT DE LA RÉGION D'ABSORPTION.
A, Plantule de Froment très jeune: les racines ont des poils absorbants partout; seules, les pointes des racines en sont encore privées. **B**, plantule plus âgée: toutes les parties anciennes des racines ont perdu leurs poils. (D'après Sachs).

La quantité de liquide que chaque échantillon de sol peut arrêter varie avec sa constitution physique et chimique.

Lorsque les particules sont fines, la surface par laquelle elles attirent le liquide est beaucoup plus grande, pour un même poids de terre, que lorsqu'elles sont grossières. Supposons qu'un centimètre cube soit occupé par 1000 sphères de 1 mm. de diamètre : puis que le même volume contienne des sphères de 0.1 mm de diamètre : dans le second cas la surface totale des sphères est 10 fois plus grande.

La nature chimique joue aussi un rôle. En effet, les débris végétaux, si abondants dans les sols humiques, s'imbibent de liquide et le retiennent donc à la fois par leur intérieur et par leur surface.

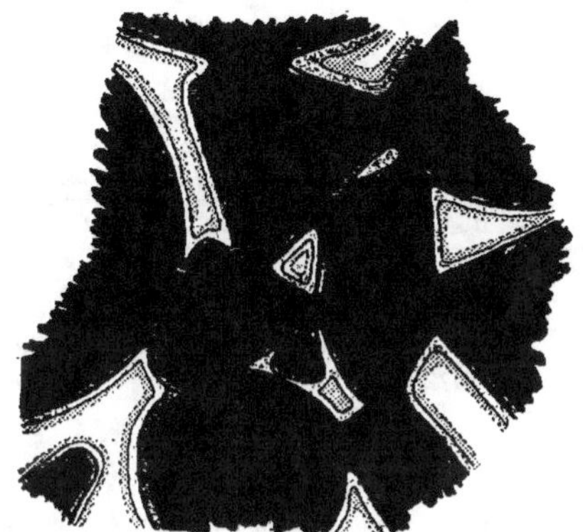

Fig. 373. — LA RÉTENTION DE L'EAU PAR LA TERRE.
Autour des particules terreuses, représentées en noir, des couches
de liquide sont retenues par capillarité.

Mais ce qui importe à la plante, ce n'est pas la quantité d'eau que la terre renferme quand elle en est saturée, mais la proportion que les poils radicaux peuvent lui arracher. Or, il est évident que dans la couche d'eau qui est liée autour des particules terreuses (fig. 373), les molécules superficielles seront moins fortement attirées par le solide que celles qui sont tout contre lui. C'est ce qui explique pourquoi la plante a de plus en plus de peine à mobiliser l'eau à son profit, à mesure que le sol s'appauvrit, et pourquoi l'absorption du liquide cesse avant que le milieu ne soit complètement desséché.

	Quantité maximum d'eau qui est retenue par 100 p. de terre	Quantité d'eau que la terre renferme encore au moment où une plante de Tabac se fane	Quantité d'eau disponible
Argile	51.1	8	43.1
Humus de hêtraie	46	12.3	33.7
Sable quartzeux . . .	20.8	1.5	19.3

Comme c'est la pression osmotique des poils radicaux qui arrache les molécules d'eau à la terre pour les faire passer dans le suc cellulaire, il faut naturellement que les plantes habitant les endroits très secs aient une turgescence considérable. Ainsi, on a mesuré au Sahara des pressions intracellulaires de plus de 100 atmosphères.

De même, lorsque le liquide extérieur a une pression osmotique notable, l'absorption ne sera possible que si la pression interne des cellules l'emporte sur celle du dehors.

LA RELATION ENTRE LA PRESSION OSMOTIQUE EXTERNE ET LA PRESSION OSMOTIQUE INTERNE.

(D'après M. Poma, 1922.)

	Pression intracellulaire, en atmosphères, de plantes cultivées dans des liquides dont la pression osmotique est égale à				
	0 atm.	6.04 atm.	11.02 atm.	16.44 atm.	22.13 atm.
Salicornia herbacea . .	16.80	26.88	30.24	33.60	36.96
Atropis maritima . . .	10.08	23.52	26.88	30.24	33.60
Triglochin maritimum .	10.08	20.16	23.52	26.88	30 24
Juncus maritimus . . .	6.72	20 16	23.52	26.88	

Les Plantes de ce tableau habitent d'ordinaire les terrains salés des estuaires : le sol, quoique gorgé d'eau, y est pourtant physiologiquement sec, puisque les Végétaux ont beaucoup de peine à s'y procurer le liquide.

Il y a encore d'autres conditions où les plantes rencontrent de grandes difficultés à absorber l'eau. En dessous d'un certain degré de température le fonctionnement des poils radicaux devient très précaire. Sur les plantes qui croissent dans l'eau provenant de la fonte des neiges, dans les Alpes, on voit fréquemment les fleurs se faner au soleil (fig. 374) : quoique la distance à parcourir ne soit que de quelques centimètres, l'eau absorbée est insuffisante pour compenser la transpiration.

3. Choix opéré par le protoplasme.

Il s'en faut de beaucoup que les diverses substances dissoutes pénètrent dans les cellules proportionnellement à leur concentration : la composition des cendres végétales est en effet tout autre que celle du liquide nourricier.

Pour faire ces comparaisons on s'adresse de préférence à des espèces aquatiques, à cause de l'homogénéité du milieu, qui met toutes les Plantes exactement dans les mêmes conditions.

Le tableau suivant (d'après Gorup-Besanez) donne pour 10,000 parties, l'analyse de l'eau où vivaient des *Trapa natans*, ainsi que la composition centésimale des cendres de la Plante, au mois de mai :

	K_2O	Na_2O	CaO	MgO	Fe_2O_3	SO_3	SiO_2	Cl
Eau	9.08	9.22	42.44	18.09	1.12	17.03	1.90	1.18
Cendres de la Plante	6.89	1.41	14.91	7.56	29.62	2.73	28.66	0.65

On peut aussi comparer entre elles les cendres des Végétaux ayant vécu côte à côte dans la même eau et constater que leur composition diffère.

Fig. 374.

L'ACTION RALENTISSANTE DU FROID SUR L'ABSORPTION DE L'EAU.

Des plantes de *Soldanella alpina* (Primulale), dont les racines plongent dans l'eau provenant de la fusion de la neige, n'amènent pas assez d'eau à leurs fleurs, et les pétales les plus directement ensoleillés se flétrissent. Les plantes ont fait fondre la neige autour d'elles, et elles ont même creusé de bas en haut, à travers la neige, des puits par lesquels les fleurs arrivent à la lumière.

Voici d'abord la composition centésimale des cendres d'Algues brunes marines récoltées en Écosse (d'après Goedechen, 1854) :

	Fucus vesiculosus	*Ascophyllum nodosum*	*Fucus serratus*	*Laminaria digitata*
K_2O	15.23	10.07	4.51	22.40
Na_2O	24.54	26.59	31.37	24.09
CaO	9.78	12.80	16.36	11.86
MgO	7.16	10.93	11.66	7.44
Fe_2O_3	0.33	0.29	0.34	0.62
Ph_2O_5	1.36	1.52	4.40	2.56
SO_3	28.16	26.69	21.06	13.26
SiO_2	1.35	1.20	0.43	1.56
Cl	15.24	12.24	11.39	17.23
I	0.31	0.46	1.13	3.08

On y voit que les cendres ont jusqu'à 3.08 °/o d'iode, alors que l'eau de mer n'en renferme, tout au plus, que 0,000.001 °/o.

Dans le dernier tableau, il s'agit de plantes habitant ensemble un même fossé. L'analyse de l'eau n'est pas donnée, mais elle se rapprochait sans doute beaucoup de celle du fossé de Hingene (colonne 2 du tableau de la p. 219), où ces mêmes espèces croissent en mélange. Le tableau indique la composition centésimale des cendres pour quatre substances; les phosphates, les sulfates, le fer, le magnésium, etc., présentaient des différences moins marquées. On y voit que *Stratiotes*

	Stratiotes aloides	*Nymphaea alba*	*Chara foetida*	*Phragmites communis*
K_2O	30.82	14.4	0.2	8.6
Na_2O	2.7	29.66	0.1	0.4
CaO	10.7	18.9	54.8	5.9
SiO_2	1.8	0.5	0.3	71.5

a pris surtout du potassium, *Nymphaea* du sodium, *Chara* du calcium et *Phragmites* du silicium.

III. L'ASCENSION DE LA SÈVE.

La solution de matières minérales passe des poils absorbants dans le parenchyme cortical de la racine, puis dans la stèle. Elle doit maintenant être conduite vers les feuilles, où elle sera utilisée.

1. **Structure de l'appareil conducteur.**

L'expérience montre que c'est par la cavité des vaisseaux que passe la
sève pendant son trajet des racines aux feuilles (fig. 376).

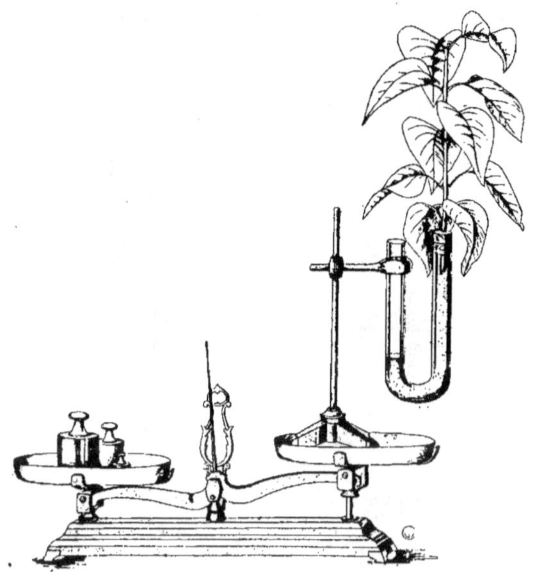

Fig. 375.
LA PERTE DE POIDS PAR TRANSPIRATION,
ET LA SUCCION TRANSPIRATOIRE.

Balance portant un rameau de *Syringa vulgaris* (Lilas), fixé dans
un tube en U. La perte de poids indique que le rameau transpire.
Il reste néanmoins turgescent, grâce à l'eau qu'il prend au tube,
et dont la quantité peut être mesurée par l'abaissement de niveau
dans l'autre branche du tube. La perte de poids correspond à l'eau
qui manque dans le tube en U, et qui a traversé le rameau de
Lilas pour y être évaporée. L'expérience montre aussi l'aspiration
qu'exerce le rameau transpirant : la différence de niveau dans les
deux branches du tube indique qu'une pression négative règne
dans les vaisseaux du Lilas,

(D'après L. ERRERA ET E. LAURENT, 1897.)

La cavité des conduits est maintenue béante par les épaississements annulaires,
spiralés, etc., de leur paroi (fig. 49 à 52).

Lorsque la cime se ramifie, ce qui accroît le nombre des feuilles, et aussi par conséquent la
surface transpiratoire, la canalisation augmente dans la même proportion, grâce à l'activité
du cambium. C'est ce qui se voit chez les Ptéridophytes arborescentes du Primaire
(fig. 147), chez les Gymnospermes (fig. 152, 144), chez les Dicotylédonées (fig. 138, 141,
142) et chez quelques Monocotylédonées (fig. 152).

Les Palmacées (fig. 97) et les Fougères arborescentes (fig. 96) n'étant pas ramifiées, conservent des besoins transpiratoires sensiblement constants; elles ne forment pas de nouveaux vaisseaux.

Dans les arbres dicotylédonés, la conduction s'opère surtout par le bois jeune, ou aubier (fig. 143). Aussi le tronc peut-il devenir creux, par la destruction du bois de cœur, sans que la canalisation soit entravée.

Quand la transpiration est très affaiblie, comme chez beaucoup de plantes aquatiques, le bois subit une réduction notable (fig. 133).

Fig. 376.
LE RÔLE DES VAISSEAUX DANS LA CONDUCTION DE LA SÈVE.
A gauche un rameau de *Vitis vinifera* (Vigne) qui été coupé sous l'eau. A cause de la pression négative qui règne dans les vaisseaux, de l'eau y a pénétré. Puis le rameau a été fixé dans un tube en U. Il est resté frais et turgescent, grâce à l'eau qu'il a absorbé : de là, l'abaissement du niveau de l'eau dans l'autre branche du tube. A droite un rameau qui a été coupé sous un mélange de gélatine et d'eau, maintenu liquide à 33°. Quand le mélange de gélatine eut pénétré dans les vaisseaux le rameau fut plongé dans l'eau froide pour amener la solidification de la gélatine. Les vaisseaux étant ainsi bouchés, le rameau s'est fané au bout de 4 heures, et le niveau de l'eau ne baissa guère.   (D'après L. ERRERA ET E. LAURENT, 1897.)

2. Mécanisme de l'ascension.

On ne connaît pas encore dans tous les détails la façon dont la sève s'élève jusqu'en haut des arbres. Plusieurs facteurs entrent certainement en jeu.

a) *Pression radiculaire.*

Toute section opérée dans une tige au printemps détermine un écoulement de liquide. La quantité de sève que donne la saignée est très variable. Voici quelques observations :

Vitis vinifera (Vigne). . . .	950 cc.	en 24 heures.
Betula alba (Bouleau) . . .	5,000 »	»
Acer saccharum (Érable à sucre)	5,000 à 8,000 cc.	»
Agave	7,500 »	»
Musanga (en Afrique équatoriale)	710 »	en 1 heure (de nuit).

Un manomètre installé sur la surface de section permet de mesurer les pressions :

Morus alba (Mûrier blanc)	12	mm.
Fraxinus excelsior (Frêne)	21	»
Ricinus communis (Ricin)	334	»
Acer platanoides (Érable plane) . .	347	»
Ribes rubrum (Groseillier rouge) . .	358	»
Urtica dioica (Ortie)	460	»
Ampelopsis quinquefolia (Vigne-vierge)	615	»
Acer saccharum (Érable à sucre) . .	1033	»
Vitis vinifera (Vigne).	1070	»
Betula alba (Bouleau blanc) . . .	1390	»
Betula lutea (Bouleau jaune) . . .	1815	»
Betula lenta (Bouleau noir). . . .	2040	»

La pression radiculaire serait donc capable de pousser la sève à une vingtaine de mètres de hauteur dans un Bouleau ordinaire. Seulement elle n'est vraiment active qu'au premier printemps, alors que les arbres n'ont pas encore de feuilles, et ne transpirent pour ainsi dire pas.

b) *Succion exercée par les feuilles.*

Quand on sectionne un rameau feuillé, en pleine transpiration, non seulement on ne constate aucune émission de liquide, mais on voit au contraire que de l'eau versée sur la plaie est immédiatement aspirée. Il y a donc dans les vaisseaux une pression négative, qui tient à la transpiration; elle peut atteindre une valeur de plusieurs centimètres de mercure (fig. 375).

c) *Capillarité.*

Celle-ci intervient certainement aussi dans l'ascension des liquides.
Toutefois, quand on additionne les effets de la pression radiculaire, de la succion transpiratoire et de la capillarité, la somme est encore insuffi-

sante pour expliquer la montée de la sève dans des arbres tels que les *Sequoia* de la Californie, qui dépassent 100 mètres, et les *Eucalyptus* d'Australie, qui ont jusqu'à 130 mètres. Il est probable que d'autres facteurs entrent en jeu, et qu'il y a notamment des relais espacés dans le tronc.

IV. LA TRANSPIRATION.

Supposons maintenant que le courant liquide soit arrivé dans les feuilles.

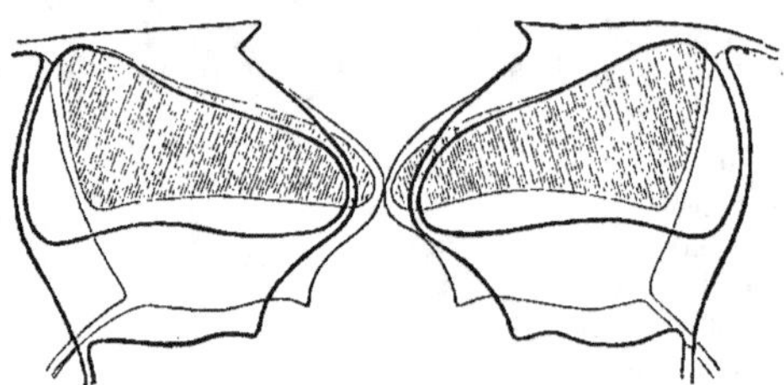

Fig. 377.

LES MOUVEMENTS DU STOMATE.

La coupe verticale d'un stomate est représentée à deux états différents :
En traits minces, les cellules sont peu turgescentes; la forme de leur cavité est telle(elle est hachurée)qu'elles se touchent en fermant complètement la fente stomatique.
En traits épais, les cellules sont très turgescentes; elles ont grossi et elles se rapprochent de la forme arrondie, ce qui les rend moins larges : elles se sont écartées l'une de l'autre, en ouvrant la fente.

(D'après SCHWENDENER, 1881.)

Il n'y a qu'une minime proportion de l'eau qui soit réellement alimentaire et qui entre dans la constitution des molécules organiques : hydrates de carbone, albuminoïdes, etc. Une autre partie sert à l'imbibition du protoplasme et des membranes, ainsi qu'à la dissolution et à l'ionisation des substances qui réagissent les unes sur les autres dans la cellule. Quant à la portion la plus importante, elle a une fonction purement véhiculaire : elle amène aux cellules les sels nécessaires, puis elle est éliminée par la transpiration (fig. 377).

La sève, amenée par le pétiole, va se répandre à travers tout le limbe par des nervures de plus en plus fines, composées uniquement de trachéides (fig. 378). Puis elle passe dans les cellules parenchymateuses, où elle abandonne ses aliments salins. Ensuite elle se vaporise et se répand sous cette forme dans les méats intercellulaires; ceux-ci débouchent dans les chambres sous-stomatiques; enfin, par les stomates, la vapeur d'eau est déversée dans l'atmosphère.

Le stomate est constitué par une fente ménagée entre deux cellules spécialisées de l'épiderme (fig. 47).

La coupe verticale du stomate montre son fonctionnement (fig. 377). Quand les cellules sont turgescentes, elles tendent à s'arrondir et la fente, laissée entre elles, s'élargit. Dès que la turgescence diminue, l'ouverture se rétrécit.

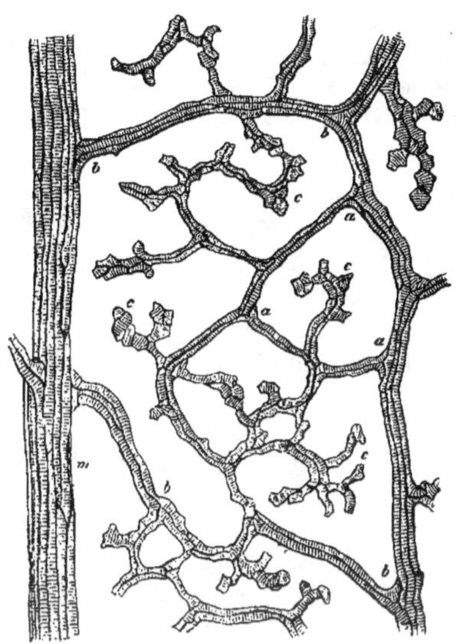

Fig. 378.

LES TERMINAISONS DES FAISCEAUX DANS LE PARENCHYME FOLIAIRE D'ANTHYLLIS VULNERARIS (Rosale).

m, grosse nervure; **a**, **b**, anastomoses; **c**, terminaisons.
(D'après Sachs. — Copié dans Nathansohn, 1912.)

Ainsi donc, lorsque la quantité d'eau augmente dans les cellules et que leur turgescence s'accroît, les stomates s'ouvrent et la transpiration est accélérée. Mais dès que la provision d'eau diminue et que la turgescence baisse, le courant transpiratoire se ralentit, par suite de la fermeture des stomates.

Fort intéressante est l'action de la lumière. Contrairement aux cellules épidermiques ordinaires, les cellules stomatiques contiennent souvent des plastides vertes (fig. 41). A la lumière elles produisent de la glycose, qui, en se dissolvant dans le suc cellulaire, augmente la pression osmotique : à la lumière, les stomates sont donc plus ouverts qu'à l'obscurité.

Les orifices transpiratoires ne sont pas répartis uniformément sur toute la surface de la feuille, ni également sur toutes les feuilles.

Répartition des stomates	Nombre de stomates, par mm², sur la	
	face supér.	face infér.
Olea europaea (Olivier)	0	625
Syringa vulgaris (Lilas)	0	330
Betula alba (Bouleau blanc)	0	237
Lilium bulbiferum (Lis Jaune)	0	62
—		
Helianthus annuus (Grand-Soleil)	175	325
Pisum sativum (Pois)	101	216
Zea Mays (Maïs)	94	158
Avena sativa (Avoine)	48	27
—		
Nymphaea alba (Nénuphar blanc)	460	0
—		
Potamogeton crispus	0	0

Le plus souvent les feuilles ont tous les stomales à la face inférieure, ce qui correspond d'ailleurs à la structure dorsiventrale du parenchyme foliaire (fig. 188, 189) : serré et très vert à la face supérieure, il est lâche et lacuneux à la face inférieure.

Mais quand les feuilles n ont pas une orientation constante, comme c'est le cas pour les Graminacées, le Pois, etc., il arrive fréquemment que leur structure n'est pas nettement différenciée, et alors les stomates garnissent les deux faces.

Les feuilles qui flottent à la surface de l'eau, comme celles des Nénuphars, n'ont évidemment de stomates qu'en haut.

Quant aux feuilles complètement submergées, par exemple *Potamogeton crispus*, elles n'ont pas de stomates du tout.

En moyenne l'ouverture du stomate ne dépasse pas 0.000092 mm². Mais leur nombre compense leur petitesse. Le tableau ci-dessus n'est peut-être pas encore assez démonstratif à cet égard. Mais voici qui fera mieux saisir leur petitesse et leur multiplicité : sur la face inférieure d'une feuille d'Olivier, une surface grande comme cette petite tache ● porte 1960 stomates.

On conçoit donc que la quantité d'eau transpirée puisse être considérable :

Quantité d'eau évaporée en une heure par 100 cm² de feuilles (200 m² de surface), dans une belle lumière diffuse, vers 20°, l'humidité atmosphérique étant environ 50 %.

Phaseolus vulgaris (Haricot)	0.117 gramme
Hedera Helix (Lierre)	0.170	»
Helianthus annuus (Grand-Soleil)	0.500	»
Vicia Faba (Fève)	0.683	»

(D'après M. BARNES).

Voici quelques indications relatives à des plantes entières et à des périodes plus longues ; mais elles sont naturellement moins exactes. Une plante de Grand-Soleil perd par jour environ un litre d'eau. Un Bouleau portant 200,000 feuilles, et qui n'est pas un bien grand arbre, émet en une journée chaude d'été 500 litres d'eau ; mais si l'on tient compte de toute la période de végétation, on peut estimer l'évaporation journalière à 60-70 litres. On a calculé qu'un hectare de hêtraie déverse dans l'atmosphère 30.000 litres par journée moyenne d'été. D'ailleurs un gramme de substance foliaire fraîche de Hêtre est traversée dans le courant d'un été par 750 grammes d'eau ; et il faut bien que le courant liquide soit rapide, puisque pour faire un gramme de substance sèche, il faut que la plante ait transpiré 250 à 400 grammes d'eau.

Nous avons raisonné jusqu'ici comme si l'eau ne quittait la plante que par les stomates. Il est pourtant certain que malgré leur cuticule (fig. 42), les cellules épidermiques transpirent aussi. C'est ce que montre le tableau suivant.

La transpiration à travers la cuticule.

	Dimension de la surface transpiratoire en centim. carrés	Nombre de stomates par mm².		Eau transpirée en 24 heures, en mmg.
Atropa Belladona (Belladone)	20	haut	10	240
		bas	55	300
Syringa vulgaris (Lilas)	20	haut	100	300
		bas	150	600
Tilia sylvestris (Tilleul)	20	haut	0	200
		bas	60	490
Hedera Helix (Lierre)	20	haut	0	0
		bas	90	40

On voit que l'intensité de la transpiration n'est pas proportionnelle au nombre des stomates, tout au moins chez les espèces à cuticule mince, telles que la Belladone, le Lilas et le Tilleul, mais que la feuille de Lierre, fortement cuticularisée, ne transpire que par les stomates.

2. Régulation de la transpiration.

La quantité d'eau contenue dans l'économie doit se maintenir entre des limites assez étroites : les organes trop gorgés d'eau éclatent; ceux qui en manquent se fanent. Mais l'équilibre parfait entre l'absorption et l'élimination n'est pas toujours facile à obtenir. Beaucoup de Végétaux habitent des endroits humides où l'absorption est aisée mais où la transpiration est pénible ; d'autres ont au contraire les plus grandes difficultés à s'approvisionner en eau, et comme ceux-ci sont généralement entourés d'une atmosphère très sèche, ils sont sans cesse menacés de mourir de soif.

Nous avons déjà vu que les stomates s'ouvrent ou se ferment suivant que la plante est riche ou pauvre en eau. Mais à côté de cette régulation active, les Plantes possèdent aussi des moyens anatomiques par lesquels elles augmentent ou diminuent la vitesse de la transpiration.

Indiquons d'abord les facteurs, tant physiques que biologiques, qui influencent l'émission de vapeur d'eau.

La vitesse d'évaporation d'un liquide aqueux est principalement déterminée par l'étendue de la surface, par la concentration de la solution qui s'évapore et par l'humidité de l'air. Ce dernier facteur est complexe : pour une même quantité absolue de vapeur d'eau, l'humidité relative est d'autant moindre que la température est plus élevée et que la pression barométrique est plus faible. En outre, l'évaporation est influencée par les mouvements de l'air; il est évident que le vent active l'évaporation en balayant sans cesse l'air qui vient de se charger d'humidité, pour amener à sa place de l'air sec.

La Plante est naturellement impuissante à modifier la pression atmosphérique et la quantité absolue de vapeur d'eau dans l'air; mais elle est en état d'agir sur tous les autres facteurs.

A ces facteurs physiques s'ajoutent maintenant des facteurs biologiques. Le suc cellulaire n'est pas immédiatement en contact avec l'air, mais est séparé de lui par du protoplasme et par une membrane cellulaire. Or, celle-ci est souvent imprégnée de cutine, pratiquement imperméable à l'eau (voir fig. 42). La transpiration est alors limitée aux stomates et elle dépend donc de leur nombre et de leur grandeur. Elle varie aussi avec la largeur des vides qui séparent les cellules du parenchyme foliaire, et avec la rigidité des tissus : toute secousse reçue par l'organe produit dans les méats intercellulaires des compressions et des dilatations alternatives, qui expulsent à travers les stomates l'air saturé et font rentrer l'air plus sec du dehors. Enfin la lumière intervient : non seulement elle provoque l'ouverture des orifices, mais elle détermine encore directement une certaine transpiration; en effet, une partie de l'énergie lumineuse est employée à vaporiser l'eau.

Nous pouvons maintenant examiner les procédés de régulation; souvent la simple mention du dispositif suffit sans qu'il soit nécessaire de le commenter.

a. Accélération de la transpiration.

1. *Augmentation de la surface transpiratoire.*

α. Grandeur des feuilles.
β. Amincissement des feuilles.

γ. Production de poils qui restent vivants et qui transpirent activement (fig. 379).

δ. Présence d'une couche cireuse qui empêche que les feuilles restent mouillées après la pluie.

2. *Enlèvement rapide de la vapeur d'eau.*

α. Position superficielle des stomates. Ils sont même parfois saillants (fig. 379).

β. Mobilité des feuilles, et largeur des lacunes intercellulaires.

3. *Augmentation de la perméabilité épidermique (minceur de la cuticule), et multiplication des stomates.*

4. *Augmentation de l'éclairement.*

Si la feuille présentait à la lumière une surface de réception plane, les rayons obliques n'y pénétreraient guère ; or, dans le fond d'une forêt équatoriale la lumière est tout à fait diffuse, et il devient donc très utile de pouvoir capter les rayons presque horizontaux ; aussi beaucoup de feuilles ont-elles une surface fortement bulleuse (fig. 379). Chez d'autres, chaque cellule épidermique de la face supérieure forme une saillie conique ou hémisphérique, par laquelle les rayons, même obliques, pénètrent dans les tissus (fig. 379, 380).

5. *Échauffement des feuilles.*

Même dans une atmosphère complètement saturée, comme l'est le plus souvent celle de la forêt équatoriale, la feuille pourra continuer à transpirer si sa température est supérieure à celle de l'ambiance. Cet échauffement est obtenu par l'absorption des rayons que la chlorophylle n'utilise pas, et par leur transformation en rayons moins réfrangibles, calorifiques. Les rayons verts, non employés par les plastides (voir vol. 1, p. 87), au lieu de passer à travers la feuille et de se perdre, sont arrêtés par la face inférieure (où sont les

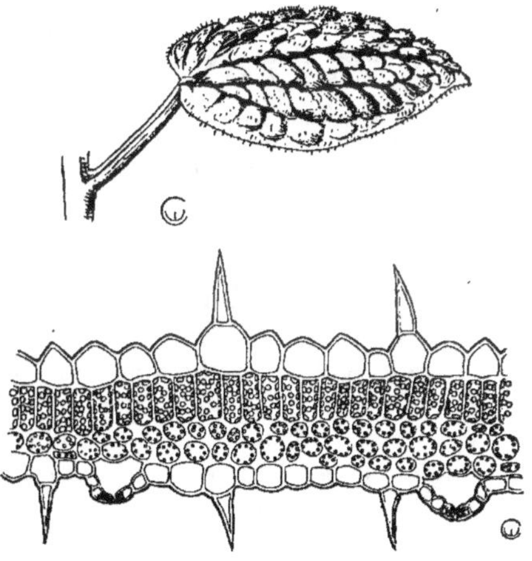

Fig. 379.
LES ADJUVANTS DE LA TRANSPIRATION DANS DES FEUILLES DE PLANTES HABITANT LE SOUS-BOIS ÉQUATORIAL.
En haut, feuille bulleuse de *Bertolonia vittata* (Myrtiflorale).
En bas, coupe verticale de feuille de *Ruellia Devosiana* (Tubiflorale).
Epiderme bulleux, surtout à la face supérieure, et portant des poils vivants ; stomates saillants.
(D'après une préparation de Mlle Van Opdenbosch.)

stomates les plus nombreux) par une couche pigmentée, rouge ou pourpre (fig. 380).

Beaucoup de feuilles possèdent, entre le parenchyme assimilateur et l'épiderme supérieur, un manteau d'air qui n'empêche pas l'entrée de la lumière, mais qui réduit la déperdition de la chaleur. C'est à cette couche d'air que beaucoup de feuilles du sous-bois doivent leurs taches miroitantes, par exemple chez certains *Begonia*. Il suffit d'appuyer fortement sur la tache pour la faire disparaître.

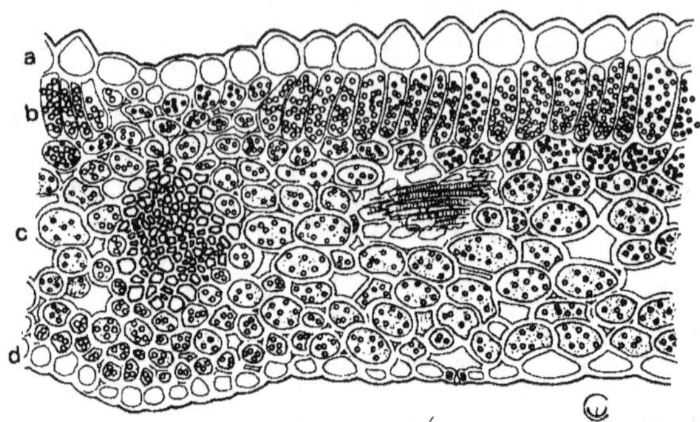

Fig. 380.

LES ADJUVANTS DE LA TRANSPIRATION DANS LA FEUILLE DE HAEMARIA DISCOLOR (MICROSPERMALE), HABITANT LE SOUS-BOIS ÉQUATORIAL.
a, épiderme supérieur à parois convexes; **b**, tissu palissadique; **c**, tissu lacuneux à suc cellulaire coloré en rouge; il contient deux nervures; **d**, épiderme inférieur avec stomates.
(D'après une préparation de Mlle VAN OPDENBOSCH.)

b. Ralentissement de la transpiration.

Les dispositifs propres à réduire la perte d'eau, se rencontrent surtout dans les déserts. Toutefois, des pays relativement pluvieux, tels que ceux de l'Europe occidentale, renferment aussi des endroits secs, par exemple les dunes, les alluvions marines et les rochers.

1. *Amoindrissement de la surface transpiratoire*

α. Petitesse ou absence de feuilles. Beaucoup de plantes n'ont plus de feuilles du tout, et leur assimilation s'opère par les tiges vertes. C'est le cas pour la plupart des Cactacées (voir vol. 1, p. 251), pour des *Euphorbia* (voir vol. 1, p. 223), et pour les plantes à aspects de Genêt (fig. 381).

β. **Chute des feuilles en automne.** Pendant l'hiver les plantes ont beaucoup de peine à se procurer de l'eau. Aussi la plupart des arbres et des arbustes de nos régions laissent-ils tomber leurs feuilles en automne.

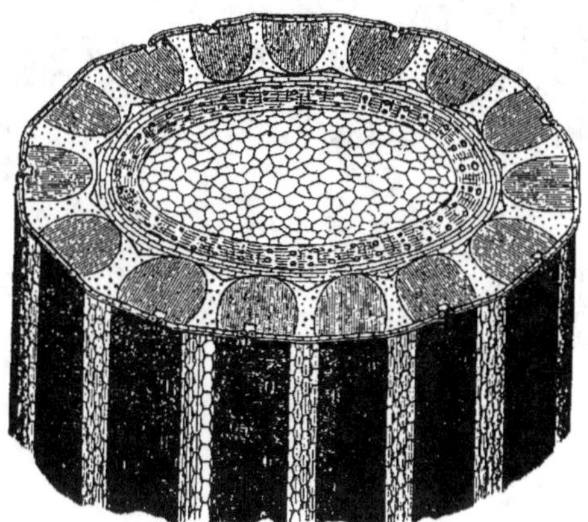

Fig. 381.

LA STUCTURE DE LA TIGE DE SPARTIUM JUNCEUM (ROSALE),
SERVANT A L'ASSIMILATION ET A LA TRANSPIRATION.
(D'après KERNER, 1890.)

2. *Stagnation de la vapeur.*

α. **Position abritée des stomates.** Quelquefois le stomate est précédé d'un vestibule (fig. 383). Ailleurs la feuille s'enroule ou se plie, soit vers le bas (fig. 382), soit vers le haut (fig. 385) Souvent les stomates sont en outre logés dans des gouttières (fig. 385). Beaucoup de plantes de lieux secs ont des feuilles couvertes de poils morts qui immobilisent l'air au voisinage des stomates (fig. 384).

β. **Disposition serrée des feuilles.** Beaucoup de plantes de lieux secs ont la forme de coussinets, ce qui est dû à ce que les feuilles sont serrées les unes contre les autres, par exemple *Armeria maritima*.

γ. **Rigidité des feuilles.** On la remarque très nettement dans les dunes : sur les monticules, qui sont secs, les feuilles sont raides (fig. 385, feuilles marquées 1 et 3) ; dans les fonds, au contraire, elles sont tendres

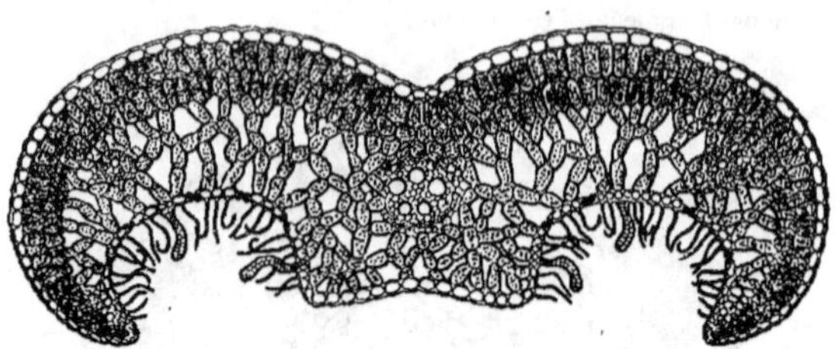

Fig. 382.

STOMATES LOGÉS AU FOND D'UN SILLON.

Coupe transversale de la feuille de *Loiseleuria procumbens* (Éricale). Tous les stomates s'ouvrent dans le sillon compris entre la nervure médiane et le bord de la feuille recourbée vers le bas. Le sillon est encore obstrué de poils. (D'après KERNER, 1900).

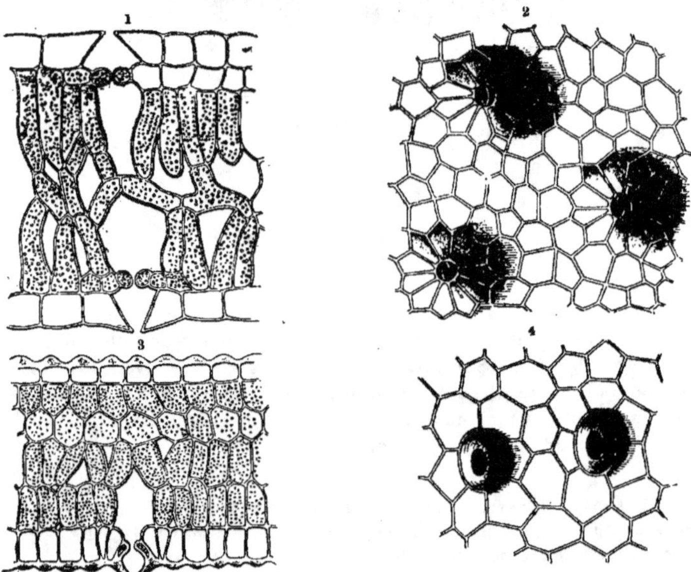

Fig. 383.

STOMATES AVEC VESTIBULES, DE PROTÉACÉES AUSTRALIENNES.

1, 2, *Hakea florida*, feuille en coupe, et vue de la face inférieure. 3, 4, *Protea mellifera*, feuille en coupe, et vue de la face inférieure.
(D'après KERNER, 1890.)

et molles (fig. 385, feuilles marquées 2). En même temps les méats intercellulaires se réduisent beaucoup.

Nous venons de voir que la plupart de nos plantes ligneuses perdent leurs feuilles en
automne; celles qui les conservent ont un feuillage dur et raide : Buis, Houx, Pins, etc.

3. *Diminution de la perméabilité épidermique (épaisseur de la cuticule) et rareté des stomates.*

4. *Diminution de l'éclairement.*

Les feuilles au lieu de s'exposer normalement à la lumière, se placent
verticalement, de façon que les rayons les plus chauds glissent sur la
surface sans y pénétrer (fig. 190, 387ᴅ). Quelques espèces ont encore un

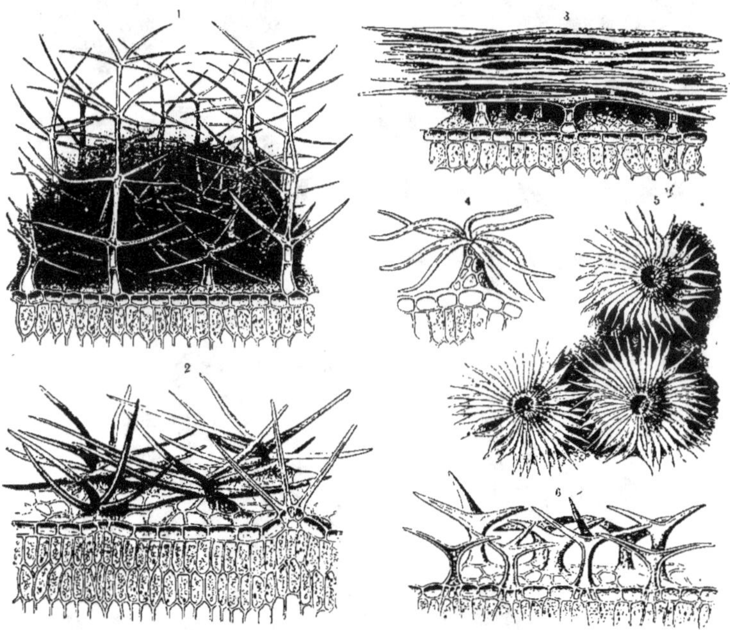

Fig. 384.

TAPIS DE POILS MORTS, A LA FACE SUPÉRIEURE DES FEUILLES.

1, *Verbascum thapsiforme* (Tubiflorale); **2**, *Potentilla cinerea* (Rosale); **3**, *Artemisia
Mutellina* (Campanulale); **4**, *Correa speciosa* (Géraniale); **5**, *Elaeagnus augustifolia*
(Myrtiflorale); **6**, *Aubrietia deltoidea* (Rhéadale).
(D'après KERNER, 1890.)

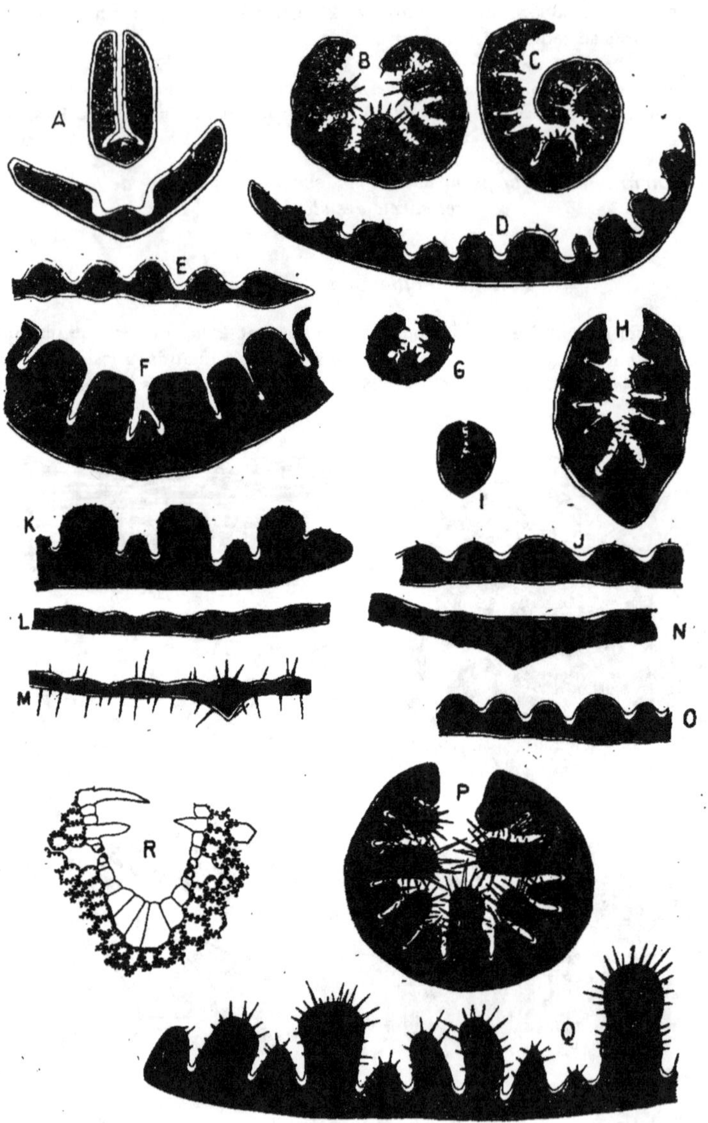

Fig. 385.

LES MOYENS DE PROTECTION DE QUELQUES GRAMINACÉES DES DUNES ET DES ALLUVIONS
MARINES CONTRE LA TRANSPIRATION EXCESSIVE.

Fig. 385.

LES MOYENS DE PROTECTION DE QUELQUES GRAMINACÉES DES DUNES ET DES ALLUVIONS MARINES CONTRE LA TRANSPIRATION EXCESSIVE.

L'épiderme est en blanc; les stomates sont représentés par des points. Le tissu assimilateur est en pointillé. Le tissu mécanique est hachuré obliquement dans les deux sens.

A *Atropis maritima*, ouvert et plié, (1). **J** *Festuca elatior*, (2).
B *Agropyrum junceum*, (1). **K** *Koeleria cristata*, (1).
C *Agropyrum pungens*, (1). **L** *Phleum arenarium*, (4).
D *Agropyrum acutum*, (1). **M** *Bromus tectorum*, (2).
E *Agropyrum repens*, (2). **N** *Arrhenatherum elatius*, (2).
F *Elymus arenarius*, (1). **O** *Agrostis alba*, (2).
G *Corynephorus canescens*, (3). **P** *Ammophila arenaria*, fermé (1).
H *Festuca rubra*, (1). **Q** *Ammophila arenaria*, ouvert (1).
I *Festuca ovina*, (3).

R Fond d'un sillon de la face supérieure de la feuille d'*Ammophila arenaria*, montrant l'épiderme avec des cellules petites et des cellules bulleuses, deux stomates et des poils, et le tissu assimilateur. Ce sont les cellules bulleuses, logées au fond de chaque pli, qui déterminent l'étalement et l'enroulement des feuilles. Quand les tissus sont gorgés d'eau, les cellules bulleuses grossissent beaucoup et leur pression ouvre le sillon ; quand l'eau fait défaut, les cellules bulleuses sont les premières à perdre leur turgescence, et les cellules voisines, encore turgescentes, les écrasent, ce qui referme le sillon.

(1) Ces espèces habitent soit les alluvions salées, soit les dunes sèches. Grâce aux cellules bulleuses, leurs feuilles peuvent s'ouvrir ou se refermer, suivant les besoins. Tissu mécanique très développé : les feuilles sont raides.

(2) Ces espèces habitent les fonds humides. Leurs feuilles n'ont pas de cellules bulleuses et sont incapables de s'enrouler. Guère de tissu mécanique : les feuilles sont molles.

(3) Ces espèces habitent les dunes sèches. Leurs feuilles ont perdu la faculté de s'ouvrir. Tissu mécanique très développé : les feuilles sont raides.

(4) Cette espèce habite les dunes, mais elle ne vit que pendant l'hiver, quand l'eau est abondante. Ses feuilles n'ont pas de cellules bulleuses et elles sont molles.

On remarque aussi que les feuilles marquées (1) et (3) n'ont de stomates que sur la face supérieure, bien protégée, tandis que les feuilles marquées (2) et (4) en ont le plus souvent sur les deux faces.

petit perfectionnement : leurs feuilles ne sont pas seulement verticales, elles se courbent à la base de façon à ce que toutes se placent dans le plan Nord-Sud; ainsi le soleil de midi les effleure à peine (fig. 386).

5. *Diminution de l'échauffement.*

Il est évident que les feuilles placées verticalement absorbent aussi moins de chaleur, surtout si comme celles d'*Atriplex portulacoides* (fig. 387D), elles sont en même temps protégées par un feutrage de poils blancs, réfléchissant les rayons solaires.

6. *Concentration du suc cellulaire.*

On la remarque sur toutes les plantes des endroits salés, mais elle n'est peut-être qu'un résultat inévitable de la transpiration.

16

a) Plantes d'endroits secs.

Aux particularités de structure qui agissent directement sur la transpiration, les plantes des lieux secs en ajoutent souvent d'autres. Beaucoup d'entre elles font une provision de liquide pendant les pluies, le mettent en réserve dans leurs tissus, et l'utilisent ensuite avec les plus grandes ménagements. Le liquide s'accumule dans des bulbes, dans des tubercules (fig. 114, 115), dans des tiges charnues (fig. 113), ou dans les feuilles (fig. 181, 387).

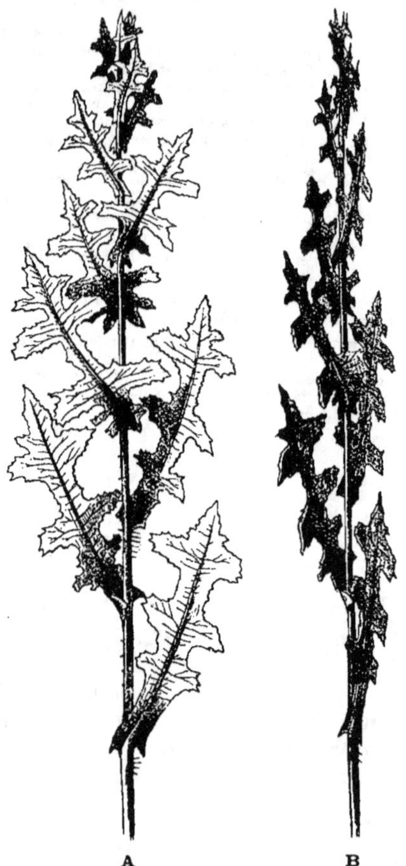

Fig. 386. — La position a la fois verticale et méridienne des feuilles de Lactuca scariola (Campanulale).
A, tige vue de l'Est; B, la même vue du S.-S.-W. (D'après Kerner, 1890.)

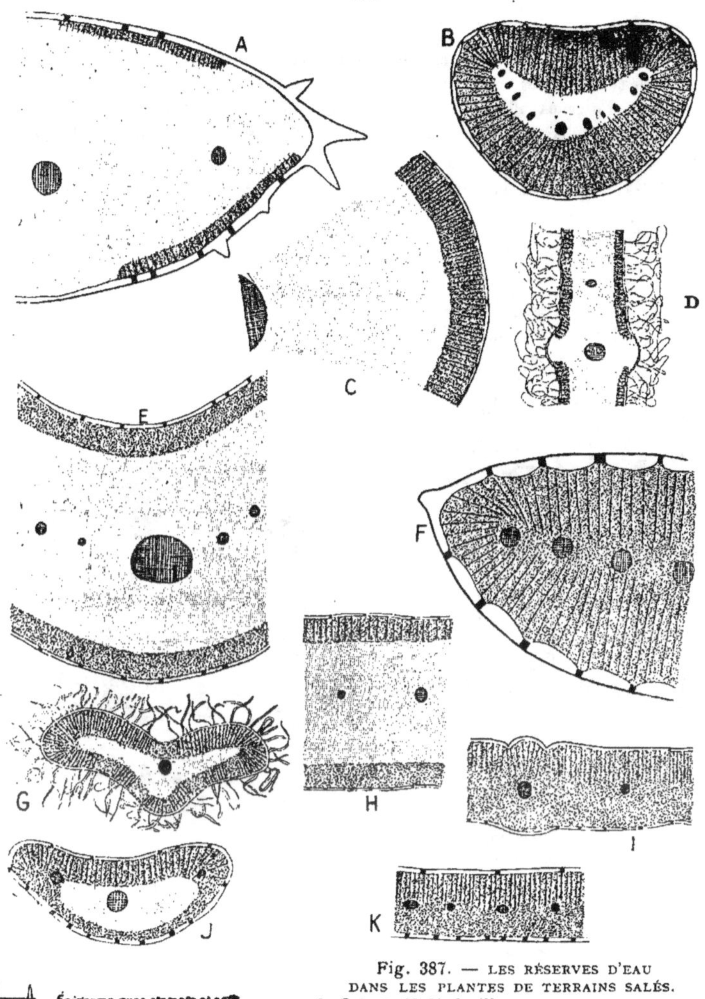

Fig. 387. — LES RÉSERVES D'EAU
DANS LES PLANTES DE TERRAINS SALÉS.

A *Salsola Kali*, feuille.
B *Suaeda maritima*, feuille.
C *Salicornia herbacea*, tige.
D *Atriplex portulacoides*, feuille.
E *Plantago maritima*, feuille.
F *Arenaria peploides*, feuille.
G *Artemisia maritima*, feuille.
H *Aster Tripolium*, feuille.
I *Glaux maritima*, feuille; le tissu aquifère
    n'est pas différencié.
J *Armeria maritima*, feuille.
K *Statice Limonium*, feuille; le tissu aquifère
    n'est pas différencié.

Il existe aussi du tissu aquifère chez les Plantes habitant des endroits très humides, par exemple le sous-bois des forêts équatoriales. Mais alors la réserve d'eau n'est pas cachée à l'intérieur des organes; elle est tout à fait superficielle (fig. 388) et elle doit être considérée plutôt comme un débarras où le végétal dépose provisoirement l'eau avant de l'expulser par la transpiration.

D'autres organismes supportent impunément une dessiccation, même complète et

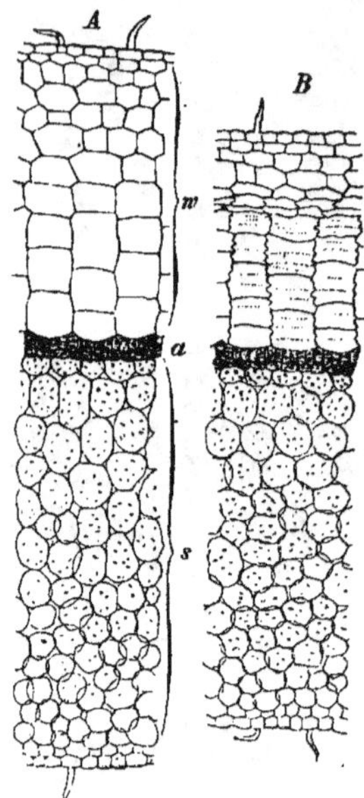

Fig. 388. — LE TISSU AQUIFÈRE DE LA FEUILLE DE PEPEROMIA TRICHOCARPA (PIPÉRALE).

A, feuille fraîche, pleinement turgescente; **B**, feuille détachée de sa tige depuis 4 jours, à 18°-20°: le tissu aquifère, et à un moindre degré le tissu lacuneux, ont perdu de l'eau. **a**, tissu assimilateur; **s**, tissu lacuneux.

(D'après M. HABERLANDT.)

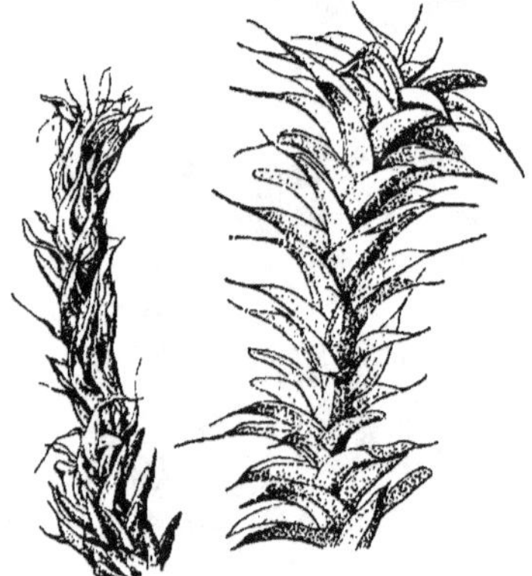

Fig. 389.

LA REVIVISCENCE CHEZ UNE MOUSSE (BARBULA RURALIS), HABITANT LES DUNES LITTORALES.

A gauche, une tige desséchée. A droite, la même tige une minute après qu'elle a été mouillée : les feuilles se sont recourbées vers le dehors et ont recommencé à fonctionner.

prolongée. Ce sont surtout des Protococcées habitant les troncs d'arbres (voir vol. 1, fig. 354), des lichens, des Bryophytes (fig. 389). Ils peuvent rester desséchés et raccornis pendant des semaines; dès qu'une pluie survient ils s'étalent et se remettent à vivre.

Il y a aussi des plantes d'endroits secs qui ne présentent pas d'autre adaptation que leur vitesse de développement : la graine germe, la plante produit des feuilles, des fleurs et des fruits, les graines mûrissent... et tout est terminé avant la fin de la saison humide. C'est le cas, dans nos pays, pour beaucoup de plantes annuelles hivernales (fig. 335 L).

b) Plantes d'endroits humides.

Beaucoup de plantes ne réussissent pas à éliminer par la transpiration l'eau que leurs racines puisent dans le sol; elles émettent de l'eau à l'état liquide. Vers la fin du jour et pendant la nuit, des gouttelettes liquides sont excrétées, soit par les stomates aquifères qui occupent l'extrémité ou le bord des feuilles (fig. 390, 391), soit par des glandes spéciales qui se trouvent à la surface du limbe (fig. 392).

Parfois les glandes ou les stomates aquifères expulsent en même temps que de l'eau, une petite quantité de sels calcaires qui restent sur la feuille après l'évaporation du liquide et qui y forment des auréoles blanchâtres (fig. 358).

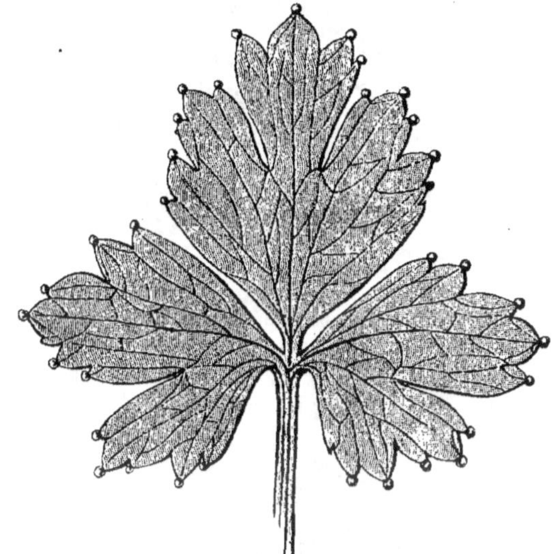

Fig. 390. — LES STOMATES AQUIFÈRES SUR LES DENTS DE LA FEUILLE
DE RANUNCULUS REPENS.
(D'après Mme SCHOUTEDEN-WERY, 1913.)

V. LA PHOTOSYNTHÈSE.

Voici que des substances minérales de tout genre sont réunies dans les feuilles; les unes amenées par la sève : eau, phosphates, sulfates, nitrates... de potassium, de calcium, de magnésium, de fer, etc; les autres venant de l'atmosphère : anhydride carbonique et oxygène.

Pour mettre en œuvre ces matériaux bruts, et les transformer en corps organiques, il faut que la plante dispose d'une source d'énergie. Nous savons que cette énergie est la lumière et qu'elle est captée par une chromophylle (voir vol. 1, p. 83).

De tous les composés organiques produits par l'assimilation chlorophyllienne, l'amidon est celui qui se laisse le plus facilement mettre en évidence. Aussi est-ce à lui qu'on s'adresse d'habitude quand on veut

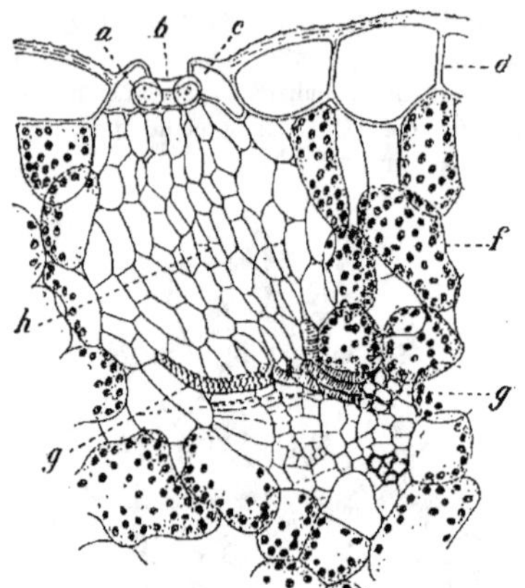

Fig. 391.

UN STOMATE AQUIFÈRE DE ROCHEA COCCINEA (ROSALE).

a, b, c, les cellules du stomate; **d**, épiderme; **f**, tissu assimilateur;
g, trachéides terminales d'un faisceau;
h, cellules interposées entre les trachéides et le stomate.
(D'après DE BARY.)

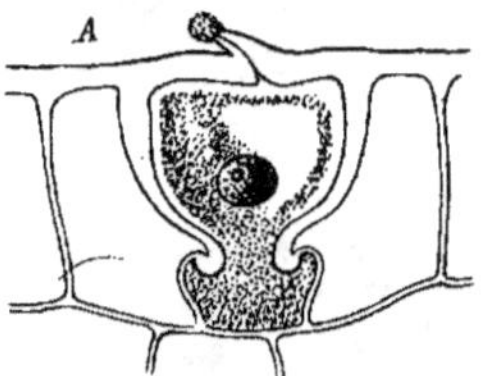

Fig. 392.

GLANDE SÉCRÉTANT DE L'EAU, DE GONOCARYUM PYRIFORME.
(D'après M. HABERLANDT.)

démontrer la photosynthèse. Mais on ne peut jamais oublier que c'est dans la feuille, et grâce à la captation de l'énergie lumineuse, que s'élaborent aussi les albuminoïdes et même les graisses.

Nous ne reviendrons pas ici sur les processus chimiques qui conduisent à la synthèse de l'amidon. Quant aux étapes de la formation des albuminoïdes, elles sont encore inconnues.

A. Nature des organes d'assimilation.

Beaucoup de Protistes ont des cellules toutes semblables et toutes assimilatrices. Pourtant certaines Algues possèdent déjà à la périphérie du corps, une ou plusieurs couches de cellules plus riches en chromophylle (fig. 393, voir aussi vol. 1, fig. 365).

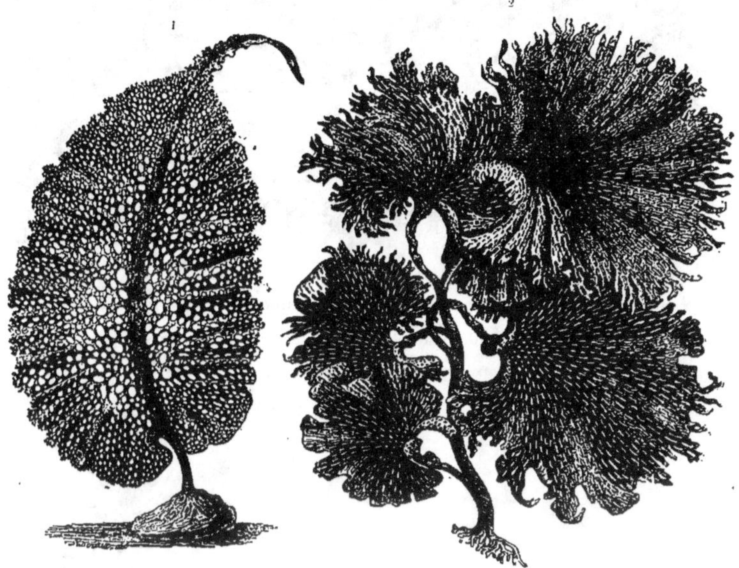

Fig. 393. — L'appareil assimilateur de floridées.
1, *Agarum Gmelini*; **2**, *Thalassophyllum Clathrus*. (D'après Kerner, 1891.)

Les Bryophytes ont des tissus assimilateurs spécialisés, soit à la surface des thalles (fig. 5), soit dans leurs feuilles (fig. 12, 17).

Chez les Ptéridophytes et les Phanérogames, ce sont les feuilles qui sont le siège de l'assimilation. Elles n'ont d'habitude qu'une vie assez courte, et elles se remplacent sans cesse. Pourtant *Welwitschia* (fig. 394), n'a pendant toute sa vie, qui dépasse un siècle, qu'une seule et même paire de feuilles; *Streptocarpus polyanthus* ne possède qu'une seule feuille, et ce n'est même pas une feuille, mais un cotylédon (fig. 395).

Plus rarement, les organes d'assimilation sont des tiges (fig. 395, 112, 117) ou des racines (fig. 83).

Fig. 394.

FEUILLES A CROISSANCE INDÉFINIE DE WELWITSCHIA MIRABILIS (GNÉTÉE), DANS LE DÉSERT DE NAMAQUA.

Chaque plante ne porte que deux feuilles, qui se déchirent progressivement; elles s'accroissent par le bas à mesure qu'elles meurent par le haut.

(D'après KERNER, 1891.)

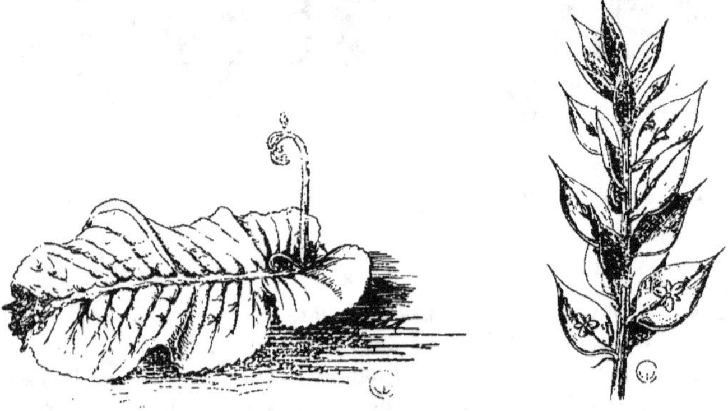

Fig. 395.

L'ASSIMILATION PAR UN COTYLÉDON PERSISTANT, ET PAR DES RAMEAUX PLATS.

A gauche, *Streptocarpus polyanthus* (Tubiflorale). Des deux cotylédons de la plantule, un seulement meurt. L'autre persiste toute la vie et constitue l'unique appareil d'assimilation : il meurt au bout distal et continue à croître en bout proximal. A droite, *Ruscus aculeatus* (Liliiflorale). La tige principale porte des écailles, à l'aisselle desquelles naissent des rameaux plats; ceux-ci se tordent à la base pour prendre la position verticale. Fleurs portées par les rameaux plats.

B. Protection des jeunes feuilles.

a) *Pendant la mauvaise saison.*

Alors que dans les régions équatoriales, à climat toujours humide et chaud, la croissance est continue, les Végétaux qui habitent les contrées où sévit un long hiver ou une saison sèche accentuée, sont à peu près inactifs pendant la mauvaise période. Ils préparent déjà les nouvelles feuilles à la fin de la bonne saison, ce qui leur permet de profiter immédiatement du retour du beau temps. Mais ces ébauches ont besoin d'être protégées.

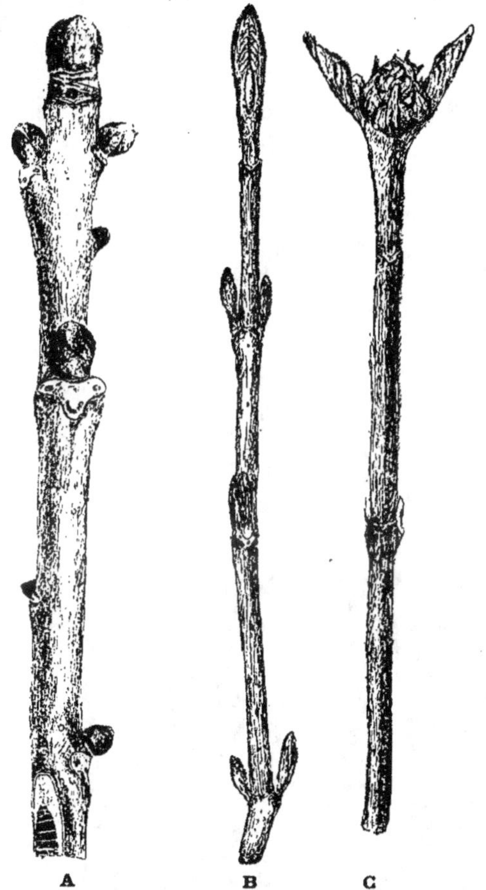

Fig. 396. — BOURGEONS NUS ET BOURGEONS COUVERTS D'ÉCAILLES.
B, C, *Viburnum Lantana* : rameaux terminés par un bourgeon à feuilles et par un bourgeon à fleurs; ces bourgeons sont nus. **A,** *Juglans regia* (Noyer) : bourgeons protégés par des écailles. (D'après Mlles COENRAETS ET D'HAENENS, 1922.)

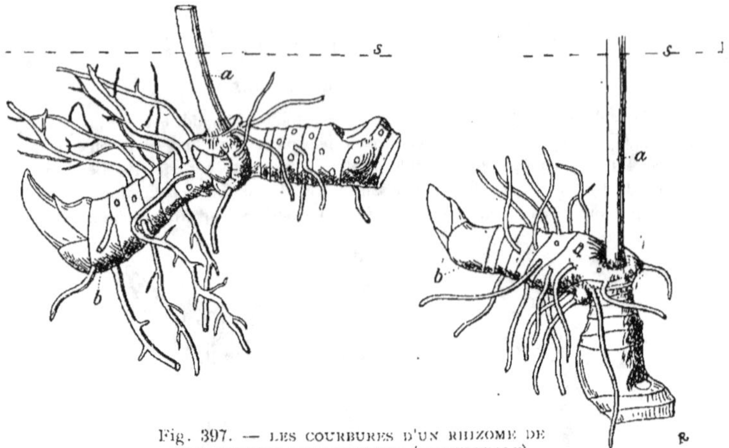

Fig. 397. — LES COURBURES D'UN RHIZOME DE
POLYGONATUM MULTIFLORUM (LILIIFLORALE).
A gauche, rhizome placé trop près de la surface du sol : il descend.
A droite, rhizome trop enfoncé : il remonte.
(D'après M. RAUNKIAER.)

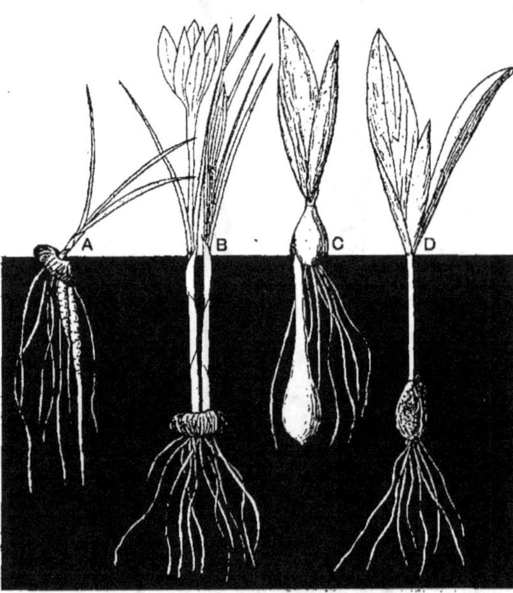

Fig. 398. — LE MAINTIEN DU NIVEAU SOUTERRAIN
ET LA SORTIE DES JEUNES FEUILLES.

Fig. 398.

A. *Crocus vernus*, planté au niveau du sol : deux racines épaisses se sont contractées et ont attiré obliquement le tubercule vers le bas. — Les trois écailles précédant les feuilles sont restées courtes.

B. *Crocus vernus*, planté à la bonne profondeur : pas de racines contractiles. — Les trois écailles sont devenues longues; la 3e a atteint la lumière; puis les feuilles et les boutons ont passé par la cavité bordée par les écailles.

C. Tulipe plantée au niveau du sol : le nouveau bulbe est poussé longuement vers le bas. — Les feuilles sont étalées depuis la base.

D. Tulipe plantée à la bonne profondeur : le nouveau bulbe est au niveau de l'ancien. — Chaque feuille a commencé par une portion cylindrique étroite et elle ne s'est étalée qu'à la lumière.

Les arbres et les arbustes ont les bourgeons dans l'air, directement exposés aux intempéries. Rarement ils ne sont protégés que par les feuilles externes (fig. 396), mais d'habitude ils sont entourés d'écailles, qui sont des feuilles modifiées (fig. 396, 176).

Les plantes herbacées enfouissent d'habitude leurs bourgeons sous terre, à un niveau qui est fixe pour chaque espèce. La constance de ce niveau est obtenue par divers procédés, entre autres par des courbures qu'exécutent les rhizomes (fig. 397), par la contraction de racines (fig. 398), par l'allongement d'entrenœuds (fig. 398), etc.

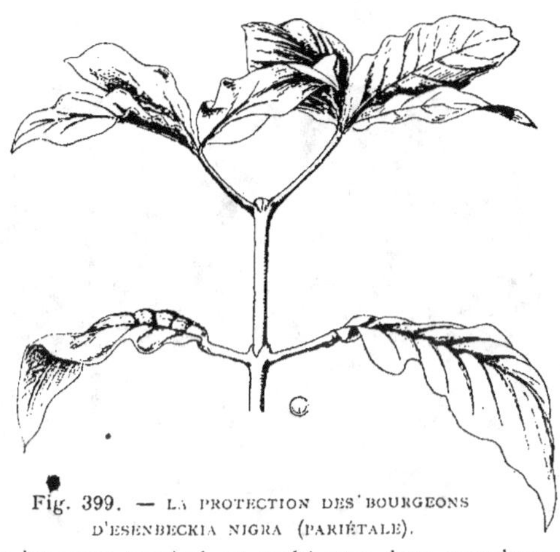

Fig. 399. — La protection des bourgeons
d'Esenbeckia nigra (pariétale).

Le bourgeon terminal est caché sous deux capuchons
contigus, provenant des deux feuilles supérieures Chacun
de ces capuchons enferme aussi le bourgeon axillaire.

b) *Pendant l'accroissement.*

Les jeunes organes foliaires sont fort délicats et les intempéries leur causeraient des dommages irréparables. Beaucoup de jeunes feuilles sont placées dans la gaine de feuilles plus âgées, par exemple chez les *Musa* (fig. 159); ailleurs, elles sont enfermées dans des stipules ou dans des organes analogues (fig. 399, 400). Souvent elles ont une position verticale, qui réduit beaucoup les dangers résultant de la pluie, du soleil et du froid (fig. 401); en outre, elles sont fréquemment colorées en rouge : elles se créent ainsi un écran qui abrite la chlorophylle contre les ardeurs du soleil. Enfin la plupart des jeunes feuilles sont encore protégées par leur enroulement, leur plissement, ou parce qu'elles sont serrées les unes contre les autres.

Les plantes dont les bourgeons sont souterrains se trouvent en face d'une difficulté de plus: leurs feuilles ont à s'ouvrir un chemin de bas en haut jusqu'à la lumière. Le plus souvent, les jeunes feuilles ont la forme d'un cylindre dur, lisse et pointu, et elles ne s'étalent qu'en pleine lumière (fig. 398); ou bien elles sont précédées par des écailles pointues qui forent un puits vertical par lequel se glisseront plus tard les feuilles et les fleurs (fig. 398, 402). Il y en a aussi qui sont recourbées en crochet pendant la sortie (fig. 403).

C. Mosaïque foliaire.

Pour que le végétal tire tout le parti possible de la lumière solaire, il faut que celle-ci arrive sans obstacle à l'ensemble des feuilles. Aussi ces dernières sont-elles disposées de façon à ne pas trop se faire concurrence,

Fig. 400.

LA PROTECTION DES JEUNES FEUILLES DE LIRIODENDRON TULIPIFERA (RANALE).
1, rameau jeune, dont les limbes commencent à se déplier; **2**, une jeune feuille repliée et recourbée, dans la loge formée par les stipules de la feuille précédente; **3**, les stipules antérieures de deux feuilles successives ont été enlevées pour montrer la position des jeunes feuilles dans les loges; **4**, chute des stipules.
(D'après Kerner, 1890.)

et à constituer une sorte de mosaïque, où tous les limbes sont exposés les uns à côté des autres aux rayons lumineux.

a) *Feuilles distiques*. La manière la plus simple d'assurer l'utilisation intégrale de la lumière consiste à placer les feuilles en deux rangées le long du rameau (fig. 401, 168).

Fig. 401.
LA PROTECTION DES JEUNES FEUILLES DE CINNAMOMUM (CANNELLIER).
Les feuilles adultes sont étalées horizontalement; les jeunes sont pendantes.

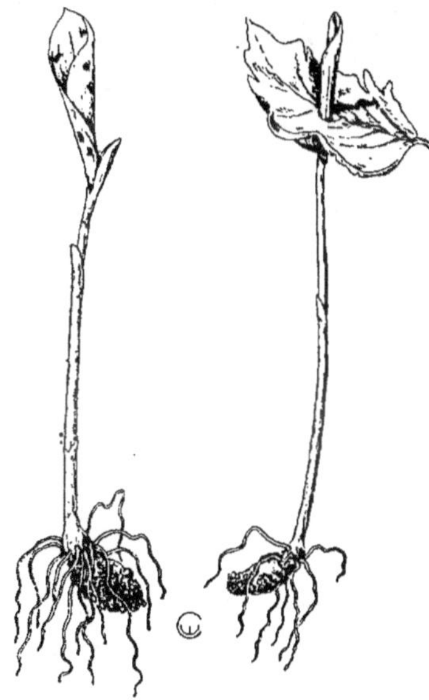

Fig. 402.
LA SORTIE DE TERRE DES FEUILLES D'ARUM MACULATUM (SPATHIFLORALE).
Des écailles successives s'allongent jusqu'à ce que la dernière atteigne la lumière; puis les feuilles, enroulées sur elles-mêmes, s'élèvent par la cavité du tube délimité par les écailles. A droite, une feuille qui a rencontré une feuille morte et qui l'a traversée. Lorsque le tubercule est placé par exception à la surface du sol, les écailles restent courtes.

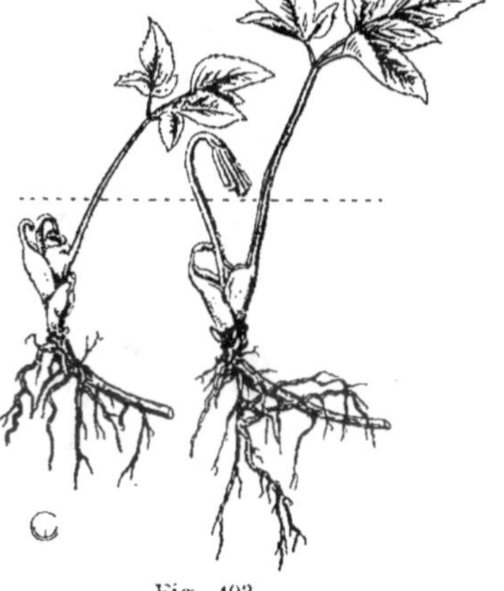

Fig. 403.
LA SORTIE DE TERRE DES FEUILLES D'AEGOPODIUM PODAGRARIA, (OMBELLIFLORALE).
Les deux bourgeons terminent des stolons souterrains venant de droite. Ils sont couverts d'écailles presque réduites aux stipules. Chaque limbe foliaire est d'abord enfermé dans une boîte formée par les stipules de la feuille précédente. Au moment où il s'en dégage, il est plissé et courbé vers le bas par un coude du pétiole. Puis la partie proximale du pétiole s'allonge vers le haut, appuyant contre la terre par son coude, jusqu'à ce que celui-ci atteigne la lumière (à la ligne interrompue). Le pétiole se redresse alors et le limbe se déplisse.

b) *Feuilles se plaçant dans un plan.*

Il y a aussi de nombreuses espèces dont les feuilles, quoique disposées tout autour du rameau, parviennent à se mettre toutes dans un même plan, par exemple par une torsion des entrenœuds et des feuilles (fig. 404).

c) *Feuilles en rosettes.*

Insérées très près les unes des autres et étalées sur le sol, par exemple chez *Plantago major* (grand Plantain).

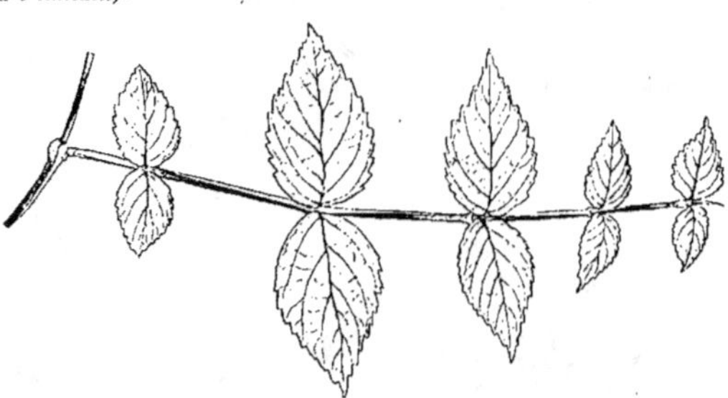

Fig. 404. — LA DISPOSITION DES FEUILLES EN UN PLAN.
Rameau horizontal de *Russelia sarmentosa*. Les feuilles sont opposées, décussées, mais des torsions des entrenœuds les ramènent toutes dans le plan horizontal; en outre, une torsion de la base de la feuille oriente sa face supérieure vers le haut.

Fig. 405 — L'INÉGALITÉ DES FEUILLES SUR UN MÊME RAMEAU.
Rameau oblique de *Centradenia floribunda* : les feuilles qui vont vers le haut restent petites, celles qui vont vers le bas deviennent plus grandes.
(Sur les rameaux dressés, les feuilles sont toutes semblables.)

d) *Inégal développement des feuilles.*

Quand des feuilles opposées-décussées occupent un rameau horizontal ou oblique, il arrive fréquemment que les feuilles qui sont dirigées vers le ciel restent plus petites et que celles qui regardent le bas deviennent plus grandes (fig. 405). Cette inégalité peut aller jusqu'à l'atrophie complète des feuilles du haut (fig. 411).

Un cas remarquable est celui où il y a alternativement une paire de feuilles qui devient grande (celle qui est insérée dans le plan horizontal), et une paire qui reste petite (celle qui est insérée dans le plan vertical (fig. 406).

Fig. 406.

LA DISPOSITION DE TOUTES LES FEUILLES DANS LE PLAN HORIZONTAL.

Rameau de *Randia gynostachys* (Rubiale), portant des feuilles opposées-décussées. Les feuilles insérées dans le plan horizontal sont bien développées ; mais celles qui sont dans le plan vertical restent écailleuses ; c'est à l'aisselle de ces écailles que naissent les fleurs.

e) *Inégal développement de parties du limbe.*

Les feuilles distiques sont fréquemment asymétriques, l'une des moitiés étant plus grande que l'autre (fig. 407). La même inégalité se remarque aussi pour les parties d'une même feuille, chaque segment ou chaque foliole étant plus grand du côté où il

Fig. 407.

FEUILLES A MOITIÉS INÉGALES, DE BEGONIA MACULATA (PARIÉTALE).

La plante est vue obliquement d'en haut.

y a le plus d'espace ; ailleurs de petits segments prennent place entre les grands.

f) *Inégale longueur des pétioles.*

Quand de nombreuses feuilles forment une rosette unique, elles risquent de se recouvrir Pour qu'elles se disposent en mosaïque, il est avantageux que les pétioles continuent à s'allonger après que les limbes ont atteint leur complet développement : de cette façon les feuilles inférieures éloignent de plus en plus leur limbe du centre de la rosette. Le même phénomène s'observe encore mieux chez des plantes aquatiques à feuilles flottantes.

g) *Torsion hélicoïdale des rameaux.*

Quelques plantes tordent leurs rameaux en hélice ; les feuilles sont toutes insérées vers le dehors (fig. 408).

D. Réflexes qui assurent la meilleure utilisation de la lumière.

L'intensité et la direction de la lumière se modifient à chaque instant et il faut donc que l'organisme effectue les réactions qui l'accommodent à ces conditions changeantes.

Grâce à leur stigma, les êtres unicellulaires mobiles se dirigent vers la lumière la plus favorable.

Les plastides vertes sont emportées par les courants cytoplasmiques (voir vol. 1, fig. 61). Dans une apocytie de *Vaucheria* (Algue verte) on les voit s'accumuler aux points éclairés (fig. 409). Dans les cellules assimilatrices elles se déplacent également suivant l'intensité de la lumière : elles s'étalent perpendiculairement à la lumière quand elle est modérée (fig. 410) ; elles s'y présentent de profil quand elle est trop forte ; à l'obscurité elles s'éloignent des membranes périphériques.

La feuille tout entière se courbe ou se tord de manière à offrir sa face supérieure à la lumière incidente (fig. 350). Un rameau dorsiventral, dévié de sa position d'équilibre, la reprend soit par une torsion, soit par une courbure (fig. 111). Beaucoup de feuilles possèdent des bourrelets

Fig. 408.

RAMEAU TORDU EN HÉLICE ET PORTANT TOUTES LES FEUILLES SUR LE FLANC EXTERNE DE COSTUS AFER (FARINOSALE).

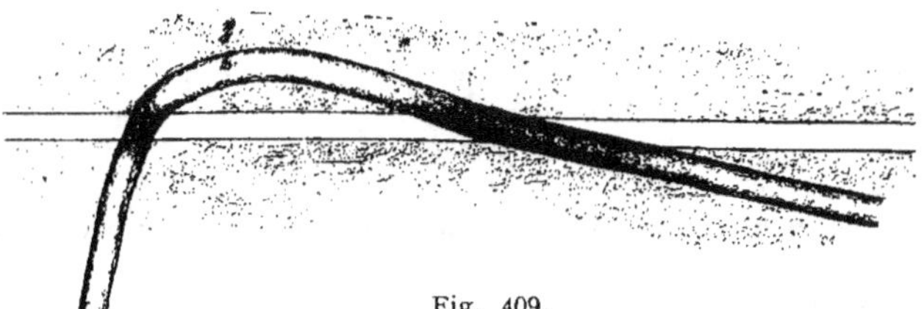

Fig. 409.

LES MOUVEMENTS DES PLASTIDES
SOUS L'INFLUENCE DE LA LUMIÈRE.

Rameau apocytaire de *Vaucheria*
(Algue verte) qui a été éclairé par une
fente : les plastides se sont accumulées
dans les portions éclairées.

(D'après M. Senn, 1908.)

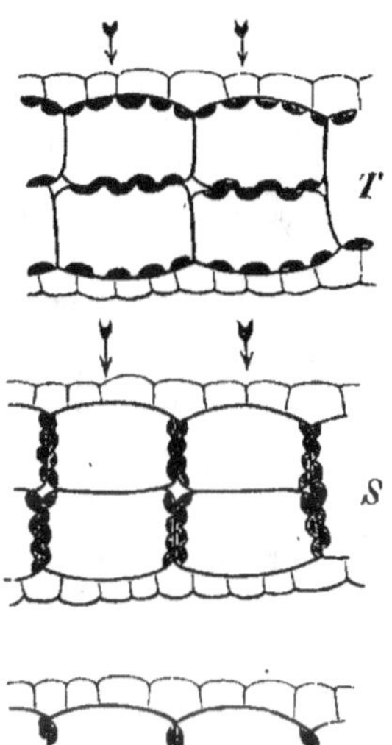

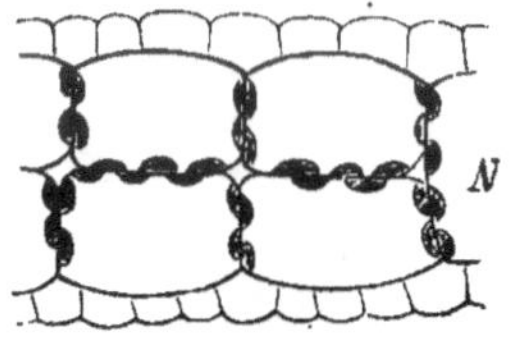

Fig. 410.

LES MOUVEMENTS DES PLASTIDES
SOUS L'ACTION DE LA LUMIÈRE.

Cellules de *Lemna trisulca*
soumises à des lumières d'intensité variable.
T, à la lumière diffuse du jour :
les plastides sont appliquées
contre les parois horizontales ;
S, à la lumière trop forte : les
plastides sont sur les parois
verticales ; **N**, à l'obscurité : les
plastides sont sur les parois
profondes.

(D'après M. Stahl, 1880. —
Copié dans Noll.)

Fig. 411.

LE RETOUR A LA POSITION NORMALE D'UNE TIGE
RETOURNÉE D'ELATOSTEMA SESSILE (URTICALE)

Une tige fut retournée de haut en bas. Les trois
feuilles proximales (dans le haut de la figure),
sont encore dans la position vicieuse ; le sommet
de la tige s'est courbé de façon à remettre les
feuilles dans leur orientation normale.

17

moteurs qui leur permettent de reprendre à tout moment la position normale (fig. 361) ou même d'exécuter chaque matin et chaque soir des « mouvements de veille et de sommeil » : le matin les limbes se placent horizontalement; le soir ils s'abaissent ou se relèvent pour se mettre verticalement (fig. 412).

A ces réflexes qui interviennent à tous les moments de la vie, s'en

Fig. 412.

LES MOUVEMENTS DE VEILLE ET DE SOMMEIL DE FEUILLES D'OXALIS ACETOSELLA.

1, Position des feuilles pendant le jour: les limbes sont étalés.

2, Position nocturne: les limbes sont pliés et abaissés.
(D'après L. ERRERA ET E. LAURENT, 1897.)

Fig. 413.

L'INFLUENCE DE LA LUMIÈRE SUR LA FORMATION DES ORGANES D'ASSIMILATION.

A gauche, plante de *Sempervivum tectorum* normale. A droite, une plante semblable qui a été gardée pendant 75 jours à une lumière trop faible : la tige s'est allongée, mais les feuilles sont restées petites.

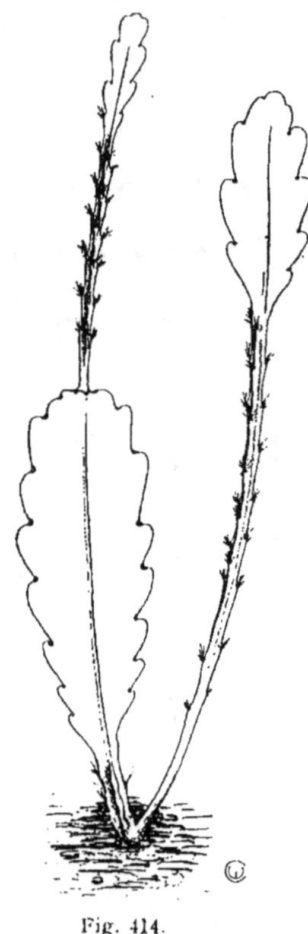

Fig. 414.

L'INFLUENCE DE LA LUMIÈRE SUR LA FORMATION DES ORGANES D'ASSIMILATION.

Une tige normale, aplatie, de *Phyllocactus crenatus* qui a été cultivée pendant 21 mois à une lumière insuffisante; elle a donné, en haut et en bas, deux rameaux minces. Puis elle a été replacée à une lumière convenable, les rameaux ont repris aussitôt leur forme plate, habituelle.

ajoutent d'autres qui n'apparaissent qu'une seule fois au début du développement de chaque organe.

Les feuilles ont une structure bien différente, suivant qu'elles vivent
à l'ombre ou au soleil (fig. 413, 414, 415). A la lumière faible, il ne naît
qu'un petit nombre de couches de cellules assimilatrices, en particulier

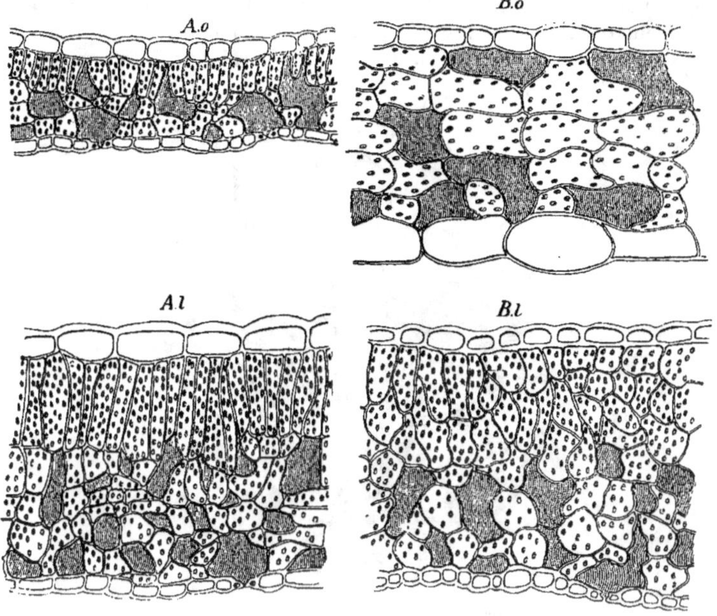

Fig. 415.

L'ACTION DE LA LUMIÈRE SUR LA STRUCTURE DES FEUILLES.

Ao, coupe dans une feuille de *Quercus pedunculata* (Chêne), à l'ombre. **Al**, coupe dans
une feuille en pleine lumière.
Bo, coupe dans une feuille de *Pteris aquilina*, à l'ombre. **Bl**, coupe dans une feuille en
pleine lumière.

(D'après M^mo SCHOUTEDEN-WERY, 1913).

de cellules palissadiques; à la lumière forte, la feuille est à la fois plus
verte, plus épaisse et plus dure.

Si la lumière est encore plus faible, les tissus assimilateurs ne se forment
plus guère.

Enfin, à l'obscurité ils manquent complètement. Chacun connaît les
longs jets de Pomme de terre qui poussent dans une cave. Ils sont très
différents des tiges ordinaires : leurs entrenœuds sont beaucoup plus
longs ; leurs tissus ne renferment guère que du parenchyme gorgé d'eau ;
les feuilles sont de simples petites écailles ; ils n'ont pas de chlorophylle ;

enfin ils sont fortement phototropiques et se dirigent en ligne droite vers le
soupirail de la cave. Toutes ces diverses particularités sont avantageuses
dans les conditions anormales où vivent ces Pommes de terre : les feuilles
et la chlorophylle ne serviraient à rien, puisque la lumière est nécessaire à
leur activité ; la simplification de la structure permet de produire de
longues tiges, avec une faible dépense de matériaux ; la longueur des tiges
et leur phototropisme facilitent leur arrivée à la lumière.

Beaucoup de plantes aquatiques ont des feuilles, les unes submergées,

Fig. 416.
LA DIFFÉRENCIATION DES FEUILLES D'UNE
PLANTE AQUATIQUE :
SAGITTARIA SAGITTIFOLIA (HÉLOBIALE).
a, feuilles aériennes ; b, feuilles flottantes ;
c, feuilles complètement submergées ; d, fleurs.
(D'après M. BELZUNG, 1900.)

les autres flottantes ou aériennes. Au point de vue de l'assimilation, les
feuilles submergées sont dans une situation très spéciale : elles ne reçoivent
qu'une lumière tamisée par son passage à travers l'eau ; de plus, leurs
échanges gazeux sont fort difficiles. En effet, si l'anhydride carbonique est
suffisamment soluble dans l'eau, il n'en est pas de même de l'oxygène ; ces
feuilles auront donc de la peine à se débarrasser de l'oxygène produit par
l'assimilation du carbone. Aussi sont-elles plus minces (fig. 416) et plus
découpées (fig. 417, 418), ce qui augmente leur surface de contact avec le
liquide et facilite la dissolution de l'oxygène. D'autre part, elles ont de la
chlorophylle jusque dans les cellules épidermiques (fig. 419), et elles
peuvent donc mieux utiliser la lumière.

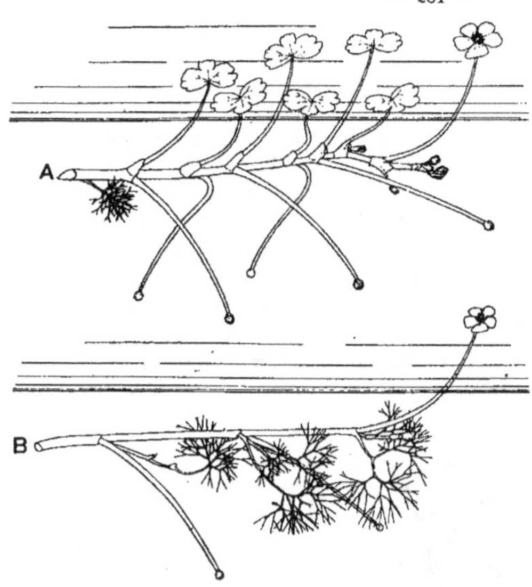

Fig. 418.
LA DIFFÉ-
RENCIATION
DES
FEUILLES DE
LIMNOPHILA
HETERO-
PHYLLA
(TUBI-
FLORALE).
(D'après
M. GOEBEL,
1900.)

Fig 417. — LES FEUILLES FLOTTANTES ET LES FEUILLES
SUBMERGÉES DE RANUNCULUS AQUATILIS (RANALE)
Feuilles flottantes, lobées; feuilles submergées, découpées
en lanières étroites. Le rameau supérieur a des feuilles de
deux sortes. Le rameau inférieur n'a que des feuilles submergées; il fleurit tout en étant encore dans la phase infan-
tile (pédogenèse). Les fleurs épanouies sont dans l'air;
après fécondation, elles se recourbent sous l'eau

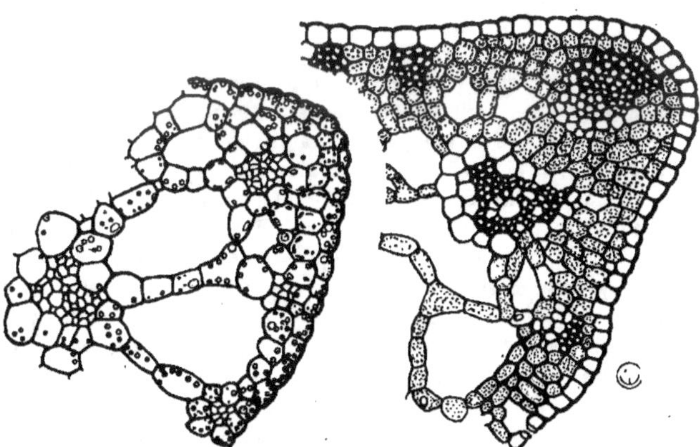

Fig. 419. — LA STRUCTURE COMPARÉE D'UNE FEUILLE SUBMERGÉE ET
D'UNE FEUILLE AÉRIENNE DE BUTOMUS UMBELLATUS (HÉLOBIALE).
A, feuille submergée: pas de stomates; plastides vertes dans l'épiderme.
B, feuille aérienne: stomates; pas de plastides dans l'épiderme.
(D'après une préparation de Mlle VAN OPDENBOSCH.)

VI. LA MIGRATION ET L'UTILISATION DES SUBSTANCES ÉLABORÉES.

Les matières organiques complexes, formées dans les cellules assimilatrices, n'y sont utilisées qu'en très faible partie. Elles doivent émigrer, soit pour être employées immédiatement dans les méristèmes, les zones de croissance, etc., soit pour être accumulées dans des réservoirs : sclérotes de Champignons, racines, tiges et feuilles charnues, tubercules, bulbes, rhizomes, albumen et cotylédon des graines, etc.

Pour passer à travers les parois cellulaires ou à travers leurs perforations, les substances doivent d'abord être solubilisées. Ici interviennent les multiples ferments que nous avons déjà passés en revue (voir vol. 1, p. 72).

Fig. 420. — LA MIGRATION DES SUBSTANCES ORGANIQUES.
Une Pomme de terre a germé sans aucune alimentation extérieure ; des matières de toute nature ont quitté le tubercule pour former des racines et des tiges. (D'après L. ERRERA ET E. LAURENT, 1897.)

Les grains d'amidon sont digérés et transformés en glycoses et en dextrines. Les graisses sont émulsionnées ou saponifiées. Les albuminoïdes sont décomposées en leurs constituants (voir vol. 1, p. 81). Parmi ces acides aminés, les albuminoïdes végétales donnent toujours des quantités notables d'asparagine et de glutamine. Il se produit en même temps des corps beaucoup plus riches en carbone. En effet, les albuminoïdes contiennent 52 % de carbone et l'asparagine seulement 38 %. Pour que l'asparagine, après sa migration, puisse de nouveau servir à constituer des matières protéiques, il faut donc qu'elle se combine avec des composés riches en carbone. Or, il semble que ceux-ci ne puissent être fournis que par l'assimilation chlorophyllienne immédiate, ou bien que la photosynthèse seule puisse opérer la reconstitution de la molécule albuminoïde dans les tiges et les feuilles. Toujours est-il qu'à l'obscurité l'asparagine s'accumule en grandes quantités, par exemple dans les tiges d'Asperges et les plantules de Pois, tandis qu'à la lumière, sous l'action de la chlorophylle, l'acide aminé disparaît au fur et à mesure de son arrivée, en entrant dans de nouvelles molécules albuminoïdes.

Si le transport des matières organiques ne se faisait que par diffusion, il serait d'une lenteur extrême. Mais il est aidé très efficacement par la circulation du protoplasme, qui amène les molécules d'un bout à l'autre de la cellule, et par les communications intercellulaires.

Quant au transport à longue distance, il se fait par les tubes criblés.

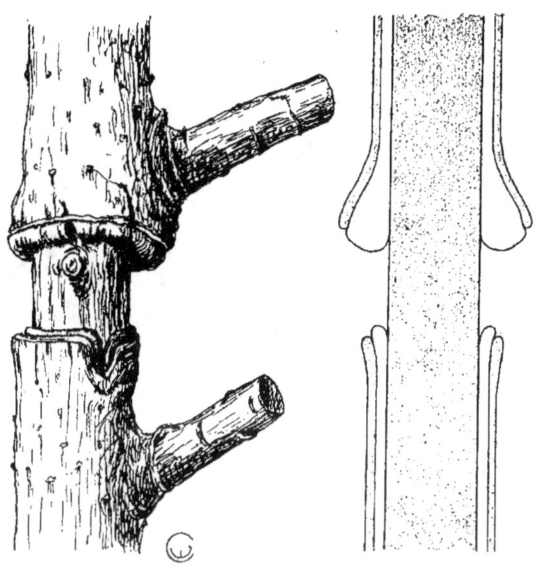

Fig. 421.
L'ACCUMULATION DE RÉSERVES ORGANIQUES A LA LÈVRE
SUPÉRIEURE D'UNE ANNÉLATION.
Tige d'*Alnus glutinosa* (Aune), a été annelée l'année précédente. A droite, coupe longitudinale schématique : en gris, le bois et le rhytidome; en blanc, le cambium et le liber.

C'est ce que montre nettement l'annélation pratiquée sur une tige (fig. 421). Quand on enlève le liber et l'écorce sur une hauteur de quelques centimètres, on voit que les matières organiques, arrêtées par l'interruption des tubes criblés, s'accumulent contre l'annélation. Comme le courant venant des feuilles est plus considérable que celui venant d'en bas, c'est la lèvre supérieure que se renfle le plus.

Un tronc d'arbre est le siège d'un double courant. L'eau et les matières brutes qui y sont dissoutes circulent dans des cellules mortes, qui sont les vaisseaux du bois jeune; les corps organiques, soit dissous, soit colloïdaux, passent par des éléments vivants : les tubes criblés du liber.

18

Il arrive pourtant que la sève des vaisseaux se charge aussi de matières hydrocarbonées. Ainsi la sève d'*Acer Saccharum* (Érable à sucre) contient jusqu'à 35 °/₀ de saccharose; celle d'*Acer platanoides*, de 1.15 à 3.4 °/₀; celle de *Betula alba* (Bouleau) 1.35 °/₀. Les sèves d'*Agave* et de certaines Palmacées fournissent, après fermentation, des liquides alcooliques (pulqué, vin de palme).

L'oxydation des substances organiques ne présente aucune particularité remarquable, et nous pouvons renvoyer à ce qui a déjà été dit (voir vol. 1, p. 89). Signalons toutefois que l'aération interne des tissus végétaux est facilitée par les méats aérifères qui les parcourent dans tous les sens, et que les organes plongés dans la vase possèdent des organes spéciaux (fig. 82), qui leur amènent de l'oxygène. Ces racines respiratoires ont des conduits aérifères particulièrement spacieux (fig. 422 B) ; elles ne se forment que lorsque leur présence est utile, c'est-à-dire quand la plante a des racines enfouies dans la vase ou dans l'eau (fig. 423).

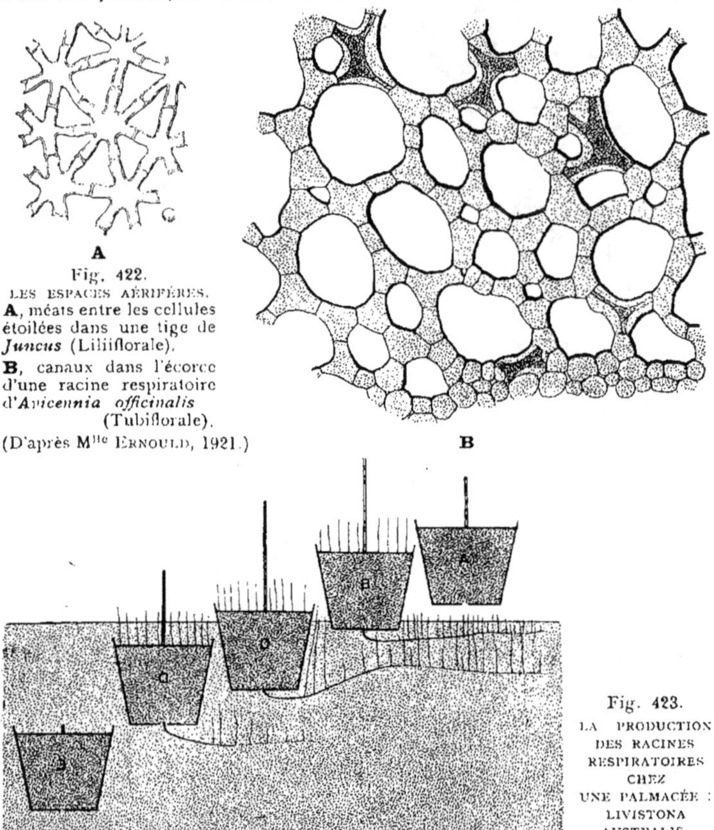

A

Fig. 422.

LES ESPACES AÉRIFÈRES.
A, méats entre les cellules étoilées dans une tige de *Juncus* (Liliiflorale).
B, canaux dans l'écorce d'une racine respiratoire d'*Avicennia officinalis* (Tubiflorale).
(D'après Mlle ERNOULD, 1921.)

B

Fig. 423.

LA PRODUCTION DES RACINES RESPIRATOIRES CHEZ UNE PALMACÉE : LIVISTONA AUSTRALIS.

A, plante cultivée hors de l'eau ; **B, C, D, E**, plantes cultivées plus ou moins profondément dans l'eau. La plante **E** est morte étouffée. Les plantes **B, C, D**, ont produit des racines respiratoires.　　　　　(D'après Mlle ERNOULD, 1921).

La combustion des corps hydrocarbonés donne d'habitude, outre l'eau et l'anhydride carbonique, des composés moins complètement oxydés, en particulier de l'acide oxalique. Celui-ci est toxique. La Plante s'en débarrasse ordinairement en le combinant au calcium; l'oxalate de calcium, étant insoluble, est chimiquement inoffensif. Mais il finirait par encombrer l'économie. Aussi le Végétal l'amasse-t-il dans le bois de cœur, où il ne gêne plus; il s'en élimine aussi de grandes quantités avec les feuilles qui tombent, ainsi que nous le verrons dans la partie consacrée à la géographie botanique.

B. Organismes allotrophes.

1. LES PLANTES CARNIVORES.

Certaines Plantes de terrains pauvres ont la faculté de capturer des Animaux, de les tuer, de les digérer, et d'absorber les produits de la digestion. Elles appartiennent principalement aux trois ordres des Sarra-

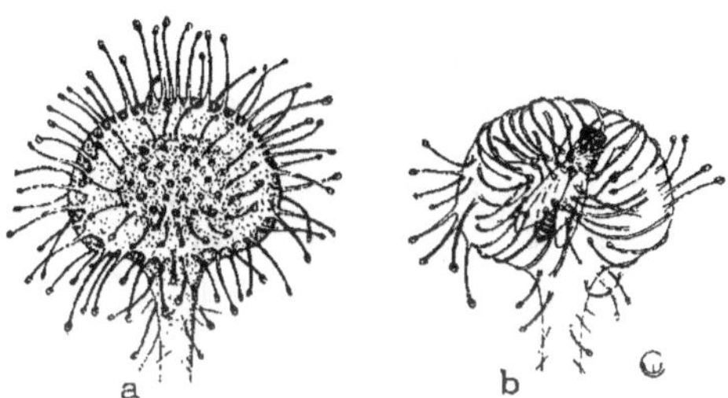

Fig. 424.

FEUILLES DE DROSERA ROTUNDIFOLIA.
a, feuille ouverte, avec les tentacules étalés; **b**, feuille dont les tentacules se sont refermés sur un Insecte.
(D'après L. ERRERA ET E. LAURENT, 1897.)

céniales (Droséracées, Sarracéniacées, Népenthacées), des Rosales (Céphalotacées) et des Tubiflorales (Lentibulariacées); toutes les espèces de ces cinq familles sont insectivores.

Le piège des *Drosera* (fig. 424) consiste en tentacules vivement colorés et terminés par une gouttelette brillante, qui attire les Insectes. Ceux-ci sont englués par le liquide, puis les tentacules voisins se recourbent sur la proie. L'Animal est bientôt étouffé. Alors commence la sécrétion d'acide formique, qui, s'ajoutant à la zymase protéolytique déjà présente dans le liquide, assure la solubilisation des albuminoïdes. Après deux jours, les tentacules ont absorbé tous les produits de la digestion, et il ne reste plus de l'Insecte qu'un squelette chitineux.

Les *Utricularia*, souvent aquatiques (fig. 84), ont des pièges en forme d'outres, munis d'un clapet mobile.

Les feuilles de *Nepenthes* (fig. 183) se terminent par une grande urne à moitié remplie de liquide, qu'un couvercle protège contre la pluie. Le liquide est sécrété par des glandes de la surface interne (fig. 425); il a des

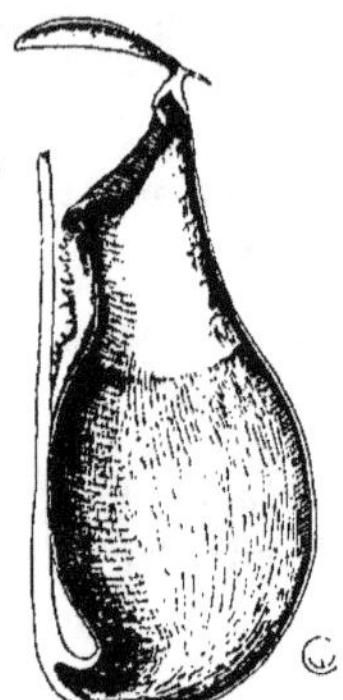

Fig. 425.
URNE DE NEPENTHES COCCINEA.
Elle est coupée longitudinalement pour montrer le couvercle, le rebord très glissant, et l'élargissement inférieur garni de glandes.
(D'après L. ERRERA ET E. LAURENT, 1897.)

propriétés digestives. L'urne est colorée en rouge, en violet, en jaune... les Insectes attirés par sa teinte finissent par s'aventurer sur le rebord glissant, et ils tombent dans l'urne où ils sont noyés, puis digérés.

II. LES MUTUALISTES.

D'une façon générale, les Animaux dépendent des Végétaux pour leur alimentation organique, et les Animaux fournissent aux Végétaux des matières minérales. De même, beaucoup de Bactéries et de Champignons vivent toujours ensemble, les uns préparant le terrain pour les autres.

Nous étudierons ici des cas plus spéciaux où des Protistes et des Végétaux contractent, soit entre eux, soit avec des Animaux, des associations à bénéfice réciproque.

I. LES NODOSITÉS RADICALES DES LÉGUMINÉES.

On sait depuis longtemps que les Papilionacées améliorent les terrains au point de vue de l'azote combiné : après une culture de Trèfle ou de Pois, la terre est enrichie en nitrates, en sels ammoniacaux, etc. malgré la grande masse d'albuminoïdes qu'a enlevée la récolte.

Les racines de ces Plantes portent de petites nodosités (fig. 426) dans lesquelles vivent des Bactéries (fig. 427) capables de fixer l'azote libre et de le combiner avec d'autres éléments pour faire des albuminoïdes. Grâce à cette propriété, les Léguminées prospèrent dans un sol très pauvre en azote.

2. LES MYCORHIZES.

Divers Champignons vivent en mutualistes dans les organes souterrains des Métaphytes; on donne à ces symbioses le nom de mycorhizes. Nous en avons déjà rencontré dans les prothalles de

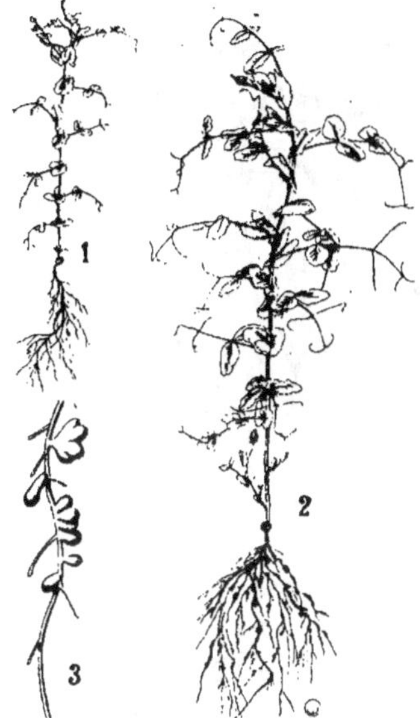

Fig. 426.

SYMBIOSE MUTUALISTE ENTRE RACINES ET BACTÉRIES.

1, *Pisum sativum* (Pois) cultivé dans
Sable pur . . . . . . 2000 gr.
Carbonate de calcium 2 »
Phosphate » 1 »
Sulfate » 1 »
Sulfate de potassium 1 »
Sulfate de magnésium 0,5 »
» ferreux . . . . 0,1 »
La plante est restée très chétive: elle manque d'azote.
2, une plante semblable, cultivée dans le même milieu, mais auquel on avait ajouté une Bactérie: *Rhizobium Leguminosarum*. Elle s'est développée très bien, malgré l'absence de nitrates et de sels ammoniacaux dans le sol: les Bactéries ont pénétré dans ses racines et y ont provoqué la naissance de nodosités. Ces Bactéries fixent l'azote atmosphérique.
3, racines avec les nodosités bactériennes.
D'après L. ERRERA ET E. LAURENT, 1897.)

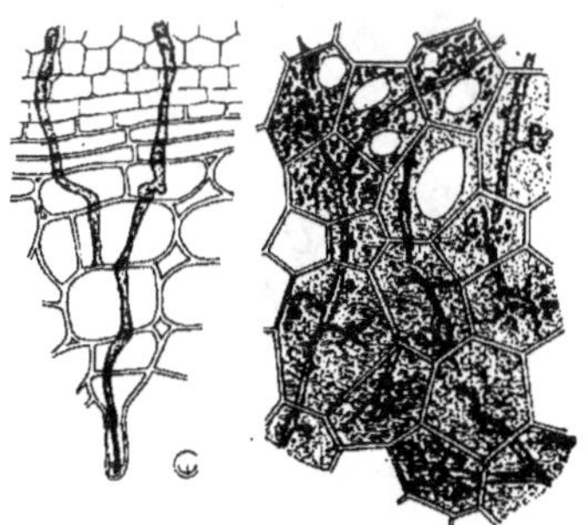

Fig. 427.

RHIZOBIUM LEGUMINOSARUM DANS LES CELLULES D'UNE NODOSITÉ RADICALE DE LÉGUMINÉE.
(D'après LAURENT.)

Botrychium (fig. 206) et de *Lycopodium* (fig. 227). Mais les plus répandues sont celles qui ont pour siège les racines de certaines Phanérogames.

Tantôt le Champignon constitue un revêtement superficiel (fig. 428, A, B, C), tantôt il pénètre dans les cellules corticales (fig. 428 D).

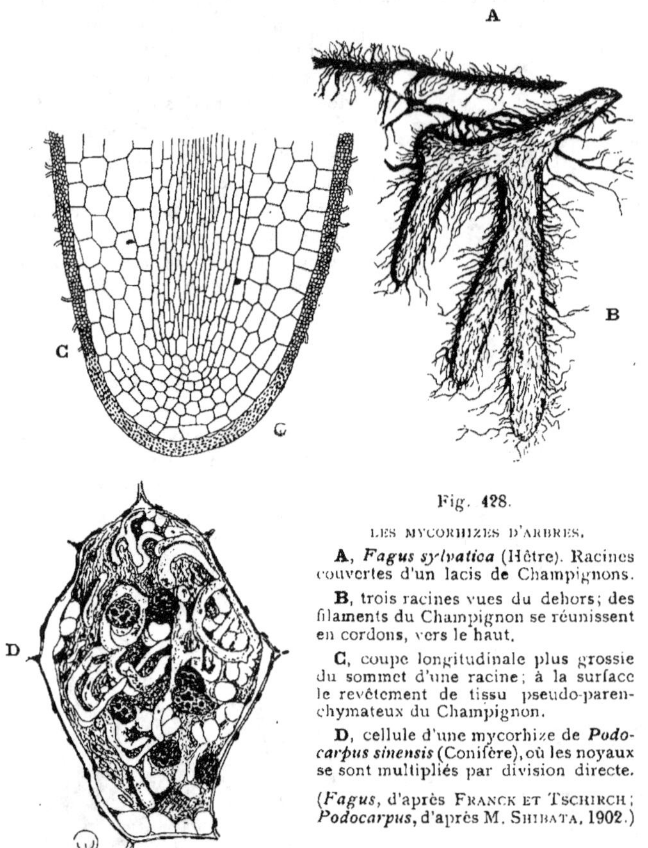

Fig. 428.

LES MYCORHIZES D'ARBRES.

A, *Fagus sylvatica* (Hêtre). Racines couvertes d'un lacis de Champignons.

B, trois racines vues du dehors; des filaments du Champignon se réunissent en cordons, vers le haut.

C, coupe longitudinale plus grossie du sommet d'une racine; à la surface le revêtement de tissu pseudo-parenchymateux du Champignon.

D, cellule d'une mycorhize de *Podocarpus sinensis* (Conifère), où les noyaux se sont multipliés par division directe.

(*Fagus*, d'après FRANCK ET TSCHIRCH; *Podocarpus*, d'après M. SHIBATA, 1902.)

On ne sait pas quel profit le Champignon retire de sa vie en commun avec la racine, mais on ne peut pas douter qu'il y trouve un intérêt, sinon pourquoi adopterait-il ce mode d'existence?

Quant au Métaphyte, les avantages que lui procure la symbiose sont multiples.

Grâce à ses longs filaments mycéliens, le Champignon exploite le sol à une grande distance, et sans doute il y prend non seulement des substances minérales, mais aussi des corps carbonés qu'il repasse, au moins en partie, à son associé. L'utilité de la symbiose pour le Métaphyte se manifeste nettement dans l'expérience suivante.

Des plantes de Hêtre et de Pin sylvestre, espèces normalement pourvues de mycorhizes, sont cultivées comparativement avec et sans le Champignon symbiotique : les individus qui peuvent former des mycorhizes se développent beaucoup mieux.

Même il y a des graines, telles que celles des Orchidacées, qui ne germent qu'en présence du Champignon (fig. 429).

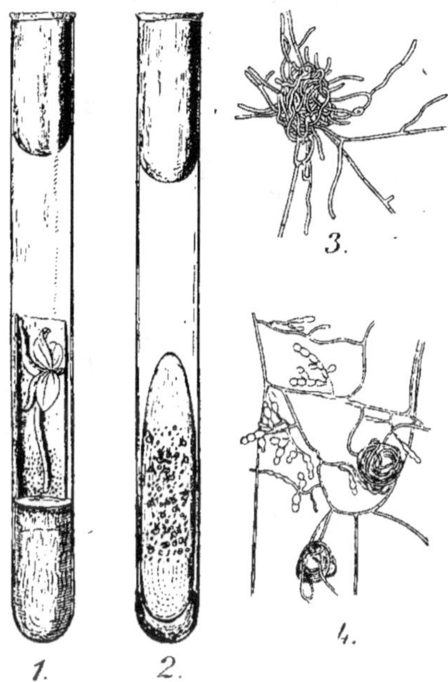

Fig. 429.

LES MYCORHIZES DES ORCHIDACÉES.

1, plante de *Phalaenopsis*, âgée d'un an, cultivée sur un tampon d'ouate mouillé d'une solution nutritive; la plante vit en symbiose mutualiste avec *Rhizoctonia mucoroides* (Champignon) qui a formé de petits sclérotes sur l'ouate.

2, très jeunes plantes de *Cattleya*, sur une couche d'agar, inoculé du Champignon symbiotique.

3, mycélium de *Rhizoctonia* sortant d'une racine de *Phalaenopsis*

4, *Rhizoctonia* en culture pure sur agar.

(D'après N. Bernard. Copié dans Lotsy.)

Il y a de nombreuses Plantes qui reçoivent de leur associé, le Champignon, assez de matière organique pour pouvoir renoncer à l'assimilation chlorophyllienne : elles cessent de produire des feuilles (fig. 430). Ces espèces saprophytes habitent naturellement l'humus des forêts, riche en substance carbonée directement assimilable.

3. LES LICHENS.

Un grand nombre d'espèces de Champignons sont incapables de vivre isolément dans la nature. On ne les trouve jamais qu'unies intimement à des cellules assimilatrices, appartenant à un tout autre groupe; on appelle ces cellules des **gonidies**, et l'ensemble symbiotique est un **lichen**.

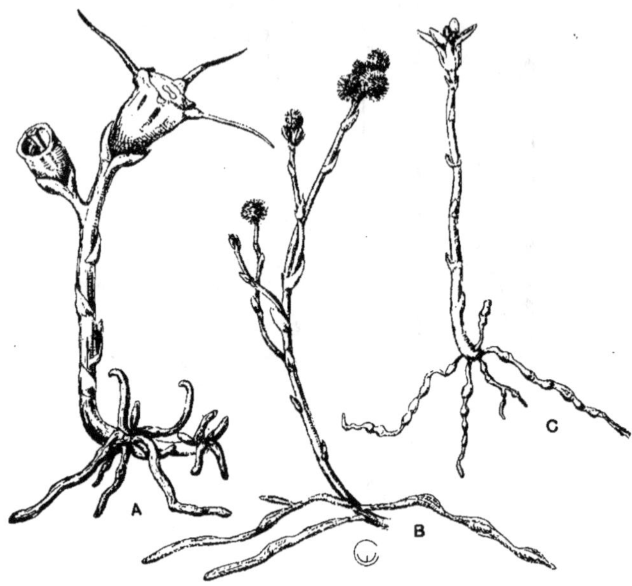

Fig. 430.

PLANTES A MYCORHIZES, SANS FEUILLES.

A, *Thismia clandestina*, et **B**, *Sciaphila tenella* (Monocotylédonées) ; **C**, *Cotylanthera tenuis* (Contortale); les racines sont renflées aux points habités par le Champignon.

Les gonidies sont des Schizophycées (*Chroococcus*, fig. 431, — *Scytonema*, fig. 431, etc.), ou des Chlorophycées (Protococcées [vol. I, fig. 356], — *Trentepohlia*, fig. 433, etc.).

Quant aux Champignons, ce sont des Ascomycètes (fig. 431, 432), ou beaucoup plus rarement des Basidiomycètes (fig. 434).

Les lichens ont les aspects les plus variés. Les uns s'étalent en une mince croûte sur les pierres et les écorces; d'autres ont la forme d'une lame plus ou moins foliacée; d'autres encore présentent l'aspect d'un minuscule buisson; il en est même qui sont floconneux et sans forme définie (fig. 433).

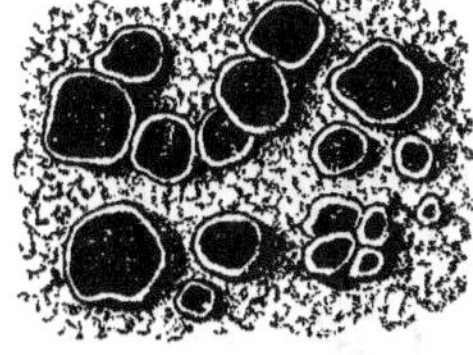

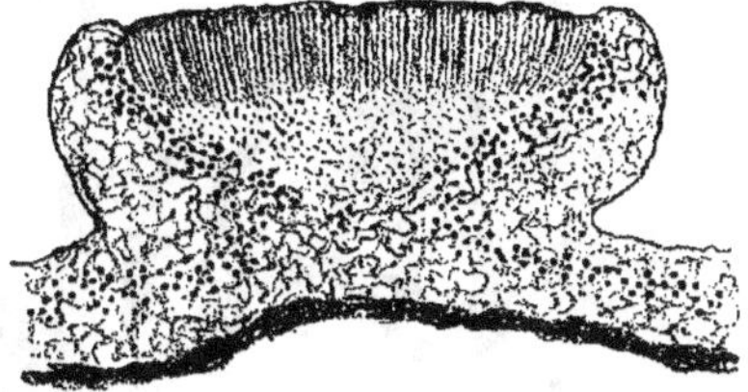

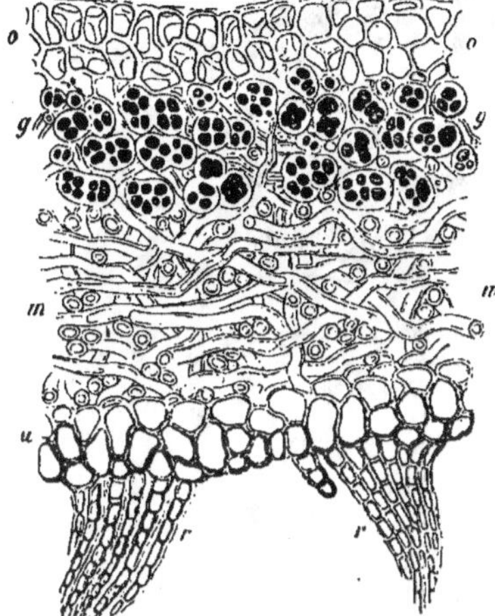

Fig. 431.

ASCOLICHENS.

En haut. *Lecanora subfusca*, lichen crustacé habitant les pierres. A gauche, vue générale ; à droite coupe verticale dans l'appareil reproducteur du Champignon.

En bas, *Sticta fuliginosa*, lichen foliacé ; **o**, **u**, tissu pseudo-parenchymateux de la face supérieure et de la face inférieure ; **g**, couche à gonidies, qui sont des *Chroococcus* (Schizophycées) ; **m**, couche médullaire, à filaments lâches ; **r**, rhizoïdes.

(*Lecanora*, d'après REINKE ; *Sticta*, d'après SACHS.)

Les gonidies sont parfois répandues uniformément à travers toute la masse du lichen ; mais d'ordinaire elles sont localisées sur la face la mieux éclairée, tandis que le côté ombragé porte des sortes de rhizoïdes mycéliennes (fig. 431).

La multiplication des lichens s'opère de deux façons.

D'abord beaucoup d'espèces produisent des sorédies, c'est-à-dire qu'elles détachent de leur corps de petites masses de tissus contenant à la fois l'Algue et le Champignon (fig. 433). Ce sont en somme des boutures, qui sont disséminées au loin par le vent.

D'autre part, le Champignon du lichen produit des ascospores ou des basidiospores en tout semblables aux spores des Ascomycètes ou des Basidiomycètes ordinaires. Ces spores ne pourront germer que dans le voisinage immédiat d'une cellule de l'Algue ou de la Schizophycée avec laquelle elles peuvent se combiner (vol. I, fig. 356) ; toutefois elles ont beaucoup de chances de rencontrer le conjoint, puisque ces Algues et ces Schizophycées vivent abondamment en liberté.

Rien n'est d'ailleurs plus facile que de cultiver les gonidies en dehors

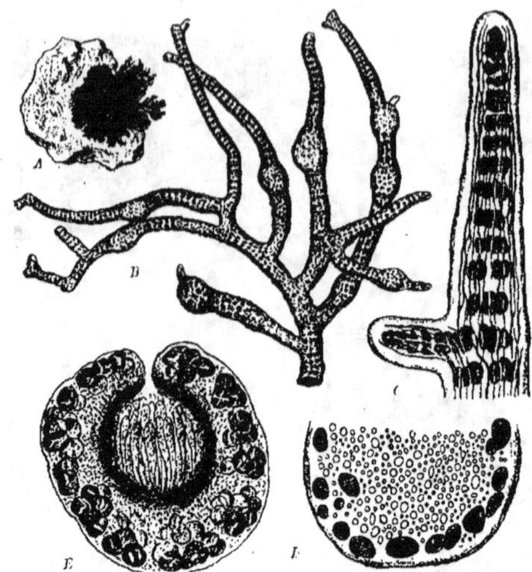

Fig. 432. — ASCOLICHEN AVEC STIGONEMA
(SCHIZOPHYCÉE ENTOURÉE D'UNE ÉPAISSE COUCHE DE GELÉE).

A, *Ephebe lanata*, attaché à une pierre; **C**, rameau grossi, montrant la
Schizophycée et les filaments du Champignon inclus dans sa gelée; **D**, coupe
à travers un rameau vieux où la Schizophycée s'est dissociée; **E**, les asques
du Champignon, **B**, rameaux d'*Ephebe solida*.
(D'après M. Zahlbrückner, 1907.)

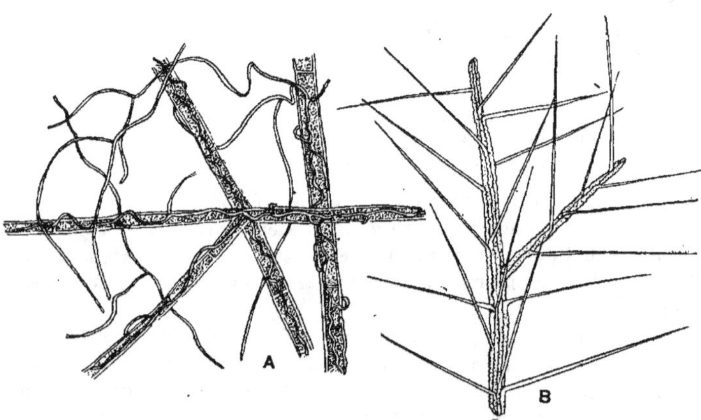

Fig. 433.

LICHEN FLOCONNEUX : COENOGONIUM.

A, filaments du Champignon appliqués sur les rameaux des gonidies : *Trentepohlia* (Ulotrichée). **B**, une sorédie formée d'un rameau de *Trentepohlia* entouré
d'une gaine continue de filaments du Champignon. Les bouts libres des filaments
constituent une sorte d'aigrette pour la dissémination par le vent.

des lichens, tandis que le Champignon ne se développe que très difficilement et dans des milieux de culture strictement appropriés. Il suffit alors de mettre les deux organismes en présence pour qu'un lichen se constitue aussitôt.

Il n'y a probablement pas un seul point de la Terre, pourvu qu'il reçoive de la lumière, qui ne puisse être colonisé par quelque lichen.

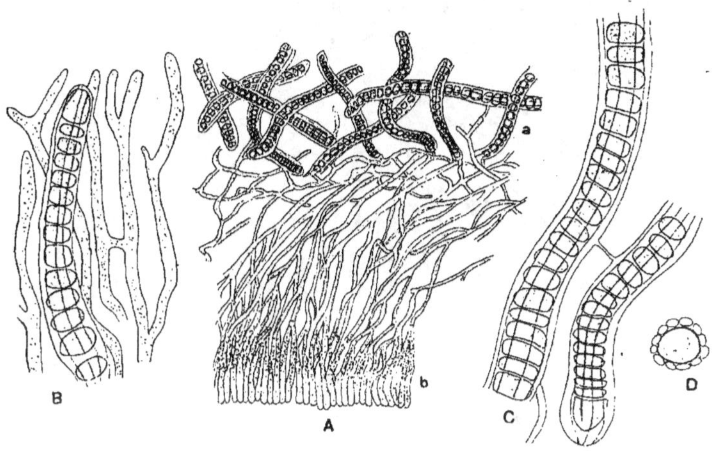

Fig. 434.

BASIDIOLICHEN: DICTYONEMA.

A, coupe verticale à travers le lichen ; **a**, couche superficielle avec les gonidies : *Scytonema* (Schizophycée) ; **b**, hyménium non encore mûr. **B**, le bord antérieur du chapeau : filaments anastamosés du Champignon ; filament de *Scytonema* entouré du Champignon : **C, D**, filaments de *Scytonema*, de face et en coupe, montrant la gaine continue que leur forme le Champignon.

4. Les Zooxanthelles et les Zoochlorelles.

Quelques Protistes et quelques Animaux aquatiques hébergent, à l'intérieur de leurs cellules, des cellules vivantes contenant des plastides avec des chromophylles.

Les cellules colorées sont des Z o o x a n t h e l l e s, jaunes ou brunâtres, qui appartiennent au groupe des Cryptomonadines (Flagellates), et des Z o o c h l o r e l l e s, vertes. qui sont des Protococcées (Algues).

Voici à quels groupes appartiennent les Animaux qui contractent des associations à bénéfice réciproque avec des cellules jaunes ou vertes :

Rhizopodes : Amébien et Héliozoaires (vert) (fig. 435). -- Radiolaires (jaune) (fig. 435).
Infusoires (vert).
Spongiaires (vert).

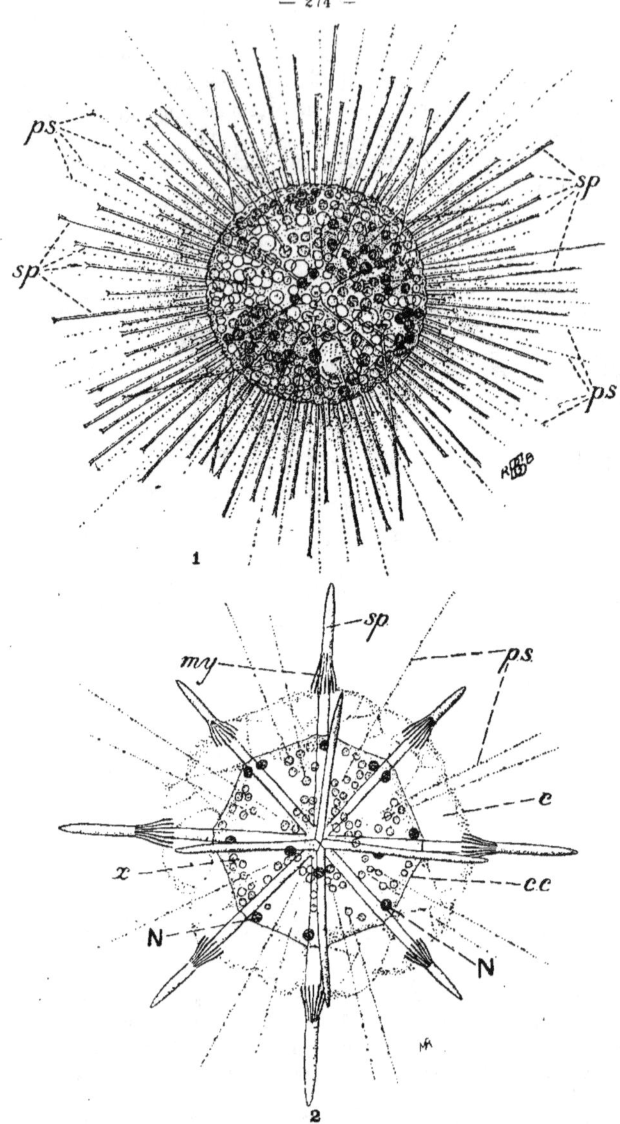

Fig. 435. — ZOOCHLORELLES ET ZOOXANTHELLES

1. — *Les Zoochlorelles dans un Héliozoaire : Acanthocystis chaetophora*. — Les zoochlorelles sont les gros grains grisâtres. **ps**, pseudopodes; **sp**, spicules siliceux. (D'après M. LEIDY, 1879. — Copié dans MINCHIN, 1917.)

2. — *Les Zooxanthelles dans un Radiolaire : Acanthometra elastica*. — **x**, zooxanthelles; **N**, noyaux; **c c**, capsule centrale; **ps**, pseudopodes; **sp**, spicules; **c**, cytoplasme extracapsulaire. D'après LEUCKART. — Copié dans MINCHIN, 1917.)

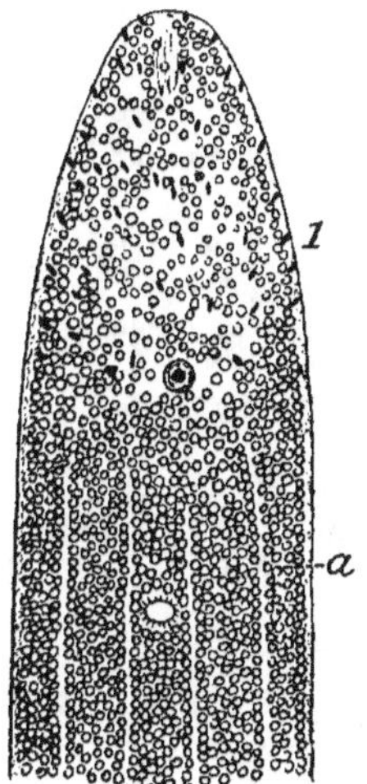

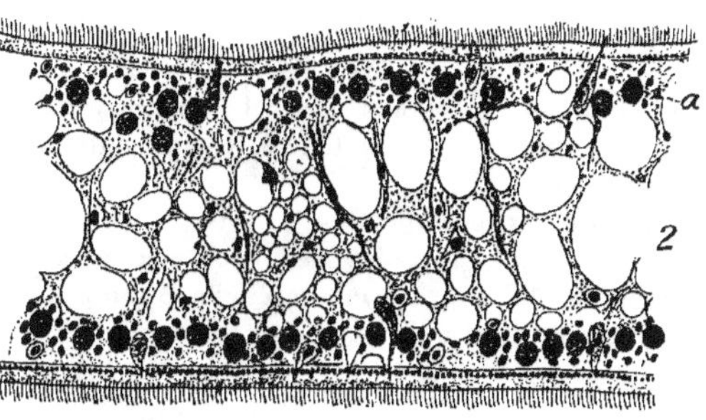

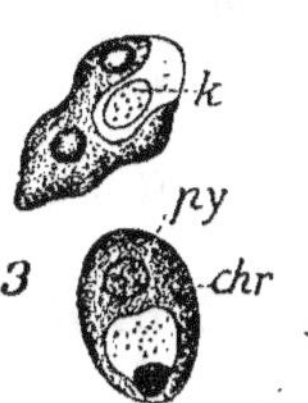

Fig. 436. — LES CELLULES VERTES : CARTERIA (PHYCOFLAGELLATE) DE CONVOLUTA ROSCOFFENSIS (TURBELLARIÉ).
1, partie antérieure du Ver ; — **2**, coupe transversale de la partie moyenne ; **a**, les zoochlorelles ; **3**, zoochlorelles isolées ; **k**, noyau ; **py**, pyrénoide ; **chr**, plastide. (D'après MM. HABERLANDT ET VON GRAFF. Copié dans OLTMANNS, 1905.)

Coelentérés : Hydre (vert). — Actinies (jaune et vert).
Turbellariés (vert) (fig. 436).
Rotifères (vert).
Mollusques (vert).

Les cellules à chromophylle sont toujours logées directement dans le cytoplasme de la cellule hospitalière. Chez les Animaux, les Zooxanthelles et les Zoochlorelles sont près de la périphérie, dans les zones bien éclairées.

Le Protiste ou l'Animal fournit aux cellules à chromophylle les aliments minéraux. En échange il reçoit de l'oxygène et des aliments organiques ; ceux-ci sont assez abondants pour que beaucoup de ces Protistes et Animaux n'aient jamais besoin d'ingérer de la nourriture. Lorsqu'ils sont mis à l'obscurité, et que leurs cellules à chromophylle ne fonctionnent plus, ils les digèrent.

5. SYMBIOSE ALIMENTAIRE ENTRE PLANTES ÉPIPHYTES ET FOURMIS.

Certains Végétaux épiphytes possèdent des organes creux où les Fourmis installent leurs nids, et où elles abandonnent leurs résidus. Chez *Dischidia Rafflesiana* (fig. 437), ce sont des feuilles, ayant la forme de bourses, dans lesquelles pénètrent des racines qui exploitent le fumier laissé par les Fourmis.

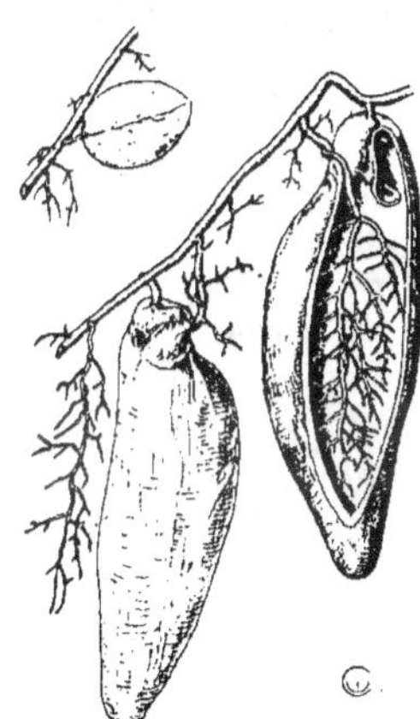

Fig. 437.
FOURMILIÈRES PRÉPARÉES DANS LES FEUILLES DE DISCHIDIA RAFFLESIANA (CONTORTALE).
Les feuilles sont de deux sortes : les unes (en haut, à gauche) sont planes et remplissent les fonctions habituelles ; les autres sont fortement courbées, de façon que la face supérieure devienne concave, et dans la bourse ainsi formée des Fourmis installent leur habitation. Des racines y entrent et utilisent les résidus de la fourmilière.

III. LES PARASITES.

Alors que les carnivores tuent brutalement leur victime pour s'en repaître, les parasites l'exploitent petit à petit de façon à en tirer tout le profit possible.

Il y a des parasites dans tous les groupes de Protistes. Parmi les Métaphytes, il n'y en a que chez les Dicotylédonées. Les groupes qui en renferment le plus sont les Bactéries, les Sporozoaires (tous), les Flagellates, les Champignons et les Dicotylédonées.

1. Les Bactéries.

Elles attaquent surtout les Animaux, et elles sont la cause d'un grand nombre de maladies contagieuses. Presque tous les genres de Schizomycètes comptent des parasites, sauf les Thiobactéries.

a) Procédés d'attaque des Bactéries.

Ce n'est évidemment pas par leur simple présence que les Bactéries parasites font du tort à leur hôte, car on ne comprendrait pas la nocivité du Vibrion du choléra asiatique qui n'habite que l'intestin de l'Animal, du Bacille de la diphtérie qui se développe sur la muqueuse du pharynx, ou du Bacille du tétanos, étroitement localisé dans une petite blessure.

Les microbes sécrètent des toxines, et c'est par elles qu'ils agissent. On ne connaît pas la structure chimique de ces substances, mais leur décomposition vers 65° ou 70° les rapproche peut-être des albuminoïdes.

Chaque microorganisme produit des toxines qui lui sont particulières : le poison du Bacille du tétanos provoque des contractures; celui du Bacille de la diphtérie est paralysant.

L'action d'une même toxine est très diverse suivant les Animaux. Ainsi on tue une Souris par 1/1,000,000 c. c. du bouillon dans lequel on a cultivé le Bacille du tétanos; il faut 1/8 c. c. de la même solution pour tuer un Lapin, 2 c. c. pour un Cheval, et 10 c. c. pour une Poule. L'Homme y est très sensible : la piqûre avec une aiguille humectée du liquide peut déjà déterminer des troubles appréciables.

b) Pénétration des Bactéries dans l'Animal.

Beaucoup de Schizomycètes restent en réalité en dehors de l'organisme, par exemple dans l'intestin ou à la surface des muqueuses. Mais d'autres parviennent dans le sang.

Leurs procédés d'introduction sont très variés. Ainsi le Spirochète de la fièvre récurrente africaine est inoculé à l'Homme par la morsure d'une Tique. Le Bacille de la peste bubonique, qui habite normalement le sang du Rat, est transporté chez l'Homme par les Puces. Le Bacille du charbon pénètre fréquemment par une blessure. Quand des Animaux vont paître dans des endroits où des bêtes charbonneuses ont été enfouies, ils risquent fort d'introduire dans quelque plaie des spores qui ont été amenées à la surface du sol par le travail des Lombrics. Les spores germent dans la blessure et les Bacilles se multiplient. Mais une lutte s'établit aussitôt entre les cellules de l'Animal et le microbe. La victoire reste-t-elle à ce dernier, il envahit le sang et se répand ainsi dans l'économie entière.

c) **Moyens de défense des Animaux.**

Immunité naturelle. — Chaque espèce animale n'est réceptive que pour des microbes déterminés, et elle est réfractaire à tous les autres. Cette résistance est due à des causes diverses.

Souvent les microbes pathogènes introduits dans l'économie sont rapidement phagocytés, c'est-à-dire ingérés et digérés par les leucocytes et par d'autres cellules à alimentation vacuolaire. C'est le cas pour les Bacilles du charbon injectés à une Grenouille (fig. 438) ou à un Chien. Les leucocytes sont attirés vers les Bactéries par les substances qu'elles sécrètent, exactement comme un spermatozoïde de Mousse est attiré par la saccharose.

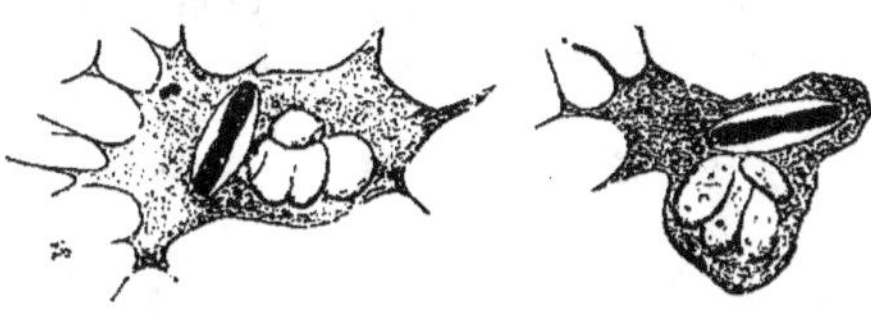

Fig. 438.

LA PHAGOCYTOSE DES BACILLES DU CHARBON PAR UN LEUCOCYTE DE GRENOUILLE. (D'après METCHNIKOFF, 1892.)

Nous venons de citer un autre cas d'immunité naturelle, celui de la Poule, qui est pour ainsi dire insensible au poison tétanique. Il est évident que dans ces conditions l'infection par le microbe reste sans effet.

Immunité acquise. — L'économie d'un Animal qui a surmonté une affection bactérienne est modifiée, en ce sens qu'il est presque toujours inapte à prendre de nouveau la maladie. Sa réceptivité naturelle est maintenant remplacée par un état réfractaire. Pour que celui-ci s'établisse, il n'est pas nécessaire que l'affection ait été grave : une atteinte légère confère également l'immunité. Cette constatation a donné lieu à la pratique da la vaccination. Voici, par exemple, en quoi consiste la vaccination anti-charbonneuse.

Le Bacille du charbon a son optimum de température vers 37º, mais il croît jusqu'à 45º. Quand il est cultivé à 42º5, ses propriétés changent, et après quelques semaines il n'est plus capable de produire chez le Bœuf ou le Mouton une maladie mortelle; il les rend pourtant encore fort malades. Si on pousse la culture plus loin, il arrive un moment où son atténuation est telle qu'il ne détermine plus que des troubles légers. C'est par une injection de ce genre qu'on débute; puis on introduit le microbe moins atténué; enfin, on fait l'inoculation d'épreuve, avec le Bacille pleinement virulent : les Animaux sont devenus réfractaires au charbon.

Sur quoi repose l'immunité ainsi conférée?

Parfois les leucocytes sont devenus capables de phagocyter le microbe pathogène, alors qu'ils n'avaient pas primitivement cette faculté. C'est ce qui se voit pour le hog-choléra : les leucocytes d'un Lapin, qui a résisté à une première injection, se dirigent vers les Bacilles et les englobent, alors que ceux du Lapin neuf s'en éloignent.

Dans d'autres cas le mécanisme de l'immunité est tout autre. Quand on injecte à un Cheval ou à un autre Animal une petite dose de toxine, insuffisante pour le tuer, il produit une antitoxine qui a la propriété de détruire le poison injecté. L'antitoxine est dissoute dans le sérum sanguin et il suffit donc de saigner l'Animal et de recueillir son sérum pour avoir une solution de l'antitoxine. C'est de cette manière qu'on prépare les sérums antidiphtérique, antitétanique, etc.

Beaucoup de microbes sont agglutinés dans le sang de l'organisme immunisé : ils collent ensemble et sont ensuite réduits en fragments de plus en plus petits. La destruction s'opère par les alexines, qui existent normalement dans le sang; mais celles-ci ne se fixent sur le microbe que sous l'effet d'une sensibilisatrice, qui est spécifique et ne se développe qu'à la suite de la vaccination.

d) Spécialisation du parasitisme.

Quelques microbes saprophytes, tels que *Bacillus coli*, peuvent occasionnellement devenir pathogènes. Au contraire, la plupart des Bactéries parasites ne se développent d'habitude que dans un organisme vivant. Pourtant il en est beaucoup qu'on peut faire pousser dans des bouillons de culture appropriés, par exemple les Bacilles du charbon, de la diphtérie et de la tuberculose. Mais d'autres ne se laissent cultiver dans aucun bouillon artificiel, par exemple *Spirochaete pallida* (de la syphilis); parmi elles il en est dont la spécialisation est poussée si loin qu'elles sont liées à une seule espèce animale; citons *Bacillus leprae*, qui ne vit que dans l'Homme.

La virulence d'une espèce bactérienne est d'ailleurs sujette à varier. Ainsi le Bacille du rouget du Porc, inoculé en série à des Lapins, augmente sa virulence vis-à-vis du Lapin; mais en même temps il se déshabitue d'attaquer le Porc, et devient moins dangereux pour celui-ci. Le Coccobacille du choléra des Poules, qui s'est atténué par une longue culture en milieux artificiels et n'est plus capable de tuer que le Moineau, récupère son activité première par des passages de Moineau à Moineau. Enfin, le Bacille du charbon, cultivé longtemps à 42°5, finit par devenir si peu nocif qu'il n'est plus dangereux que pour la Souris. Mais si on le fait passer d'abord par des Souris, puis par des Cobayes, puis par des Lapins, on le renforce petit à petit au point qu'il devient de nouveau pathogène pour le Mouton.

2. Les Sporozoaires et les Flagellates.

Leur cycle évolutif et leur mode d'infection ont été étudiés précédemment (voir vol. 1, p. 308 et 327). Rappelons seulement que les Coccidies et les Grégarines n'ont qu'un seul hôte, tandis que les Trypanosomes, les Aggrégates et les Hémosporidies ont besoin de passer par deux hôtes successifs.

3. Les Champignons.

Ce groupe contient énormément de parasites : les Chytridiées, les Péronosporées (parmi les Oomycètes), les Hémibasidiés et les Urédinées (parmi les Protobasidiés), vivent tous aux dépens d'autres organismes, qui sont des Végétaux ou des Protistes autotrophes, ou beaucoup plus rarement des Animaux (fig. 439).

Fig. 439.
ASCOMYCÈTE
(CORDYCEPS MILITARIS)
PARASITE
SUR UNE CHRYSALIDE.
(D'après L. Errera et
E. Laurent, 1897.)

a) **Spécialisation du parasitisme.**

Quelques Champignons sont des parasites facultatifs, par exemple *Sporodinia grandis* (Zygomycète), qui vit tantôt aux dépens d'autres Zygomycètes, tantôt sur des milieux organiques non vivants.

D'autres sont des parasites nécessaires, mais leur spécialisation est très diverse. Il en est qui peuvent attaquer presque indifféremment un très grand nombre d'espèces appartenant aux groupes les plus variés, comme par exemple *Botrytis cinerea* qui est la forme conidienne d'un Ascomycète *(Sclerotinia)* : dans les serres tenues trop humides on le voit envahir toutes les plantes, quelles qu'elles soient.

Puis il y en a qui peuvent vivre aux dépens de toute une famille, par exemple *Albugo candida*, une Péronosporée qui se développe indifféremment sur toutes les Cruciféracées (fig. 412). Parmi ces parasites encore peu spécialisés, quelques-uns ont constitué des races physiologiques dont chacune est adaptée plus particulièrement à des hôtes déterminés. Ainsi un Ascomycète (*Erisyphe graminis*) attaque un grand nombre de Graminacées, mais une analyse attentive a fait voir que cette espèce se compose au moins de sept races qui sont nettement distinctes par leur habitat, mais qu'on ne peut pas différencier par leurs caractères anatomiques (voir le tableau de la page suivante).

Les conidies d'Erisyphe graminis (Ascomycète)

récoltées sur :	se sont développées sur :	mais non sur :
Triticum vulgare (Froment)	*Triticum vulgare, Spelta, polonicum et turgidum.*	*Triticum durum, monoccocum et dicoccum.*
		Hordeum vulgare, Secale cereale, Avena sativa.
Hordeum vulgare (Orge)	*Hordeum hexastichum, vulgare, trifurcatum, nudum, jubatum et murinum.*	*Hordeum maritimum, secalinum et bulbosum.*
		Triticum vulgare, Secale cereale, Avena sativa.
		46 espèces appartenant à 26 genres différents.
Secale cereale (Seigle)	*Secale cereale et anatolicum.*	*Triticum vulgare, Hordeum vulgare, Avena sativa.*
Avena sativa (Avoine)	*Avena sativa, orientalis et fatua; Arrhenaterum elatius.*	*Triticum vulgare, Hordeum vulgare, Secale cereale.*
Poa annua et pratensis	*Poa annua, trivialis, pratensis, caesia, mutalensis, nemoralis, et serotina.*	*Hordeum vulgare.*
Agropyrum repens	*Agropyrum div. sp.*	*Hordeum vulgare.*
Bromus sterilis et mollis	*Bromus div. sp.*	*Hordeum vulgare.*

(D'après M. Em. Marchal, 1902.)

Un pas de plus, et chaque parasite n'attaque qu'une seule espèce. Ainsi *Puccinia suaveolens* ne se rencontre que sur *Cirsium arvense*, et *Uromyces Ficariae* sur *Ranunculus Ficaria*.

Bon nombre de Champignons parasites sont allés plus loin dans la spécialisation : il leur faut, pour chacune des principales étapes de leur vie, un hôte différent. C'est ce qui se présente notamment pour beaucoup d'Urédinées. A côté d'epèces autoxènes, c'est-à-dire n'ayant qu'un seul hôte, comme les deux espèces que nous venons de citer, il en est qui sont hétéroxènes, et qui passent par deux victimes successives (fig. 440).

Le tableau de la page 283 résume les principales allures du parasitisme chez les Urédinées. Il indique quelles sont les formes de spores qui sont produites, et le préfixe par lequel on désigne chacune de ces combinaisons.

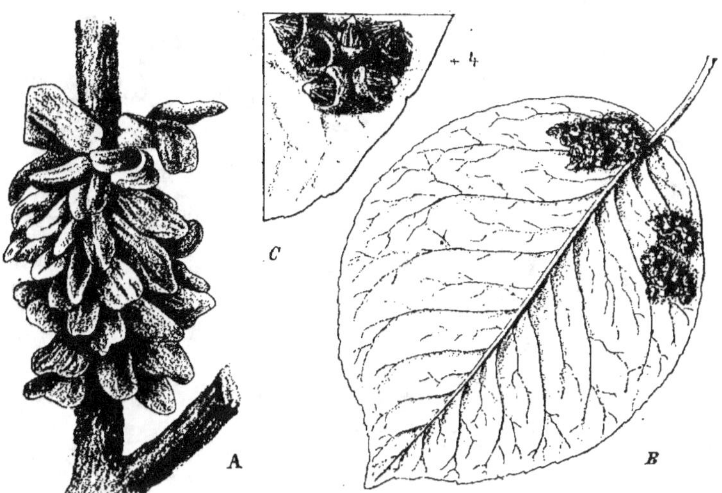

Fig. 440.

L'HÉTÉROXÉNIE D'UNE URÉDINÉE : GYMNOSPORANGIUM SABINAE.
A, amas de téleutospores sur une tige de *Juniperus Sabina* (Conifère) ; **B**, groupes
d'écidies sur une feuille de *Pyrus communis* (Poirier) ; **C**, un groupe plus grossi.
(**A**, d'après M. CRAMER ; **B, C**, d'après M. DIETEL.)

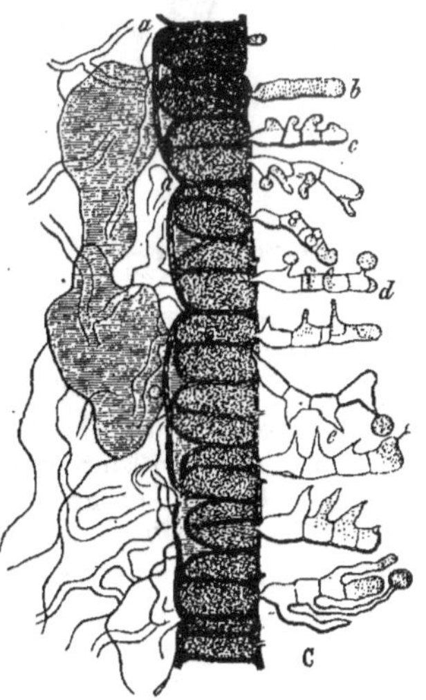

Fig. 441.

LES TÉLEUTOSPORES ET LES BASIDIO-
SPORES D'UNE URÉDINÉE : CALYPTOSPORA
GOEPPERTIANA.

Les téleutospores sont logées dans l'épiderme de la tige de *Vaccinium Vitis-
Idaea* (Éricale) ; les basides ont percé
la paroi externe des cellules épidermiques.

(D'après FRANCK.
Copié dans DIETEL.)

	Champignons parasites	O. Spermaties	I. Écidiosp.	II. Urédosp.	III. Téleutosp.	Auto-xène ou héter.	Plantes parasitées
Eu —	Puccinia Violae	+	+	+	+	A	O, I, II, III : *Viola div. sp.*
	P. Graminis	+	+	+	+	H	O, I : *Berberis*, — II, III Céréales diverses.
Cata —	P. uliginosa		+	+	+	H	I : *Parnassia palustris*, — II, III, *Carex Goodenoughii*.
Brachy —	P. suaveolens	+		+	+	A	O, II, III, *Cirsium arvense*.
Hypo —	P. Liliacearum	+			+	A	O, III, *Ornithogalum* div. sp.
	P. Bunii	+	+		+	A	O, I, III, *Bunium Bulbocastanum*.
Opsi —	Gymnosporangium Sabinae	+	+		+	H	O, I, *Pyrus communis*, — III, *Juniperus div. sp.*
Catopsi —	Calyptospora Goeppertiana		+		+	H	I, *Abies pectinata*, — III, *Vaccinium Vitis-Idaea* (fig. 441).
Hemi —	Uromyces Ficariae			+	+	A	II, III, *Ranunculus Ficaria*.
Micro —	Puccinia Malvacearum				+	A	III, Malvacées diverses.
Endo —	Endophyllum Sempervivi	+	+			A	O, I, *Sempervivum div. sp.*
Pyro —	Uredo alpestris			+		A	II, *Viola biflora*.

(En partie d'après M. Maire, 1911.)

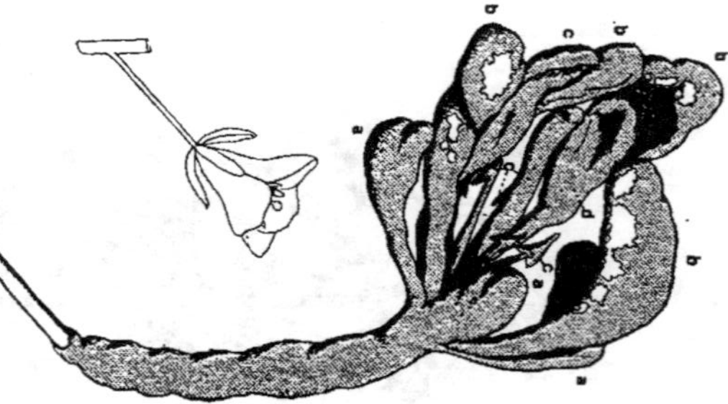

Fig. 442.
L'HYPERTROPHIE ET LA CASTRATION DE LA FLEUR DE DIPLOTAXIS TENUIFOLIA (RHÉADALE) PAR ALBUGO CANDIDA (OOMYCÈTE).
a, les sépales ; **b**, les pétales ; **c**, les 6 étamines ; **d**, le gynécée. Les régions blanches sont celles où le Champignon a percé l'épiderme pour fructifier.
En bas, fleur normale.
(D'après un dessin de M. Beeli.)

b) Modifications de l'hôte.

Souvent la victime ne se modifie guère sous l'action du parasite ; elle s'affaiblit et meurt, sans avoir réagi. Mais ailleurs le parasitisme provoque des changements notables. Sous l'action d'*Albugo candida* les organes s'hypertrophient considérablement (fig. 442). Fréquemment se produisent des balais de sorcière, amas de branches courtes et serrées, par exemple celui que détermine sur *Abies pectinata* la phase écidienne (*Æcidium elatinum*) de *Melampsorella Caryophyllacearum* (fig. 443).

Il n'est pas rare que les rameaux parasités cessent de produire des fleurs. Ainsi les *Euphorbia* attaqués par les écidies d'*Uromyces Pisi* sont toujours stériles. Dans d'autres cas, la castration est directe. *Ustilago violacea* attaque un grand nombre de Caryo-

Fig. 443.
BALAI DE SORCIÈRE SUR ABIES PECTINATA (SAPIN).
Ses branches sont dressées et elles portent des feuilles caduques, tandis que les branches normales du Sapin sont étalées et ont des feuilles persistantes.
(D'après KERNER, 1891.)

phyllacées et se localise spécialement dans les anthères : au lieu de donner des grains de pollen, celles-ci produisent les spores violettes foncées de l'Ustilaginée. Généralement l'appareil femelle de la fleur avorte alors. Cette atrophie est particulièrement remarquable chez les espèces dioïques, telles que *Melandryum album* : dans les fleurs mâles, le Champignon infecte simplement les anthères ; mais dans les fleurs femelles, où il n'y a normalement que des étamines réduites à l'état d'ébauches insignifiantes, celles-ci se développent sous l'action du parasite, deviennent aussi grandes que dans la fleur mâle et logent l'Ustilaginée dans leurs anthères ; l'ovaire de ces fleurs s'atrophie alors et la fleur est ainsi complètement châtrée.

c) Défense contre les Champignons parasites.

Beaucoup de plantes possèdent sur les feuilles de petits abris dans lesquels on trouve des Acariens qui se nourrissent des spores de Champignons. C'est peut-être un procédé de défense de la Plante contre l'invasion du parasite.

4. LES DICOTYLÉDONÉES.

Les Phanérogames parasites sont au nombre d'un millier d'espèces ; la plupart appartiennent à l'ordre des Santalales : les Loranthacées seules en renferment 600.

a) Degrés du parasitisme.

1. *Hémiparasites.* — Beaucoup de parasites ont conservé au complet l'appareil assimilateur ; ils ont donc la faculté d'élaborer la matière orga-

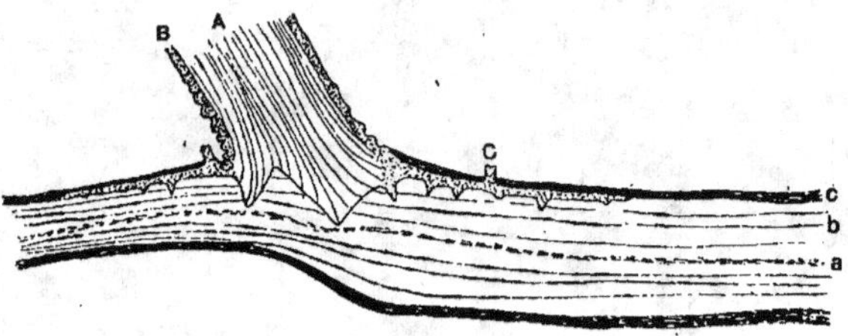

Fig. 444.

L'IMPLANTATION DE VISCUM ALBUM (GUI)
SUR UNE BRANCHE DE PYRUS MALUS (POMMIER).

A, bois de la base du Gui ; **B**, liber et écorce ; **C**, drageons naissant sur des racines du Gui, qui circulent dans le liber (**c**) du Pommier, et enfoncent des suçoirs dans le bois (**b**) ; les suçoirs principaux du Gui atteignent presque la moelle (**a**).
Les tissus verts du Gui sont marqués d'un petit pointillé.

nique, et il ne leur manque que les organes d'absorption pour l'eau et les matières minérales.

Il en est ainsi pour les *Rhinanthus* et les *Melampyrum* qui possèdent encore de nombreuses racines, et dont les tiges et les feuilles ne présentent rien de particulier ; à ce groupe appartient aussi *Santalum album*, l'arbre qui fournit le bois de santal blanc. Ces parasites ont un système radiculaire insuffisant et ils sont obligés d'enfoncer des suçoirs dans les racines de végétaux voisins (fig. 452 *n o p*) et de se faire aider par eux.

Les Loranthacées habitent la cime des arbres. Les moins spécialisées ont de longues racines qui courent à la surface des branches de leur hôte, et y enfoncent de place en place un suçoir (fig. 74). Chez *Viscum album* (Gui) les racines sont toutes engagées dans les tissus de l'hôte ; leurs suçoirs ont la forme d'un coin (fig. 444), des racines latérales s'insinuent entre le bois et le liber et produisent aussi des suçoirs.

2. *Holoparasites*. — Ceux-ci n'ont plus de chlorophylle ; ils doivent donc enlever à leur victime la nourriture organique toute faite.

Le plus grand nombre installe des suçoirs sur les racines de l'hôte

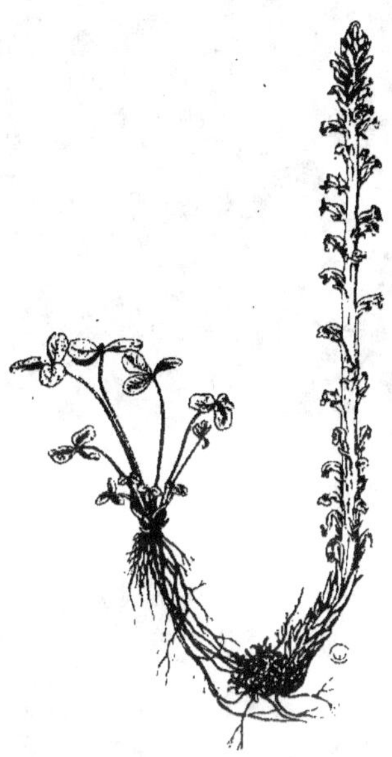

Fig. 445.

OROBANCHE MINOR (TUBIFLORALE) PARASITE SUR LES RACINES DE TRIFOLIUM PRATENSE (TRÈFLE).
La Plante parasite n'a pas de chlorophylle ; ses feuilles sont réduites à des écailles. (D'après L. ERRERA ET E. LAURENT, 1897.)

(fig. 445, 446, 450). Les Tubiflorales ont encore des tiges et des feuilles nettement distinctes, quoique réduites (fig. 445, 446), mais chez les Santalales il n'y a plus aucune différenciation dans l'appareil végétatif et celui-ci se compose d'une masse presque homogène de tissus réservoirs (fig. 447). La réduction peut même être poussée encore plus loin : le parasite produit dans les racines de son hôte des suçoirs sur lesquels s'élèvent çà et là des fleurs isolées ; celles-ci percent l'écorce et arrivent ainsi au dehors (fig. 448).

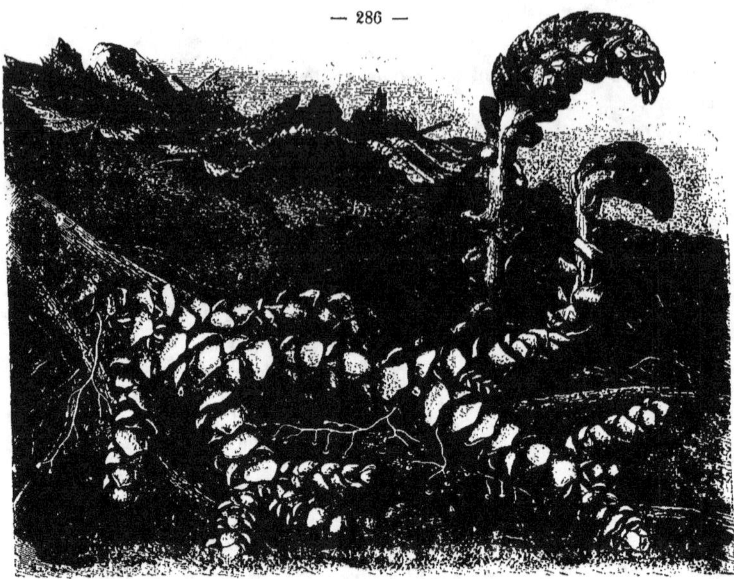

Fig. 446. — LES SUÇOIRS DE LATHRAEA SQUAMARIA (TUBIFLORALE),
sur des racines de Peuplier. — (D'après KERNER, 1890.)

Fig. 447. — BALANOPHORACÉES (SANTALALES) PARASITES SUR DES RACINES.
1, *Scybalium fungiforme;* **2,** *Balanophora Hildenbrandtii.*
Au contact de la racine se forme une masse de tissu peu différencié, sur lequel
naissent les inflorescences. (D'après KERNER, 1890).

Quelques Santalales attaquent les tiges aériennes; elles donnent aussi des fleurs espacées (fig. 449).

Enfin les Cuscutes s'enroulent autour de leur victime à la façon de lianes volubles; c'est aussi à l'aide de racines transformées en

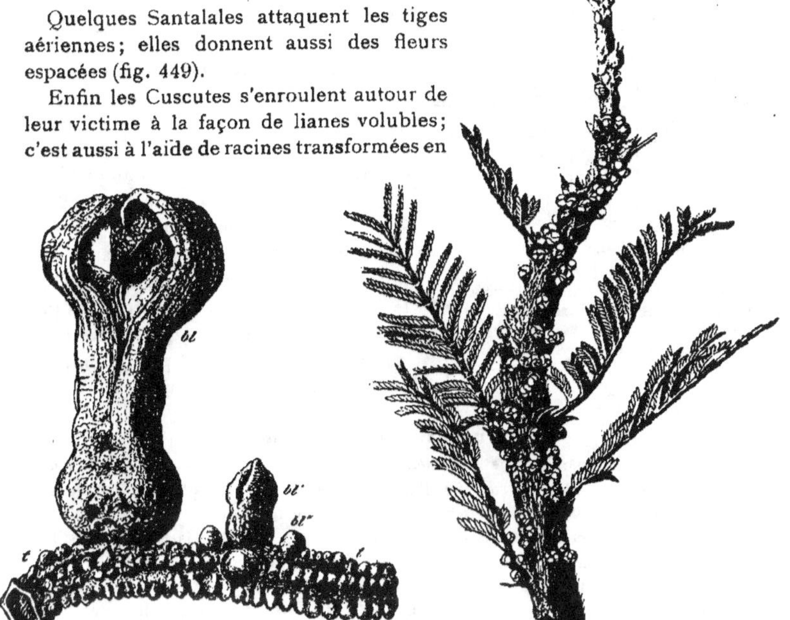

Fig. 448. — PLANTE PARASITE, SANS TIGE : HYDNORA AFRICANA (SANTALALE).
Elle est fixée sur une racine et ne se manifeste au dehors que par ses fleurs (**bl**, **bl'**, **bl''**).
(D'après R. BROWN.)

Fig. 449. — LES FLEURS DE PILOSTYLES ULEI (SANTALALE), parasite sur les tiges et les pétioles de *Prosopis* (Rosale).
(D'après M. GOEBEL.)

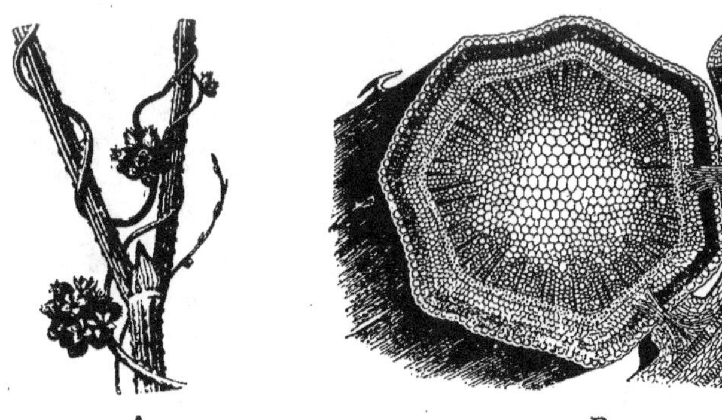

A   B

Fig. 450. — LES SUÇOIRS DE CUSCUTA EUROPAEA (CONTORTALE).
A, tiges de Cuscute enroulées autour d'un Houblon; elles portent des fleurs.
B, coupe transversale d'une tige de Houblon avec deux suçoirs de Cuscute.
(D'après KERNER, 1890.)

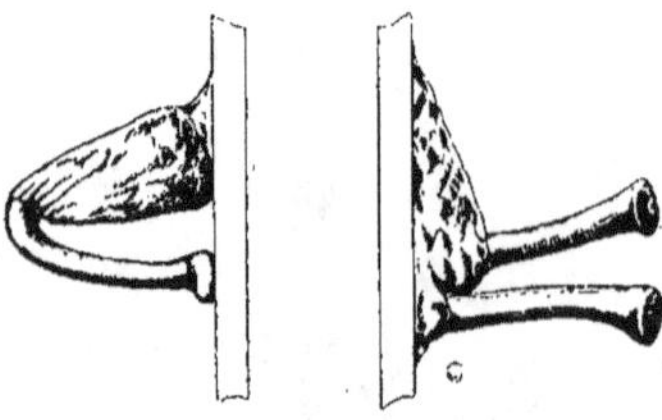

Fig. 451.

LA COURBURE DES PLANTULES DE VISCUM ALBUM (GUI) VERS L'OMBRE.

Des graines de Gui ont été collées sur les deux faces d'une vitre éclairée par la gauche : les jeunes racines s'éloignent de la lumière.

(D'après L. ERRERA ET E. LAURENT, 1897)

suçoirs qu'elles l'exploitent (fig. 450).

La spécialisation du parasitisme est très variable. Alors que *Cuscuta Europaea* et les *Rhinanthus* attaquent presque indifféremment toutes les Plantes qu'ils rencontrent, d'autres présentent des races physiologiques analogues à celles des Champignons (voir p. 279). Ainsi *Viscum album* semble manifester des préférences locales, ici pour le Peuplier, ailleurs pour le Pommier, le Tilleul ou le Pin sylvestre. Enfin il y a aussi des parasites qui n'infestent qu'une seule espèce, par exemple *Cuscuta Epilinum*, propre au Lin.

b) Germination des parasites.

Certaines plantes parasites ne présentent rien de particulier quant à leur germination. Ainsi les plantules de *Melampyrum* (fig. 452 *n, o, p*) ont tout à fait la structure habituelle. Celles des Orobanches ne se composent que d'une radicule qui s'allonge jusqu'à ce qu'elle rencontre une racine pouvant lui servir d'hôte (fig. 452, *g* à *m*). Chez la Cuscute, c'est la tige qui s'allonge, tandis que la racine reste tout à fait rudimentaire (fig. 452, *a* à *f*). La grosse graine du Gui, collée contre une branche par le bec d'un Oiseau qui a mangé le fruit charnu, ne produit d'abord qu'une racine; celle-ci est très sensible à la lumière et se dirige vers l'ombre (fig. 451), ce qui l'amène vers son hôte.

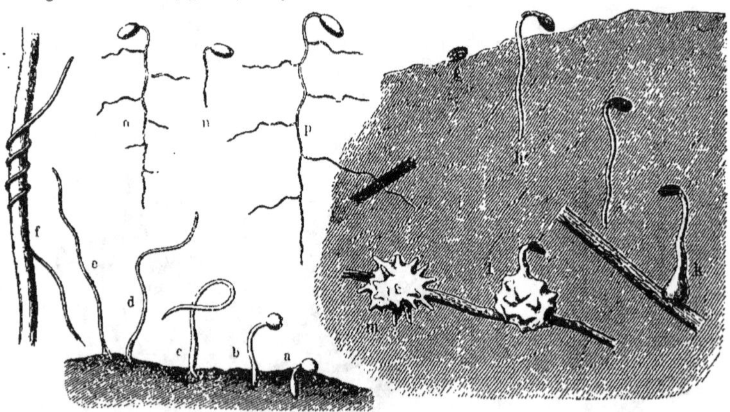

Fig. 452. — LA GERMINATION DE PLANTES PARASITES.

a - f, *Cuscuta europaea* (Contortale). La plantule exécute des courbures jusqu'à ce qu'elle touche un hôte ; puis elle s'enroule autour de lui.

g - m, *Orobanche Epithymum* (Tubiflorale). La racine de la plantule s'épaissit au contact d'une racine de l'hôte.

n - p, *Melampyrum sylvaticum* (Tubiflorale). Formation d'un suçoir au contact d'une racine. (D'après KERNER, 1890.)

CHAPITRE IV.

FONCTIONS ET ADAPTATIONS DÉFENSIVES.

Puisque les êtres autotrophes sont les seuls qui soient capables de construire de toutes pièces de la matière organique, ceux qui ont l'alimentation vacuolaire ou l'alimentation diffusive dépendent entièrement des premiers. En d'autres termes, l'ensemble des Animaux exploite l'ensemble des Végétaux, et ceux-ci sont sans cesse menacés d'être dévorés. Ajoutons que dans les déserts, où l'eau manque, ce n'est pas seulement pour leurs aliments solides, mais aussi pour leur boisson, que les Animaux sont tributaires des Plantes: ils ne boivent en somme que l'eau contenue dans les tissus végétaux.

Il faut donc que les Plantes opposent à leurs ennemis des moyens de défense appropriés, qui sont d'ailleurs insuffisants, sinon les Animaux mourraient de faim.

1. Inaccessibilité des Plantes.

Beaucoup d'espèces habitent des endroits où les herbivores ne peuvent les atteindre : plantes aquatiques, plantes de rochers, épiphytes, etc.

Nous verrons dans un instant que l'une des principales protections contre les Animaux consiste dans la présence de piquants. Or, les Plantes qui habitent l'eau et les rochers ne sont presque jamais épineuses ; quant aux Cactacées épiphytes (*Phyllocactus* et *Rhipsalis*), elles ont perdu les épines si caractéristiques des espèces terrestres (voir vol. I, pp. 252, 253).

De nombreuses Plantes cachent sous terre leurs tubercules et leurs bulbes, c'est-à-dire les points qui sont à la fois les plus importants, puisqu'ils renferment les réserves, et les plus menacés, en raison de leurs qualités nutritives.

2. Moyens anatomiques.

Fréquemment la surface est recouverte d'une couche très dure ; divers *Equisetum*, par exemple, ont un revêtement siliceux assez résistant pour qu'on les emploie au polissage des métaux.

L'imprégnation de silice peut aussi être limitée aux arêtes des tiges et aux bords des feuilles, qui deviennent alors scabres et coupants. Beaucoup de Cypéracées appartiennent à cette catégorie.

Ailleurs le durcissement superficiel est limité à certains endroits, qui deviennent alors pointus et piquants. Ce sont des émergences (fig. 46, 453*A*), des tiges (fig. 103, 453 *B*), des feuilles (fig. 453 *B*), des stipules (fig. 454), ou même des racines (fig. 455).

On peut classer ici les piquants internes, les **raphides** (fig. 35), qui sont si abondants dans les organes herbacés, notamment dans les feuilles d'*Arum maculatum*.

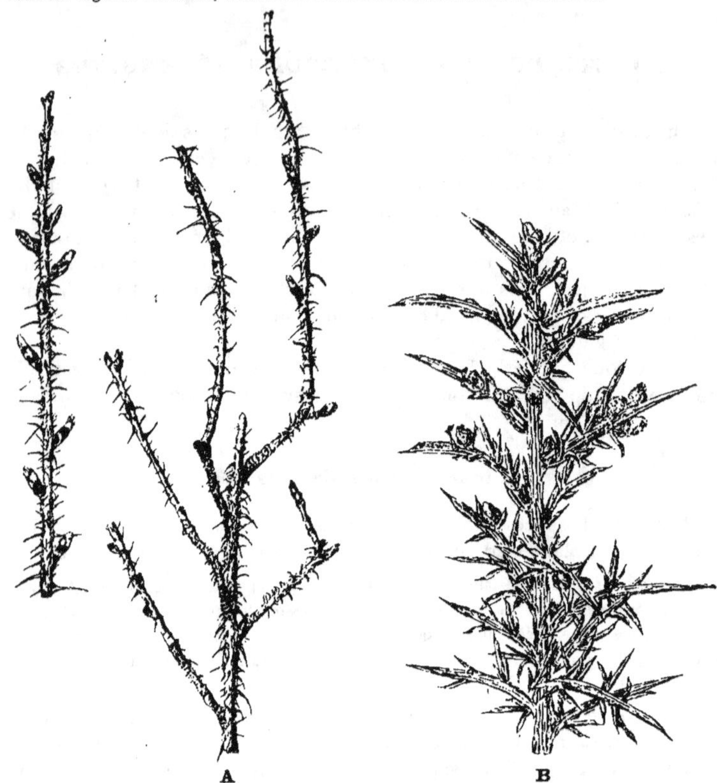

Fig. 453. — PIQUANTS D'ORIGINE DIVERSE.
A, émergences de *Rosa spinosissima*.
B, feuilles et rameaux épineux d'*Ulex Europaea* (Rosale)
(D'après Mlles COENRAETS ET D'HAENENS, 1922.)

3. Moyens chimiques.

Ce sont certainement les plus efficaces de tous. Dans les régions où les Plantes sont le plus violemment exposées aux attaques des Animaux, par exemple autour des localités où se concentrent les caravanes dans le Sahara, il ne reste plus finalement que les espèces défendues par quelque poison.

Ceux-ci sont très divers :

Huiles essentielles, camphres, résines, oléo-résines.

Tannins, acides, sels acides.

Alcaloïdes, glycosides, substances amères.

Substances urticantes.

Il est à remarquer que les corps nocifs sont presque toujours localisés dans les parties périphériques de l'organisme et dans les cellules qui bordent extérieurement les faisceaux : c'est là qu'ils s'opposent le mieux à la voracité des herbivores (fig. 456, 457).

Dans les laticifères le liquide est sous pression, et comme ils circulent à travers tous les tissus presque contre l'épiderme, la moindre blessure fait sourdre le latex.

Les composés urticants sont dans des poils très cassants, et qui déversent dans la plaie leur contenu irritant (fig. 45).

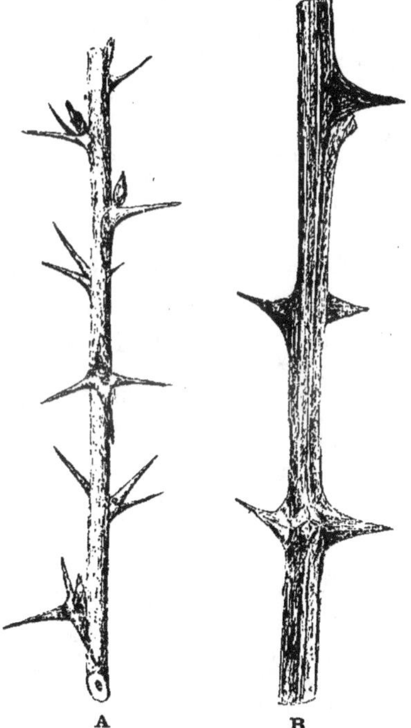

A   **B**

Fig. 454.

PIQUANTS DÉRIVÉS DE STIPULES.

A, *Ribes Uva-crispa* (Rosale).
B, *Robinia Pseudo-Acacia* (Rosale).

(D'après Mlles COENRAETS ET D'HAENENS, 1922.)

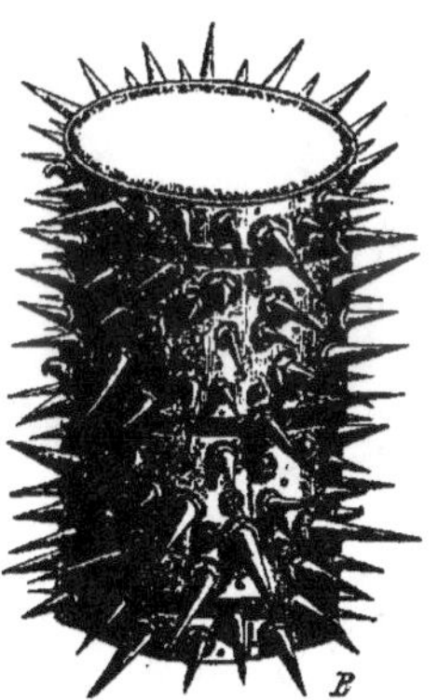

Fig. 455.

LES ÉPINES RADICULAIRES D'UNE PALMACÉE : MAURITIA ACULEATA.

L'origine radiculaire des piquants se reconnaît à ce qu'ils viennent de la profondeur des tissus.

(D'après M. VELENOWSKY, 1907.)

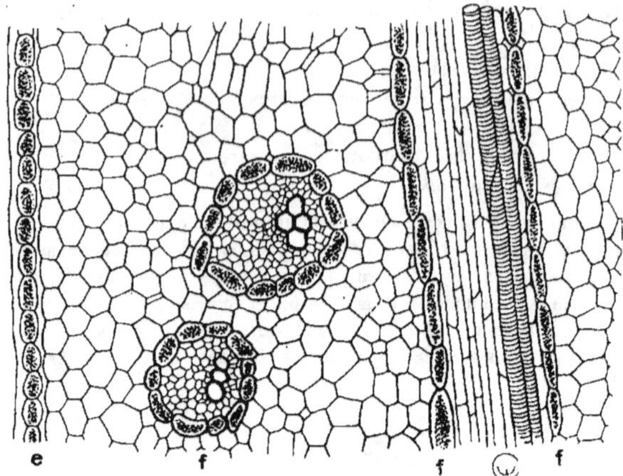

Fig. 456.

LA TOPOGRAPHIE DE L'ALCALOÏDE DANS UN TUBERCULE
DE COLCHICUM AUTUMNALE (LILIIFLORALE).

La coupe longitudinale du tubercule passe longitudinalement dans
un faisceau et transversalement dans deux autres. La colchicine est
localisée dans l'épiderme (e) et dans les cellules bordant les
faisceaux (f).   (D'après ERRERA, MAISTRIAU ET CLAUTRIAU, 1887.)

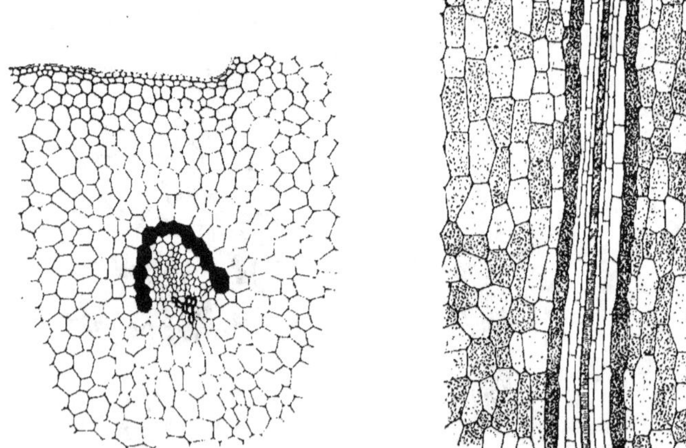

Fig. 457. — LA LOCALISATION DE L'ESSENCE DANS LES ÉCAILLES
DU BULBE D'ALLIUM SATIVUM (AIL).

A gauche, coupe transversale : l'essence est mise en évidence par le sulfure d'argent.
A droite, coupe longitudinale : l'essence est mise en évidence par le sulfure de plomb.
L'essence est surtout localisée dans les cellules où se trouvait le ferment; elles
bordent les faisceaux vers le dehors.   (D'après Mlle BRAECKE, 1921.)

Beaucoup de poisons n'existent pas tout formés dans les tissus, et ne prennent naissance qu'au moment de l'attaque. C'est le cas pour l'acide cyanhydrique dans les feuilles de *Prunus* (Rosales), et pour l'essence de Raifort (voir vol. 1, p. 65). Il en est de même pour l'essence d'Ail : les cellules qui entourent les faisceaux contiennent un ferment, et les cellules parenchymateuses un glycoside qui, au contact du ferment, se dédouble en essence d'Ail et glycose. Aussi longtemps que la structure est intacte, les deux substances restent séparées, mais la morsure d'un herbivore, en déchirant les cellules, opère la jonction du glycoside et du ferment : tout aussitôt l'essence se produit.

Toutefois la protection accordée par les substances chimiques n'est pas absolue. Les Animaux se sont en effet contre-adaptés : la Chèvre broute impunément la Belladone, malgré l'atropine, et le Porc n'est pas incommodé par la Ciguë; le Persil, qui est toxique pour beaucoup de petits Oiseaux, est sans action sur les Mammifères; le Dindon recherche l'Ortie. Bien plus, il y a des Animaux qui ne peuvent plus vivre qu'aux dépens de certaines nourritures très toxiques et, comme telles, évitées par tous les autres herbivores. Ainsi le Sphinx de l'Euphorbe (*Celerio Euphorbiae*) est si bien spécialisé vis-à-vis de cette nourriture vénéneuse, qu'il se laisse mourir d'inanition sur tout autre végétal.

4. Moyens mimétiques.

Il semble bien que certaines Plantes profitent, soit de leur ressemblance avec des objets non comestibles, par exemple les *Mesembryanthemum* qui ressemblent à des cailloux, soit de leur ressemblance avec des espèces bien défendues; à ce dernier groupe appartient *Lamium album* (Tubiflorale) qui copie si bien l'Ortie (*Urtica dioica*), qu'on l'appelle d'habitude l'Ortie blanche.

5. Moyens symbiotiques.

Fréquemment des espèces comestibles se mettent à l'abri derrière des espèces bien défendues. Ainsi dans le Sahara, une Compositacée, *Zollikoferia resedaefolia*, ne se rencontre guère que dans les touffes d'*Euphorbia Guyoniana*. Quand un individu de la Compositacée naît ailleurs, le premier Chameau qui passe le dévore, mais il ne va pas le cueillir au milieu des Euphorbes, dont le latex lui est par trop désagréable.

Encore plus intéressantes sont les relations entre les Plantes et les Fourmis. On sait combien les Mammifères redoutent le contact des Fourmis, aussi évitent-ils de brouter les herbes sur lesquelles se promènent ces Hyménoptères. Il est donc avantageux pour la Plante de s'assurer une garnison de ce genre.

Certaines espèces myrmécophiles sécrètent, par des nectaires posés sur les feuilles, un liquide sucré que les Fourmis viennent lécher (fig. 458 A). D'autres procurent un logement aux gardiens (fig. 458 B). Il en est qui donnent à la fois le logement et le nectar, ou même la pension complète : logement, alimentation sucrée et alimentation albuminoïde (fig. 459).

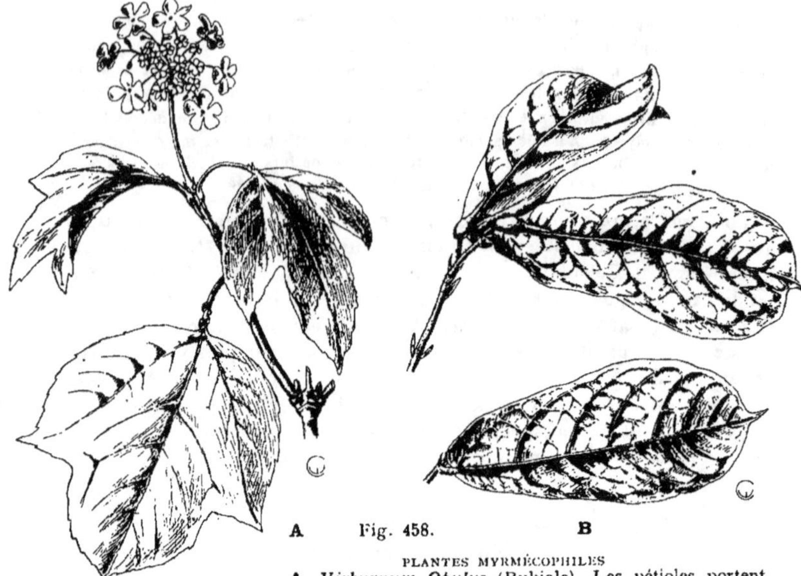

A   Fig. 458.   **B**

PLANTES MYRMÉCOPHILES

A, *Virburnum Opulus* (Rubiale). Les pétioles portent
des nectaires.

B, *Scaphopetalum* (Malvale). En haut, deux feuilles montrant
la hernie de la face supérieure, où habitent les Fourmis. En
bas, une feuille vue par la face inférieure pour montrer
l'entrée de la fourmilière.

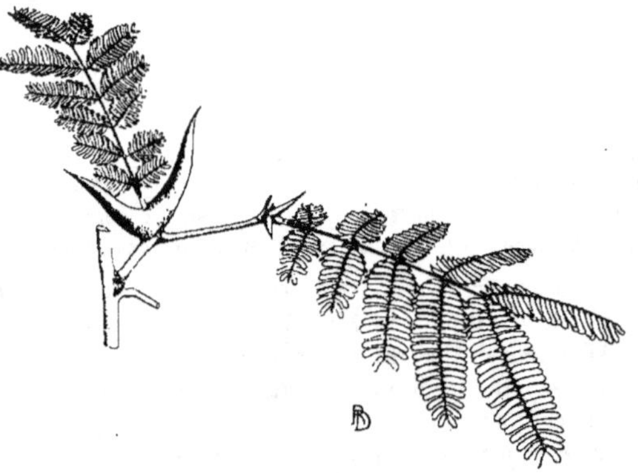

Fig. 459.

LA MYRMÉCOPHILIE D'ACACIA SPHAEROCEPHALA (ROSALE).
A la base de chaque feuille, stipules creuses où se logent
les Fourmis. Au sommet des folioles inférieures de chaque
segment, petits amas de matières albuminoïdes. A la base
du pétiole, un nectaire.

6. **Répartition géographique des moyens de défense.**

C'est dans les déserts que le conflit des Végétaux et des herbivores atteint toute son acuité. Aussi n'y a-t-il pour ainsi dire pas une espèce qui ne possède quelque protection.

Dans les régions équatoriales où de nombreux Mammifères herbivores grimpent aux arbres, ceux-ci sont souvent épineux; c'est le cas pour les Palmacées (fig. 155). Par contre, beaucoup de petites îles océaniennes n'ont pas le moindre Mammifère herbivore : les Palmacées y sont inermes. Chez nous on remarque que des arbustes qui sont épineux dans le jeune âge, perdent leurs piquants dès qu'ils s'élèvent au delà du niveau où la Chèvre, le Cheval et le Bœuf peuvent les brouter. Ainsi le Houx a des feuilles épineuses quand il est petit, mais plus tard il renonce à son armure défensive.

La ressemblance de *Lamium album* avec l'Ortie ne peut lui être avantageuse que si les herbivores apprennent à connaître d'abord l'action pernicieuse de l'Ortie; il faut pour cela que l'Ortie soit abondante dans les régions qu'habite le Lamier. Or, c'est effectivement le cas. L'aire géographique d'*Urtica dioica* déborde de tous côtés celle de *Lamium album* : les deux espèces vivent ensemble dans la plus grande partie de l'Europe, mais l'Ortie habite aussi les hautes montagnes, la région arctique et la région méditerranéenne, où *Lamium* ne la suit pas.

CHAPITRE V.

FONCTIONS ET ADAPTATIONS PROCRÉATRICES.

Nous n'avons étudié jusqu'ici que les fonctions et les adaptations qui assurent le maintien de l'individu. Voyons à présent celles qui interviennent dans la conservation de l'espèce; elles se rapportent à la procréation, à la dissémination et à la germination.

La procréation est la faculté qu'ont les organismes de faire un nouvel individu avec une petite portion de leur corps. Elle s'opère de deux façons :

La propagation végétative où n'intervient que la division cellulaire.

La reproduction sexuelle, basée sur l'accouplement de cellules. Ce n'est pas directement la zygote qui est mise en liberté, mais soit des spores, comme chez les Bryophytes et la plupart des Ptéridophytes, soit un embryon unique, comme chez les Phanérogames.

A. La propagation végétative.

Nombreux et variés sont les procédés par lesquels les Ptéridophytes et les Phanérogames se multiplient sans que la conjugaison y ait une part : les rhizomes, les rameaux rampants, les rameaux décombants, les stolons aériens et souterrains, les drageons (fig. 461), etc.

Les Plantes possèdent aussi des modes de propagation plus spécialisés : elle forment des organes qui sans pouvoir supporter une dessication et un ralentissement vital aussi complets que les graines, réduisent néanmoins beaucoup leur vitalité et se prêtent donc à une dissémination étendue. On leur donne le nom général de bulbilles.

Souvent ceux-ci naissent à l'aisselle de feuilles, comme chez *Ficaria ranunculoides* (fig. 465 C) et *Saxifraga granulata* (fig. 470). Chez beaucoup de Fougères, ils

Fig. 462. — LA PROPAGATION VÉGÉTATIVE
DE WOODWARDIA RADICANS (FILICALE).
Petites plantes naissant à la face supérieure
de la feuille.

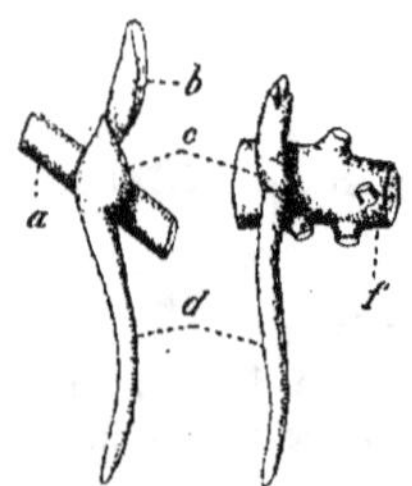

Fig. 461.

LA PROPAGATION VÉGÉTATIVE
D'OPHIOGLOSSUM VULGATUM.

a, racine; **f**, tige; sur toutes deux naissent des bourgeons (**c**) ayant déjà une racine (**d**) et une première feuille (**b**)
(D'après M. POIRAULT.
Copié dans BELZUNG.)

sont sur les feuilles-mêmes (fig. 462) ou bien ils en occupent l'extrême pointe, qui est alors allongée (fig. 463) : ils se développent dans ce cas sans passer par une période de repos. Les Phanérogames produisent plus rarement des bulbilles à la surface des feuilles; par contre, il arrive assez souvent qu'une feuille détachée accidentellement donne des bourgeons qui s'enracinent (fig. 464). Il n'est pas rare que des bulbilles naissent dans les inflorescences, parfois même à la place de fleurs. Tantôt ils se développent tout de suite (fig. 465 E); tantôt ils possèdent des réserves assez abondantes, et ils peuvent subir une période de vie ralentie (fig. 465 F, G).

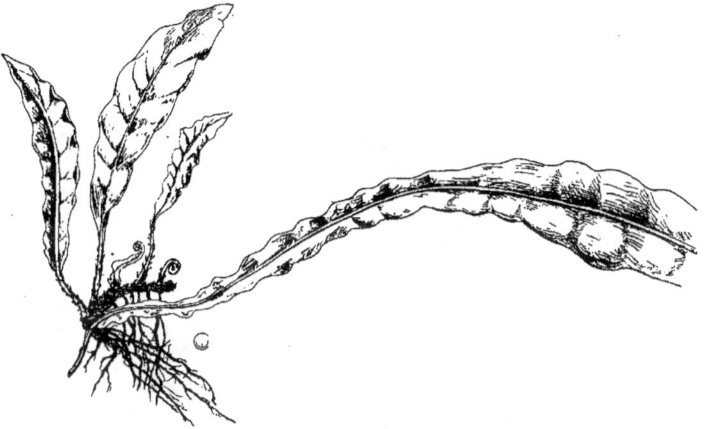

Fig. **463**. — LA PROPAGATION VÉGÉTATIVE D'UNE FILICALE : ASPLENIUM PROLONGATUM. Une plante, située à droite (au delà des limites du dessin), a donné près du bout de sa feuille un bulbille qui s'est immédiatement enraciné et a produit un rhizome et des feuilles.

B. La reproduction sexuelle : la pollination.

Nous n'avons pas à revenir sur les déplacements actifs ou passifs des gamètes mâles vers les gamètes femelles. Aussi nous contenterons-nous d'examiner les moyens par lesquels les Plantes assurent le transport du pollen sur le stigmate.

D'une façon générale, la fécondation croisée, ou allogamie, c'est-à-dire celle qui est effectuée par du pollen provenant d'un autre individu, est plus avantageuse que la fécondation directe, ou autogamie, par le pollen de l'individu même : non seulement on obtient plus de graines, mais celles-ci sont aussi plus lourdes; le nombre des descendants sera donc plus grand et ils seront plus vigoureux. Bref, la fécondation croisée est à tous les points de vue la plus efficace pour assurer la victoire dans la lutte pour l'existence.

Rien d'étonnant à ce que les Phanérogames possèdent de multiples particularités de structure qui favorisent l'allogamie ou même la rendent inévitable. Néanmoins il peut être utile que la plante aît aussi le moyen de donner des graines par pollination directe; en effet

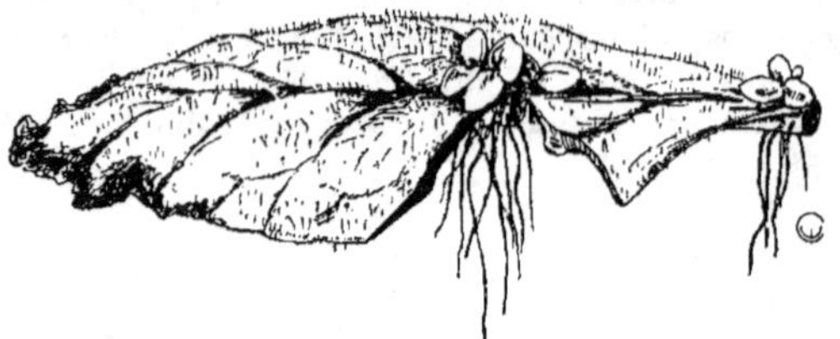

Fig. 464. — LA PROPAGATION VÉGÉTATIVE PAR UNE FEUILLE DE CHIRITA SINENSIS (TUBIFLORALE).
Une feuille arrachée et tombée par terre donne des bourgeons auprès des plaies.

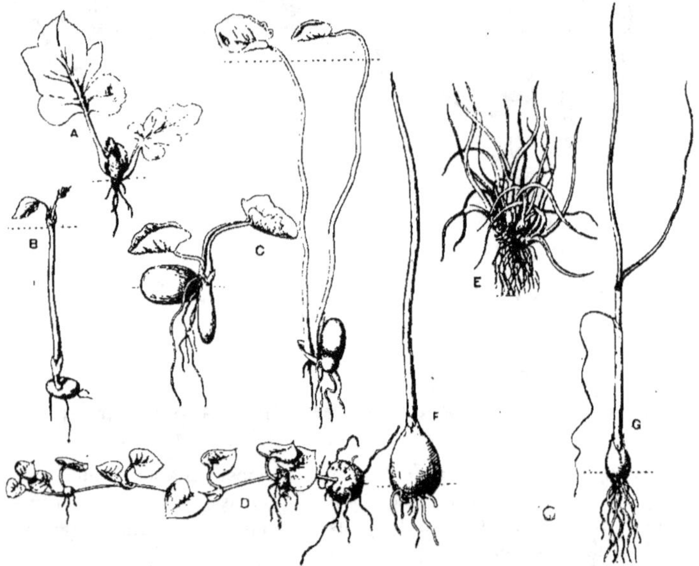

Fig. 465. — LA GERMINATION DES BULBILLES.
Bulbilles naissant à la surface des feuilles : **A**, *Asplenium celtidifolium* (Filicale).
Bulbilles naissant à l'aisselle des feuilles : **B**, *Begonia discolor* (Pariétale);
C. *Ficaria ranunculoides* (Ranale), bulbilles germant à deux niveaux différents;
D, *Ceropegia Woodii* (Contortale); la tige issue du bulbille a déjà formé de nouveaux bulbilles.
Bulbilles naissant à la place de fleurs, dans l'inflorescence : **E**, *Festuca ovina vivipara* (Glumiflorale); **F**, *Drimia altissima* (Lilliiflorale); **G**, *Allium vineale* (Liliiflorale). Le trait interrompu horizontal indique le niveau de la terre.

le croisement exige que le pollen vienne de loin et son arrivée est en somme assez aléatoire. Par quels procédés l'organisme assure-t-il le transport du pollen? Enfin, y a-t-il une relation entre les modes de pollination et leur répartition géographique? Nous examinerons successivement ces divers problèmes.

i. DISPOSITIFS QUI ENTRAVENT L'AUTOFÉCONDATION.

Le procédé le plus radical pour empêcher la fécondation directe consiste évidemment à séparer les sexes sur des individus distincts. Mais ce n'est pas le seul, car beaucoup de fleurs hermaphrodites sont incapables de se féconder elles-mêmes, soit que le pollen se montre inefficace quand il tombe sur le stigmate de sa propre fleur, soit parce qu'il y a entre les anthères et les stigmates un obstacle dans le temps ou un obstacle dans l'espace.

A) L'UNISEXUALITÉ DES FLEURS.

α) *Plantes dioïques*. — Les sexes sont séparés non seulement dans des fleurs différentes, mais dans des plantes différentes, chaque individu ne portant que des fleurs d'un même sexe; par exemple *Salix* (fig. 305), (*Acalyphe* (fig. 304), *Vallisneria* (fig. 482). En général, les fleurs mâles sont plus attrayantes que les fleurs femelles. Cette diffé-rence est évidemment avanta-geuse puisque grâce à elle les Insectes se portent d'abord sur les fleurs mâles, et n'arrivent aux fleurs femelles que chargés de pollen. Le contraste est très manifeste au printemps pour les *Salix* : les arbres portant les fleurs mâles, brillamment colo-rées en jaune, attirent les regards à une distance de plusieurs cen-taines de mètres, tandis que les fleurs verdâtres des arbres fe-melles ne se remarquent que de tout près.

Fig. 466. — LES FLEURS GYNODIOÏQUES DE THYMUS SERPYLLUM (TUBIFLORALE).
1, 2, fleurs hermaphrodites au stade mâle et au stade femelle; **3**, fleur femelle.
(D'après H. MÜLLER, 1873.)

β) *Plantes gynodioïques*. — Un cas fort intéressant est celui où il existe à la fois des individus à fleurs hermaphrodites, et d'autres dont les fleurs sont toutes uniquement femelles (fig. 466). Ici encore on remarque que les fleurs hermaphrodites, fournissant le pollen, sont plus grandes que les fleurs femelles.

γ) *Plantes monoïques, andromonoïques* et *gynomonoïques*. — Les plantes monoïques ont des fleurs unisexuelles, mais réunies sur le même individu, par exemple chez *Quercus* (fig. 481), *Acer* (fig. 467), *Larix*

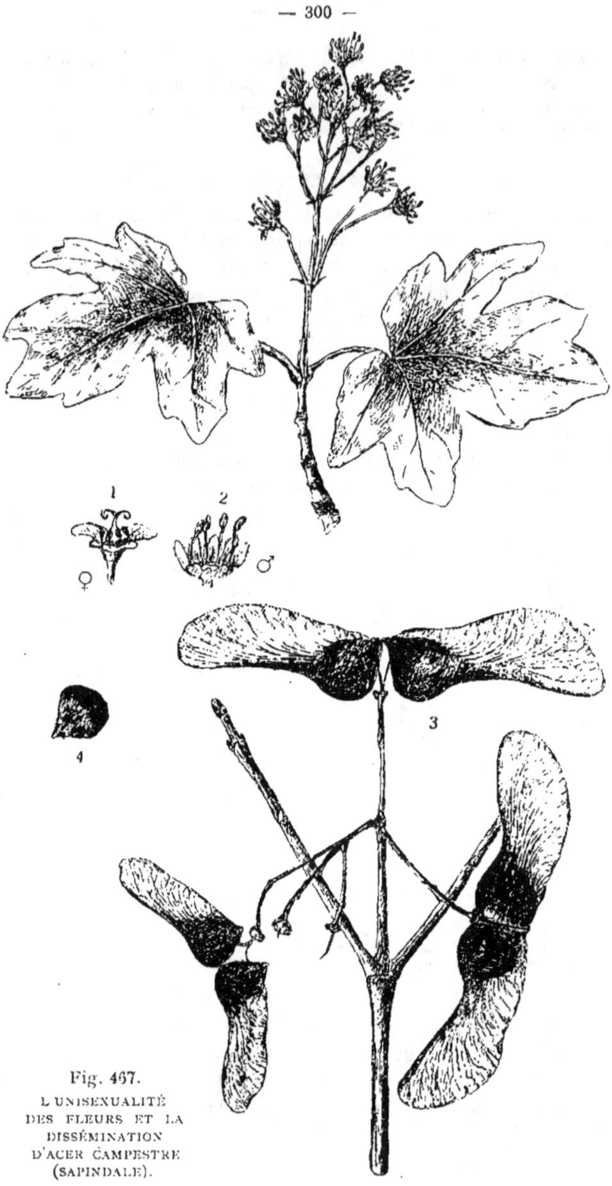

Fig. 467.
L'UNISEXUALITÉ
DES FLEURS ET LA
DISSÉMINATION
D'ACER CAMPESTRE
(SAPINDALE).

En haut, rameau avec fleurs mâles et femelles.
1, fleur femelle; **2**, fleur mâle; **3**, samarres; **4**, graine.
(D'après Mlles COENRAETS ET D'HAENENS, 1922.)

Fig. 468. — L'UNISEXUALITÉ DES FLEURS DE LARIX EUROPAEA (CONIFÈRE).
Fleurs mâles et fleurs femelles sur le même rameau.
(D'après Mlles COENRAETS ET D'HAENENS, 1922.)

(fig. 468). Il y a aussi, principalement parmi les Ombelliflorales, des espèces qui possèdent, dans la même inflorescence, des fleurs hermaphrodites et des fleurs mâles. D'autre part, beaucoup de Compositacées ont au centre du capitule des fleurs hermaphrodites et à la périphérie des fleurs uniquement femelles.

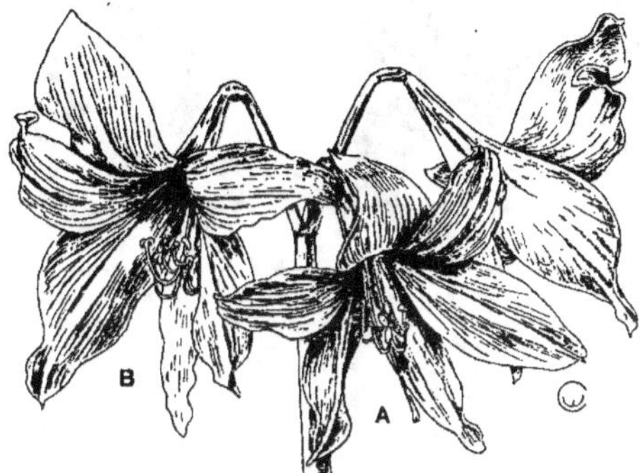

Fig. 469.
LA PROTANDRIE D'AMARYLLIS (LILIIFLORALE).
A, fleur jeune, au stade mâle : les 6 anthères sont ouvertes; le stigmate n'est pas formé. **B**, fleur plus âgée, au stade femelle : les anthères sont vides; le stigmate trilobé s'est placé auprès des étamines.

B) LA SÉPARATION DES SEXES DANS LE TEMPS.

L'autopollination des fleurs hermaphrodites est souvent rendue impossible par le fait que le gynécée de la fleur est réceptif avant que les anthères ne laissent échapper leur pollen, et que les stigmates sont déjà fanés au moment où le pollen est mis en liberté (fleurs protogynes). Plus fréquemment l'ordre est autre : chaque fleur est d'abord physiologiquement mâle, puis femelle (fleurs protandres : fig. 469, 470, 474).

La séparation des sexes dans le temps ne se manifeste pas seulement dans les fleurs hermaphrodites : on la retrouve dans les inflorescences portant à la fois des fleurs mâles et des fleurs femelles. Ainsi l'inflorescence des *Euphorbia* est protogyne (fig. 307), et celle de *Dalechampia*, protandre (fig. 471).

A, partie inférieure d'une plante montrant les bulbilles à la base; **B**, fleur récemment épanouie : les étamines externes sont déjà ouvertes; on a écarté les étamines antérieures pour montrer que les stigmates ne sont pas formés; **C**, fleur plus âgée : les étamines externes ont perdu leurs anthères; les étamines internes sont ouvertes; les stigmates sont sur le point de devenir réceptifs; **D**, fleur dont les pétales et les anthères sont tombées : l'ovaire grossit; **E**, fleur semblable coupée longitudinalement pour montrer que l'ovaire est semi-infère.

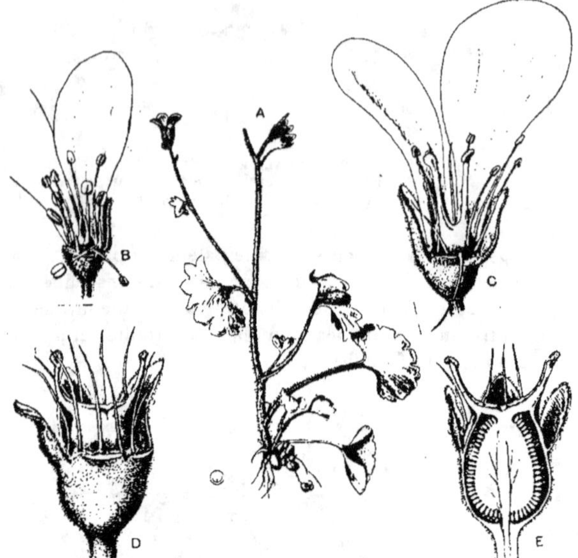

Fig. 470. — LA PROTANDRIE DE SAXIFRAGA GRANULATA (ROSALE).

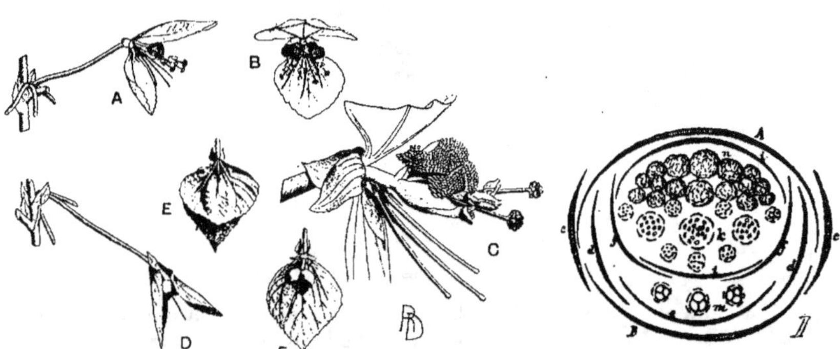

Fig. 471. — LA PROTANDRIE DE DALECHAMPIA ROEZLIANA (GÉRANIALE).
A, **B**, inflorescence jeune, vue de profil et de face. **C**, le centre plus grossi, vu de profil. On y voit les bractées, dont les plus grandes ont été coupées près de la base; puis de haut en bas : les fleurs stériles, transformées en amas de cire; les fleurs mâles, dont deux sont épanouies; les trois fleurs femelles encore en voie de développement; on n'en voit que les styles. **D**, **E**, inflorescence dont une fleur femelle a été fécondée; elle est maintenant inclinée vers le bas et cachée sous les feuilles; les deux grandes bractées qui étaient roses lors de l'épanouissement des fleurs mâles, puis des fleurs femelles, sont devenues vertes; **F**, une inflorescence analogue dont la grande bractée supérieure a été enlevée. A droite, diagramme de l'inflorescence (d'après M. Velenowsky, 1910). **A**, **B**, les deux grandes bractées roses: c, d, e, f, i, les petites bractées; n, les fleurs stériles; k, les fleurs mâles; m, les fleurs femelles.

Les figures 469 et 474 montrent les mouvements qu'effectuent l'appareil mâle et l'appareil femelle. Voici (fig. 472) la représentation d'une même étamine depuis le moment où la fleur s'épanouit jusqu'à celui où elle se fane.

C) LA SÉPARATION DES SEXES DANS L'ESPACE.

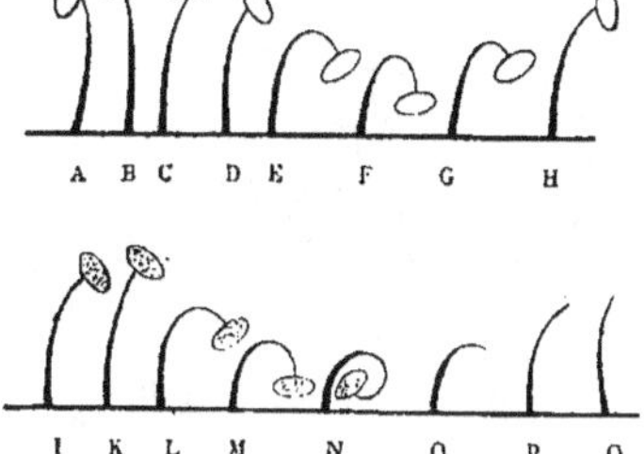

Fig. 472. — LES MOUVEMENTS D'UNE ÉTAMINE DE GERANIUM PHAEUM.

Le centre de la fleur est à gauche; **A** à **H**, avant l'ouverture de l'anthère; **I** à **N**, pendant que le pollen est mis en liberté; **O** à **Q**, après la chute de l'anthère. **A**, au moment de l'épanouissement de la fleur; **Q**, lors de son flétrissement.
(D'après L. ERRERA, 1879.)

Il y a aussi pas mal de fleurs hermaphrodites qui sont bâties de telle manière que le pollen, quoique mûr en même temps que les stigmates, ne puisse jamais atteindre directement ceux-ci.

Les obstacles matériels qui séparent les sexes sont de nature très diverses, et chaque cas mériterait d'être étudié en détail.

Dans la fleur de *Salvia* (fig. 473) les anthères sont enfermées dans la lèvre supérieure de la corolle et n'en sortent que si un Insecte appuie sur un levier dépendant de la base du filet. On peut ajouter que cette espèce présente aussi une légère séparation des sexes dans le temps : au début, la fleur n'a de prêt que son pollen ; puis le stigmate

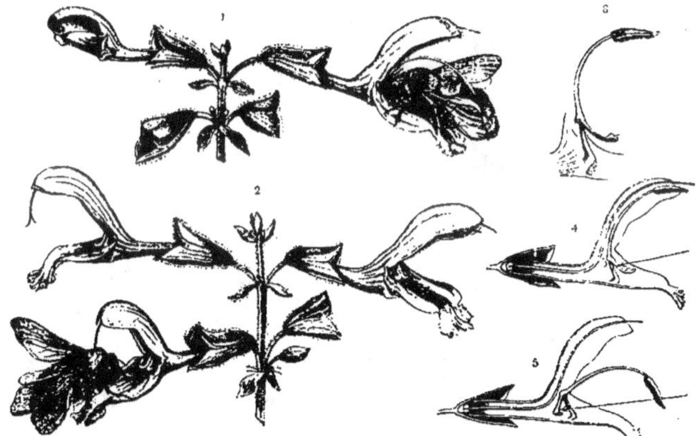

Fig. 473. — LA POLLINATION DE SALVIA GLUTINOSA (TUBIFLORALE).
1, fleur dans laquelle pénètre profondément un Bourdon : les étamines basculent et le recouvrent de pollen; **2**, fleur sur laquelle un Bourdon vient de se poser : il frotte contre le stigmate son dos couvert de pollen; **3**, **4**, **5**, étamine isolée et fleurs coupées longitudinalement pour montrer la façon dont les étamines sont attachées à la corolle et comment les anthères basculent en avant quand un Insecte entre dans la fleur. Dans **2**, la fleur supérieure de gauche a son stigmate réceptif, tandis que dans la fleur supérieure de droite le stigmate n'est pas encore mûr; il en est de même dans **4** et **5**.
(D'après KERNER, 1890.)

devient réceptif, tandis que les étamines continuent à donner du pollen. Plusieurs espèces de ce genre, par exemple *Salvia pratensis*, sont en même temps gynodioïques. Enfin, si par hasard le pollen de la fleur hermaphrodite arrive tout de même sur le stigmate, il y reste sans effet. On voit par cet exemple combien les entraves à l'autofécondation peuvent se superposer dans une même espèce.

Les anthères de *Berberis* (fig. 474) restent éloignées du stigmate jusqu'à ce qu'un Insecte

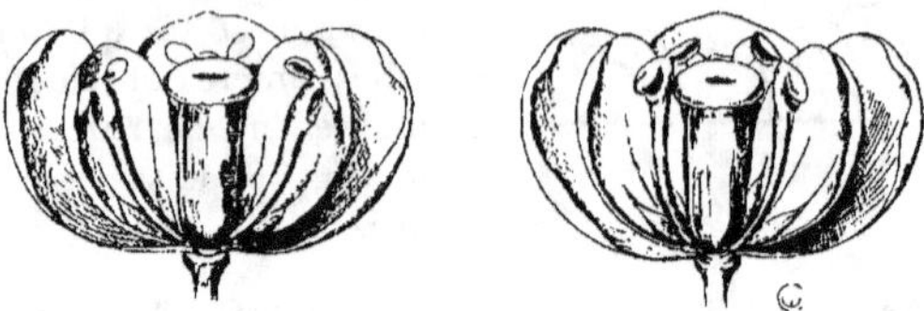

Fig. 474. — LA POLLINATION DE LA FLEUR DE BERBERIS VULGARIS (RANALE)
A gauche, fleur non visitée : les étamines sont écartées du stigmate. A droite, fleur qui vient d'être visitée par un Insecte. (D'après L. ERRERA ET E. LAURENT, 1897.)

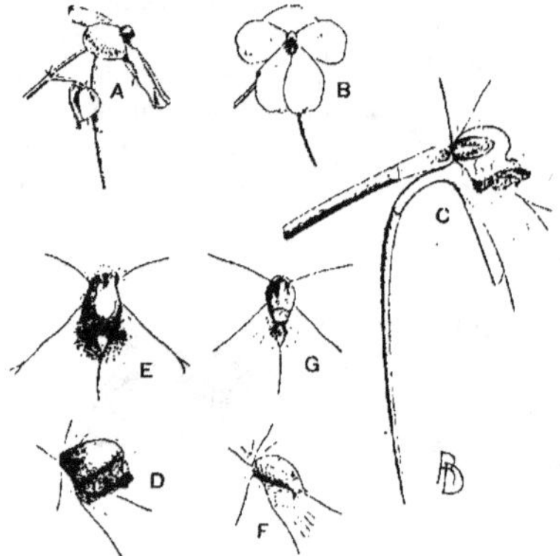

Fig. 475. — LA POLLINATION D'IMPATIENS SULTANI (GÉRANIALE).
A, B, fleurs vues de profil et de face; **C**, coupe longitudinale d'une fleur jeune ; le capuchon formé par les étamines enferme complètement le gynécée; **D, E**, les étamines vues de profil et de face; **F, G**, centre d'une fleur plus âgée, vu de profil et de face, après que le capuchon staminal est tombé : le stigmate est courbé vers le bas et occupe la place où était antérieurement le pollen.
La pollination est effectuée par des Lépidoptères. Quand ils enfoncent la trompe dans l'éperon contenant le nectar (**C**) ils frôlent le pollen dans la fleur jeune (**C, D, E**) et le stigmate dans la fleur plus âgée (**F, G**).

arrive dans la fleur pour prendre le nectar sécrété à la base des pétales. Dès qu'il touche la partie inférieure d'un filet, qui est sensible au contact, l'étamine exécute un mouvement qui jette l'anthère contre son corps et le saupoudre de pollen. Il transportera ensuite le pollen sur le stigmate d'une autre fleur.

Chez *Impatiens Sultani* (fig. 475), le gynécée est d'abord coiffé par les cinq étamines soudées; après la chute de l'appareil mâle, le stigmate est accessible à la trompe du Papillon qui vient sucer le nectar.

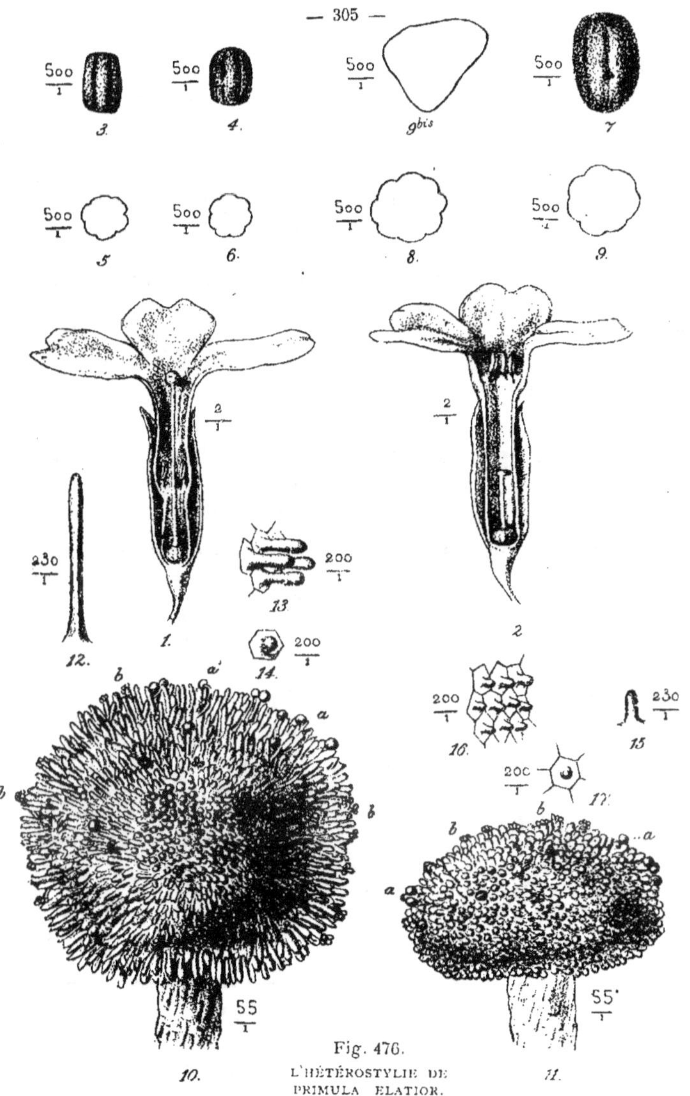

Fig. 476.

L'HÉTÉROSTYLIE DE
PRIMULA ELATIOR.

La moitié gauche de la figure appartient à la forme macrostyle; la moitié droite, à la forme microstyle.

1, fleur macrostyle; 2, fleur microstyle. 3, 4, 5, 6, grains de pollen de la forme macrostyle, vus du dehors et en coupe transversale. 7, 8, 9, 9bis, grains de pollen de la forme microstyle. 10, 11, stigmates de la forme macrostyle (10) et de la forme microstyle (11) portant chacun des grains de pollen des deux sortes : a, a¹, de la fleur microstyle; b, de la fleur macrostyle. 12, 13, 14, papilles stigmatiques de la forme macrostyle, vues de côté, de biais et de face. 15, 16, 17, papilles stigmatiques de la forme microstyle, vues de côté, de biais et de face.

(D'après L. Errera, 1878.)

L'héterostylie est un cas particulier, très intéressant, d'obstacle matériel à la pollination directe. Les espèces hétérostyles possèdent deux, ou même trois sortes d'individus, portant des fleurs qui diffèrent par la longueur relative de leurs styles et de leurs étamines. Chez *Primula* (fig. 476), il y a : *A*) des individus dont les fleurs ont le style long amenant le stigmate à la gorge de la corolle, et les étamines insérées au milieu du tube de la corolle ; *B*) des individus dont les fleurs ont le style court, n'atteignant que la moitié de la longueur de la corolle, et les étamines insérées à la gorge. Pour que la fécondation soit légitime, c'est-à-dire pour qu'elle provoque la formation de graines nombreuses, il faut que le pollen des étamines longues parvienne sur le stigmate du style long, et le pollen des étamines courtes sur le stigmate du style court : la fécondation la plus avantageuse est donc croisée.

L'efficacité comparée de la pollination légitime et de la pollination illégitime de Primula elatior.

(d'après Mlle Eva de Vries, 1919).

	Pollination légitime		Pollination illégitime	
	Nombre de fleurs pollinées	Nombre de fruits obtenus	Nombre de fleurs pollinées	Nombre de fruits obtenus
Forme macrostyle	109	83	114	8
Forme microstyle	58	46	103	16

L'hétérostylie des *Primula* est un bel exemple d'hérédité mendelienne. En effet le déterminant microstyle est dominant et le déterminant macrostyle récessif. Il en résulte que les macrostyles sont tous homozygotes et que les microstyles peuvent être les uns homozygotes, les autres hétérozygotes. (Comparer avec *Souris grise* et *Souris blanche*, vol. I, p. 184 : les microstyles sont comparables à la Souris blanche AA, et les macrostyles sont comparables aux Souris grises, les unes AG ou GA, les autres GG.).

Représentons par a le déterminant macrostyle et par i le déterminant microstyle. Le tableau suivant résume toutes les possibilités de fécondations illégitimes et légitimes :

FÉCONDATIONS ILLÉGITIMES				
	Macrostyle par Macrostyle	Microst. homoz. par Microst. homoz.	Microst. homoz. par Microst. hétéroz.	Microst. hétéroz. par Microst. hétéroz.
Déterminants	aa × aa	ii × ii	ii × ai	ai × ai
Descendants	aa, aa, aa, aa. Tous macrostyles	ii, ii, ii, ii. Tous microstyles.	ia, ii, ia, ii. Deux microstyles Deux macrostyles	aa, ai, ia, ii. Un macrost. deux microst. hétéro., et un microst. hom.

FÉCONDATIONS LÉGITIMES.		
	Macrostyle par Microstyle homozygote	Macrostyle par Microstyle hétérozygote
Déterminants	aa $\times$ ii	aa $\times$ ai
Descendants	ai, ai, ai, ai, Tous microstyles, hétérozygotes	aa, ai, aa, ai Deux macrostyles, deux microstyles hétérozygotes.

En pratique, il n'y a que les fécondations légitimes qui comptent ; et celles-ci ne produisent, à côté des macrostyles, que des microstyles hétérozygotes.

Or, la fécondation légitime de macrostyle et de microstyle hétérozygote donne moitié macrostyles, moitié microstyles. Et telle est en effet la proportion des deux formes dans la nature.

Il existe aussi des plantes hétérostyles avec trois sortes d'individus, par exemple *Lythrum Salicaria* (fig. 477) : A, à étamines courtes, à étamines moyennes, et à style long ; B, à étamines courtes, à style moyen, et à étamines longues ; C, à style court, à étamines moyennes et à étamines longues. Les étamines courtes et les étamines moyennes ont du pollen jaune ; les étamines longues ont du pollen vert. La fécondation légitime est celle qui est indiquée dans la fig. 477 : elle s'opère entre organes de longueur correspondante.

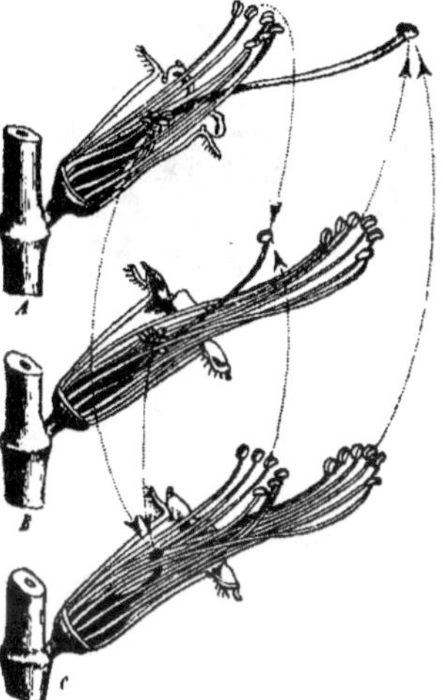

Fig. 477. — L'HÉTÉROSTYLIE DE LYTHRUM SALICARIA.

Le calice et la corolle ont été enlevés, pour montrer les trois longueurs différentes des étamines et des styles. Chaque fleur renferme des étamines de deux longueurs et un style d'une troisième longueur. La fécondation légitime est celle qui est indiquée par les flèches. (D'après DARWIN.)

D. L'INEFFICACITÉ DE L'AUTOPOLLINATION.

Bien plus nombreuses qu'on ne l'imagine d'habitude sont les espèces totalement autostériles. Il y en a dans les groupes systématiques et éthologiques les plus variés. Citons *Lolium italicum* (Graminacée anémophile), *Trifolium pratense* (Rosale), *Papaver Rhoeas* (Rhéadale), *Achillea Millefolium* (Campanulale), *Linaria vulgaris* (Tubiflorale).

On connaît des espèces où certaines races sont autofertiles, et d'autres autostériles. C'est ce qui se présente pour le Pommier (*Pyrus malus*) et le Poirier (*Pyrus communis*). Sont autostériles, les Pommiers Belle-fleur de Brabant, Court-pendu plat, Beauty of Bath, etc., les Poiriers Beurré Diel, Bon-chrétien William, Joséphine de Malines, etc. Sont autofertiles, les Pommiers Tranparente blanche, Borovistsky, etc., les Poiriers Doyenné d'hiver, Beurré Durondeau, Passe-Colmar, etc.

Ce n'est pas seulement le pollen de la fleur même qui se montre inefficace ; il en est également ainsi pour le pollen de toutes les fleurs du même individu ; et si celui-ci a été propagé par voie végétative, l'autostérilité s'applique à tous les rejetons. Aussi ne peut-on pas faire des vergers constitués par une seule race de Pommiers autostériles, puisque tous ces Pommiers ne sont que des portions d'un unique individu ; il est bien vrai que celui dont proviennent tous les Belle-fleur de Brabant existe depuis des siècles, mais le temps n'a rien changé à son caractère d'individu unique.

2. DISPOSITIFS QUI FAVORISENT L'AUTOFÉCONDATION.

A côté de ses avantages, qui sont considérables, la fécondation croisée présente aussi des inconvénients, dont le principal est que l'arrivée du pollen n'est pas toujours assurée. Aussi y a-t-il des plantes qui, comme pis-aller pourrait-on dire, sont retournées à la pollination directe.

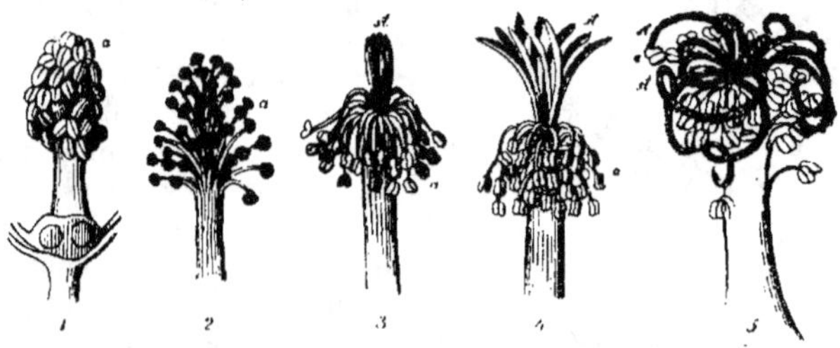

Fig. 478. — L'ALLOGAMIE COMPARÉE A L'AUTOGAMIE.
1 à 4, quatre phases successives dans la fleur de *Malva sylvestris* (allogame). **1**, dans le bouton ; **2**, les anthères sont ouvertes ; **3**, les styles s'allongent ; **4**, les stigmates sont formés et les anthères, repliées vers le bas, sont vides. **5**, *Malva rotundifolia* (autogame), les stigmates et les anthères mûrissent en même temps, et les stigmates recourbés vont frôler les anthères (D'après H. MÜLLER, 1873).

a) *Les mouvements des étamines et des styles*. — Fréquemment les pièces de l'androcée et du gynécée exécutent des mouvements qui amènent forcément en contact immédiat les anthères et les stigmates, ce qui assure l'autopollination. Ces fleurs restent d'ailleurs exposées à la pollination croisée, mais comme celle-ci n'est pas obligatoire, elles sont en général beaucoup moins voyantes que les fleurs qui ont absolument besoin du concours des Animaux. Ainsi *Malva sylvestris*, dont les fleurs nettement protandres ne peuvent être pollinées que par les Insectes, a une grande et belle corolle, tandis que les fleurs de *Malva rotundifolia*, qui est autogame, sont insignifiantes (fig. 478).

Il y a aussi des fleurs qui sont expressément adaptées à la pollination croisée et dans lesquelles l'autopollination est impossible aussi longtemps que la fleur est jeune, mais où elle est rendue inévitable à la fin de la floraison. La fleur est donc certaine d'être fécondée, même si elle n'a pas reçu de visites; pourtant il est évident que l'autopollination ne sera effectuée que si les Insectes n'ont pas emporté tout le pollen.

b) *Les fleurs cléistogames*. — Certaines plantes produisent deux sortes de fleurs : les unes exigent la fécondation croisée ; les autres restent complètement closes et se fécondent elles-mêmes. L'un des plus beaux exem-

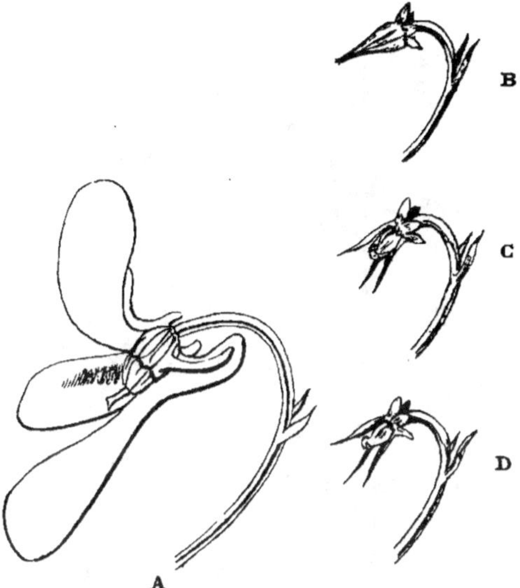

Fig. 479. — LA CLÉISTOGAMIE DE VIOLA ODORATA
(VIOLETTE).
A, fleur normale coupée longitudinalement pour montrer l'éperon porté par le pétale inférieur, et l'un des deux nectaires qui y pénètrent; **B**, fleur cléistogame, vue du dehors; **C**, la même dont deux sépales ont été enlevés; on y voit le stigmate recouvert par les anthères réduites; **D**, la même après l'enlèvement des anthères.
(D'après Mme SCHOUTEDEN-WERY, 1913).

ples est celui des Violettes (fig. 479). Au printemps se forment les fleurs bien connues, avec leur parfum pénétrant, leur corolle largement étalée, et leur nectar accumulé dans l'éperon; leurs ovules ne deviendront des graines que si un Hyménoptère a visité la fleur et y a apporté du pollen étranger. Leur fécondité est donc assez précaire, car il suffit d'un mauvais temps persistant pour empêcher les Insectes de butiner. Mais la plante produit en juin-juillet des fleurs dont la fécondation est absolument sûre. Leur calice reste indéfiniment fermé et elles passent directement de l'état de bouton à l'état de fruit. Elles n'ont pas, ou presque pas de corolle; les étamines sont généralement réduites à deux (au lieu de cinq), et les anthères s'appliquent exactement sur le stigmate; les grains de pollen germent dans les anthères et envoyent leur tube pollinique vers la surface stigmatique.

Lamium amplexicaule possède aussi deux sortes de fleurs : il donne d'abord des fleurs cléistogames, puis des fleurs à fécondation étrangère.

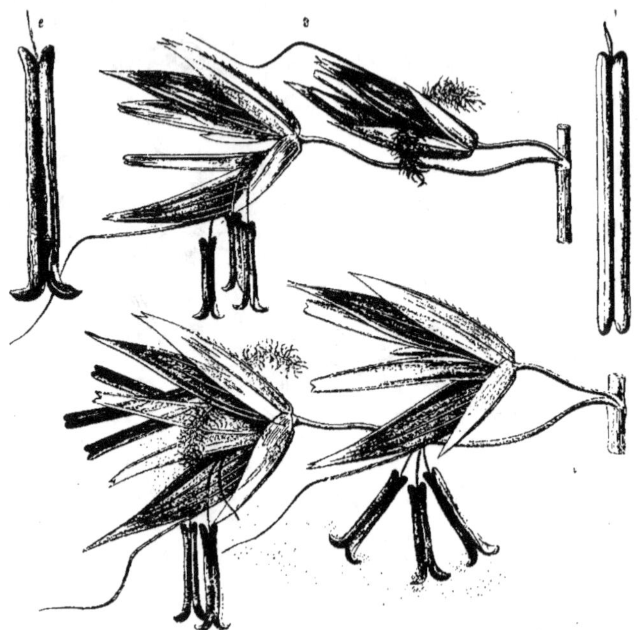

Fig. 480. — LA POLLINATION PAR LE VENT D'UNE GRAMINACÉE : ARRHENATHERUM ELATIUS.
1, 2, étamine fermée et ouverte; **2, 3**, épillets montrant les longs filets très mobiles et les stigmates plumeux.　　　　(D'après KERNER, 1890.)

On connaît même des espèces qui ont complètement renoncé au croisement : les épillets de *Bromus sterilis* (Graminacée) ne s'ouvrent jamais; si quelques rares fleurs écartent leurs glumelles et laissent sortir les anthères, la pollination n'en est pas moins directe, puisque les stigmates restent tout de même prisonniers.

3. LES MODES DE TRANSPORT DU POLLEN.

C'est incontestablement le vent qui est l'agent primitif du transport du pollen, puisque c'est lui qui intervient chez les Gymnospermes. Mais il est probable que les fleurs des premières Angiospermes étaient déjà adaptées à la pollination par les Insectes (voir p. 156). La plupart de leurs descendants sont restés zoophiles (pollinés par les Animaux), mais d'autres sont redevenus secondairement anémophiles ; il en est aussi quelques-unes qui se sont adaptés à la pollination par l'eau (hydrophiles).

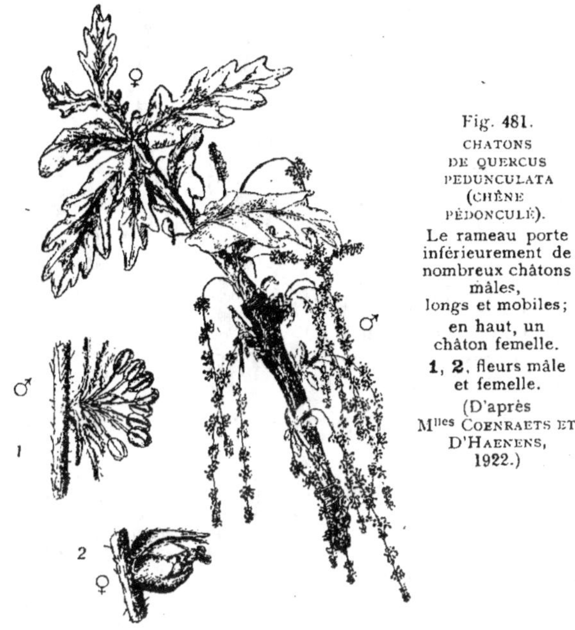

Fig. 481.
CHATONS
DE QUERCUS
PEDUNCULATA
(CHÊNE
PÉDONCULÉ).
Le rameau porte inférieurement de nombreux châtons mâles, longs et mobiles ; en haut, un châton femelle.
1, 2, fleurs mâle et femelle.
(D'après Mlles COENRAETS ET D'HAENENS, 1922.)

A. LES FLEURS ANÉMOPHILES.

Elles sont remarquables par la prodigalité extrême avec laquelle le pollen est produit et par la grandeur des stigmates, deux points dont l'importance se comprend sans peine quand on songe à l'inconstance de l'agent auquel ces fleurs confient leur poussière fécondante (fig. 480, 481). De plus le pollen est tout à fait lisse et les grains ne collent pas ensemble, encore une disposition dont les avantages sont évidents. Ajoutons enfin que les organes mâles sont le plus souvent très mobiles et secoués par le moindre vent, ce qui facilite l'envolée du pollen.

Parmi les Urticales, presque toutes anémophiles, il en est qui au lieu de laisser simplement enlever leur pollen par les courants atmosphériques, commencent par projeter les grains en l'air, ce qui facilite beaucoup l'action du vent. Quelques-unes, qui habitent le sous-bois de la forêt équatoriale, où il fait constamment calme et humide, n'ouvrent leurs fleurs et ne lancent leur pollen que lorsqu'elles sont mouillées.

21

B. Les fleurs hydrophiles.

Les Phanérogames aquatiques sont d'origine terrestre et la plupart ont conservé la pollination aérienne, soit par le vent (fig. 482), soit par les Animaux. On en connaît pourtant

dont la pollination s'accomplit réellement sous l'eau, par exemple *Zannichellia palustris* (Hélobiale). Il en est même qui se sont adaptées à la vie dans la mer; tel est le Zostère (*Zostera marina*).

C. Les fleurs zoophiles.

Le transport du pollen par le vent ou par les courants d'eau conduit nécessairement à un gaspillage excessif. Les Plantes ont donc eu un très grand intérêt à s'adapter à un mode de pollination plus économique : dès qu'il y eut, au Crétacé, des Insectes friands de nectar, il y eut aussi des fleurs aptes à les attirer et à profiter de leurs visites.

Contrairement au pollen des plantes anémophiles, qui est pulvérulent, celui des fleurs zoophiles est garni d'aspérités qui le rendent adhérent (fig. 483).

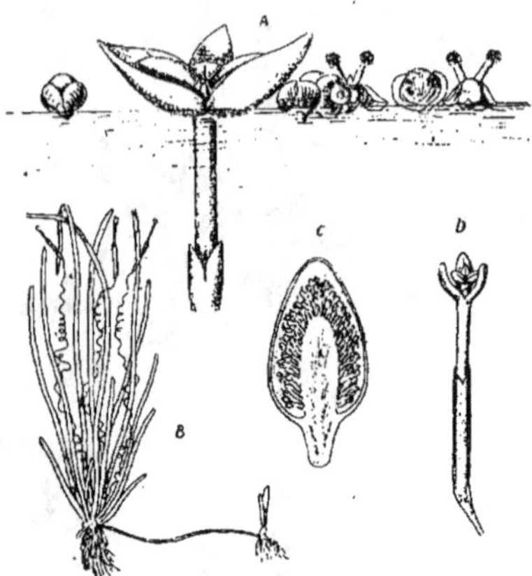

Fig. 482. — LA POLLINATION DE VALLISNERIA SPIRALIS (HÉLOBIALE).

A, fleurs à la surface de l'eau; la fleur femelle est attachée à la plante; les fleurs mâles et leurs boutons flottent librement. La fleur mâle se compose de trois sépales qui font office de flotteurs, et de deux étamines, obliquement dressées. **B**, plante femelle enracinée dans la vase, au fond de l'eau : de nombreuses fleurs femelles déjà fécondées sont attirées vers le bas par la courbure spiralée de leur pédicelle. **C**, inflorescence mâle encore fermée. Elle s'ouvre au fond de l'eau; les boutons des fleurs mâles se détachent et s'élèvent à la surface grâce à leur légèreté **D**, fleur femelle qui vient de s'ouvrir à la surface de l'eau (D'après M. BELZUNG, 1900)

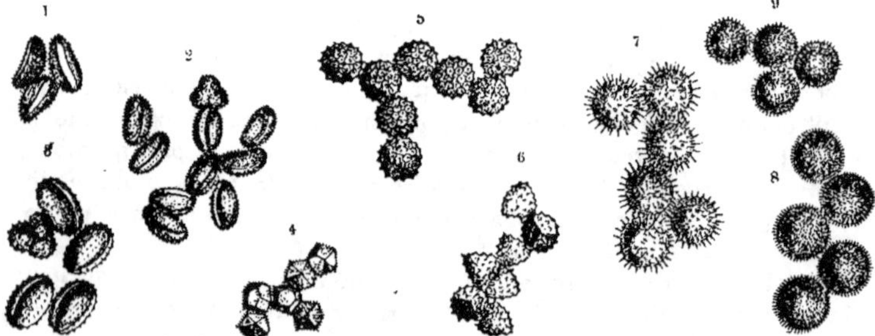

Fig. 483. — POLLENS ADAPTÉS AU TRANSPORT PAR LES ANIMAUX.
1, *Nymphaea alba* (Nénuphar); **2**, *Viscum album* (Gui); **3**, *Carlina acaulis* (Compositacée); **4**, *Taraxacum officinale* (Compositacée); **5**, *Cirsium nemorale* (Compositacée); **6**, *Buphthalmum grandiflorum* (Compositacée); **7**, *Hibiscus ternatus* (Malvale); **8**, *Malva rotundifolia*; **9**, *Campanula persicifolia*　　　(D'après KERNER, 1891).

Quand un Insecte butine les fleurs, ce n'est pas dans le but altruiste d'opérer leur fécondation croisée, mais uniquement pour en retirer un profit personnel. Les fleurs n'assureront donc leur fécondation que si elles mettent sur le trajet de l'Animal leurs étamines et leurs stigmates; mais elles n'auront une clientèle régulière que si elles procurent aux Animaux un avantage déterminé.

I. LES AVANTAGES OFFERTS AUX VISITEURS.

Les profits que les Animaux retirent de leurs visites aux fleurs sont : *a*) de la nourriture, directe ou indirecte; *b*) des matériaux de construction; *c*) une crèche pour les larves.

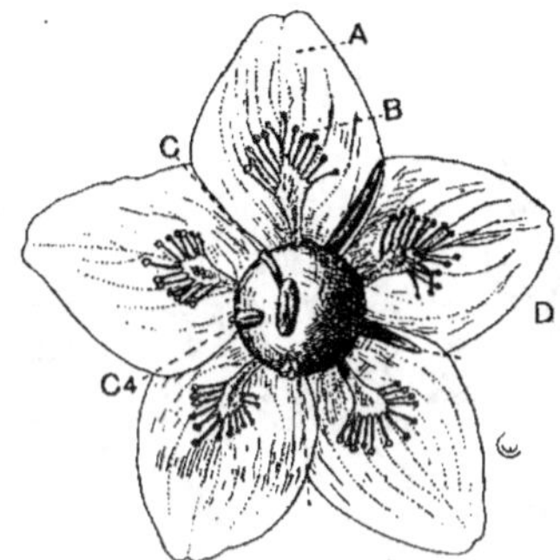

Fig. 484. — LA SIMULATION DE NECTAR DANS LES FLEURS DE PARNASSIA PALUSTRIS (ROSALES).

La fleur est ouverte depuis trois jours **A**, pétales; **B**, glandes brillantes qui attirent les Insectes; à gauche étamines des deux jours précédents, qui ont déjà perdu leur anthère; **C3** étamine qui s'est soulevée et dont l'anthère occupe le centre de la fleur; **C4**, et en bas, les étamines qui s'ouvriront le quatrième et le cinquième jour; **D**, l'ovaire encore sans stigmate.

a) **Nourriture.**

α) *Nectar*. — C'est le cas le plus fréquent : la plupart des Insectes butinant les fleurs possèdent une trompe ou un rostre pour sucer ou lécher le liquide sucré. Celui-ci est secrété par des glandes qui occupent les positions les plus diverses; il s'accumule souvent dans un éperon (fig. 475, 479).

Fréquemment l'Insecte est guidé par des lignes de couleur ou par des plis (fig. 469) qui convergent vers le point où le nectar est caché. L'Animal n'a donc qu'à suivre les marques : il atteint directement ce qu'il cherche, et tout est agencé dans la fleur pour qu'en prenant la friandise, il passe auprès des organes reproducteurs, dépose du pollen sur le stigmate et emporte du nouveau pollen.

β) *Nectar simulé*. — Certaines fleurs trompent les visiteurs. Ainsi celles de *Parnassia palustris* semblent offrir un nectar abondant sur des organes découpés en forme de peigne (fig. 484 B); en réalité, ces nectaires ne sont qu'un trompe-l'œil. Les Diptères se laissent duper et visitent activement les fleurs : ils ne trouvent rien, mais le croisement n'en est pas moins effectué.

γ) *Pollen.* — Les Abeilles, les Bourdons et d'autres Hyménoptères vont chercher dans les fleurs, sous forme de pollen, la nourriture albuminoïde de leurs larves. Beaucoup de ces Hyménoptères ont même sur les pattes des corbeilles spéciales pour emporter le pollen ; pendant les mouvements qu'ils font pour les remplir, ils opèrent involontairement la pollination. Il y a des fleurs sans nectar, mais riches en pollen, qui sont activement visitées par ces Insectes. Citons les Roses (fig. 485) qui ont jusqu'à une centaine d'étamines (voir fig. 334) et les Pavots.

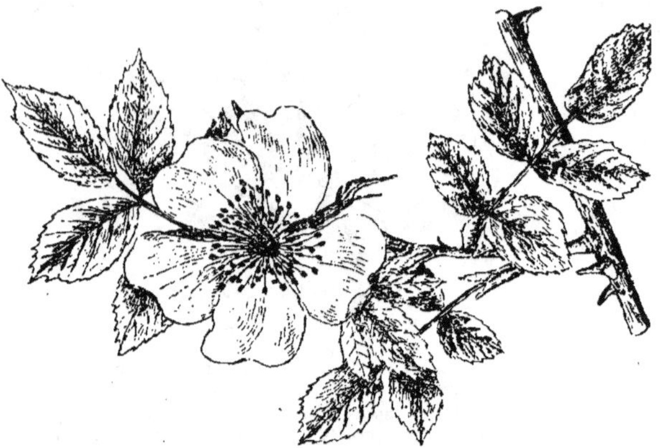

Fig. 485. — Fleurs sans nectar, mais a pollen abondant, de Rosa canina (églantier). (D'après Mlles Coenraets et d'Haenens, 1922).

δ) *Pétales charnus.* — Un *Freycinetia* (Pandanale) de Java est polliné par une grande Chauve-Souris frugivore, la Roussette (*Pteropus*), qui ronge les pétales internes, très charnus.

ε) *Insectes attirés par le nectar.* — Dans les régions équatoriales beaucoup de fleurs sont fréquentées par des Oiseaux insectivores qui se nourrissent des Insectes occupés à lécher le nectar de ces fleurs. La fig. 486 représente un cas un peu particulier où le nectar est sécrété dans des bractées en forme de capuchon.

b) **Matériaux de construction.**

Les inflorescences de *Dalechampia* (fig. 471) comprennent de nombreuses fleurs avortées et transformées en amas résineux. Elles sont pollinées par un Hyménoptère qui recueille la résine pour construire son nid.

c) **Crèche pour les larves.**

Les *Yucca* (Liliiflorales américaines) sont fécondées par un Lépidoptère (*Pronuba*). Il pond dans l'ovaire et ses larves dévorent quelques graines de chaque fruit; les autres graines mûrissent normalement (fig. 487). Le plus curieux est que c'est le Papillon qui, intentionnellement, après avoir déposé ses œufs, va chercher du pollen étranger et le fixe sur le stigmate de la fleur à laquelle il a confié sa progéniture.

Fig. 486.

LES BRACTÉES NECTARIFÈRES DE MARCGRAVIA (PARIÉTALE).

L'inflorescence, en forme d'ombelle, est terminée par un groupe de bractées creuses qui se remplissent de nectar; des Insectes lèchent le liquide; puis des Colibris viennent cueillir les Insectes; à la face inférieure de leurs ailes, les Oiseaux transportent le pollen.

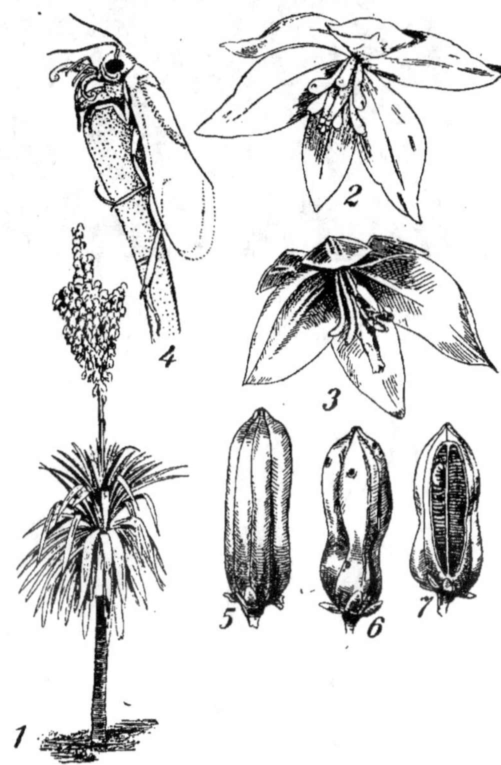

Fig. 487. — LA POLLINATION INTENTIONNELLE DE YUCCA (LILIIFLORALE) PAR PRONUBA (LÉPIDOPTÈRE).

1, plante fleurie de *Yucca*; **2**, fleur de *Y. aloifolia*; **3**, le Papillon enfonçant sa tarière dans un ovaire de *Yucca* pour y déposer un œuf; **4**, le Papillon venant prendre du pollen sur une étamine; **5**, capsule de *Y. angustifolia*, fécondée artificiellement, et protégée ensuite contre les visites du Papillon; **6**, fruit habituel, montrant les orifices de sortie des larves; **7**, un fruit ouvert, pour montrer une larve à l'intérieur. (**1**, d'après M. LOTSY, 1911. **2** à **7**, d'après M. RILEY, copié dans LOTSY).

Fig. 488. — FLEUR DE RAFFLESIA PATMA (SANTALALE), dans une forêt de Sumatra.
La fleur, qui a près d'un mètre de diamètre, est celle d'une plante parasite sur les
racines de *Cissus*. Elle répand une odeur de viande décomposée qui attire des Diptères.
(D'après KERNER, 1890).

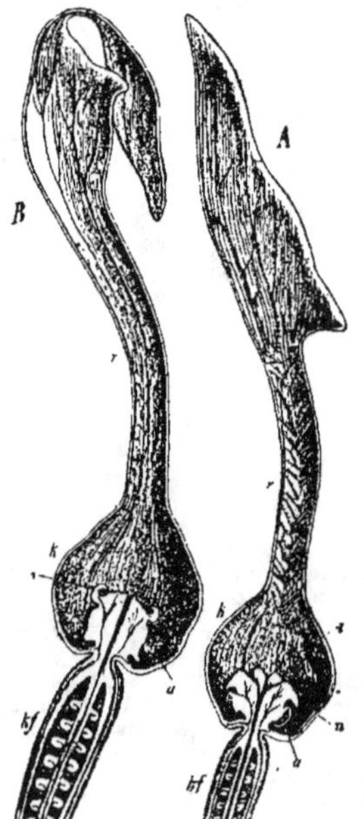

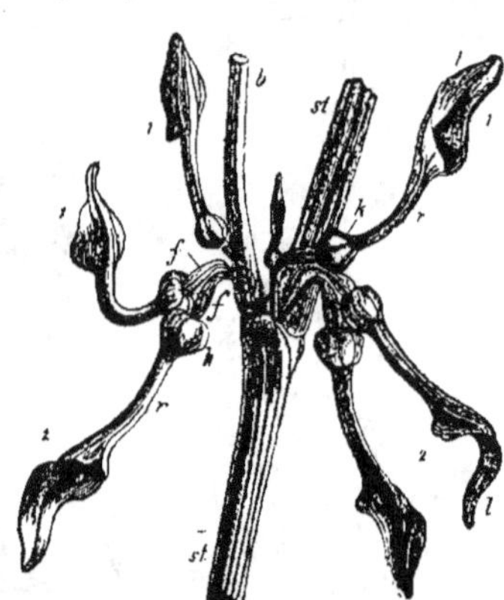

Fig. 489.

FLEURS D'ARISTOLOCHIA CLEMATITIS (SANTALALE) ADAP-
TÉES A LA POLLINATION PAR LES MOUCHES A VIANDE.

A droite, inflorescence avec des fleurs jeunes, dressées,
et des fleurs âgées, inclinées vers le bas. A gauche
deux fleurs coupées longitudinalement. **A**, fleur jeune,
au stade femelle, avec les poils garnisssant l'intérieur
du tube encore raides; **B**, fleur au stade mâle dont
les poils sont fanés : les petites Mouches qui étaient
retenues prisonnières dans la fleur **A**, peuvent maintenant s'échapper   (D'après SACHS).

Bien plus nombreuses sont les espèces qui offrent à leurs visiteurs, non un vrai berceau pour l'éducation des larves, mais une crèche simulée. C'est notamment le cas pour toutes celles qui répandent une odeur de viande décomposée; elles attirent ainsi les Diptères, qui ont l'habitude de pondre dans les charognes. Certaines de ces fleurs sont parmi les plus

Fig. 490. — LA POLLINATION D'ARUM MACULATUM (SPATHIFLORALE). **A**, plante avec inflorescence ouverte (Son tubercule était au niveau du sol : comparer avec la fig. 402); **B**, inflorescence coupée longitudinalement. Le spadice (axe de l'inflorescence) porte de bas en haut : des fleurs femelles; des fleurs mâles; des fleurs transformées en soies raides, dirigées vers le bas, qui obstruent le rétrécissement de la spathe (bractée entourant l'inflorescence); une partie mince; une partie terminale épaissie, et colorée en pourpre. L'inflorescence dégage une odeur de viande avancée.

grandes qu'on connaisse (fig. 488) et leur émanation se reconnaît à une distance d'une cinquantaine de mètres. Le plus souvent la fleur (fig. 489) ou l'inflorescence (fig. 490) se rétrécit dans le haut, et la partie étroite est garnie de poils raides, dirigés vers le bas : les Insectes peuvent donc facilement se glisser entre les poils pour entrer, mais ils ne réussissent plus à sortir, après qu'ils ont constaté que la fleur ne contient aucun endroit propice à la ponte. Ces plantes sont fortement protogynes. Or, les poils, qui sont turgescents pendant la phase femelle, se flétrissent aussitôt que les étamines sont ouvertes : les Insectes peuvent maintenant s'échapper; ils sont naturellement saupoudrés de pollen, et quand ils vont se faire duper par un autre individu de la même plante, ils y apportent le pollen du premier et effectuent ainsi la pollination croisée.

2. L'AFFICHAGE DES FLEURS.

Il ne suffirait pas que la fleur offrît aux Animaux du nectar, du pollen, ou quelque autre objet utile. Il faut absolument qu'elle attire l'attention de ses clients, sinon ceux-ci passeraient à côté d'elle sans la remarquer. Elle s'adresse soit à la vue, soit à l'odorat.

a) **Nature de l'appareil d'affichage.**

Les moyens visuels sont les plus répandus; il y a fort peu de fleurs qui ne possèdent dans l'une ou dans l'autre de leurs parties un appareil d'affichage plus ou moins efficace.

Ce sont les pétales qui remplissent habituellement le rôle d'organes vexillaires; en d'autres termes, la plupart des belles fleurs sont belles par leur corolle. Beaucoup de Monocotylédonées ont les deux verticilles des enveloppes florales également colorés (fig. 469).

Il n'est pas rare que le calice contribue à l'affichage; parfois même il est seul coloré (fig. 491).

Fig. 492.

L'AFFICHAGE DES FLEURS PAR DES BRACTÉES, CHEZ EUPHORBIA SPLENDENS.

Chaque petite inflorescence possède des fleurs très réduites (voir fig. 307), entourées de nectaires et de deux grandes bractées rouges.

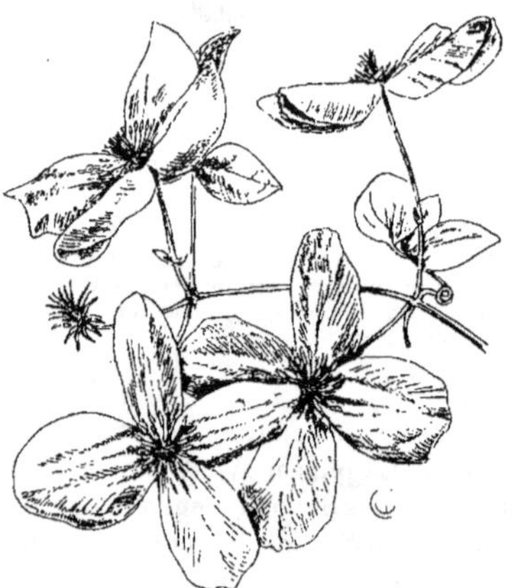

Fig. 491. — L'AFFICHAGE DE LA FLEUR PAR LE CALICE.

Fleur de *Clematis* (Ranale) avec de grands sépales bleus, mais sans corolle.

Fig. 493.

AFFICHAGE
DE FLEURS
D'ANTHURIUM
SCHERZERIA-
NUM (SPATHI-
FLORALE)
PAR UNE
BRACTÉE.

Les petites fleurs sont réunies sur le
s p a d i c e (axe de l'inflorescence).
Une bractée (s p a t h e) rouge les
signale à l'attention des Insectes.

Certaines fleurs, qui sont insignifiantes par
elles-mêmes, sont rendues très voyantes par le fait
qu'elles se trouvent dans le voisinage de grandes
bractées brillamment colorées (fig. 492, 493).

Parfois ces bractées ne conservent leurs belles
couleurs qu'aussi longtemps qu'elles accompagnent
des fleurs. Celles-ci sont-elles fécondées, les
bractées redeviennent vertes (fig. 471).

D'autres plantes ont de belles étamines, comme
les *Acacia* (vulgairement Mimosa) ou des stigmates grands et colorés, comme les *Ageratum*.

Un cas fort intéressant est celui où chaque
inflorescence renferme des fleurs de deux sortes :
les centrales, petites et peu voyantes, mais fertiles ;
les périphériques, très grandes, mais stériles. Il en
est ainsi pour le Bleuet (*Centaurea Cyanus*) et
pour *Viburnum Opulus* (fig. 494) dont une race,

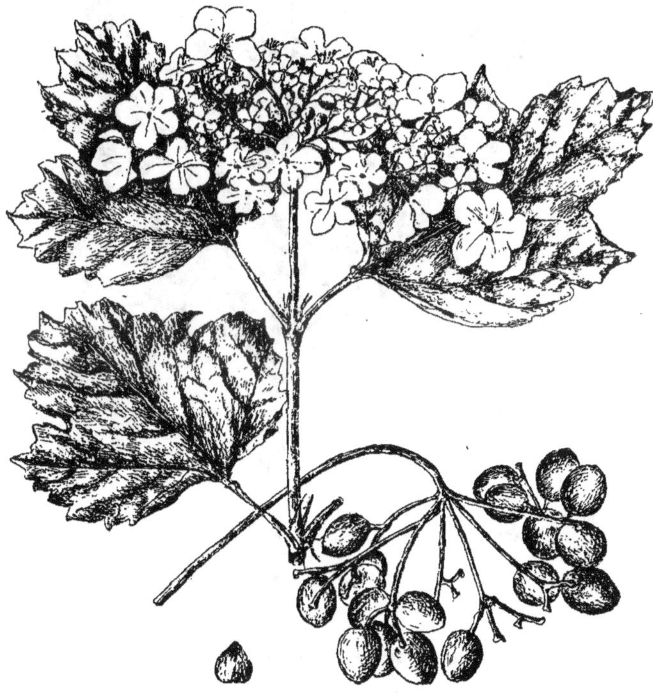

Fig. 494. — L'AFFICHAGE DE L'INFLORESCENCE PAR DES FLEURS SPÉCIALISÉES.
Corymbe de *Viburnum Opulus* (Rubiale) avec les fleurs centrales petites et
fertiles, et les fleurs périphériques beaucoup plus grandes et stériles.
(D'après Mlles COENRAETS ET D'HAENENS, 1922.)

complètement stérile, constitue la Boule de neige, cultivée dans les jardins. Les fleurs spécialisées pour l'affichage n'ont pas toujours les organes reproducteurs entièrement atrophiés. Ainsi, dans un capitule de Marguerite, les fleurs rayonnantes sont femelles, tandis que les centrales sont hermaphrodites.

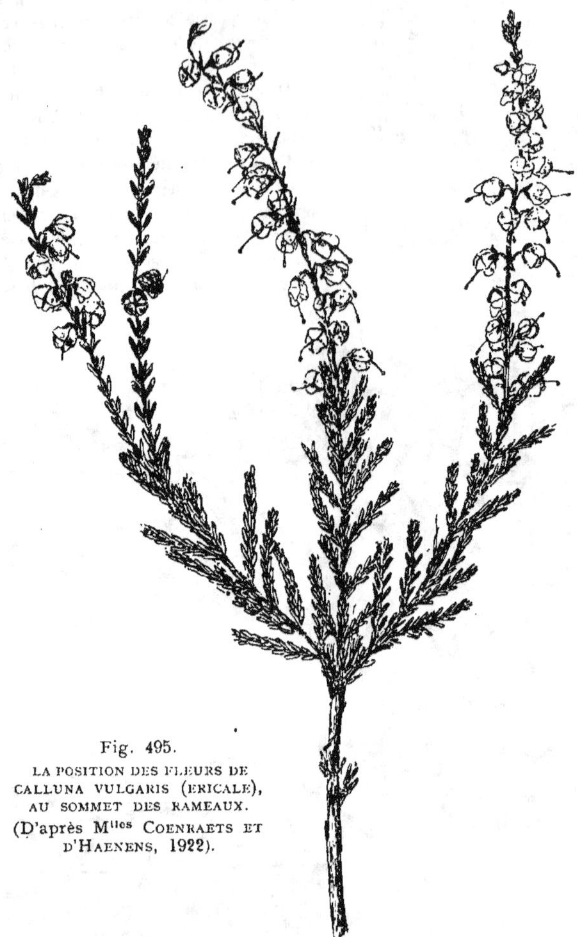

Fig. 495.
LA POSITION DES FLEURS DE
CALLUNA VULGARIS (ERICALE),
AU SOMMET DES RAMEAUX.
(D'après Mlles COENRAETS ET
D'HAENENS, 1922).

b) La position voyante des fleurs.

Les fleurs occupent sur la plante une place telle que les visiteurs les remarquent de loin. Sur un arbre, elles sont massées à la surface de la cime; sur un arbuste ou sur une herbe, elles terminent les jeunes rameaux (fig. 495) ou bien elles se dressent au-dessus des feuilles.

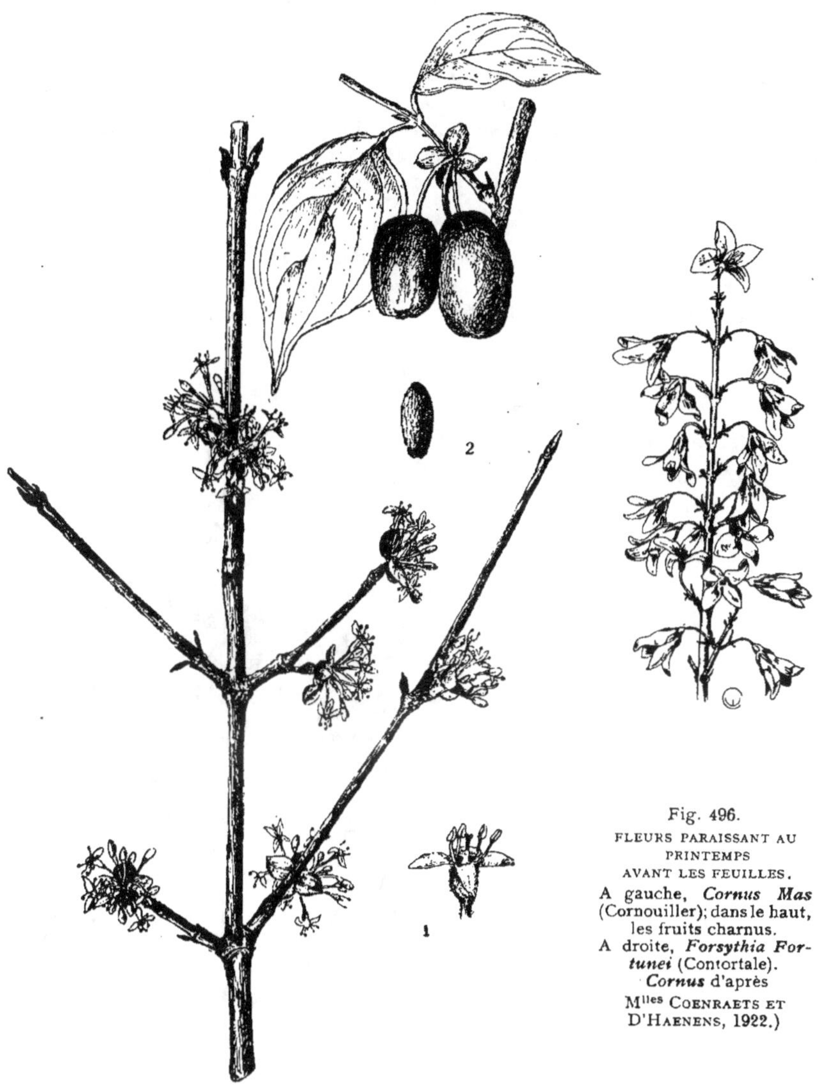

Fig. 496.

FLEURS PARAISSANT AU PRINTEMPS AVANT LES FEUILLES.

A gauche, *Cornus Mas* (Cornouiller); dans le haut, les fruits charnus.

A droite, *Forsythia Fortunei* (Contortale). *Cornus* d'après

Mlles COENRAETS ET D'HAENENS, 1922.)

Beaucoup de fleurs de printemps se montrent avant que les feuilles ne puissent les cacher aux regards (fig. 496).

c) Les parfums.

La fleur ne se contente pas de se faire voir aux Insectes, elle les avertit encore par son odeur. La secrétion de substances odorantes est un excellent moyen de publicité, qui agit même la nuit, par exemple chez le Chêvrefeuille, et qui fait remarquer des fleurs peu apparentes, comme la Violette et le Réséda.

d) L'orientation des fleurs.

Les Insectes ne visiteront régulièrement que les fleurs où ils trouvent sans trop de peine ce qu'ils cherchent. Il faut donc qu'elles occupent une

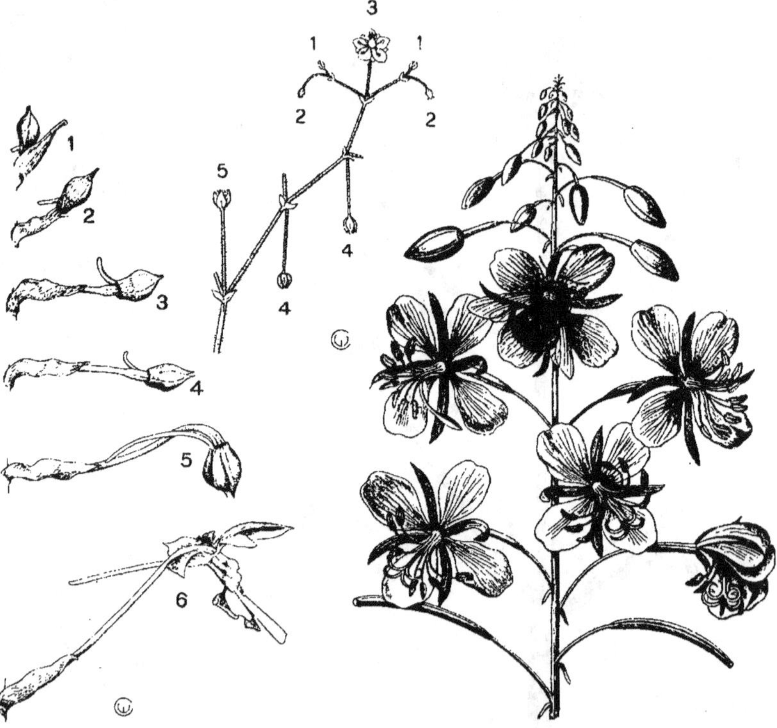

Fig. 497. — LES MOUVEMENTS EXÉCUTÉS PAR LES FLEURS.
A gauche, fleurs de *Calanthe veratrifolia* (Orchidacée) effectuant une torsion de 180°.
Au milieu, positions successives du bouton (**1**, **2**), de la fleur (**3**) et du fruit (**4**, **5**) de *Spergula arvensis* (Centrospermale).
A droite, position d'abord penchée vers le bas, puis légèrement oblique vers le haut des fleurs d'*Epilobium spicatum* (Myrtiflorale). (*Epilobium* d'après KERNER, 1890).

position commode et que l'Animal puisse facilement y débarquer et s'y poser. Ainsi, beaucoup de fleurs entomophiles possèdent vers le bas des pétales plus grands et plus saillants, où l'Insecte s'appuie pendant qu'il avance la tête pour prendre le nectar (fig. 497, 501). Mais ce perchoir doit parfois être amené dans sa position par une torsion de 180° (fig. 497, à gauche). Même lorsqu'elle n'a pas de lèvre inférieure spécialisée, chaque fleur doit prendre une position strictement définie : la plupart des fleurs actinomorphes ont leur axe vertical (fig. 497, au milieu), tandis que les fleurs zygomorphes ont une situation plus ou moins oblique (fig. 497, à droite).

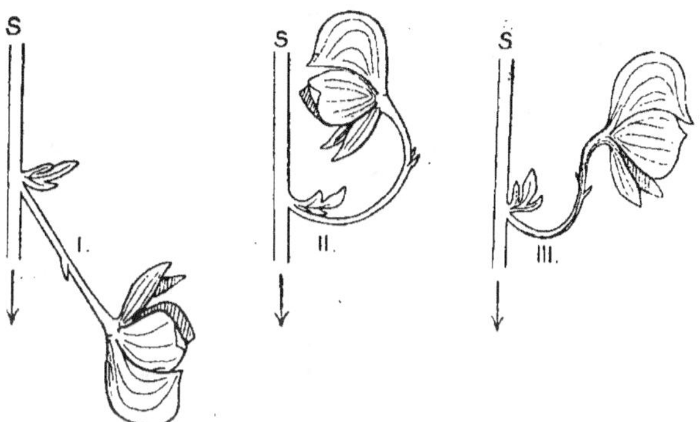

Fig. 498. — MOUVEMENTS D'UNE FLEUR POUR REPRENDRE SA POSITION NORMALE.
I, fleur d'*Aconitum Napellus* (Ranale) qui a été retournée la tête en bas ; **II**, elle se courbe vers le haut ; **III**, elle se tord vers le dehors. (D'après NOLL).

Quand une fleur a été violemment écartée de son orientation normale, elle exécute une série de courbures et de torsions qui la replacent dans la situation convenable (fig. 498).

Enfin il y a de nombreuses fleurs qui ont soin de tourner avec le soleil, de façon à rester toujours brillamment éclairées, par exemple le Tournesol (*Helianthus annuus*).

3. LA PROTECTION DES FLEURS.

Les fleurs zoophiles sont des plus délicates : le contact d'une goutte d'eau suffit à faire éclater les grains de pollen. Il est donc indispensable qu'elles soient abritées contre les intempéries, surtout contre la pluie.

Beaucoup de fleurs sont pendantes, avec l'ouverture vers le bas (fig. 499); d'autres cachent les étamines sous la lèvre supérieure de la corolle (fig. 472). A côté de celles-ci, où l'abri est permanent, il en est qui ne se protègent qu'aussi longtemps que c'est nécessaire : elles sont largement ouvertes quand il y a du soleil, mais elles se ferment et souvent même se penchent vers le bas (fig. 500), dès que le ciel se couvre, c'est-à-dire dès qu'il y a menace de pluie.

Fig. 499.

LA PROTECTION DE LA FLEUR DE FRITILLARIA
MELEAGRIS (LILIIFLORALE) CONTRE LA PLUIE.

Fig. 500.

LA PROTECTION DES FLEURS CONTRE LA PLUIE.

A, **B**, Capitules de *Dimorphotheca pluvialis*
(Compositacée), exposés au soleil; **C**, un capitule
par temps sombre et froid : il s'est refermé et est
penché vers le bas.

Les Insectes pollinateurs ne sont pas les seuls qui aiment le nectar ; beaucoup de petites espèces, incapables d'opérer la pollination croisée, en sont tout aussi friands : si la fleur ne réussissait pas à les écarter, ils suceraient tout le liquide, et les Insectes vraiment utiles ne trouvant plus aucun profit dans cette fleur, cesseraient de la fréquenter (fig. 501A).

Enfin, les Bourdons et d'autres gros Hyménoptères, au lieu de suivre le chemin souvent compliqué qui mène au nectar, trouvent plus commode de percer un trou à l'éperon ou à la corolle et de lécher par là le liquide (fig. 501B). Mais dans ces conditions la fleur ne sera pas fécondée. Bien peu d'espèces ont réussi à se garantir de ces déprédations.

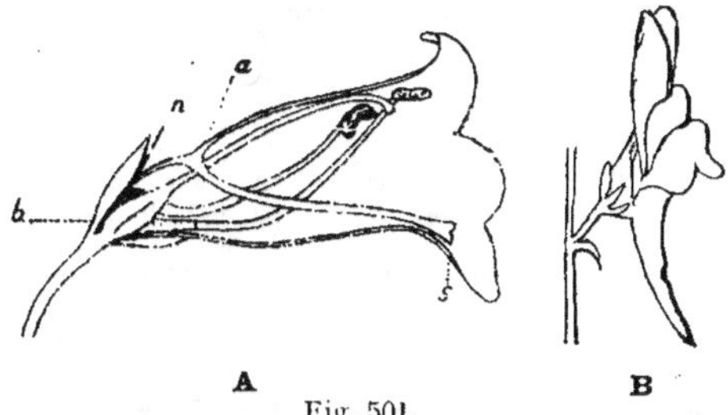

A   **B**

Fig. 501.

LA PROTECTION DES FLEURS CONTRE LES PILLARDS.
A, Fleur de *Pentastemon* en coupe longitudinale. Le staminode **a,s** empêche les Insectes trop petits d'atteindre le nectar. **B**, fleur de *Linaria vulgaris*. Son nectar a été pillé par un Bourdon qui a percé l'éperon.
(*Pentastemon* d'après L. ERRERA, 1878).

4. LA SPÉCIALISATION DES FLEURS.

L'Animal a un apprentissage à faire pour arriver au nectar ; une fois qu'il connaît le chemin, il a tout intérêt à visiter le plus de fleurs possible de cette espèce. La spécialisation est donc avantageuse pour les visiteurs. Elle ne l'est pas moins pour les plantes, car si les fleurs recevaient indifféremment la visite de tous les Insectes qui passent, le stigmate serait bientôt encombré des pollens les plus hétérogènes, et il n'y aurait plus place pour les seuls grains dont l'arrivée soit désirable.

a) Fleurs adaptées aux Limaces.

Quelques fleurs sont faites pour recevoir les visites de Limaces. Elles sont généralement réunies en des inflorescences sur lesquelles elles ne forment pas de saillies, ce qui fait que les Limaces y rampent aisément.

b) Fleurs adaptées aux Oiseaux et aux Chauves-Souris.

Dans les régions équatoriales, il y a des fleurs adaptées aux Cheiroptères frugivores (voir p. 314) et aux Oiseaux : Nectariniens dans l'ancien monde (fig. 502), Colibris en Amérique (fig. 486, 503). Ces Oiseaux ont un long bec effilé, pouvant entrer profondément dans les fleurs pour y chercher le nectar et les petits Insectes. Les fleurs ornithophiles ont souvent une teinte rouge éclatante.

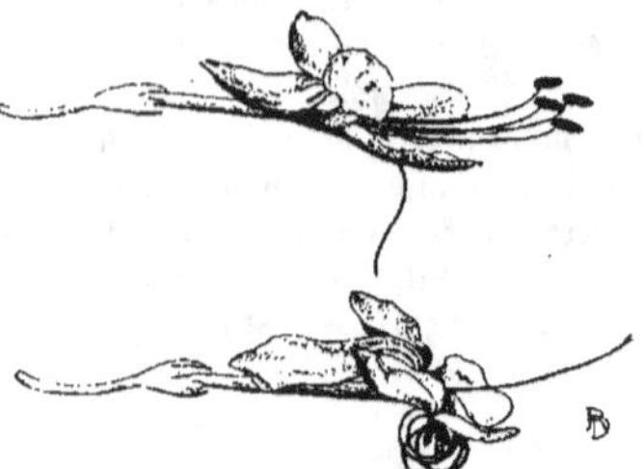

Fig. 502. — FLEURS DE CLERODENDRON
(TUBIFLORALE), ADAPTÉES A LA
POLLINATION PAR LES NECTARINIENS
En haut, fleur jeune, au stade mâle; en
bas, fleur âgée, au stade femelle : les
filets se sont enroulés par-dessous.

Fig. 503. — FLEURS D'UNE BIGNONIACÉE (TUBIFLORALE)
pollinées par *Docimaster ensifer* (Colibri).
(D'après BREHM).

c) **Fleurs adaptées aux Insectes.**

Ce sont de beaucoup les plus nombreuses.

Les fleurs à Coléoptères ne procurent souvent aux Insectes qu'un simple abri contre les intempéries. C'est ainsi qu'on trouve souvent au printemps des dizaines de petits Coléoptères dans les fleurs de *Magnolia* (fig. 280). Mais il en est aussi qui offrent du nectar. Seulement comme les Coléoptères sont mal bâtis pour accomplir un trajet un peu tortueux dans une fleur, ils vont uniquement vers celles dont le nectar est très apparent. Citons les Cétoines qui visitent *Sambucus Ebulus* et *Sorbus Aucuparia*.

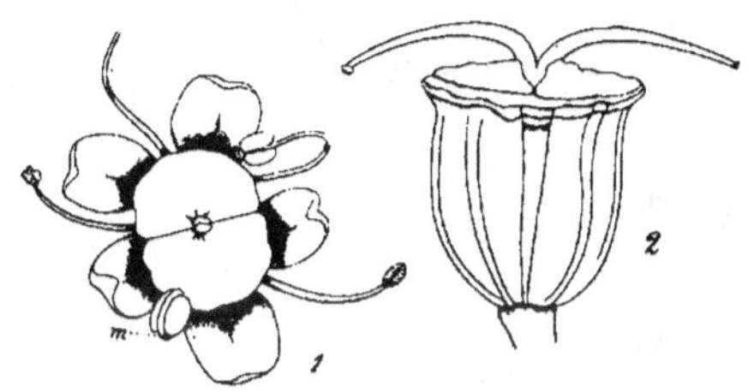

Fig. 504.

FLEUR ADAPTÉE AUX DIPTÈRES ;
ANTHRISCUS VULGARIS (OMBELLALE).
Le nectar, tout à fait apparent, est secrété par le large disque qui surmonte l'ovaire.
1, fleur jeune, dont les anthères se développent successivement ; stigmates non encore formés.
2, fleur âgée, au stade femelle, dont on a enlevé la corolle et les étamines.
(D'après MAC-LEOD, 1894.)

Les Coléoptères se rencontrent sur ces fleurs avec les Diptères, également peu intelligents et obligés de se contenter de nectar facile à découvrir (fig. 504).

Parmi les Diptères il importe de faire une place spéciale aux Mouches à viande, dont nous avons déjà indiqué les rapports avec les plantes (fig. 488, 489, 490).

Dans les fleurs adaptées aux Hyménoptères, le nectar est caché profondément, et accessible seulement à un Insecte intelligent, pourvu d'un long rostre (fig. 476, 501). Certaines espèces ne livrent leur nectar qu'à des Animaux vigoureux et gros, tels que les Bourdons, capables d'effectuer un effort mécanique sérieux pour pénétrer dans la corolle, par exemple le Muflier *(Antirrhinum majus)*. D'autres ne fournissent que du pollen (fig. 485).

Les fleurs à Lépidoptères ont le nectar encore plus éloigné de la gorge de la corolle, mais le canal qui y aboutit est généralement droit ou à peine courbé, ce qui permet à un Papillon posé sur la fleur, ou conti-

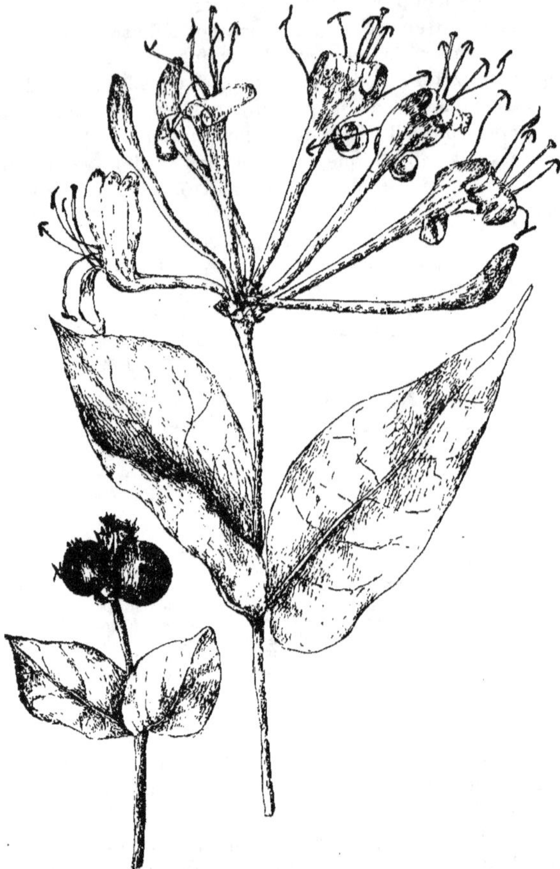

Fig. 505.
FLEURS DE LONICERA PERICLYMENUM, ADAPTÉES AUX PAPILLONS
DE NUIT.
(D'après Mlles COENRAETS ET D'HAENENS, 1922).

nuant à voleter devant elle, d'y enfoncer aisément sa trompe ; de plus, le canal est étroit : ceci empêche d'autres Insectes de piller le nectar. Les espèces adaptées aux Papillons de jour ont d'ordinaire une corolle vivement colorée (fig. 469), tandis que celles qui attendent la pollination de la part d'un Papillon nocturne sont blanches (fig. 505, 506, 507) et fortement parfumées. D'habitude elles s'ouvrent le soir et n'exhalent leur parfum que pendant la nuit. Comme les Papillons de nuit ont

Fig. 506.
FLEURS DE CRINUM LAURENTI (LILIIFLORALE)
ADAPTÉES AUX PAPILLONS DE NUIT
Les étamines et le stigmate sont saillants; la fleur
a un tube long d'une douzaine de centimètres, à calibre très étroit; le nectar est au fond du tube, près
de l'ovaire.

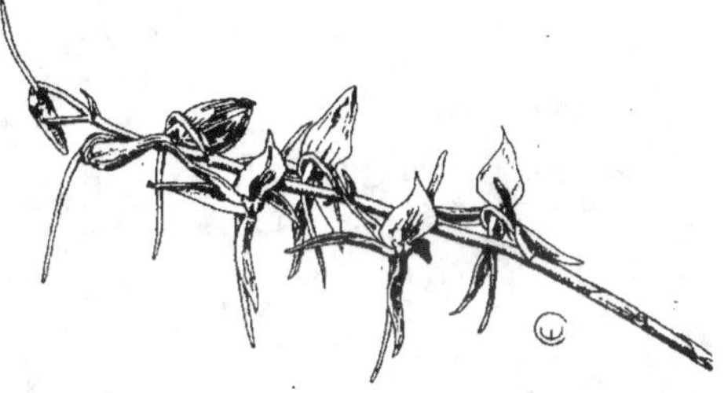

Fig. 507.
FLEURS D'ANGRAECUM (ORCHIDACÉE) ADAPTÉES
AUX PAPILLONS DE NUIT.
Le nectar est au fond d'un long éperon.

l'habitude de puiser le nectar tout en voletant, ces fleurs ont les étamines et les stigmates saillants hors de la fleur ; le transport du pollen se fait par les ailes.

4. LA RÉPARTITION GÉOGRAPHIQUE DES MODES DE POLLINATION.

Il n'y a dans chaque pays que les fleurs adaptées aux agents de pollination qui existent dans ce pays.

Ainsi dans le fond de la forêt vierge équatoriale, où il n'y a guère d'Insectes visitant les fleurs, la pollination se fait surtout par le vent et par les Limaces. Au contraire, dans les pâturages alpins, où les Papillons de jour sont relativement nombreux, il y a une prépondérance de plantes adaptées à leurs visites. Dans les pays froids, il n'y a naturellement pas d'espèces ornithophiles.

Autre exemple des plus démonstratifs de la relation entre les fleurs et les modes de fécondation. Dans les petites îles australes, telles que Kerguelen, Bonnet et Tristan

Fig. 508.
UNE CRUCIFÉRACÉE APÉTALE, PRINGLEYA ANTISCORBUTICA
de l'île Kerguelen.

d'Acunha, les conditions climatiques sont tellement mauvaises que les Insectes ailés n'y peuvent pas vivre : les tempêtes les entraîneraient inévitablement à la mer. Aussi, n'y a-t-il en ces points que des Plantes autogames et, conformément à ce qui a été dit plus haut (p. 308), ces espèces ont des fleurs peu voyantes. Ainsi les Cruciféracées qui ont en général des fleurs à corolle voyante, sont représentées à l'île Kerguelen par une espèce apétale (fig. 508).

Enfin, signalons encore la concordance entre l'aire géographique des Bourdons et celle des espèces d'*Aconitum*. Les fleurs sont constituées de telle manière qu'elles ne puissent être pollinées que par un *Bombus*

(Bourdon). La figure 509 montre que les Aconits n'habitent que les pays où il y a aussi des Bourdons.

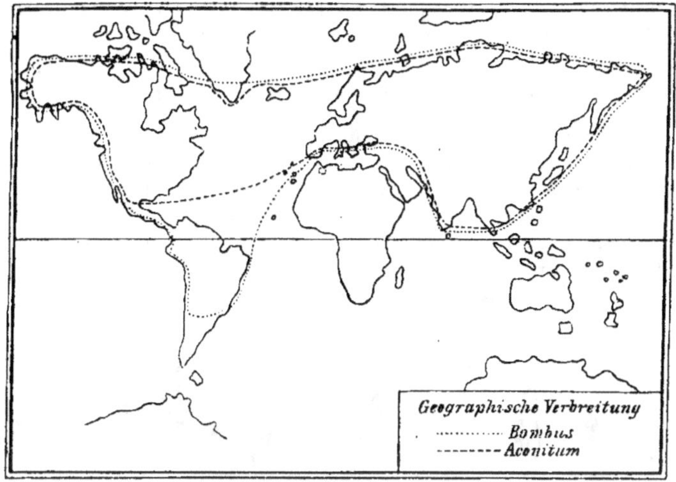

Fig. 509.
LES AIRES DE DISPERSION DES ESPÈCES DU GENRE BOMBUS ET DU GENRE ACONITUM.
(D'après Kronfeld, copié dans Knuth.)

CHAPITRE VI.

FONCTIONS ET ADAPTATIONS DISSÉMINATRICES.

Quand les fleurs ont été fécondées et que les graines sont mûres, de nouveaux dispositifs sont nécessaires pour porter les semences loin de la plante-mère. Si toutes les graines produites par un individu tombaient par terre au-dessous de lui, les plantules enfonceraient leurs racines dans un sol déjà épuisé, et leurs feuilles seraient privées de lumière par celles de leur mère; bref, les rejetons risqueraient fort d'être étouffés. Le seul moyen d'éviter cet infanticide est de disperser les graines au loin. La dissémination a encore un autre avantage : elle permet à l'espèce de s'installer sur des territoires encore neufs, et lui fait trouver partout les meilleurs endroits.

Beaucoup de Protistes se disséminent activement, grâce à leurs zoospores. Chez les Métaphytes, ni les spores, ni les propagules, ni les bulbilles, ni les graines, ne sont automobiles. C'est donc passivement que la dissémination va se faire.

Parmi les moyens dont les Plantes supérieures disposent, il en est qui n'agissent qu'à petite distance : projection et transport par la pluie; d'autres emportent les semences à plusieurs centaines, ou même plusieurs milliers de kilomètres : courants d'eau, vent, Animaux.

a) LA DISSÉMINATION PAR PROJECTION.

De nombreux fruits ont la faculté de lancer les graines mûres. Souvent la projection est déterminée par un mouvement brusque qui s'opère dans les parties déjà sèches du fruit; celles-ci se trouvent dans une position où elles restaient sans effort tant qu'elles étaient humides, mais où elles sont fortement tendues depuis qu'elles se sont desséchées : la moindre secousse suffit à les faire sortir brusquement de cet état de tension. Tantôt les valves du fruit s'enroulent en hélice (fig. 510 [1]), tantôt les graines sont

Fig. 510 — LA PROJECTION DES GRAINES.

1, *Orobus vernus* (Rosale): torsion des valves de la gousse; 2, 3, *Geranium palustre*: courbure brusque du style; 4, *Viola elatior* (Pariétale) : pression des valves du fruit sur les graines très lisses; 5, *Cardamine Impatiens* (Rhéadale) : enroulement des valves de la silique; 6, *Impatiens noli tangere* (Géraniale) : enroulement des valves de la capsule; 7, 8, *Acanthus mollis* (Tubiflorale) : pression des valves sur la graine; 9, 10, *Ricinus communis* (Géraniale): pression des valves sur les graines.

(D'après KERNER, 1891.)

lancées par la pression des valves (fig. 510 [4], [7], [8], [9], [10]); chez *Geranium* (fig. 510 [2], [3]) les graines sont lancées par l'enroulement des styles.

Chez d'autres Plantes, la projection est opérée dans le fruit encore séveux. Par exemple chez les *Impatiens* (fig. 510 [6]) et chez certains *Cardamine* (fig. 510 [5]).

b) LA DISSÉMINATION PAR LES COURANTS D'EAU (HYDROCHORIE)

Beaucoup d'espèces aquatiques et d'espèces littorales confient leurs semences à l'eau.

Les Plantes des étangs et des fossés font généralement mûrir leurs graines sous l'eau : une courbure appropriée du pédoncule amène le fruit

Fig. 511. — LA DISSÉMINATION PAR LES COURANTS MARINS.
Fruits ramassés sur une plage à Java. **A**, *Barringtonia* (Myrtiflorale) et **B**, *Nipa fruticans* (Principale): paroi du fruit fibreuse, entourée d'un revêtement dur. **C**, *Heritiera littoralis* (Malvale) paroi du fruit ligneuse et lacuneuse; graine contenue dans un large creux.

au sein du liquide, après que la pollination a été faite le plus souvent dans l'air (fig. 482). Les graines n'ont plus alors qu'à se détacher; comme elles sont moins denses que l'eau, elles montent à la surface et sont facilement entraînées par les courants.

Les conditions sont plus difficiles pour les Végétaux qui habitent les littoraux. Non seulememt leurs semences doivent être peu denses, mais il faut encore qu'elles conservent intactes leurs propriétés germinatives, malgré une immersion prolongée dans l'eau salée; enfin la germination ne peut pas commencer aussi longtemps que la graine est ballottée par les courants marins, sinon la plantule risquerait d'être meurtrie par les vagues, au moment où elle est rejetée sur une côte (fig. 511).

c) LA DISSÉMINATION PAR LA PLUIE.

Quelques plantes ont des capsules qui ne s'ouvrent que lorsqu'elles sont mouillées; les graines sont alors exposées à la pluie et la couche mucilagineuse qui les recouvre absorbe de l'eau, ce qui les écarte les unes des autres. Le rejaillissement des gouttes de pluie peut maintenant les emporter à une petite distance.

Dans les déserts, il y a pas mal d'espèces dont les semences ne sont mises en liberté que par la pluie (fig. 512, 338 c).

C'est aussi la pluie qui dissémine les propagules de *Marchantia* (fig. 4) et d'*Aulacomnium* (fig. 21).

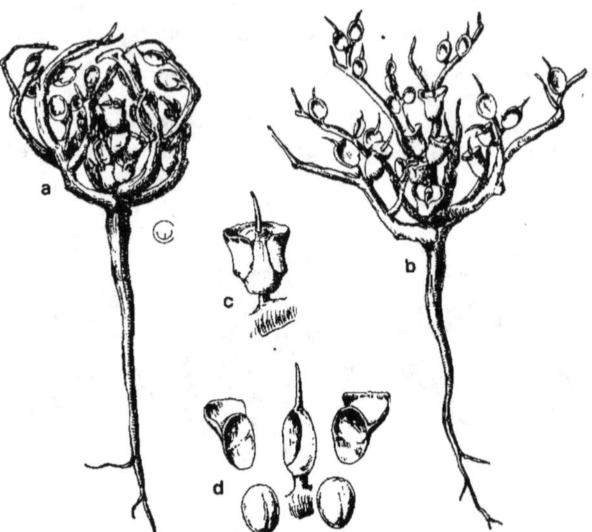

Fig. 512. — LA DISSÉMINATION PAR LA PLUIE DES GRAINES
D'ANASTATICA HIEROCHUNTICA (RHÉADALE).

a, plante desséchée ; **b**, plante qui s'est ouverte hygroscopiquement par la pluie ; **c**, fruit (silicule) fermé ; **d**, le même après que la pluie a ramolli la matière collante qui retenait les valves et que le choc des gouttes sur l'expansion latérale des valves les a détachées : au milieu, le diaphragme ; à droite et à gauche, les valves ; au dessous, les deux graines.

d) LA DISSÉMINATION PAR LE VENT (ANÉMOCHORIE).

C'est le procédé le plus répandu.

1. Les dispositifs qui facilitent l'enlèvement des semences.

Pour que le vent se charge des graines, il ne suffit pas que celles-ci soient légères, ou plutôt que leur surface soit grande relativement au volume ; il faut encore que le vent puisse facilement les détacher de la plante-mère.

Fréquemment les fruits ont un pédoncule beaucoup plus long que les fleurs. Il en résulte que les fruits se dressent loin au-dessus du feuillage, où le vent aura prise sur eux (fig. 513); s'il s'agit d'un arbre, les fruits seront plus facilement secoués (fig. 514).

D'autre part, les fruits et les organes qui les avoisinent exécutent souvent des mouvements hygroscopiques, en rapport avec la dissémination

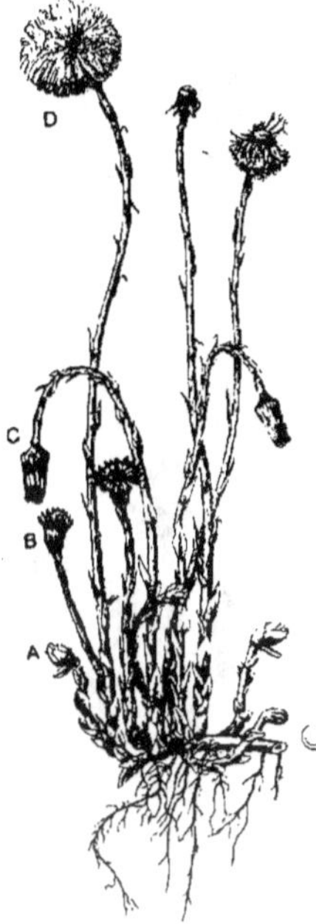

Fig. 513.

LA DISSÉMINATION DE TUSSILAGO FARFARA (CAMPANULALE).

A, capitule encore à l'état de bouton; **B**, capitule ouvert; **C**, capitule mûrissant : il est penché vers le bas au bout d'un pédoncule qui s'est allongé; **D**, fruits mûrs : le pédoncule, devenu encore plus long, s'est redressé; les bractées de l'involucre sont écartées pour exposer au vent les akènes surmontés d'une aigrette.

par le vent. La dessiccation opère la déhiscence des valves des capsules et l'ouverture de leurs pores (fig. 326); elle replie vers le dehors les bractées de l'involucre (fig. 513); elle redresse les poils de l'aigrette (fig. 514); elle écarte les carpelles dans un cône de *Pinus* (fig. 269).

2. Les dispositifs qui permettent le vol des semences.

Les semences ont une densité incomparablement supérieure à celle de l'air atmosphérique; elles ne seront donc entraînées par les courants que si leur frottement contre l'air est considérable, c'est-à-dire si leur surface est très grande par rapport à leur poids.

α) *Petitesse des semences*. — Les Champignons, les Bryophytes, les Ptéridophytes ont des spores microscopiques. Beaucoup de Phanéro-

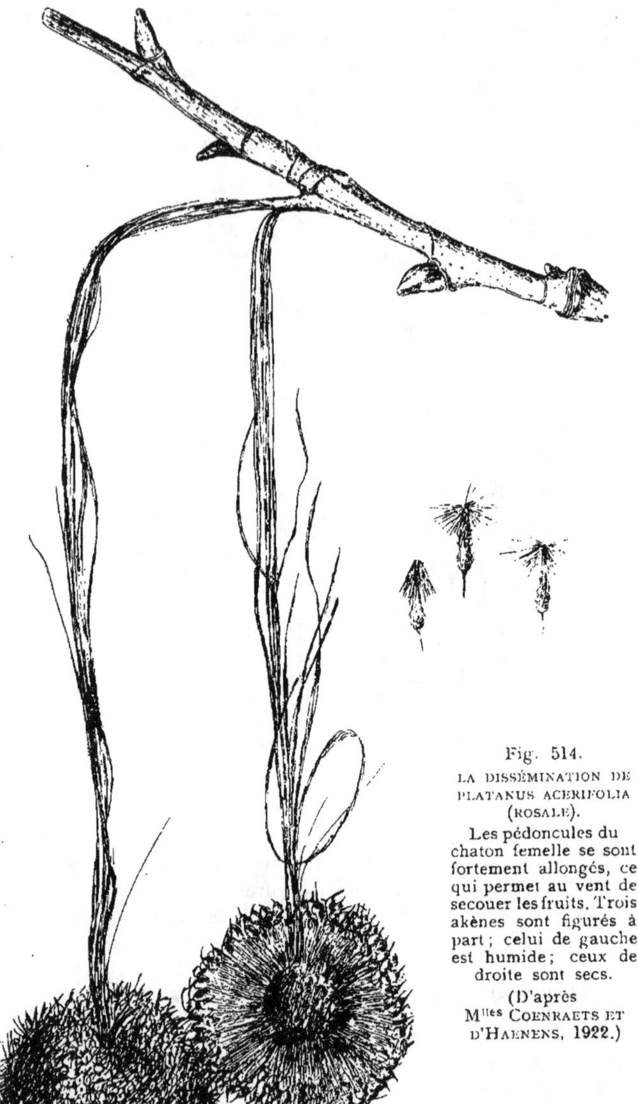

Fig. 514.

LA DISSÉMINATION DE PLATANUS ACERIFOLIA (ROSALE).

Les pédoncules du chaton femelle se sont fortement allongés, ce qui permet au vent de secouer les fruits. Trois akènes sont figurés à part ; celui de gauche est humide ; ceux de droite sont secs.

(D'après Mlles COENRAETS ET D'HAENENS, 1922.)

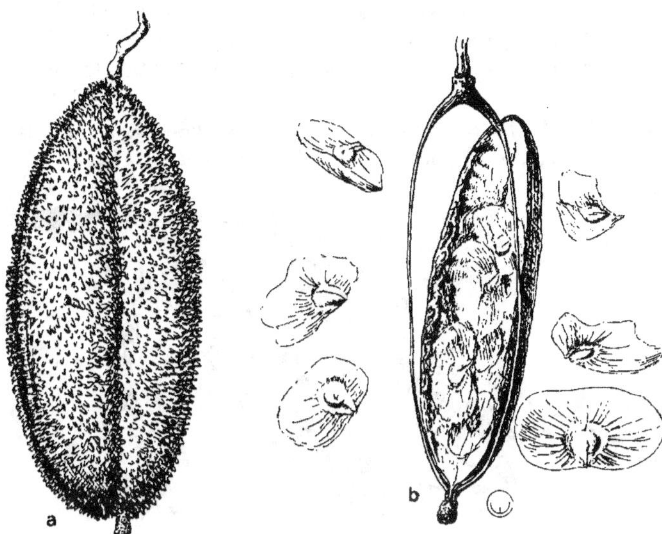

Fig. 515.

LA DISSÉMINATION PAR LE VENT DES GRAINES DE PITHECOCTENIUM (TUBIFLORALE).

a, fruit encore fermé, vu par une face latérale; **b**, fruit ouvert, dont les deux valves sont tombées; il reste un cadre formé par la surface de suture des carpelles, auquel la cloison est rattachée par son bout distal; le vent ballotte cette cloison ainsi que les graines insérées sur son bord; les graines, entourées d'une large aile transparente, sont ainsi emportées par le vent.

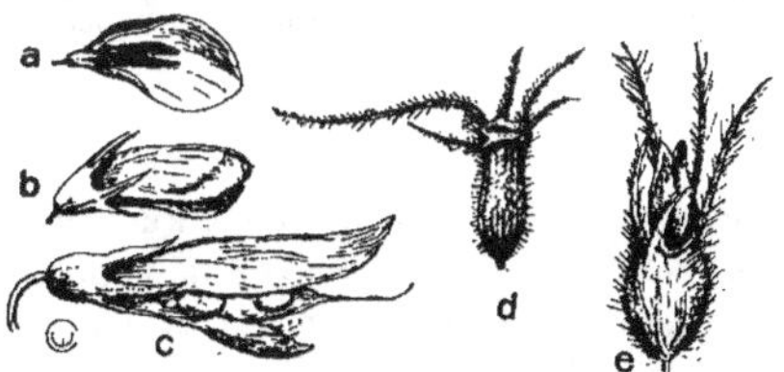

Fig. 516. — LA DISSÉMINATION PAR LE VENT DES FRUITS DE TRIFOLIUM (ROSALE).

Les pétales persistants, mais désséchés, forment une aile : **a**, *T. badium*; **b**, *T. lupinaster*; **c**, *T. alpinum*. Le calice, devenu velu, forme une aigrette : **d**, *T. armenium*; **e**, *T. arvense*.

games ont également des graines minuscules, par exemple les Orchidacées : une graine d'*Epipactis palustris* pèse environ 0.000,002 gramme. Même certains akènes de Compositacées sont assez petits pour avoir pu renoncer à l'aigrette habituelle (fig. 337).

β) *Présence d'une aile.* — Les semences pourvues d'une aile sont très nombreuses et la nature morphologique de cet appendice varie beaucoup.

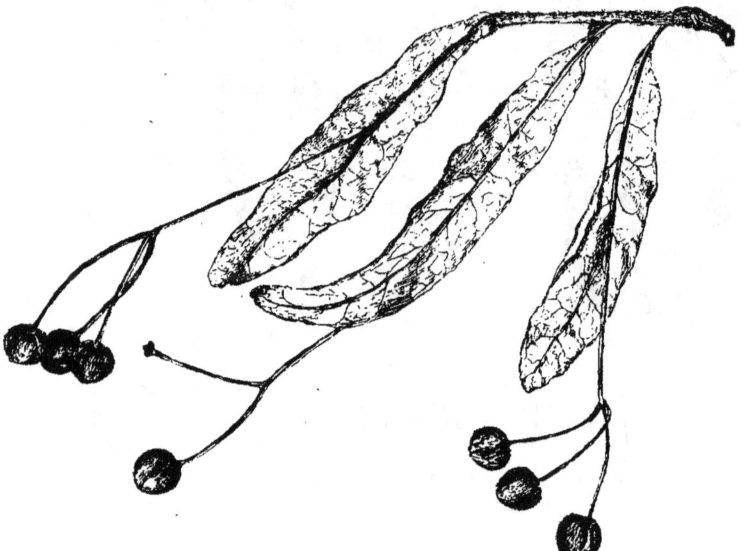

Fig. 517. — LA DISSÉMINATION DE TILIA PLATYPHYLLOS (TILLEUL).
Chaque petit groupe de fruits possède une aile, qui est une bractée soudée au pédoncule.
(D'après Mlles COENRAETS ET D'HAENENS, 1922).

Parfois, ce sont les téguments de la graine qui constituent l'aile (fig. 269, 515); ailleurs, c'est le carpelle qui s'amincit en certains points (fig. 337). Des organes extérieurs au gynécée peuvent aussi intervenir : calice (fig. 337), corolle (fig. 516), bractée (fig. 517).

γ) *Présence d'une aigrette.* — Les semences portent une touffe de poils soyeux, parfois fort grande. Quand les fruits s'ouvrent et que les graines sont disséminées isolément, elle portent elles-mêmes l'aigrette. Plus souvent chaque fruit ne renferme qu'une graine, ou un petit nombre : ils sont indéhiscents et se disséminent en entier; les aigrettes ont alors des origines variables : les poils se trouvent sur les sépales (fig. 516, 337), sur le carpelle (fig. 337), sur l'involucre (fig. 338), etc.

e) LA DISSÉMINATION PAR LES ANIMAUX (ZOOCHORIE).

Alors que la pollination par les Animaux est très économique, il n'en est pas de même pour la dissémination. En effet, un Insecte qui s'est chargé de pollen en butinant une fleur, va tout de suite dans une nouvelle fleur où le pollen pourra germer sur le stigmate, tandis qu'un Animal qui a pris des graines n'a aucune raison pour se rendre ensuite dans un endroit convenant à la germination et pour y laisser tomber les graines. Le transport du pollen par les Animaux est direct et à destination définie, mais le transport des semences par les mêmes agents est tout aussi indirect et aléatoire que le transport par le vent, qui a l'avantage d'être plus fréquent. Le nombre de plantes zoochores est donc relativement faible.

Fig. 518.

LA DISSÉMINATION PAR LES ANIMAUX.

A, fruits de *Mimosa pudica* (Rosale). Les gousses se désarticulent en portions renfermant une seule graine; elles s'accrochent au pelage par les piquants du rebord. Les grains tombent ainsi une à une.
B, fruits de *Rhynchosia phaseoloides* (Rosale). Les gousses s'ouvrent, mais sans lancer les graines (comparer avec fig. 510[1]); celles-ci sont rouges et brillantes comme des baies, mais excessivement dures.

1. Fruits accrochants.

Ils s'attachent au pelage et au plumage, grâce à des crochets qui sont portés soit par les fruits eux-mêmes (fig. 518, 337), soit par la corolle (fig. 337), soit par des bractées (fig. 338).

Plus rarement ce ne sont pas des crochets, mais des matières collantes, qui fixent les semences au pelage (fig. 337).

On peut classer ici les graines de Plantes aquatiques qui collent aux pattes des Échassiers et des Palmipèdes et qui peuvent ainsi être transportées très loin, lors des migrations annuelles.

2. Fruits et graines comestibles.

Beaucoup de Champignons sont disséminés par les Limaces et les Diptères. Il y en a notamment, par exemple *Ithyphallus,* qui dégagent une odeur de viande pourrie et qui attirent les Mouches à charogne et les Bousiers.

Les Fourmis disséminent les plantes dont les graines portent un appendice charnu riche en graisse, telles que *Chelidonium majus.*

Mais les Animaux qui jouent le rôle le plus important comme agents de dissémination sont les Oiseaux et les Mammifères.

α) *Nature de la partie comestible.*

Dans quelques rares cas, c'est la graine elle-même qui est l'organe comestible. Au premier abord il semble que la plante ne puisse trouver aucun profit à laisser détruire ses embryons. Pourtant il est évident que les Animaux qui font des provisions de graines pour l'hiver, comme les Écureuils, en égarent pendant les voyages qu'ils font vers leurs cachettes,

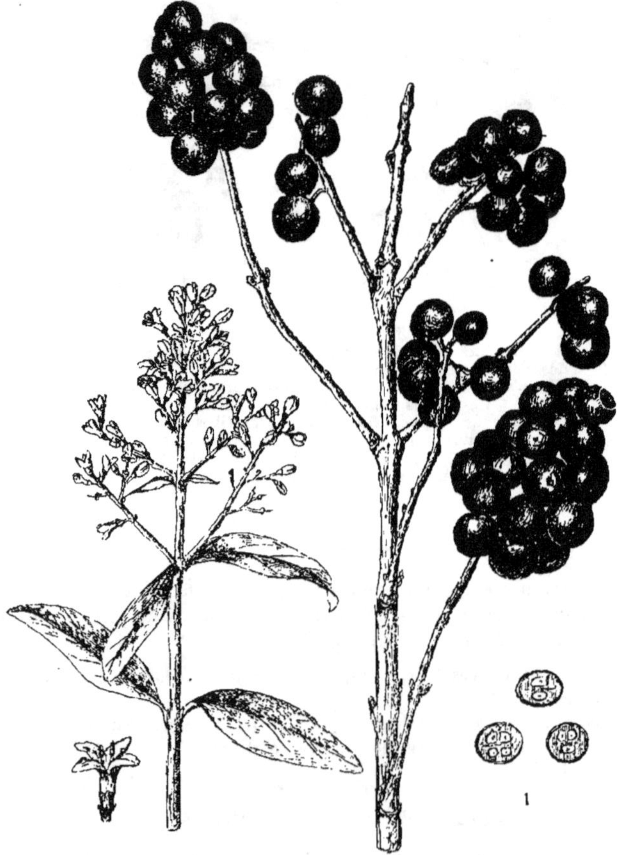

Fig. 519. — LA DISSÉMINATION DE LIGUSTRUM VULGARE (CONTORTALE).
Les baies deviennent noires et brillantes à la maturité.
(D'après Mlles COENRAETS ET D'HAENENS, 1922.)

et qu'ils contribuent ainsi à porter au loin les semences. De même le Geai oublie fatalement quelques-uns des glands qu'il enterre pour sa consommation hivernale ; et c'est à cause de cela qu'on voit souvent des jeunes Chênes lever à la lisière des pineraies.

Il est d'ailleurs exceptionnel que la Plante laisse détruire ses graines. Elle les défend au contraire contre l'action des sucs digestifs par une coque dure ; qu'on songe seulement aux graines des Cerisiers, des Ronces, des Fraisiers, des Figuiers.

La partie comestible a une valeur morphologique très variée : téguments de la graine (Oranger), paroi des carpelles (Pommier, Groseillier, Prunier, *Ligustrum* : fig. 519), réceptacle de la fleur (Fraisier), périanthe (Mûrier), calice (*Ochna*, fig. 520), réceptacle de l'inflorescence (Figuier).

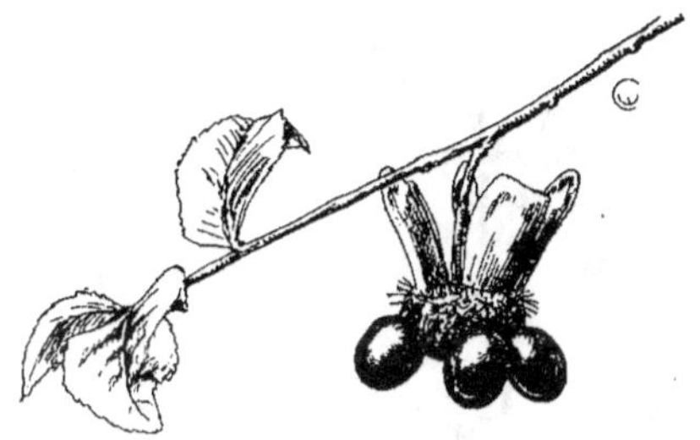

Fig. 520.
L'APPAREIL VEXILLAIRE DU FRUIT
D'OCHNA FLORIBUNDA (PARIÉTALE).
Le calice persistant et le réceptacle sont
rouges ; les carpelles sont noirs.

β) *L'appareil vexillaire.*

De même que nous l'avons vu pour les fleurs, il est indispensable que les fruits charnus se fassent remarquer par les Animaux.

Dans les pays tempérés, il n'y a guère que les Oiseaux qui soient frugivores. Mais dans les régions équatoriales, il y a aussi de nombreux Mammifères. Or, ceux-ci sont nocturnes : les fruits qu'ils recherchent n'ont pas de couleurs brillantes, mais ils sont très parfumés.

Au contraire, les fruits adaptés aux Oiseaux acquièrent une coloration qui les fait distinguer au milieu du feuillage. Mais la teinte vexillaire ne doit évidemment apparaître qu'à la maturité des graines, sinon des Oiseaux trop pressés dévoreraient des fruits dont les graines ne sont pas encore aptes à la dissémination. Aussi constate-t-on qu'ils restent verts jusqu'à la maturité. La plupart des fuits charnus deviennent rouges ; quelques-uns sont blancs *(Symphoricarpus)*, bleu-foncé (Myrtille) ou noirs (fig. 519).

γ) *La simulation d'aliments.*

Il y a quelques Léguminées dont les gousses, au lieu de s'ouvrir avec fracas et de projeter les graines, s'entr'ouvrent doucement et laissent les semences en place (fig. 518). Ces graines grosses, rouges, luisantes, ressemblent à des baies mûres. Il est probable que des Oiseaux, dupés par les apparences, les emportent pour les manger, puis s'aperçoivent qu'elles sont trop dures, et les rejettent.

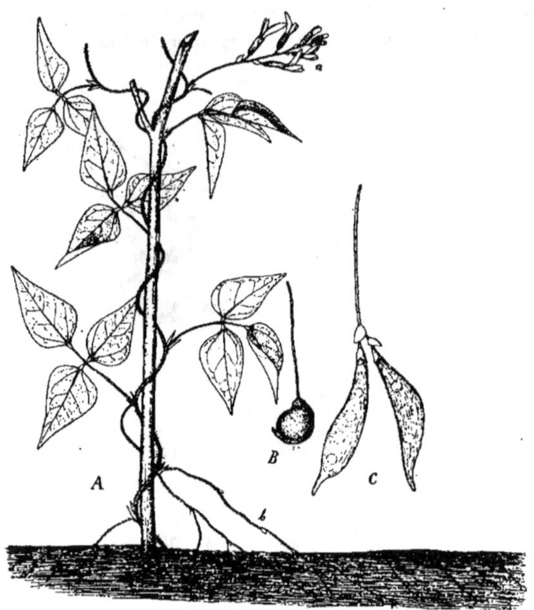

Fig. 521.
LES DEUX SORTES DE FRUITS D'AMPHICARPEA MONOICA (ROSALE).
A, base d'une plante; **a**, fleurs et fruits aériens; **b**, fleurs cléistogames et fruits souterrains. **B**, fruit souterrain. **C**, fruit aérien.
(D'après M. VELENOWSKY, 1910).

f) PLANTES QUI NE DISSÉMINENT PAS LEURS GRAINES.

Enfin, il y a quelques plantes qui ont renoncé à la dissémination et qui enterrent elles-mêmes leurs fruits. Certaines espèces ont deux sortes de fruits : les uns mûrissent dans l'air et disséminent leurs graines par un procédé habituel ; les seconds sont enfouis sous terre (fig. 521). D'autres ont renoncé totalement à la dissémination : toutes leurs graines sont souterraines (Arachide).

Fig. 522.

LA PLANTE DE LINARIA CYMBALARIA (TUBIFLORALE), SEMANT ELLE-MÊME SES GRAINES. Les fleurs se dirigent vers la lumière (venant de gauche); dès qu'elles sont fécondées, elles fuyent la lumière. Ce réflexe amène les fruits dans les fentes du rocher, où ils laissent tomber les graines. (D'après KERNER, 1891)

Certaines plantes de rochers, par exemple *Linaria Cymbalaria* (fig. 522), enfoncent leurs graines dans les fentes, où elles ont plus de chance qu'ailleurs de germer.

g) LA RÉPARTITION GÉOGRAPHIQUE DES MODES DE DISSÉMINATION.

Les procédés de dissémination sont étroitement adaptés aux conditions de chaque pays.

Dans le Sahara, où il n'y a pas d'Oiseaux frugivores, il n'y a pas non plus de fruits charnus. La dissémination se fait uniquement par le vent et par la pluie. A première vue, l'intervention de la pluie semble tout à fait paradoxale, étant donné sa rareté ; en fait, pourtant, on comprend que les espèces annuelles ne mettent leurs graines en liberté qu'au moment d'une averse, puisque celle-ci est indispensable à la germination.

Dans le sous-bois des forêts équatoriales, l'humidité est si grande que les fruits anémochores ne pourraient pratiquement jamais s'y ouvrir ; d'ailleurs les courants atmosphériques sont très faibles. Aussi n'y rencontre-t-on guère que des fruits adaptés à la dissémination par projection et à la dissémination par les Oiseaux.

CHAPITRE VII.

FONCTIONS ET ADAPTATIONS GERMINATRICES.

Il nous reste à voir les procédés par lesquels les graines, après une période de repos, germent et donnent naissance à une plantule qui n'aura plus qu'à grandir.

a) Les conditions de la germination.

La graine ne sort de sa torpeur que si elle dispose en même temps d'eau, d'oxygène et de chaleur.

Mais souvent il ne suffit pas de procurer ces agents à une graine pour provoquer immédiatement sa germination. Ainsi, des graines d'une même espèce, semées en même temps, germent avec des retards très divers. Quand une fois certaines espèces, par exemple *Verbascum Thapsus*, ont donné des graines dans un jardin, on voit des plantules naître chaque printemps, pendant une quinzaine d'années au moins. Un cas particulièrement curieux est celui de *Xanthiun spinosum* (Campanulale) : chaque capitule contient deux akènes dont l'un se développe la première année, et l'autre la seconde.

A quoi tiennent les irrégularités dans le réveil des graines? D'ordinaire au défaut de perméabilité des téguments. Pour que la germination débute, de l'eau doit pénétrer à travers les enveloppes; or, celles-ci sont parfois remarquablement résistantes au passage du liquide. On facilite son entrée en grattant en quelques points la surface de la couche externe, comme on le fait pour les semences de Trèfle (*Trifolium pratense*) ou en plongeant les graines dans l'eau bouillante. Cette dernière pratique, usitée pour vaincre la résistance de certaines graines forestières, notamment de *Robinia Pseudo-Acacia*, a sans doute pour effet de chasser l'air qui est logé entre les cellules des téguments, et qui s'oppose à la pénétration de l'eau. On obtient le même résultat en traitant les semences par l'alcool.

Il ne faut pas s'étonner de ce que les graines supportent impunément l'immersion dans l'eau bouillante ou l'alcool : comme elles sont à l'état de vie très ralentie, elles sont peu sensibles aux actions nocives de tout genre (voir vol. I, p. 30).

La température nécessaire à la germination varie d'une espèce à l'autre. Et, chose curieuse, beaucoup de plantes de nos régions ne germent qu'à des températures inférieures à 15°, quoique, plus tard, elles croissent très bien à des températures notablement supérieures. Il en est ainsi pour *Papaver Rhoeas*, le Coquelicot. C'est ce qui explique qu'il n'y ait qu'une seule génération de cette espèce par an : comme les graines germent en automne, en hiver et au printemps, mais non en été, celles qui naissent au début de l'été ne peuvent pas lever immédiatement. Il en est autrement pour des espèces plus accommodables, *Mercurialis annua* par exemple, qui donnent deux et même trois générations par an.

La lumière est indifférente à la germination de la plupart des graines. Il en est pourtant qui germent mieux à l'obscurité : ainsi *Bryonia dioica* (Cucurbitale). Il est démontré d'autre part que certaines germinations ne s'effectuent qu'à la lumière : beaucoup de petites graines d'épiphytes, par exemple les Broméliacées (Farinosales), et de plantes de rochers, telles que *Sedum stellatum*.

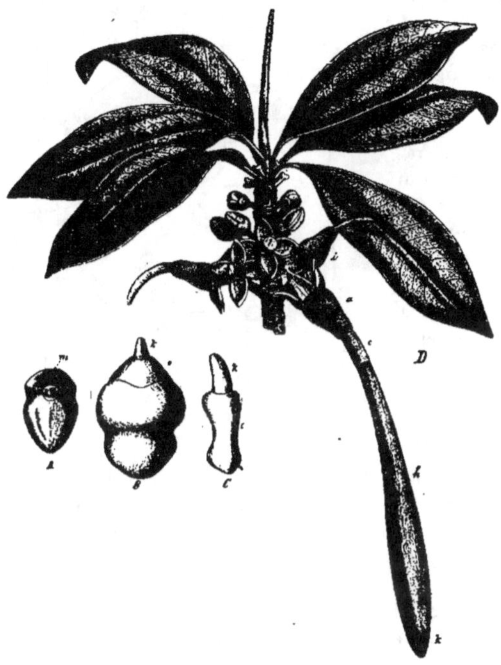

Fig. 523.

LA GERMINATION DE RHIZOPHORA (MYRTIFLORALE), SUR LA PLANTE-MÈRE.

A, B, graines en voie de germination ; **k**, la racine perçant l'albumen ; **C**, l'embryon débarrassé de son albumen, pour montrer l'ensemble des deux cotylédons soudés (**c**).
D, Rameau avec des fleurs et des plantules de divers âges.

(D'après M. KARSTEN. Copié dans VELENOWSKY, 1910.)

b) La conservation de la faculté germinative.

Toute graine finit par perdre la propriété de sortir de sa torpeur et de germer. S'il est faux qu'on ait réussi à faire pousser le Blé retiré des tombeaux égyptiens, on sait de façon certaine que des graines peuvent rester vivantes pendant fort longtemps. Ainsi, des graines de *Centaurea Cyanus*,

Heliotropium europaeum, *Trifolium minimum* et *Mercurialis annua*, trouvées dans des tombeaux gallo-romains authentiques, ont germé au XIXᵉ siècle. De même, des graines de *Centranthus ruber* enfermées dans un tombeau du XIIᵉ siècle et semées au XIXᵉ.

D'une manière générale, les semences possédant des réserves amylacées se conservent plus longtemps que celles qui ont de l'huile. Les plus fragiles sont celles qui contiennent de la chlorophylle : les graines de *Salix* ne maintiennent pas leur pouvoir germinatif au delà de quelques heures.

c) Les graines des fruits charnus.

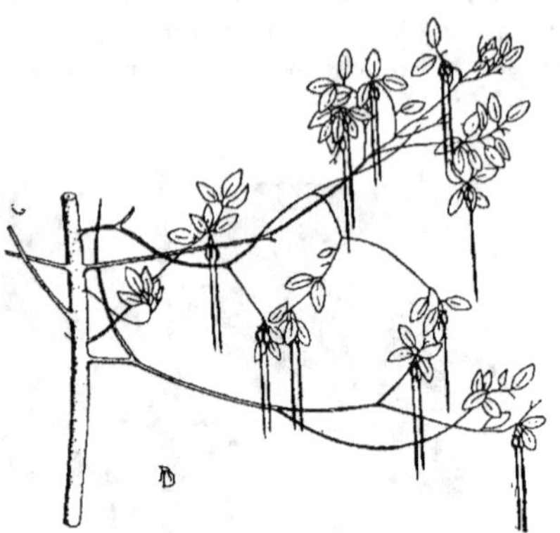

Fig. 524. — LA GERMINATION DE RHIZOPHORA MUCRONATA (MYRTIFLORALE), SUR LA PLANTE-MÈRE.
Rameaux auxquels sont suspendues les plantules. A droite, une plantule encore attachée dans le fruit, mais prête à se détacher ; elle est longue de 0 m. 80, et est formée presque entièrement de la racine.

Dans les Groseilles, les Melons, les Tomates et les autres baies, les graines sont en contact immédiat avec la pulpe, riche en eau ; de plus elles ont de la chaleur et de l'oxygène ; et pourtant elles ne germent pas. Faisons remarquer du reste que si elles germaient à l'intérieur des fruits, leur dissémination serait fort compromise, puisqu'elles ne pourraient plus supporter la dessiccation et qu'elles ne résisteraient pas non plus à l'action des sucs digestifs. Ce qui les empêche de germer dans le fruit, c'est la concentration du liquide qui les baigne. Alors que la plupart des graines de fruits secs sont tuées par un contact prolongé avec un liquide quelque peu concentré, celles des fruits charnus ont acquis la propriété de n'être pas atteintes dans leur vitalité, mais leur germination est différée.

d) Les graines qui germent dans le fruit.

Chez quelques plantes, les graines ne subissent jamais l'appauvrissement en eau qui accompagne la maturation : elles germent directement, sur la plante même, sans avoir été disséminées (fig. 523, 524).

Cette étrange adaptation se retrouve chez des Dicotylédonées appartenant aux ordres les plus variés, mais ayant ceci de commun qu'elles vivent dans des conditions identiques : elles habitent ensemble les plages vaseuses, immergées aux marées hautes, dans les pays équatoriaux. Il leur est évidemment avantageux de produire des rejetons tout formés, qui n'ont plus qu'à prendre racine. Les plus évolués de ces Végétaux ont même des plantules en forme de flèche (fig. 524, à droite) qui se fichent profondément dans la boue.

e) Utilisation des réserves.

Au moment de sa libération, la graine emporte, de la plante-mère, les provisions qui lui permettront de parcourir les premières étapes de son existence indépendante, sans avoir à demander au monde extérieur d'autres aliments que l'eau et l'oxygène. Ces réserves sont logées dans l'albumen et dans le périsperme, ou bien dans l'embryon lui-même (voir p. 175 et fig. 324). Elles sont à la fois hydrocarbonées et azotées.

Les premières consistent principalement en polysaccharides insolubles (fig. 33) et en matières grasses. Celles-ci sont les plus avantageuses, en ce sens qu'elles fournissent un quart d'énergie de plus que les corps

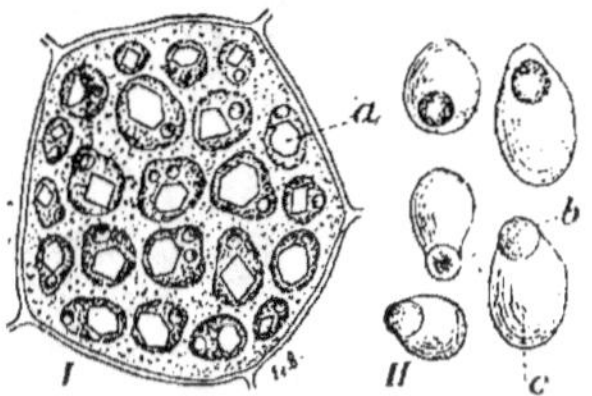

Fig. 525.

LES RÉSERVES DANS L'ALBUMEN DE RICINUS (GÉRANIALE).

a, grains d'aleurone avec cristalloïde et globoïde; **b**, globoïde; **c**, masse fondamentale.
(D'après M. Belzung, 1900.)

amylacés ou cellulosiques, mais leur utilisation exige un plus grand apport d'oxygène (voir vol. I, p. 92).

Les réserves azotées sont des aleurones, c'est-à-dire des albuminoïdes figurées, constituées surtout de globulines. Les gros amas arrondis d'aleurone renferment souvent des inclusions de deux sortes (fig. 525) : les cristalloïdes qui sont des albuminoïdes plus ou moins cristallisées, et les globoïdes, combinaisons de calcium et de magnesium avec l'acide inosithexaphosphorique : $C_6H_6[O_2P(OH)_2]6$.

Toutes ces réserves se présentent sous une forme aussi condensée que possible et partant insoluble. Leur mise en œuvre devra donc être précédée de leur mobilisation.

Quand les provisions sont accumulées dans l'albumen, ce sont les cotylédons, ou un organe dérivé de ceux-ci, qui sécrètent les ferments nécessaires et qui absorbent ensuite les produits de la solubilisation. Une couche de cellules spéciales établit le contact entre les réserves et la plantule et préside à cette double fonction (fig. 526, 6, 11, 15).

Les grains d'amidon sont creusés, fragmentés, désagrégés (fig. 527) par des amylases et transformés finalement en dextrine et maltose. La cellulose (fig. 33) est attaquée par la cytase.

Les corps gras sont saponifiés par la lipase.

Quant aux albuminoïdes, ils subissent d'abord un morcellement pure-

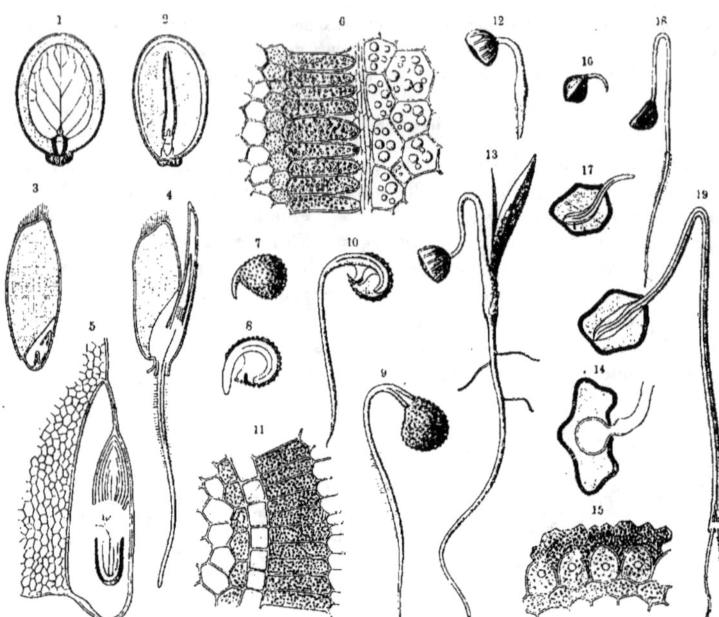

Fig. 526. — L'UTILISATION DES RÉSERVES PENDANT LA GERMINATION.

1, coupe longitudinale parallèle à l'embryon, et **2**, perpendiculaire à l'embryon, de la graine de *Ricinus*. Albumen entourant l'embryon. **3, 4**, coupe longitudinale de la graine de Froment, avant et pendant la germination; **5**, l'embryon en contact avec l'albumen; **6**, la zone de contact; à droite, l'albumen. **7. 8. 9. 10**, étapes successives de la germination d'une graine d'*Agrostemma Githago* (Centrospermale); **11**, la zone de contact. **12, 13**, étapes de la germination de *Tradescantia virginica* (Farinosale ; **14**, le sommet du cotylédon encore engagé dans l'albumen; **15**, la zone de contact. **16, 17, 18, 19**, étapes de la germination de l'Ognon : *Allium Cepa* (Liliiflorale).

(D'après KERNER, 1890.)

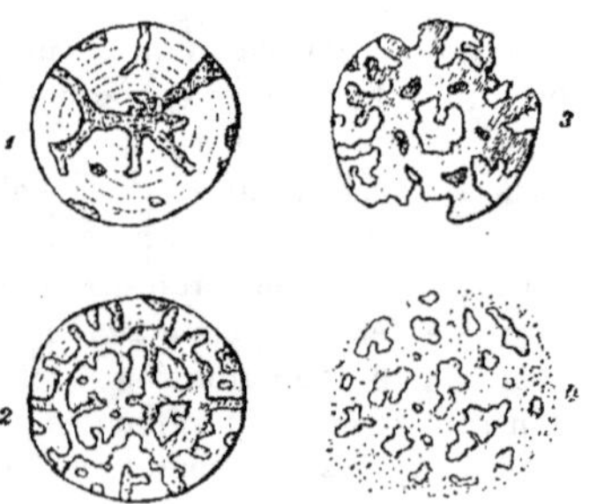

Fig. 527.
LA DISSOLUTION DE L'AMIDON PENDANT LA GERMINATION DE L'ORGE.
(D'après NOLL.)

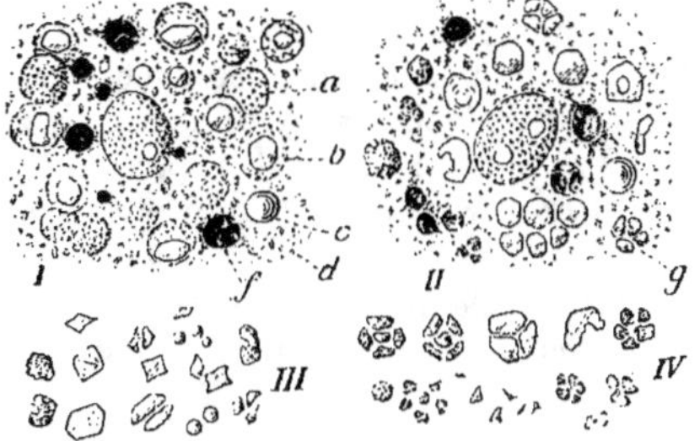

Fig. 528.

LES TRANSFORMATIONS DES RÉSERVES
ALBUMINOÏDES PENDANT LA GERMINATION
DE PINUS PINEA (CONIFÈRE).

I, au début de la germination; **a**, grain d'aleurone encore intact; **b**, grain avec cristalloïde; **c.** huile; **d**, granules issus de la fragmentation des cristalloïdes; **f**, amidon né pendant la germination. **II**, stade plus avancé; **g**, cristalloïde fragmenté. **III**, **IV**, aspects divers des cristalloïdes pendant la germination.
(D'après M. Belzung, 1900.)

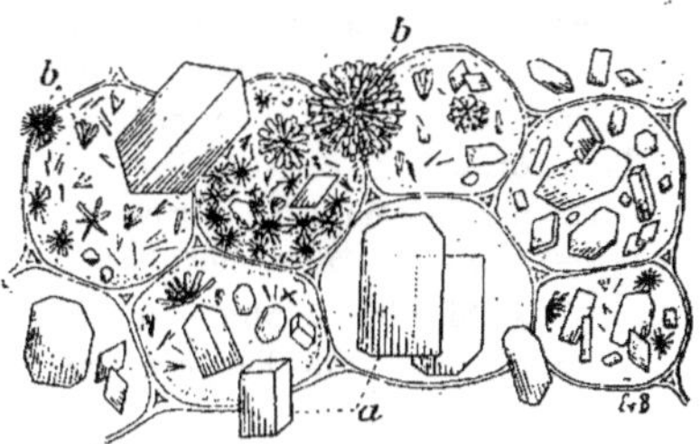

Fig. 529.

LES TRANSFORMATIONS DES RÉSERVES
ALBUMINOÏDES PENDANT LA GERMINATION
DE LUPINUS ALBUS (ROSALE).
a, asparagine; **b**, leucine.
(D'après M. Belzung, 1900.)

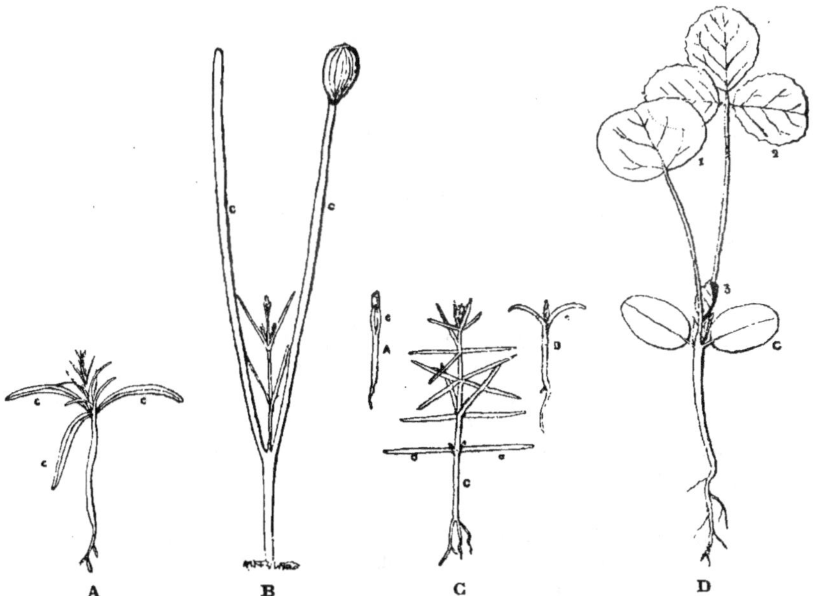

Fig. 530. — PLANTULES AVEC COTYLÉDONS ASSIMILATEURS.
A. B. C, graines avec albumen; **D**, graine sans albumen; **c**, cotylédons,
A, *Cryptomeria japonica* (Conifère); **B**, *Ephedra altissima* (Gnétée);
C, *Hippuris vulgaris* (Myrtiflorale); **D**, *Trigonella coerulea* (Rosale).

ment physique (fig. 528), puis une dislocation qui les résout en leurs acides aminés : asparagine, leucine (fig. 529), glutamine (chez les Cruciféracées et les Cucurbitacées), arginine (chez les Conifères), tyrosine, etc. La formule de constitution de ces corps a été donnée dans le vol. I, p. 81. En même temps se forment, aux dépens de la molécule albuminoïde, des sulfates et des phosphates.

D'habitude la photosynthèse est indispensable pour que les acides aminés, et surtout l'asparagine, qui est le plus important de tous, puissent

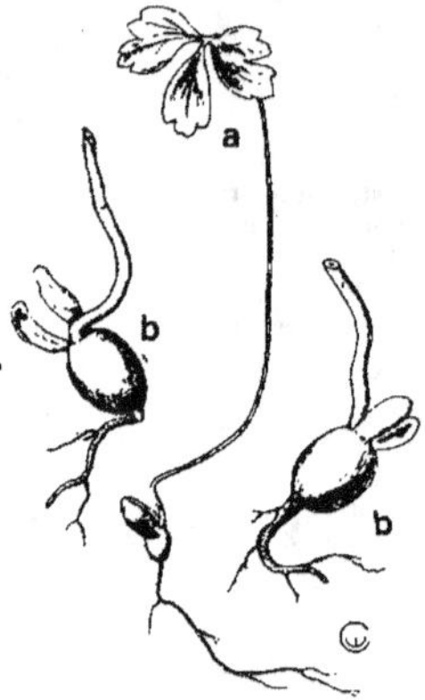

Fig. 531.
PLANTULE D'ANEMONE NEMOROSA (ROSALE) DONT LES COTYLÉDONS SORTENT DE LA GRAINE, MAIS RESTENT SOUS TERRE.
a, la première feuille ; **b**, la graine et les deux cotylédons.

de nouveau se grouper dans le cadre voulu pour reconstruire la molécule protéique (voir p. 262).

Lors de la germination des graines avec albumen, les cotylédons quittent à un moment donné le tégument ; arrivés à la lumière ils verdissent d'habitude et fonctionnent comme des feuilles ordinaires (fig. 530, A, B, C).

Il en est de même pour beaucoup de plantes où les provisions sont emmagasinées dans les cotylédons eux-mêmes (fig. 530 D) ; mais la structure de ces organes est alors tellement spécialisée qu'ils ne fonctionnent plus aussi facilement pour la photosynthèse, et certaines plantes ne les font même plus verdir : *Phaseolus multiflorus* (Haricot d'Espagne).

Puis les cotylédons s'extrayent encore de la graine, mais ils ne s'allongent pas et restent sous terre (fig. 531). Enfin, leur limbe ne sort plus (fig. 532) : ils ont complètement perdu la fonction foliaire et ne servent plus qu'au ravitaillement de la plantule.

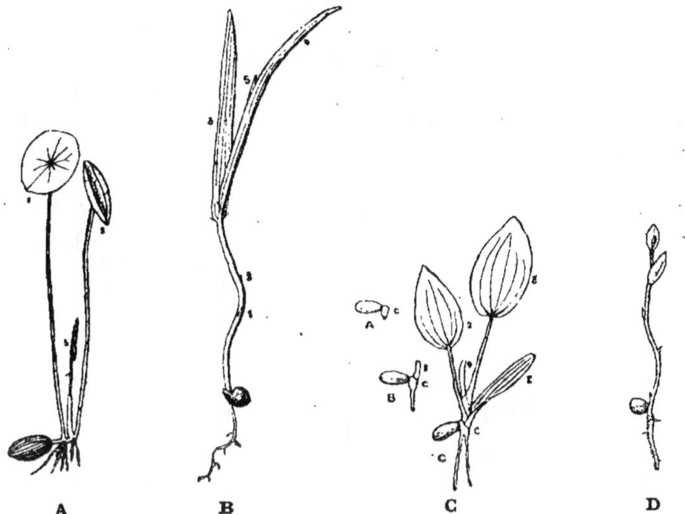

Fig. 532.

PLANTULES DONT LES COTYLÉDONS NE QUITTENT PAS LES ENVELOPPES DE LA GRAINE.

A, *Nelumbium codophyllum* (Ranale); **B**, *Lathyrus Nissolia* (Rosale); **C**, *Calla palustris* (Spathiflorale); **D**, *Smilax asparagoides* (Liliiflorale).

f) Sortie de la racine et fixation de la plantule.

La germination ne comprend pas seulement les problèmes chimiques que nous venons d'examiner, il y a aussi des difficultés d'ordre mécanique : comment la racine va-t-elle s'enfoncer dans la terre; comment ensuite la plantule atteindra-elle la lumière?

La racine ne pourra sortir de la graine et pénétrer ensuite dans le sol, que si elle possède un point d'appui solide; dans le cas contraire, sa pointe, dès qu'elle fait saillie hors des téguments, butera contre la terre et repoussera la graine en arrière au lieu de s'enfoncer. Il faut donc que la graine soit immobilisée. Une première fixation s'opère parfois par les organes qui ont servi à la dissémination et qui sont maintenant collés au sol par la pluie : crochets, aigrette, ailes. Beaucoup de graines sont entourées d'une couche gélatineuse qui gonfle quand elle est mouillée et fait corps avec les particules terreuses : citons le Lin. D'autres portent des poils qui sont serrés quand ils sont secs, mais qui s'étalent dès qu'ils sont humides; par exemple *Erigeron canadensis* (Campanulale).

A partir du moment où elle est entrée en terre, la racine se fixe de la même manière que celle de la plante adulte, c'est-à-dire par les poils radicaux. Grâce à son géotropisme, elle se dirige vers le bas.

g) **Sortie des organes aériens.**

Deux phénomènes différents sont à considérer : la façon dont les cotylédons quittent les enveloppes de la graine; celles dont ils arrivent au-dessus de terre.

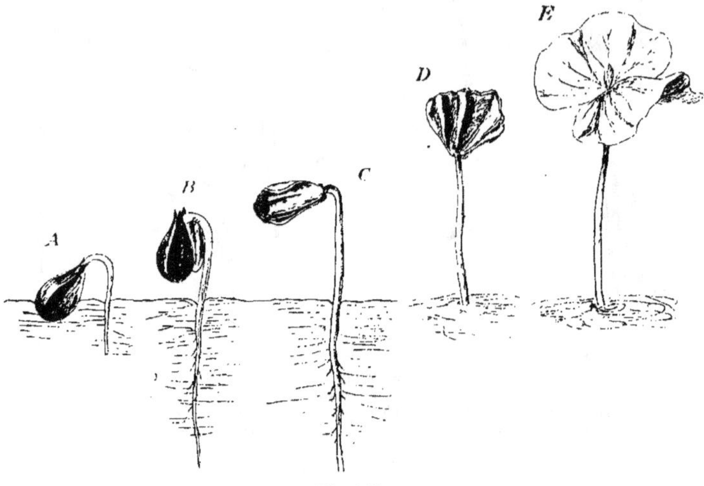

Fig. 533.

LES PREMIÈRES ÉTAPES DE LA GERMINATION DU HÊTRE (FAGUS SYLVATICA)
Déplissement des cotylédons et redressement de la plantule
(D'après Mme SCHOUTEDEN-WERY, 1913).

D'ordinaire les cotylédons ne sortent des téguments que lorsque la plantule est fermement attachée par ses poils radicaux. Prenant maintenant appui sur la racine, l'hypocotyle s'accroît, se recourbe et extrait les cotylédons de leur enveloppe qui reste collée aux grains de terre (fig. 526, [7], [8], [9], [10]), ou bien ce sont les cotylédons eux-mêmes qui exécutent ces mouvements (fig. 526, [18], [19]).

Mais ceci n'est que le début des difficultés. L'opération la plus pénible est celle qui doit amener les cotylédons et les premières feuilles au-dessus du sol. La plantule est impuissante à attaquer de front la couche de poussières, de feuilles mortes, de détritus de tout genre que le vent a amenés par-dessus la graine depuis le temps de la dissémination : au lieu de pousser droit devant elle, la plantule se courbe en crochet et présente à la terre une face lisse et dure (fig. 526) ([12], [13]; [16], [17], [18], [19]). Lorsque les cotylédons restent dans la graine, comme chez les Pois et chez les *Lathyrus* (fig. 181 A), c'est la jeune tige, pourvue de feuilles écailleuses, qui devient crochue. Chez les Graminacées, il se forme d'abord une feuille qui a la forme d'une gaine pointue et creuse : celle-ci se fraie un chemin vers le haut, et quand elle est arrivée à la lumière, les feuilles suivantes passent par sa cavité (fig. 526⁴)·

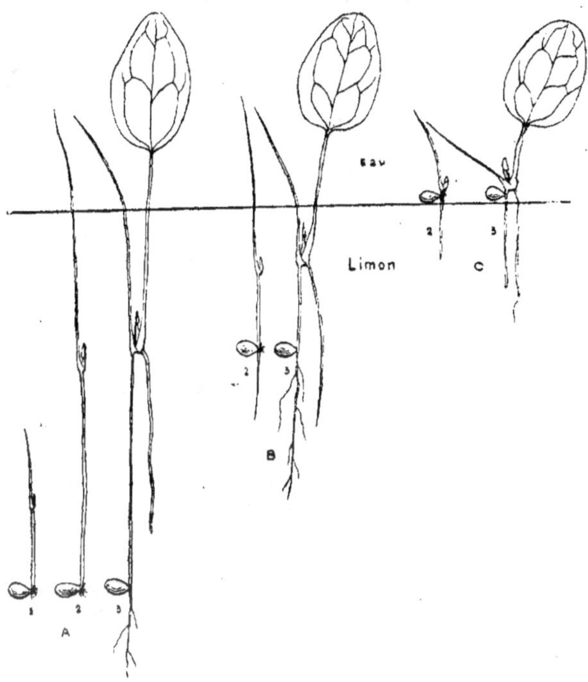

Fig. 534.

L'ASCENSION DE LA PLANTE DE NYMPHAEA ALBA (NÉNUPHAR).

Les graines ont été semées à diverses profondeurs dans la vase, et aussi sur la vase, sous l'eau. **1**, **2**, **3**, stades successifs d'une même plantule.

Quelquefois l'ordre précédent est interverti : la plantule s'élève d'abord jusqu'à la lumière, puis elle se débarrasse du tégument. Le Hêtre se conduit habituellement ainsi (533) : c'est le déplissement des cotylédons qui fait éclater l'enveloppe de la faine.

Enfin, signalons le cas des *Nymphaea* (Ranales) (fig. 534). Les cotylédons restent dans la graine ; la première feuille, qui est aciculaire, et le premier entrenœud (situé sous cette feuille), règlent leur allongement sur l'épaisseur de la couche de vase qu'il faudra traverser pour arriver à la lumière.

CINQUIÈME PARTIE.

LA PALÉOBOTANIQUE ET LA GÉOBOTANIQUE.

Pour donner une idée générale de la botanique, il ne nous reste qu'à examiner brièvement la succession des Plantes pendant les périodes géologiques, et leur répartition à la surface de la terre à l'époque actuelle.

A. LA SUCCESSION DES VÉGÉTAUX DANS LES AGES GÉOLOGIQUES.

On ne possède que très peu de renseignements paléontologiques sur les Protistes et les Plantes inférieures. Ne sont fossilisables, en effet, que les parties dures, résistant à la compression. Or, de tels organes manquent d'habitude aux Champignons, aux Schizophycées, aux Algues, aux Bryophytes, etc. Aussi, ne connaissons-nous de ces groupes que quelques Algues calcaires, des oogones de Characées, des carapaces ou des squelettes de Diatomées, de Radiolaires, de Foraminifères.,.

Les organismes qui pourraient le mieux nous éclairer sur l'origine de la vie végétale ont donc disparu totalement sans avoir laissé des restes utilisables. Pourtant, malgré l'imperfection de notre documentation, l'étude des fossiles montre clairement que ce sont les groupes considérés comme primitifs par leurs caractères morphologiques qui ont effectivement apparu les premiers, tandis que les Plantes les plus spécialisées ont une origine récente.

I. ÈRE PRIMAIRE, OU DES PTÉRIDOPHYTES.

Le climat différait profondément du climat actuel. Il était sensiblement le même sur la Terre entière : on trouve, en effet, des espèces des mêmes genres au Spitzberg et près de l'Équateur. D'autre part, l'absence de couches annuelles dans le bois indique que l'année n'était pas divisée en

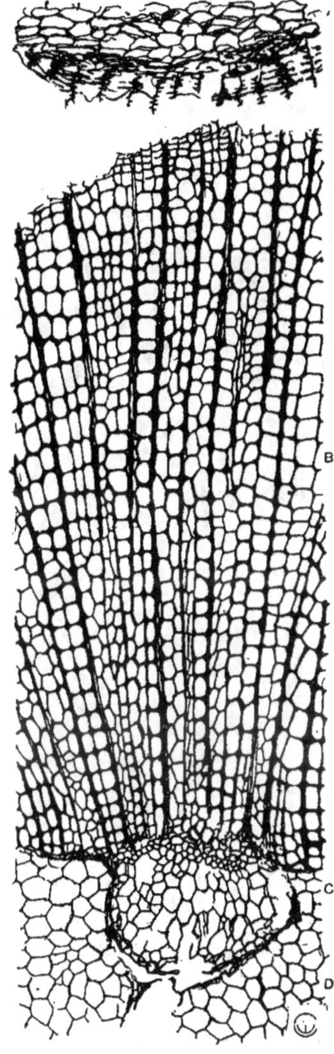

Fig. 535. — LE BOIS SECONDAIRE,
A CROISSANCE CONTINUE,
D'UNE CYCADOFILICÉE DU CARBONIFÉRIEN :
LYGINODENDRON OLDHAMIUM.

A, tissu périphérique de la tige ; **B**, bois secondaire ; **C**, bois primaire ; **D**, moelle.

saisons (fig. 535). Les grandes Ptéridophytes, caractéristiques du Primaire, ne se rencontrent actuellement que dans les forêts chaudes et humides de la zone équatoriale, où les saisons sont, en effet, peu marquées (fig. 96) ; nous pouvons donc affirmer que pendant le Primaire, la Terre tout entière avait un climat chaud et humide analogue à celui des forêts équatoriales du Brésil, de l'Inde ou de Java.

Mais si l'allure générale de la végétation était la même en tous les points de la Terre, les espèces n'étaient pas identiques. On sait, en effet, que notre globe était alors partagé en deux continents séparés par un océan approximativement équatorial. Les espèces nées dans l'un des continents atteignaient donc difficilement l'autre.

1. SILURIEN ET DÉVONIEN.

A part quelques restes d'Algues, dans des couches qui sont rapportées avec doute au Silurien supérieur, les dépôts cambriens et siluriens ne renferment pas de fossiles végétaux. Mais le Dévonien est déjà relativement riche en Filicées, Cycadofilicées, Calamariales et Lépidophytées ; on y rencontre même des Cordaïtées, qui sont des Gymnospermes. L'épanouissement de cette végétation abondante, et composée de groupes déjà relativement supérieurs, indique que pendant les périodes antérieures avaient vécu une flore très variée, qui ne nous a malheureusement pas été conservée.

2. CARBONIFÉRIEN ET PERMIEN.

Une masse énorme de documents nous sont connus de cette époque :
Filicées, Cycadofilicées (fig. 129, 213 à 217), Sphénophyllées (fig. 218),
Calamariales (fig. 223, 224), Lépidophytales (fig. 228 à 232), Cordaïtées
(fig. 189, 255 à 257).

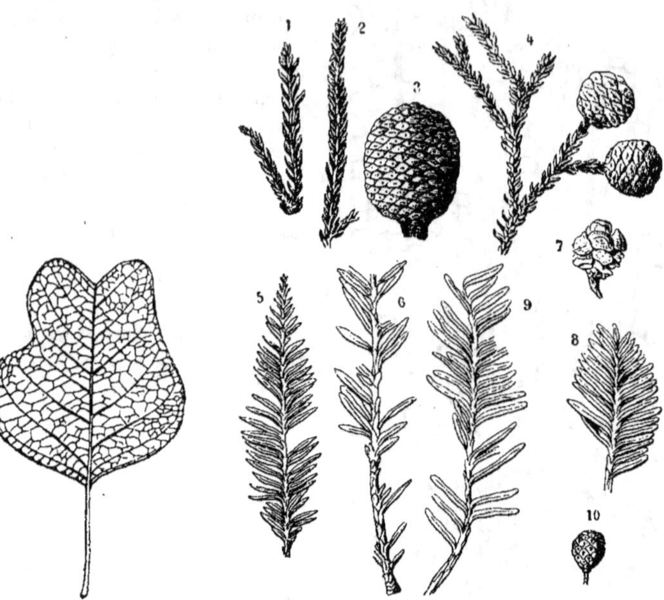

Fig. 536.

MAGNOLIACÉE CRÉTACIQUE
DU GROENLAND :
LIRIODENDRON MEETLI.
(D'après DE SAPORTA
ET MARION.
Copié dans ZEILLER, 1900.)

Fig. 537.

LE REFROIDISSEMENT GRADUEL DU CLIMAT.

1, 2, 3, *Sequoia Sternbergii* (Oligocène de l'Europe moyenne), à comparer à **4,** *S. ambigua* (Crétacique du Groenland).
5, 6, 7, *Sequoia Tournalii* (Oligocène de l'Europe moyenne), à comparer à **8, 9, 10,** *S. Smittiana* (Crétacique de Groenland).
Les *Sequoia* (Conifères), qui habitaient le Groenland pendant le Crétacique, ont émigré vers le Sud pendant l'Oligocène.
(D'après DE SAPORTA, 1879.)

II. ÈRE SECONDAIRE, OU DES GYMMOSPERMES.

Le climat est resté chaud sur toute la Terre : il y a des Conifères dans
les dépôts jurassiques de la baie de l'Espérance (continent antarctique),
des Conifères et des Magnoliacées dans les dépôts crétaciques du Groenland (fig. 536, 537). Pourtant, dès le Jurassique, il y a des signes d'une

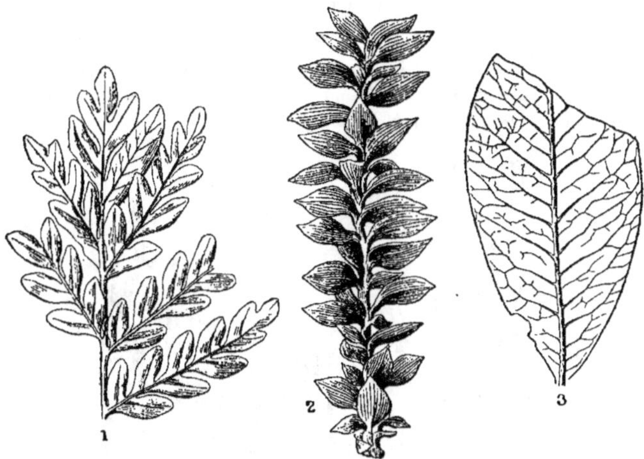

Fig. 538.
PLANTES DU CRÉTACIQUE MOYEN (TURONIEN) DES ENVIRONS DE TOULON.
1. *Lomatopteris superstes* (Filicale); **2.** *Araucaria Toucasi* (Conifère)
3. *Magnolia telonensis* (Ranale). (D'après DE SAPORTA, 1879).

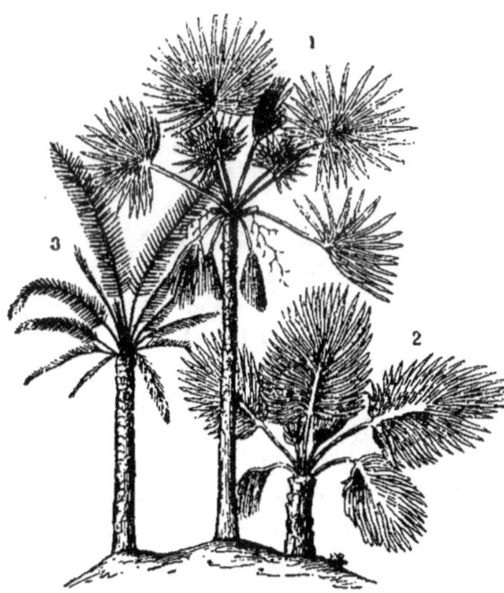

Fig. 539. — PALMACÉES HABITANT L'EUROPE MOYENNE
PENDANT LE MIOCÈNE.
1, *Flabellaria Ruminiana*; **2,** *Sabal major*;
3, *Phoenicites spectabilis*.
(D'après DE SAPORTA, 1879).

zonation climatique : des Conifères voisins des Pins et des Sapins habitaient les régions polaires, mais les *Araucaria*, actuellement limités aux pays tropicaux et subtropicaux, ne dépassaient guère l'Europe moyenne (fig. 538).

D'autre part, des échantillons de bois jurassique recueillis à la terre du Roi Charles (à l'Est du Spitzberg) montrent clairement des zones concentriques de croissance : la division de l'année en saisons était donc établie. Il en est de même pour des Conifères crétaciques du Nord de la France.

1. TRIASIQUE ET JURASSIQUE.

Les dernières Lépidophytales et Calamariales ont disparu devant les Benettitées (fig. 251 à 254), les Ginkgoées (fig. 258) et les Conifères. Plusieurs genres actuels s'étaient déjà différenciés : *Osmunda* (Filicale), *Ginkgo*, *Araucaria* (Conifère).

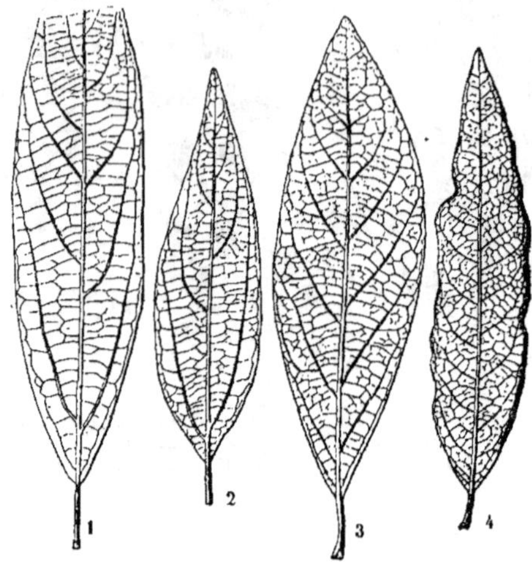

Fig. 540. LAURACÉES (RANALES),
DE L'ÉOCÈNE INFÉRIEUR (HEERSIEN),
DE GELINDEN (LIMBOURG).
1, *Litsaea elatinervis;* 2, *Cinnamomum sezan-nense;* 3, *Persaea palaeomorpha;* 4, *Laurus Omalii.* (D'après DE SAPORTA, 1879.)

2. CRÉTACIQUE.

A cette époque il y avait des Insectes visitant les fleurs : Diptères, Hyménoptères. En même temps se montrent les premières Angiospermes, entre autres les Ranales à grandes fleurs (Magnoliacées) (fig. 538); mais il y a aussi des plantes anémophiles : parmi les Dicotylédonées, des espèces de *Fagus*, de *Quercus* et de *Platanus* (Rosales); parmi les Monocotylédonées, des Pandanales et des Principales.

III. ÈRE TERTIAIRE, OU DES ANGIOSPERMES.

1. ÉOCÈNE, OLIGOCÈNE, MIOCÈNE.

Le climat se refroidit progressivement des pôles vers l'équateur; des genres qui habitaient les régions arctiques pendant le Crétacique ont maintenant émigré vers le Sud (fig. 537). Pourtant, il fait encore assez chaud pour que des Palmacées (fig. 539) et des Lauracées (fig. 540, 541) habitent l'Europe moyenne.

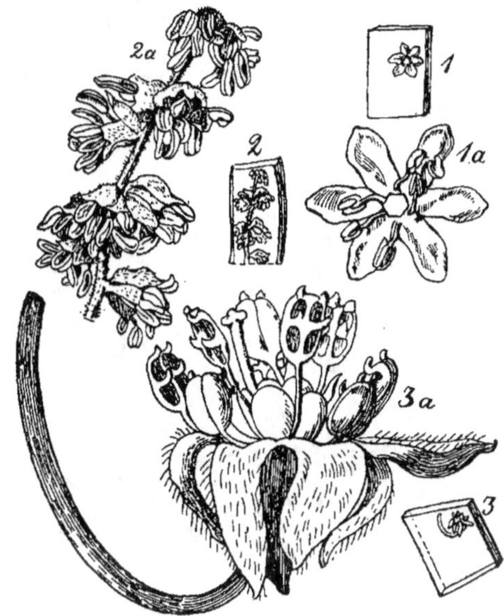

Fig. 541.

FLEURS MIOCÈNES
CONSERVÉES DANS L'AMBRE
DES CÔTES DE
LA MER BALTIQUE.

1, 1 a, *Sambucus*
(Rubiale) ;

2. 2 a, chaton mâle de
Quercus (Fagale) ;

3, 3 a, *Cinnamomum*
(Ranale).

(D'après M. GOTHAN,
1909.)

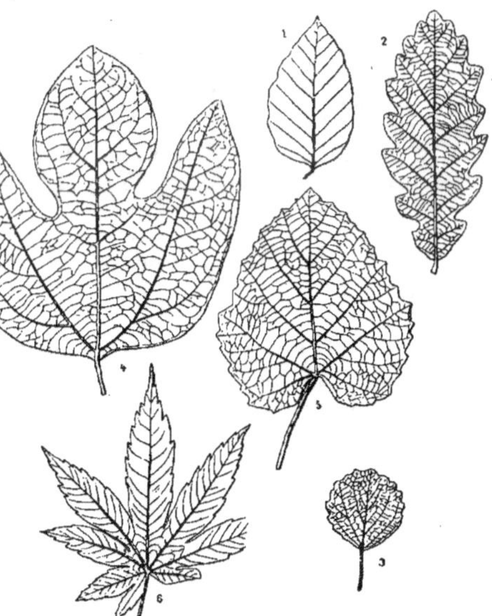

Fig. 542.

PLANTES DU PLIOCÈNE
DE L'AUVERGNE.

1, *Fagus sylvatica
pliocenica* (Fagale) ;

2, *Quercus Robur pliocenica* (Fagale) ;

3, *Populus Tremula*
(Salicale) ;

4, *Sassafras Ferretianum*
(Ranale) ;

5, *Vitis subintegra*
(Rhamnale) ;

6, *Acer polymorphum
pliocenicum* (Sapindale).

(D'après
DE SAPORTA, 1879.)

24

Les Ptéridophytes et les Gymnospermes inférieures sont presque totalement remplacées par des Conifères et des Angiospermes. Ces dernières se différencient de plus en plus; déjà au Miocène elles appartiennent en majeure partie à des genres encore vivants.

2. PLIOCÈNE.

Le climat est à pleine plus chaud qu'aujourd'hui; aussi, non seulement les genres, mais les espèces (fig. 542), ont survécu jusqu'à nous.

Il existe une communication presque ininterrompue entre l'Europe et

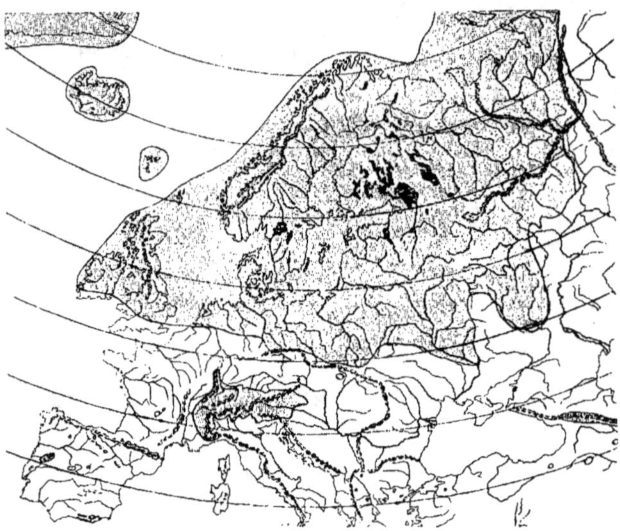

Fig. 543.
LA CALOTTE GLACIAIRE DE L'EUROPE PENDANT LA PLUS IMPORTANTE DES
GLACIATIONS PLEISTOCÈNES (D'après M. PENCK, 1906).

l'Amérique du Nord, par un pont comprenant les Iles Britanniques, les Iles Faröer, l'Islande et le Groenland. C'est ce qui explique qu'un si grand nombre d'espèces soient communes à toute la zone tempérée froide de l'hémisphère boréal.

3. PLEISTOCÈNE.

A la fin du Pliocène et pendant tout le Pleistocène, des époques de froid intense bouleversent complètement les conditions d'existence (fig. 543). Les Plantes de nos régions, refoulées par la progression de la calotte de glaces, furent arrêtées par la Méditerranée et périrent de froid. D'où la pauvreté de la flore européenne en types tropicaux. Alors que dans l'Amérique septentrionale les Magnoliacées, par exemple, après avoir émigré vers le Sud pendant les glaciations, purent revenir dès que la température fut redevenue plus clémente, rien de semblable ne se passa en Europe pour les derniers survivants des flores chaudes du Miocène.

Entre les glaciations il y eut des périodes sèches et moins froides qui permirent à des plantes des steppes de s'installer dans l'Europe occidentale. Citons *Hippophaës rhamnoides*, originaire de l'Asie centrale.

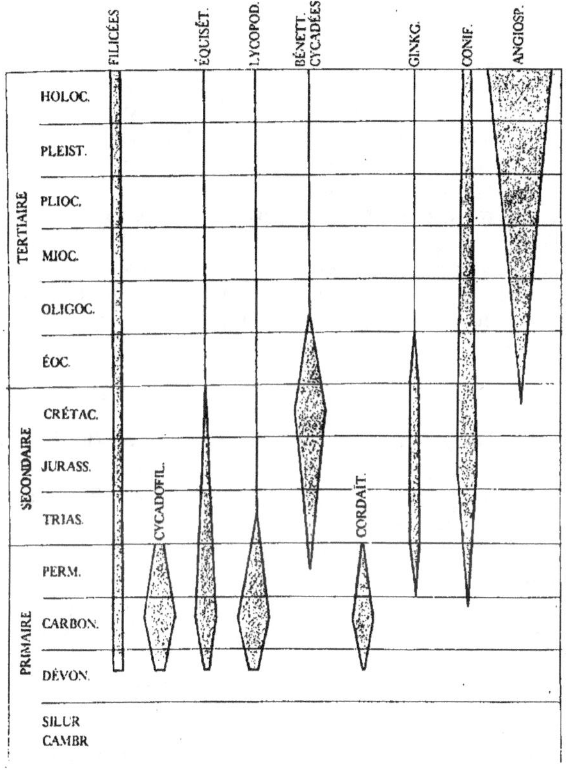

Fig. 544. — SCHÉMA DE L'IMPORTANCE RELATIVE DE DIVERS GROUPES DE PTÉRIDOPHYTES ET DE PHANÉROGAMES PENDANT LES PÉRIODES GÉOLOGIQUES.

4. HOLOCÈNE.

La répartition actuelle des Végétaux est la résultante de toutes les modifications subies par les flores des temps géologiques. De même, la composition de la flore d'aujourd'hui reflète les développements et les extinctions des groupes qui sont nés successivement (fig. 544). Les

Cycadofilicées, les Sphénophyllées, les Cordaïtées, les Benettitées, ont totalement disparu. Les Équisétées, les Lycopodiées, les Cycadées, les Ginkgoées, ne sont plus représentées que par quelques retardataires. Les Filicées et les Conifères sont encore relativement variés. Mais ce sont les Angiospermes qui tiennent la tête. Nées au Crétacique, elles n'ont pas cessé de progresser à mesure que les Insectes butinant les fleurs devenaient plus abondants. Parmi elles ce sont les familles les plus évoluées, celles qui occupent les sommets des lignées, qui comptent le plus grand nombre d'espèces :

Léguminacées (Rosales)	:	12,000	espèces ;
Euphorbiacées (Géraniales)	:	4,500	»
Labiacées (Tubiflorales)	:	3,000	»
Rubiacées (Rubiales)	:	4,500	»
Compositacées (Campanulales)	:	13,100	»
Graminacées (Glumiflorales)	:	4,000	»
Orchidacées (Microspermales)	:	15,000	»

Beaucoup de ces Angiospermes ont les fleurs groupées en inflorescences complexes, où se remarque souvent une véritable division du travail : Euphorbiacées (fig. 306, 307, 471, 492), Compositacées, Graminacées (fig. 340, 341).

B. LA DISTRIBUTION ACTUELLE DES VÉGÉTAUX.

La répartition géographique des organismes actuellement vivants est conditionnée par leur distribution aux époques antérieures, par leurs moyens de dissémination, enfin par les facteurs qui limitent leur aire de dispersion.

Nous connaissons la façon dont se sont succédé les flores géologiques (p. 354), ainsi que les procédés de dissémination des Plantes (p. 331). Il ne nous reste donc qu'à étudier les conditions qui empêchent les organismes végétaux de franchir les limites d'une aire déterminée. Puis, nous jetterons un coup d'œil sur les diverses régions botaniques du globe.

On a rarement l'occasion de voir la végétation reprendre possession d'un terrain vierge de quelque étendue. Le cas s'est présenté pour l'île de Krakatau, dans le détroit de la Sonde. En 1884, une explosion volcanique la recouvrit totalement d'un épais manteau de pierres-ponces, détruisant toute la végétation. En 1898, c'est à peine si la vie avait commencé à s'y réinstaller. Actuellement une flore relativement riche couvre l'île : on a constaté que les premières Phanérogames avaient des semences adaptées au transport par les courants marins ou par le vent.

Dans ces dernières années nous avons pu assister chez nous à la colonisation d'une région dénudée. En octobre 1914, l'armée belge inonda une grande étendue de polders au voisinage de l'Yser. L'eau salée tua naturellement toute la flore des prairies et des champs qui couvraient le pays. Mais des graines de plantes habitant les terrains salés de l'estuaire de l'Yser avaient été amenées par l'eau, et elles germèrent sur les bords de la nappe. Après l'armistice, tout le fond maintenant asséché était complètement vierge. Dès l'été 1919 deux sortes de plantes y luttaient pour l'existence : d'une part celles des terrains salés ; d'autre part celles qui s'étaient maintenues pendant la guerre sur les îlots non atteints par les eaux et sur les parapets des tranchées. Les unes et les autres donnèrent abondamment des graines qui allèrent germer sur les terrains vierges. A mesure que le dessalement progressait, les secondes refoulèrent les premières et, en 1921, la zone inondée portait presque uniquement la flore de ces mêmes polders avant la guerre.

I. LES FACTEURS QUI LIMITENT LES AIRES D'HABITAT.

Aucun être n'est réellement cosmopolite, c'est-à-dire qu'aucun ne peut vivre en tous les points de la Terre.

Une Algue, *Zygnema ericetorum*, a été récoltée dans les pays les plus divers : depuis l'Europe et l'Amérique du Nord jusqu'à Java et la Nouvelle-Zélande ; seulement, elle n'habite jamais que les endroits stériles, très humides. Une Compositacée, *Sonchus oleraceus*, est également très répandue, mais elle est localisée aux endroits riches en aliments, bien éclairés et modérément humides. Alors que ces espèces-ci sont très accommodantes quant à la température, mais qu'il leur faut des conditions chimiques tout à fait précises, d'autres sont moins strictes quant aux qualités du sol, mais exigent absolument un climat déterminé. Ainsi *Cochlearia danica* vit indifféremment sur le sable, sur l'argile, sur le limon, sur les rochers ; bref, tout terrain lui est bon, pourvu qu'il y jouisse d'un climat maritime (voir le tableau des pp. 364 et 365).

Ces espèces ont donc un grand pouvoir d'accommodation vis-à-vis de certains facteurs. Il y en a aussi qui ont à tous les points de vue des exigences très étroites. *Saxifraga florulenta* (voir le tableau de la p. 371) ne vit que sur les Alpes Maritimes, aux altitudes comprises entre 2,300 et 3,000 mètres ; encore se limite-t-il aux faces tournées vers le Nord de rochers verticaux en gneiss. *Bromus arduennensis* ne peut vivre que dans les moissons poussant sur les calcaires frasniens et givetiens qui bordent l'Ardenne vers l'Ouest. Il ne faut pas s'étonner que des êtres doués d'exigences aussi minutieuses n'aient pas pu s'étendre au loin.

A. L'accommodabilité.

Les cas que nous venons de citer montrent le rôle que joue dans la distribution géographique des organismes la faculté de se plier aux conditions d'existence, faculté qui est si diverse d'une espèce à l'autre. Nous connaissons déjà l'accommodabilité à la température (t. I, p. 12, 18, 20) et à l'humidité du sol (t. I, p. 22). Nous avons vu aussi que lorsqu'une plante de terrain saumâtre s'accommode à la salure, elle le fait en augmentant sa pression intracellulaire (t. II, p. 224).

Dans la Campine belge (fig. 549) le sol est formé uniformément de sable à peu près stérile, pauvre en calcaire : le sous-sol est argileux et imperméable. Des mares se collectent donc dans les creux, tandis que les petites éminences sont des dunes mobiles. Entre les parties les plus humides et les parties les plus sèches, il n'y a d'autre différence que dans la proportion d'eau. La figure 549 représente schématiquement les divers niveaux. Le tableau sous la figure indique l'accommodabilité des Éricacées et de quelques

Les adaptations au climat et la distribution géographique de quelques plantes vivant ensemble sur une dune littorale de Belgique.

| | Adaptations | | | | Distribution géographique | | | | | | | | | | | | |
| | | | | | En Belgique | | En Europe — Région forestière | | | | | | | | | | |
Exigences spéciales	Durée de la vie	Position des bourg. hivern.	Répart. saisonn. de l'assimil. (voir fig. 545)		Plaines N.W.	Basses-Mont.	Région médit.	Aquit.	Plaines N.W.	Basses Mont.	Europe septentr.	Steppes	Région alpine	Région arctique	ASIE	AMÉRIQUE NORD	AFRIQUE NORD
Phleum arenarium — Sable	1 h	N	B				+	L	L									+
Koeleria cristata — Calcaire	Viv.	N	N			+	+	+	+	+		+				+	+	+
Carex arenaria — Sable	Viv.	B	M		+		+	+	+			+				+		
Thesium humifusum — Calcaire	Viv.	B	M					+	L	+	L				L			
Cochlearia danica — Clim. litt.	1 p							L	L							L	L	
Rosa pimpinellifolia — Calcaire	Lign.	h, S	R			+	+	+	+	+		+		+	+		
Helianthemum Chamaecistus — Calcaire	Lign.	h	T			+	+	+	+	+		+	+		+		
Hippophaës rhamnoides	Lign.	H, S	R				+	L	L			+				+	+	
Erythraea linariifolia — Clim. litt.	2	N	E						L		L				L			
Euphrasia officinalis — Ubiquiste	1 e		D		+	+	+	+	+	+	+	+	+	+		+	
Galium verum — Ubiquiste	Viv.	S	P		+	+	+	+	+	+	+	+					+	+

Dans la 2e colonne (*Durée de la vie*) : 1 h, annuel hivernal ; 1 p, annuel printanier ; 1 e, annuel estival ; 2, bisannuel ; Viv., herbacé vivace ; Lign., ligneux vivace.

Dans la 3e colonne (*Position des bourgeons hivernants*) : N, bourgeons au niveau du sol ; S, bourgeons souterrains ; h, bourgeons à quelques centimètres au-dessus du sol ; H, bourgeons situés plus haut.

Dans la 4e colonne (*Répartition saisonnière de l'assimilation*) les lettres renvoient aux schémas de la fig. 545.

Dans les colonnes suivantes : +, la plante existe aussi bien à l'intérieur du pays que sur le littoral ; L, la plante est limitée au littoral.

autres Métachlamydées à l'humidité du sol : $+$ signifie que l'espèce est présente ; $+\,+$ qu'elle est abondante. *Utricularia* est limité à l'eau ; *Vaccinium Myrtillus* aux terrains secs ; *Menyanthes* peut sortir de l'eau et envahir aussi les abords de la mare : *Erica Tetralix* descend des dunes et va jusqu'aux plages tourbeuses. On voit combien les dernières espèces auront de facilités pour se répandre à travers la Campine et pour résister à une année exceptionnellement humide ou sèche.

Les arbres sont en général assez exigeants, et leur aire géographique n'est pas fort étendue. Il en est autrement pour les petites plantes. Dressons par exemple la liste des Phanérogames qui habitent pêle-mêle sur un mètre carré d'une dune littorale (tableau des pp. 364 et 365). *Phleum* et *Carex* ne peuvent pas vivre ailleurs que dans le sable (voir la colonne : exigences spéciales); au contraire, *Koeleria, Rosa* et *Helianthemum* se rencontrent aux bords de la Meuse sur des rochers calcaires, durs et impénétrables, et le seul lien commun entre le sable littoral et le rocher est que l'un et l'autre sont riches en carbonate de calcium. *Cochlearia* et *Erythraea* ne s'éloignent nulle part du bord de la mer, mais à part cette exigence, ils peuvent coloniser les sols les plus divers. Pour *Hippophaës* il serait bien difficile de dire ce qui le localise dans les dunes : il habite à la fois les steppes de l'Asie centrale, les fonds des vallées alpines et les dunes littorales de l'Europe occidentale. Enfin *Euphrasia* et *Galium* sont des espèces sans besoins bien définis, qui se contentent des stations les plus disparates.

Les trois colonnes suivantes représentent quelques adaptations au climat, et ce qui frappe tout de suite, c'est encore une fois la diversité de ces adaptations : certaines Plantes sont monocarpiques (voir t. 1, p. 39), les autres polycarpiques. Parmi les premières, *Phleum* croît en hiver, *Cochlearia* au printemps, *Euphrasia* en été, *Erythraea* est bisannuel. Les vivaces sont les unes herbacées, les autres ligneuses. Si nous examinons maintenant les espèces polycarpiques au point de vue de l'époque où se fait l'assimilation, nous constatons que *Carex, Thesium, Rosa* et *Hippophaës* n'ont de feuilles que pendant la bonne saison, tandis que les feuilles de *Helianthemum* persistent d'une année à l'autre et que *Galium* assimile aussi en toute saison, mais avec des feuilles différentes en été et en hiver.

N'est-il pas étonnant que des divergences aussi fondamentales n'empêchent pas ces Phanérogames de vivre en commun? Or, les contrastes s'accentuent encore, lorsqu'on note la distribution géographique de chaque espèce. Alors que *Thesium* ne dépasse pas la région forestière de l'Europe, *Koeleria* atteint à la fois la région méditerranéenne et les steppes, et il colonise aussi bien le Nord de l'Afrique que l'Asie et l'Amérique. *Euphrasia* est encore plus commode : il monte sur les Alpes et prospère aussi dans les déserts glacés de l'extrême Nord.

Ces considérations sur l'accommodation des Végétaux présupposent naturellement que ce sont les mêmes espèces qui vivent en des points très éloignés. Or, on sait que les espèces linnéennes, telles que celles qui figurent dans les tableaux des pp. 364 et 371, se composent d'habitude de nombreuses espèces jordaniennes, et celles-ci de lignées. On constate, d'autre part, que les espèces jordaniennes se distinguent tout autant par des particularités physiologiques que par des détails de structure, qu'elles sont par exemple très inégalement sensibles aux conditions du climat. Il n'est évidemment pas admissible que le *Pinus sylvestris*, qui habite la Laponie, soit le même que celui qui, dans les Alpes Maritimes, est incapable de dépasser l'altitude de 1,550 mètres, où le froid est moins rigoureux qu'en Belgique.

B. **Le climat.**

C'est en tout premier lieu le climat qui règle la distribution des Végétaux; rien ne le montre mieux que le parallélisme des grandes subdivi-
sions géo-botaniques avec les degrés de longitude, c'est-à-dire avec les
changements graduels du climat, de l'équateur aux pôles (fig. 553 à 556).

Parmi les éléments du climat, l'humidité et la chaleur sont ceux qui
influencent le plus directement la végétation. Il suffit, pour s'en rendre
compte, de comparer la flore de deux pays assez voisins, mais ayant des
climats sensiblement différents, tels que la Belgique et la Côte d'Azur.
En Belgique, il pleut à peu près toute l'année (fig. 562), tandis que dans
la région méditerranéenne la pluie tombe principalement en automne et
au printemps, avec un été sec (fig. 561). L'hiver est beaucoup plus doux
sur la Côte d'Azur qu'en Belgique. La figure 545 représente la façon dont
l'assimilation et la floraison sont réparties à travers les saisons. Le tableau
suivant donne la proportion des plantes qui assimilent soit pen-

	Habitant la région médit. et ne la dépassant pas vers le Nord.	Habitant à la fois la région médit et la partie sud de la région forest.	Habitant à la fois la région médit. et la Belgique.	Habitant à la fois la Belgique et les montagnes de la région médit.	Habitant la Belgique, mais non la région médit.
Plantes assimilant pendant la *saison froide* (A, B, F, G, H, I, J, K, L, Q, de la fig. 545)	43 °/₀	32 °/₀	17 °/₀	15 °/₀	10 °/₀
Plantes assimilant pendant la *saison chaude :*					
annuelles (C, D,) et vivaces (M) . , ...	8	12	19	20	28
ligneuses (R)	2	4	5	12	4
Plantes annuelles assimilant en hiver dans la région méditer. et en été en Belgique			9	4	
Plantes assimilant *toute l'année :*					
bisannuelles (E) et vivaces (N, O, P).	21	31	44	39	45
ligneuses (S, T)	17	8	3	1	3

On n'a pu comprendre dans ce tableau que les espèces dont on connaît parfaitement la
répartition saisonnière de l'assimilation. C'est pourquoi le total de chaque colonne reste
inférieur à 100.

dant la saison froide, soit pendant la saison chaude, soit en tout temps.
La comparaison de la première colonne avec la dernière montre que
parmi les plantes qui ne dépassent pas la région méditerranéenne vers le
Nord, il en est 43 p. c. qui profitent des pluies d'automne pour croître

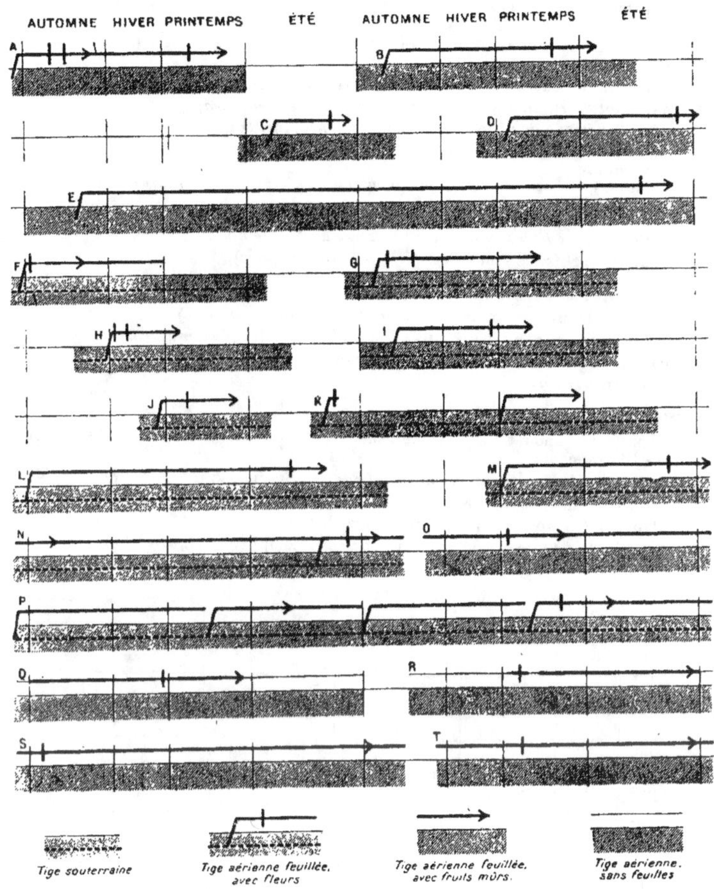

Fig. 545.

LA RÉPARTITION SAISONNIÈRE DE L'ASSIMILATION ET DE LA FLORAISON.

Plantes annuelles :

A, germant en automne et mourant au printemps ; fleurissant en automne et au printemps (*Diplotaxis erucoïdes*, de la région méditerranéenne).

B, idem ; ne fleurissant qu'au printemps (*Phleum arenarium, Draba verna*).

C, germant, fleurissant et mourant en l'espace d'un été (*Chenopodium album*).

D, germant au printemps, fleurissant et mourant à la fin de l'été (*Euphrasia officinalis*).

Plantes bisannuelles :

E, germant en automne (ou au printemps), fleurissant et mourant le 2ᵉ été (*Erythraea littoralis, Digitalis purpurea*).

Plantes vivaces herbacées, sortant de terre en automne ou en hiver :

F, fleurissant en automne (ou à la fin de l'été) (*Scilla autumnalis*, de la région méditerranéenne).

G, fleurissant en automne ; mûrissant les graines au printemps (*Arisarum vulgare*, de la région méditerranéenne).

H, fleurissant et fructifiant, en hiver (*Crocus versicolor* de la région méditerranéenne).

I, fleurissant et fructifiant au printemps (*Anemone nemorosa*).

J, idem., à période de végétation très courte (*Muscari botryoides*).

K, fleurissant en automne, mais fructifiant et assimilant au printemps (*Colchicum autumnale*.

L, assimilant depuis octobre jusqu'en été (*Allium paniculatum*, de la région méditerranéenne.

Plantes vivaces herbacées, sortant de terre au printemps :

M, fleurissant et fructifiant en été (*Lysimachia vulgaris*).

Plantes vivaces herbacées, assimilant en toute saison :

N, avec souche plus ou moins profonde (*Leontodon autumnale*).

O, sans souche, avec rameaux tous aériens (*Lysimachia Nummularia*).

P, avec feuilles de deux sortes : les unes naissant au printemps, les autres en automne (*Galium verum*).

Plantes ligneuses :

Q, assimilant pendant la saison froide (*Euphorbia dendroides*, de la région méditerranéenne.

R, assimilant pendant la saison chaude (*Fagus sylvatica, Hippophaës rhamnoides*).

S, assimilant en toute saison ; fleurissant en automne et fructifiant l'automne suivant *Arbutus Unedo*, de la région méditerranéenne).

T, assimilant en toute saison ; fleurissant au printemps (*Ilex Aquifolium*).

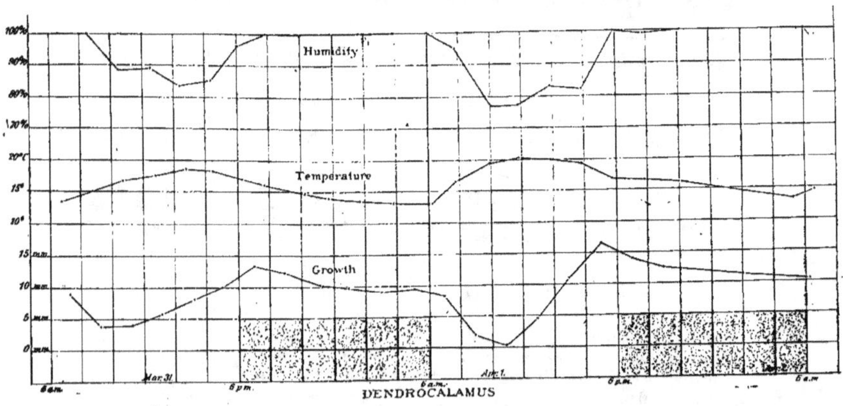

Fig. 546. — L'INFLUENCE DE L'HUMIDITÉ ET DE LA TEMPÉRATURE SUR LA CROISSANCE D'UN BAMBOU, A CEYLAN.

Le graphique inférieur représente l'allongement. On voit que la croissance est influencée surtout par l'humidité, c'est-à-dire par la turgescence, et beaucoup moins par la température. (D'après M. A. M. SMITH, 1906.)

en hiver, tandis que parmi les espèces de Belgique qui n'arrivent pas jusqu'à la Riviera vers le Sud, il n'y en a que 10 p. c. Par contre, il n'y a que 10 p. c. de plantes méditerranéennes dont l'assimilation soit limitée à la saison chaude, contre 32 p. c. en Belgique. D'autre part, les plantes annuelles qui sont communes à la fois à la région méditerranéenne et à la Belgique, comptent 6 à 7 p. c. d'espèces qui sont hivernales dans le Midi et estivales chez nous.

Cet exemple fait voir combien il est difficile de décider lequel est le facteur prépondérant, de la chaleur ou de l'humidité. Dans les zones chaudes, où la température est partout suffisamment élevée, ce sont les différences de l'humidité qui limitent les aires d'habitat et qui règlent la succession des phénomènes de la vie végétale (fig. 546). Dans les régions froides, le premier rôle appartient à la chaleur.

I. La chaleur.

a) L'optimum. Il faut à tout être vivant un certain degré de température (vol. 1, p. 10). Les besoins varient avec les espèces, et pour une même espèce suivant la phase du développement.

Ainsi beaucoup de plantes de notre pays ont un optimum plus élevé pour la production de fleurs que pour celle des feuilles; quant aux racines, elles poussent à une température encore plus basse. C'est pourquoi certains légumes, comme les Laitues, ne donnent guère de feuilles en été, mais presque directement des fleurs; ils montent en graine, disent les jardiniers. Ceci explique aussi que lorsque les horticulteurs veulent obtenir déjà en hiver des fleurs de Jacinthes ou de Tulipes, ils doivent d'abord maintenir les bulbes à froid, pour permettre aux racines de se former; puis ils élèvent quelque peu la tempétature, ce qui amène la croissance des feuilles; enfin, ils mettent les plantes dans la serre chaude au moment où naissent les fleurs.

Un autre fait qui montre aussi très nettement que chaque fonction exige une température particulière, c'est que certaines plantes poussent très bien dans un pays sans jamais y fleurir ou y fructifier. Ainsi le Dattier (*Phoenix dactylifera*), indigène au Sahara, se cultive parfaitement à Alger et à Nice, mais il n'y mûrit pas ses fruits. Le Cresson (*Nasturtium officinale*) pousse très bien dans les jardins potagers du Brésil, même à Bahia (lat. 13° S.), sans y produire le moindre bouton à fleur. Dans les plaines chaudes du Mexique, le Froment (*Triticum vulgare*) ne donne pas de graines. Dans le cas du Dattier, la température n'atteint pas le degré nécessaire; pour le Cresson et le Froment, elle le dépasse trop.

L'adaptation des Plantes à la température se voit le mieux sur les flancs d'une montagne.

Les Alpes Maritimes s'élèvent presque directement du niveau de la mer jusqu'à l'altitude de plus de 3,000 mètres. La répartition saisonnière des pluies est sensiblement la même à toutes les altitudes : l'été est sec, l'automne et le printemps sont très pluvieux, l'hiver est modérément humide. Par contre, la température décroît naturellement jusqu'au sommet des montagnes. La figure 547 donne la distribution verticale d'une trentaine d'espèces. La comparaison des six espèces de *Pinus* des Alpes Maritimes est fort instructive : *P. Pinea* ne dépasse pas

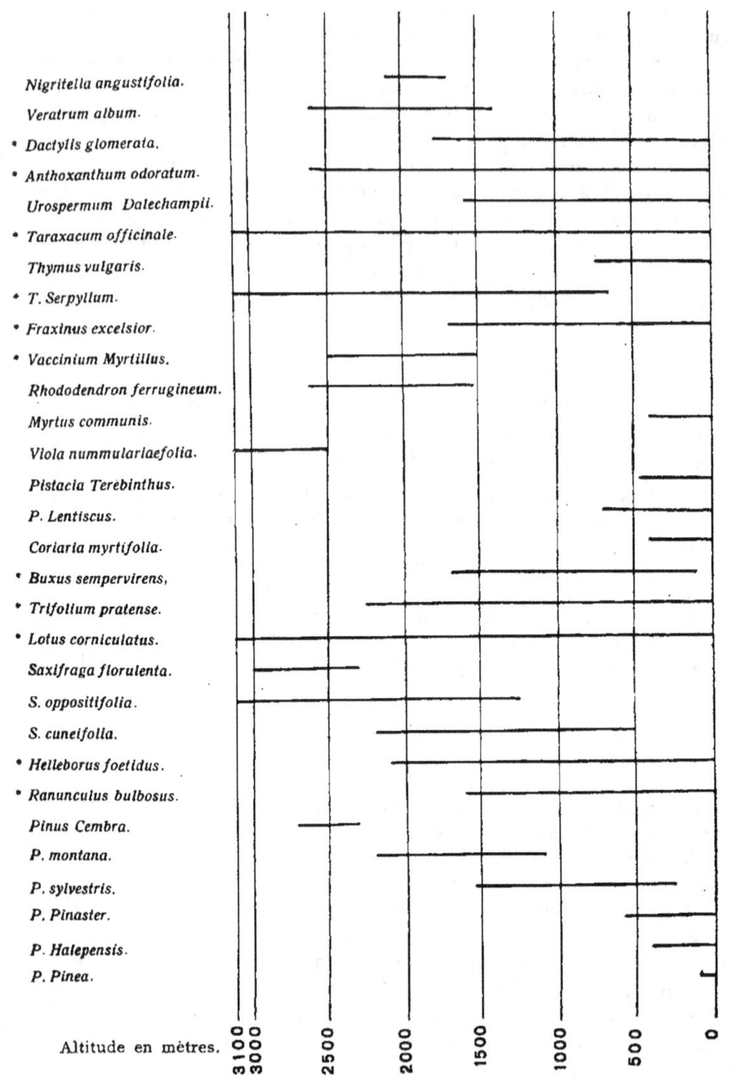

Fig. 547. — LA DISTRIBUTION ALTITUDINALE DE QUELQUES ESPÈCES DE LA FLORE DES ALPES MARITIMES. Les espèces qui habitent aussi la Belgique sont marquées d'un astérisque.

l'altitude 160; *P. sylvestris* va de la cote 250 à la cote 1550; *P. Cembra* ne se rencontre qu'entre 2300 et 2700. A côté des *Pinus*, dont aucun ne peut s'accommoder à toutes les températures des Alpes Maritimes, *Lotus*

Fig. 548.

L'ACCOMMODATION DE TARAXACUM OFFICINALE AU CLIMAT ALPIN.
1, la plante de la plaine; **2**, la même plante cultivée sur la montagne.
(D'après Bonnier, 1890.)

corniculatus et *Taraxacum officinale* vivent depuis le niveau de la Méditerranée jusque sur les pics les plus élevés. *Taraxacum* montre clairement de quelle manière il réagit vis-à-vis des conditions d'existence : comparez un individu cultivé dans la plaine avec une portion du même qui a été transportée sur la montagne (fig. 548).

b) La résistance aux extrêmes. La température se ne maintient pas aux environs immédiats de l'optimum ; elle s'en éloigne sans cesse vers

Fig. 549. — L'HABITAT DE QUELQUES PLANTES DE LA CAMPINE SUIVANT LEURS BESOINS EN EAU.

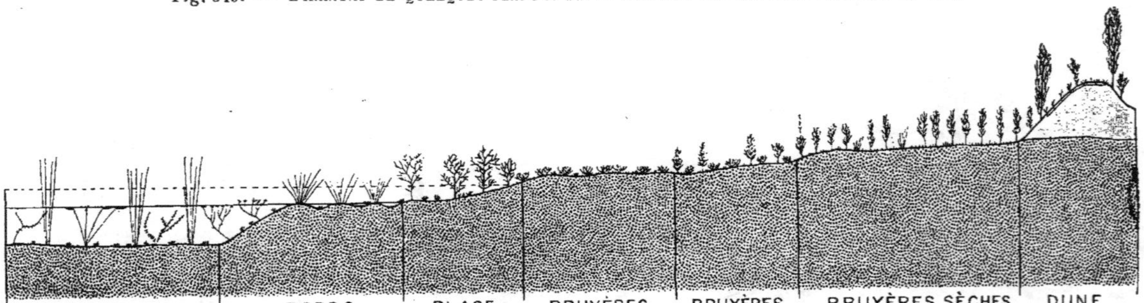

Espèce	MARE	BORDS	PLAGE TOURBEUSE	BRUYÈRES MARÉCAGEUSES	BRUYÈRES HUMIDES	BRUYÈRES SÈCHES	DUNE
Andromeda polifolia			+				
Vaccinium Oxycoccos			+				
V. Vitis Idaea				+			
V. Myrtillus						+	+
Calluna vulgaris			+	+	+	+ +	+ +
Erica Tetralix			+	+ +	+ +	+	+
E. cinerea						+ +	+
Gentiana Pneumonanthe				+	+		
Menyanthes trifoliata	+	+ +	+				
Pedicularis sylvatica				+ +			
Utricularia vulgaris	+						
Littorella uniflora	+ +	+					

le haut et vers le bas. L'accommodabilité à ces oscillations varie avec les espèces. Telle plante équatoriale, cultivée dans nos serres, languit et meurt quand le thermomètre reste quelques jours à + 8°; au contraire, les plantes alpines supportent aisément, alors qu'ils sont en pleine végétation, un écart de température de + 35° à — 10°.

Pendant l'expédition de Nordenskjöld, le long des côtes de la Sibérie, en 1878-1879, on a vu des *Cochlearia fenestrata* (Rhéadale) portant des fleurs et de jeunes fruits, être saisis par les gelées du début de l'hiver, et supporter impunément des températures de — 46°; au printemps de 1879, les boutons formés en automne s'épanouirent et les jeunes fruits continuèrent à mûrir leurs graines.

II. L'humidité du sol et de l'air.

L'eau n'est pas seulement nécessaire aux plantes comme aliment, elle leur sert surtout de véhicule pour amener dans l'économie les matières minérales indispensables et pour faire circuler les produits élaborés. Les plantes puisent l'eau dans le sol et elles la rendent presque intégralement à l'atmosphère sous forme de vapeur. Il importe donc que la terre soit suffisamment mouillée. L'atmosphère, d'autre part, ne doit pas être trop sèche, car la perte d'eau par transpiration, risquerait de dépasser l'absorption et la plante mourrait de soif.

Comme ce sont les pluies qui règlent l'humidité du sol et de l'air, leur fréquence et leur abondance sont des facteurs primordiaux.

Pour juger de la relation entre la pluie et la flore, il ne faut pas seulement tenir compte de la quantité annuelle, mais aussi de la distribution des pluies à travers les saisons. Si l'eau tombe à l'époque où la vie est ralentie par le froid, comme c'est le cas pour la région méditerranéenne, elle aura un effet moins utile que si elle accompagne la chaleur.

D'habitude l'humidité du sol et celle de l'air vont de pair. Toutefois, il y a dans les pays modérément humides des circonstances locales qui font que certaines stations, par exemple les terres sableuses, deviennent fort sèches en été : l'eau de pluie filtre rapidement vers le bas, tandis que celle du sous-sol ne s'élève que difficilement par capillarité; aussi une différence de hauteur de quelques décimètres provoque-t-elle un changement total dans l'humidité du sol, et par contre-coup dans la nature de la végétation (fig. 549).

La figure 550 montre combien l'humidité du sol favorise la formation du chevelu des racines.

III. La lumière.

Les besoins de lumière sont très variables. Alors que presque toutes les plantes prospèrent en plein soleil, beaucoup de Fougères ne vivent qu'à l'ombre. On connaît même des Végétaux qui n'habitent que les grottes faiblement éclairées, par exemple *Schistostega osmundacea* (Mousse). A l'obscurité complète ne peuvent vivre que des organismes à alimentation diffusive, tels que les Bactéries dans les grands fonds océaniques, et les Champignons dans les grottes et les houillères.

La lumière ne fournit pas seulement l'énergie pour la photosynthèse, elle est souvent nécessaire pour que les fleurs apparaissent. Beaucoup de plantes peuvent vivre à l'ombre,

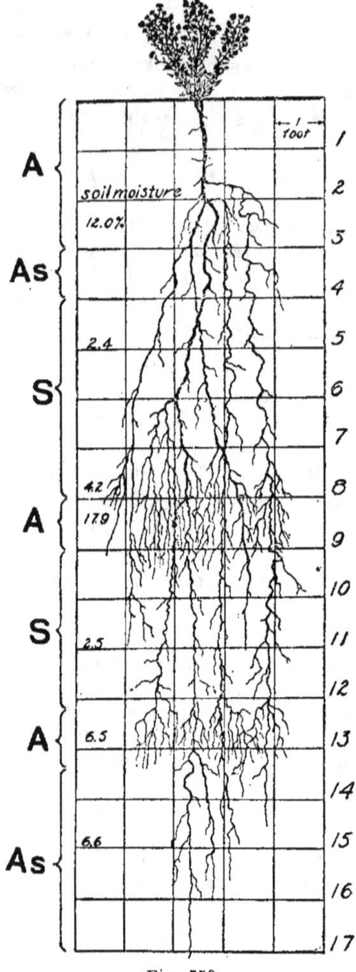

Fig. 550.

L'INFLUENCE DE LA NATURE DU SOL
SUR LE DÉVELOPPEMENT DES RACINES.

Plante de *Kuhnia glutinosa* (Campanulale), ayant vécu dans un sol de composition très diverse suivant la profondeur.
A, argile ; **As**, argile sableuse ; **S**, sable.
A gauche est indiquée l'humidité du sol ;
à droite, la profondeur en pieds. Les
racines atteignent une profondeur de
17 pieds et 3 pouces. Un tiers seulement du système radiculaire a été dessiné.
(D'après M. J. E. WEAVER, 1919.)

mais non y fleurir : ainsi *Holcus mollis*
(Graminacée) donne abondamment des
feuilles sous le couvert de la hêtraie, mais
il ne fleurit que dans les clairières.

D'autre part, la forte lumière
exerce une influence nocive sur les
Bactéries et sur les spores. De l'eau
chargée de microbes, exposée à une
radiation intense, comme celle du
soleil, perd bientôt la majeure partie de ses germes. C'est peut-être
cette action destructive de la lumière
qui fait que le Sahara est si étonnamment pauvre en Champignons.

IV. LE VENT.

Il ne semble pas que le vent favorise ou
empêche la présence de végétaux. Toutefois, comme agent de dissémination des
semences et comme transporteur de pollen
il joue dans la géobotanique un rôle de
premier ordre.

C. Le sol.

I. QUALITÉS PHYSIQUES.

Il est à peine nécessaire de les
mentionner. N'est-il pas évident
qu'un sol meuble nourrira une autre
flore qu'un rocher, et que l'argile,
peu pénétrable aux organes souterrains, ne sera pas habitée par les
mêmes espèces que le sable ?

II. QUALITÉS CHIMIQUES

Il n'existe pas au monde de terrain, si pauvre soit-il, où aucune
plante ne peut vivre. D'un autre
côté, les expériences précises des
agronomes ont montré que les terres
les plus fertiles peuvent encore être
améliorées par l'addition de l'un ou
de l'autre engrais. Aussi n'est-ce pas
en tant qu'aliments que les matières
chimiques ont surtout de l'influence
sur la distribution des végétaux,

mais bien par l'attraction ou la répulsion que certains composés semblent exercer sur les plantes; ceux qui sont le plus efficaces à ce point de vue sont le chlorure de sodium, le carbonate de calcium, les nitrates et les matières humiques.

Les sols très riches en chlorure de sodium ne portent qu'un petit nombre de plantes, celles précisément qui ont la faculté d'accroître impunément leur concentration intracellulaire jusqu'à une limite assez élevée. Sur les terrains saumâtres de l'Europe occidentale, le nombre de ces espèces ne dépasse pas quarante, ce qui signifie que toutes les autres sont exclues.

Toutes les plantes vertes ont besoin de calcium, puisque cet élément est indispensable à la construction des plastides. Mais il y en a pas mal pour lesquelles le carbonate de calcium devient un poison dès que sa proportion dans le sol dépasse une certaine limite (plantes calcifuges), tandis que d'autres espèces sont indifférentes au carbonate de calcium, et que d'autres encore croissent de préférence sur le calcaire (plantes calcicoles).

La localisation très stricte de ces plantes se voit le mieux lorsque des roches calcaires et des roches non calcaires affleurent les unes à côté des autres (fig. 551).

Certaines espèces affectionnent les sols riches en nitrates, par exemple les décombres; on les rencontre aussi dans les jardins potagers abondamment fumés; *Urtica urens* et beaucoup de Chénopodiacées sont de ce nombre.

Enfin un grand nombre de Champignons et toutes les Plantes à mycorhizes, sans chlorophylle (fig. 430), par exemple *Neottia Nidus-Avis*, habitent uniquement les sols riches en humus.

D. **Les organismes.**

Nous ne reviendrons pas sur l'action géobotanique très puissante, quoique indirecte, qu'exercent les Animaux. Qu'il suffise de renvoyer à ce qui a été dit de la défense contre les herbivores (p. 295), de la pollination (p. 329) et de la dissémination (p. 343). Rappelons également le rôle de l'Homme : les Plantes cultivées et les mauvaises herbes des cultures ne poussent qu'avec sa collaboration, intentionnelle ou non (vol. I, p. 231). C'est l'Homme aussi qui, malgré lui, emporte des plantes d'un pays à l'autre : il a introduit en Europe *Erigeron canadensis*, en Argentine nos Chardons.

Les Plantes ne sont pas un moindre facteur limitant. L'exemple, déjà signalé, de *Lamium album* et d'*Urtica dioica* (p. 295) montre bien l'interaction des espèces végétales. Mais les cas les plus curieux sont ceux où il y a une véritable lutte pour la possession de la place. En voici un.

Dans les jardins botaniques on cultive côte à côte, dans la même terre et sous le même climat, des espèces qui proviennent de stations fort diverses : endroits saumâtres, landes marécageuses, rochers, hauts pâturages alpins... Comment se fait-il que ces plantes, qui sont si strictement localisées dans la nature, puissent vivre ensemble dans un jardin? Simplement parce que le jardinier intervient sans répit pour supprimer les

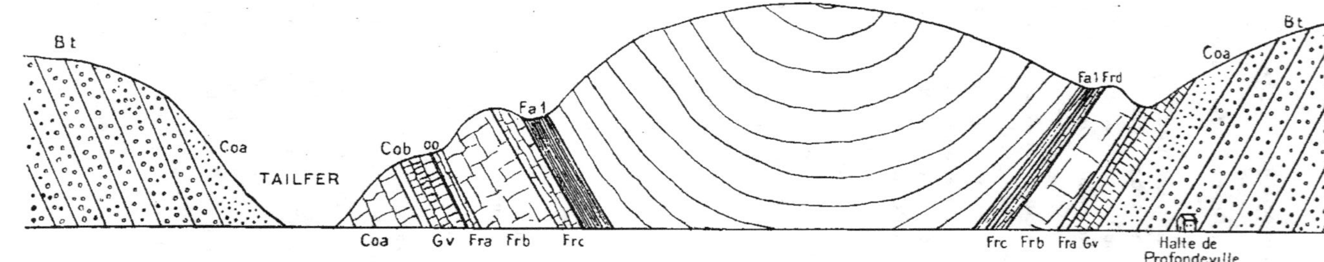

Fig. 551. — COUPE ENTRE TAILFER ET PROFONDEVILLE (DANS LA VALLÉE DE LA MÈUSE).

Les terrains calcaires ont les indications en bas; les autres ont les indications en haut.

Bt: poudingues, grès et schistes burnotiens ; **Co a** : poudingue couvinien (non calcaire): grauwacke couvinien (calcaire); **Co b** : grès et schistes couviniens ; **Gv** : calcaires givetiens ; **oo** : oligiste oolithique frasnienne ; **Fr a** : macigno frasnien ; **Fr b, Fr c** : calcaires frasniens ; **Fr d** : schistes frasniens ; **Fa I, Fa 2** : schistes et psammites famenniens.

LOCALISATION DE QUELQUES PLANTES :

Uniquement sur les roches calcaires :	Uniquement sur les roches non calcaires :	Indifférentes :
Ceterach officinarum	*Pteridium aquilinum*	*Polypodium vulgare*
Sesleria coerulea	*Deschampsia flexuosa*	*Poa nemoralis*
Hippocrepis comosa	*Cytisus scoparius*	*Trifolium repens*
Melampyrum arvense	*Melampyrum pratense*	*Veronica Chamaedrys*

mauvaises herbes et pour réserver à chaque espèce la place prescrite ; en un mot, il met ses protégés à l'abri de la concurrence. Ce qui empêche ces plantes d'habiter le pays autour du jardin botanique, c'est qu'elles y rencontrent des rivales contre lesquelles elles sont incapables de lutter, rivales que le jardinier s'applique à détruire. Mais ces compétiteurs ne peuvent pas les suivre dans leur habitat naturel.

Un cas particulièrement probant est celui d'*Armeria maritima* qui, dans les conditions normales, est cantonné au bord de la mer. Mais cela n'empêche pas qu'on le cultive aisément dans les jardins : c'est le gazon d'Olympe, dont on fait des bordures.

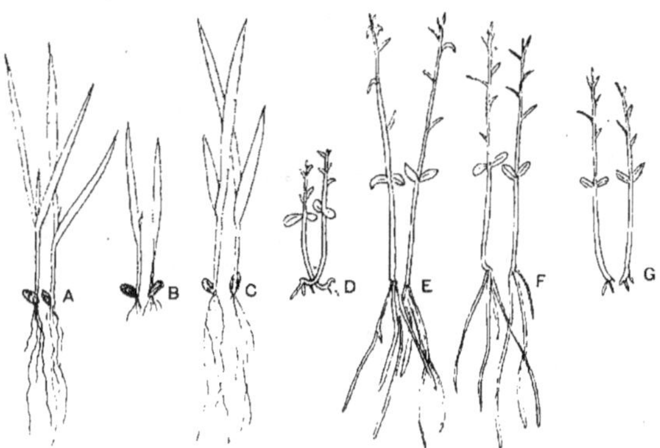

Fig. 552.

L'EMPOISONNEMENT DU SOL PAR LES PLANTES.

A, plantules de Froment dans l'eau distillée. **B**, plantules dans une solution extraite d'un sol de bruyère, rebelle à la culture du Froment **C**, plantules dans la même solution dont les substances toxiques ont été enlevées par le noir animal. **D**, plantules de Lin dans une solution extraite d'un sol analogue. **E**, plantules dans la même solution, après une ébullition d'une minute. **F**, plantules dans la même solution traitée par le noir animal. **G**, plantules dans la même solution additionnée de sels nutritifs.
Au liquide extrait de certains sols stériles on peut donc enlever ses qualités nocives en le faisant bouillir ou en le traitant par le noir animal, mais non en y ajoutant des matières nutritives.
(D'après MM. Schreiner et Reed, 1907.)

On ignore par quelles armes les Végétaux luttent entre eux. Peut-être sécrètent-ils par leurs racines des substances toxiques pour leurs concurrents. Toujours est-il qu'il suffit parfois d'enlever ou de détruire des substances contenues dans une terre qui se montre rebelle à d'autres plantes pour supprimer ses caractères nocifs (fig. 552).

Il n'a pas que des relations hostiles. Voici un exemple d'entr'aide. En automne, les feuilles des arbres de nos forêts sont le siège d'un double courant. Le potassium, le phosphore, etc. qui existent encore dans les feuilles jaunissantes se dirigent vers les rameaux et les troncs où ils seront mis en réserve jusqu'au printemps suivant. Au contraire, l'oxalate de calcium afflue vers les feuilles prêtes à tomber (voir le tableau suivant; il sera entraîné par terre avec elles, et ainsi le calcium pourra

Composition centésimale des cendres de feuilles d'arbres, à diverses époques de l'année :

Les feuilles s'appauvrissent vers l'automne en azote, acide phosphorique, potasse..., et s'enrichissent en chaux.

	Castanea vesca (Châtaignier)			Betula alba (Bouleau)			Prunus avium (Mérisier)			Robinia pseudo-Acacia (Robinier).		
	Mai	Sept.	Oct.	Mai	Sept.	Oct.	Mai	Sept.	Oct.	Mai	Sept.	Oct.
Azote. . . .	2.12	0.70	0.62	2.51	1.29	0.49	2.00	0.84	0.11	3.59	1.68	0.70
Acide phosphorique . . .	19.31	9.22	8.35	17.46	10.99	8.03	15.80	5.93	3.81	21.16	5.31	1.90
Potasse . . .	31.85	16.95	10.52	25.54	7.22	2.88	32.78	12.15	11.82	30.60	6.62	3.25
Chaux . . .	18.41	39.06	48.50	28.72	40.03	50.76	30.57	44.70	44 05	20.82	72.97	72.00

être à nouveau absorbé par les racines pour servir de contre-poison à l'acide oxalique. Seulement l'oxalate de calcium, tel qu'il parvient au sol, n'est pas absorbable; pour être repris par les racines il faudra qu'il soit d'abord transformé en carbonate. C'est ici qu'interviennent les Champignons et les Bactéries, notamment celles qui ont la faculté de se nourrir d'oxalates (vol. I, p. 77). Peu à peu, à mesure que les feuilles pourrissent sous l'action de certains micro-organismes, d'autres oxydent l'oxalate de calcium et en font finalement du carbonate de calcium; de cette manière, les arbres de la forêt prospèrent indéfiniment à la même place, puisque c'est en bonne partie le même stock de calcium qui passe et repasse par leur économie, grâce à la collaboration des Champignons et des Bactéries.

II. LES PRINCIPALES RÉGIONS GÉOBOTANIQUES.

La flore d'un pays, c'est-à-dire l'ensemble des espèces végétales qui y cohabitent, comprend trois sortes d'éléments.

1° Les espèces qui existaient déjà dans la contrée aux époques géologiques antérieures et qui s'y sont maintenues ;

2° Les espèces immigrées des régions plus ou moins lointaines. Remarquons que toutes les graines qui arrivent dans un pays et qui y germent ne vont pas fournir une progéniture capable de s'y établir pour toujours. Il faut encore, cela se comprend, que la Plante rencontre les conditions nécessaires à son développement, c'est-à-dire que le climat et le sol doivent lui convenir, que les Plantes occupant déjà le terrain ne peuvent pas lui faire une concurrence trop âpre, qu'elle doit trouver éventuellement les Animaux nécessaires à sa pollination et à sa dissémination..., bref, elle ne se maintiendra que si aucun des facteurs limitants que nous venons de passer en revue, ne lui est hostile ;

3° Les espèces nées sur place, par mutation. L'importance relative de ces trois catégories varie suivant le pays. Ainsi l'Europe occidentale, qui a subi pendant le pleistocène d'énormes changements de climat, a perdu presque toute sa flore pliocène, et sa végétation se compose en majeure partie de plantes immigrées et d'espèces neuves.

***

De l'équateur vers les pôles, le climat change graduellement (fig. 553, 554, 555). Sous l'équateur même, il y a une ceinture à la fois chaude et humide; elle est bordée de zones chaudes mais de moins en moins humides, qui aboutissent sous les tropiques à des régions extrêmement sèches. Au delà s'étendent d'abord les contrées tempérées à été sec, puis celles où il pleut en toute saison. Au voisinage du cercle polaire la chaleur et la pluie font également défaut. Des circonstances locales, telles que les accidents de la distribution des terres et des mers peuvent quelquefois troubler cet ordre, mais les grandes lignes subsistent. Voici, à titre d'exemple, le secteur qui comprend l'Europe et la plus grande partie de l'Afrique (fig. 556).

I.	Région des forêts équatoriales humides				:	Le long du golfe de Guinée et du Congo.
II.	»	»	»	» sèches	:	Soudan méridional.
III.	»	» steppes et des savanes			:	Soudan septentrional.
IV.	»	» déserts arides			:	Sahara.
V.	»	» forêts tempérées à été sec			:	Bords de la Méditerranée.
VI.	»	»	»	» » humide	:	La plus grande partie de l'Europe.
VII. {	»	» déserts polaires			:	Extrême nord de l'Europe.
	»	»	» alpins		:	Sommets des hautes montagnes.

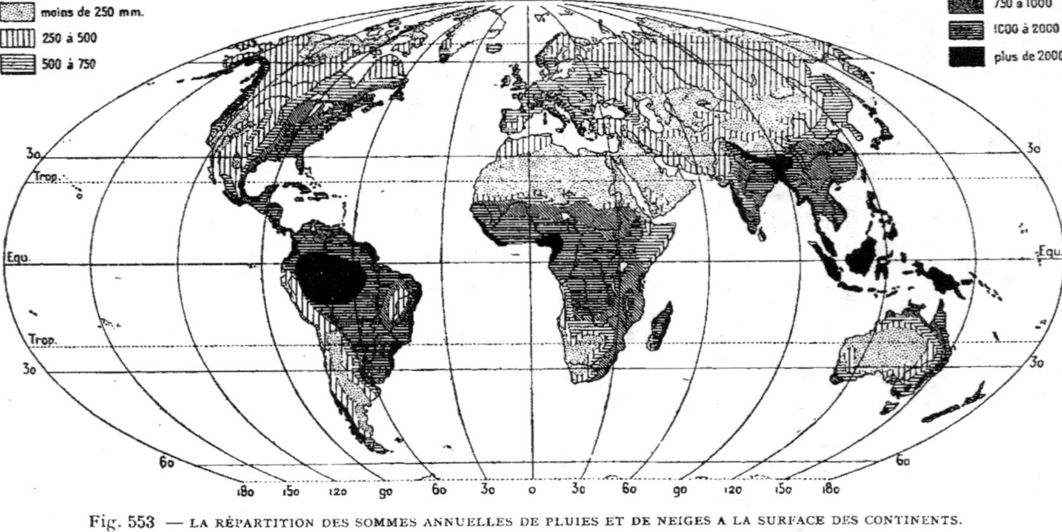

Fig. 553 — LA RÉPARTITION DES SOMMES ANNUELLES DE PLUIES ET DE NEIGES A LA SURFACE DES CONTINENTS.
(D'après SUPAN. Copié dans DE MARTONNE).

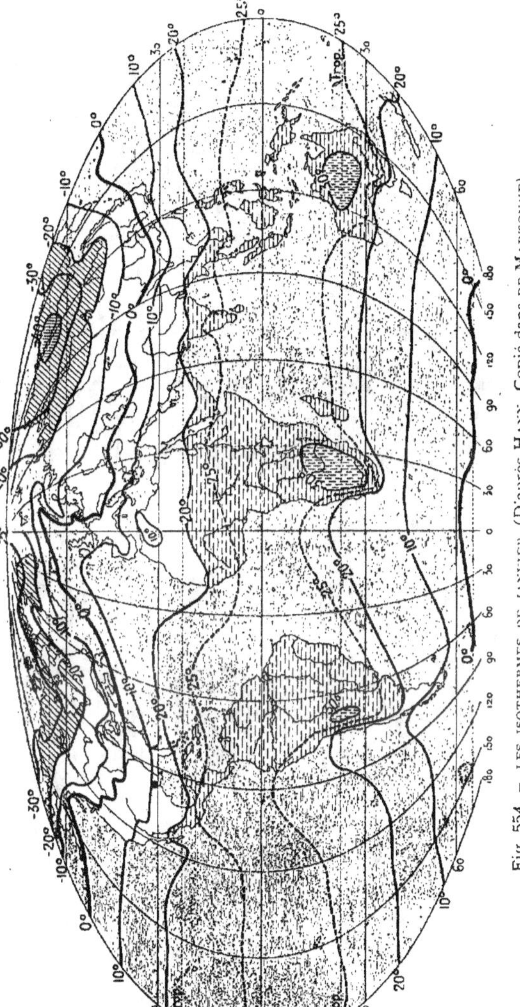

Fig. 554. — LES ISOTHERMES DE JANVIER. (D'après HANN. Copié dans DE MARTONNE).

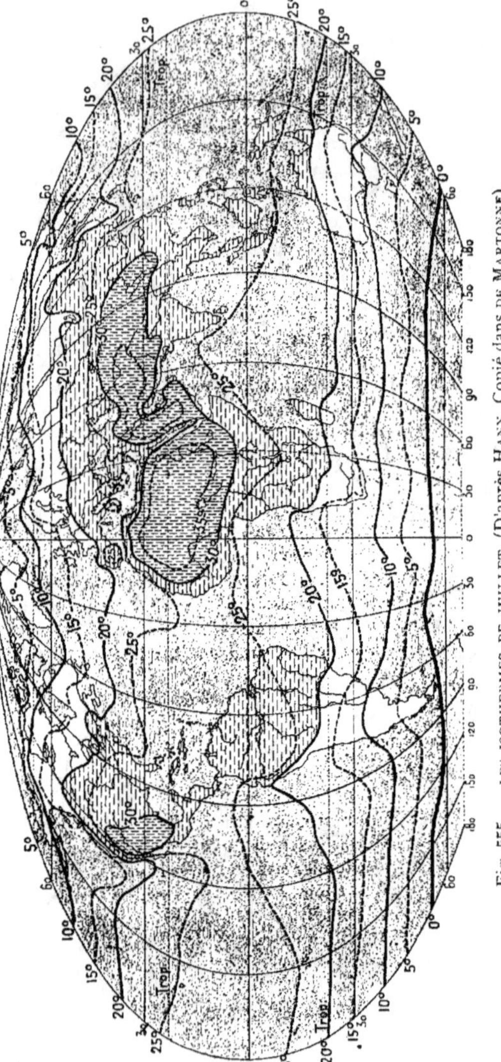

Fig. 555. — LES ISOTHERMES DE JUILLET. (D'après HANN. Copié dans DE MARTONNE).

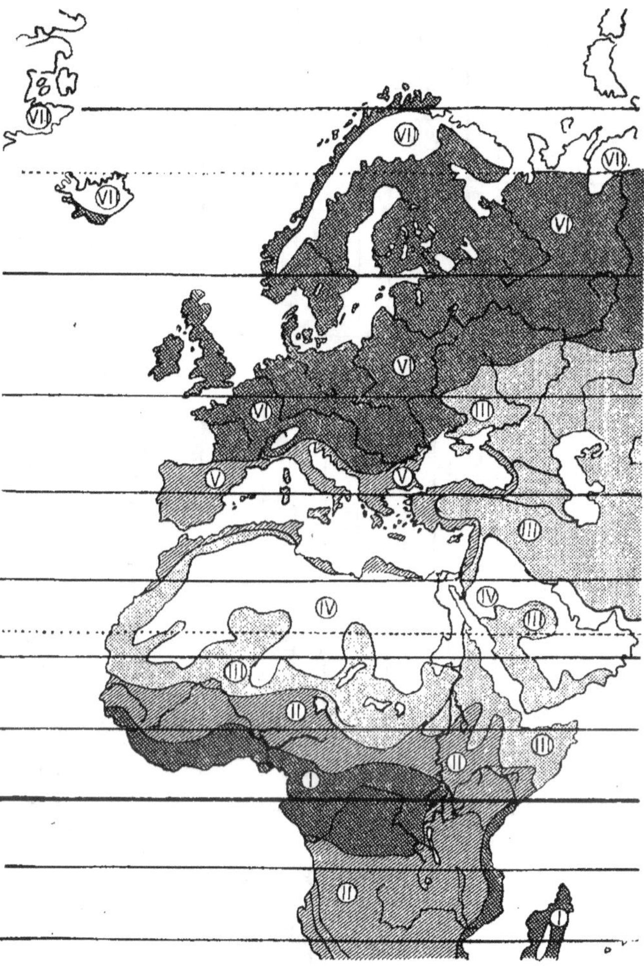

Fig. 556. — LES PRINCIPALES RÉGIONS GÉOBOTANIQUES
DE L'AFRIQUE ET DE L'EUROPE.

I. Région des forêts équatoriales humides.
II. Région des forêts équatoriales sèches.
III. Région des steppes et des savanes.
IV. Région des déserts arides.
V. Région des forêts tempérées à été sec.
VI. Région des forêts tempérées à été humide.
VII. {Région des déserts polaires.
{Région des déserts alpins.

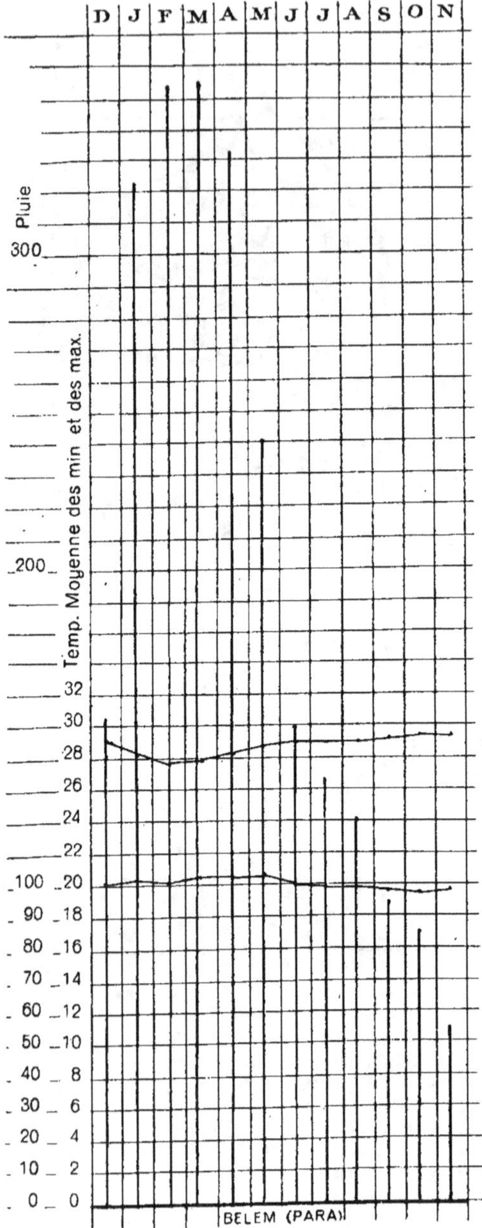

I. **Régions des forêts équatoriales humides** (fig. 557).

Les pluies sont abondantes pendant toute l'année. La température est élevée et ses variations sont faibles. Les saisons sont peu marquées : il fait toujours chaud ; l'air et le sol sont toujours chargés d'humidité ; à aucun moment de l'année la végétation ne traverse une période de repos. Ces conditions, idéalement favorables, créent la végétation la plus dense et la plus variée du monde. Toute la région est couverte de forêts ; les arbres, en général élevés et à croissance rapide, sont en feuilles toute l'année ; ils sont couverts d'un lacis de lianes appartenant aux familles les plus diverses ; leurs branches, et même leurs feuilles, portent des épiphytes :

Fig. 557.
LES MOYENNES DES MAXIMA ET DES MINIMA THERMO-MÉTRIQUES ET DE LA PLUIE, A BELEM (ÉTAT DE PARA, BRÉSIL).
(Lat. 1° 27' S.
Long. 48° 26' W. Gr.
Alt. 5 m.)
La pluie en millimètres.

lichens, Muscinées, Fougères, Orchidacées, Aracées, Broméliacées (en Amérique), Cactacées (en Amérique); le sol est caché sous les arbustes et les hautes herbes.

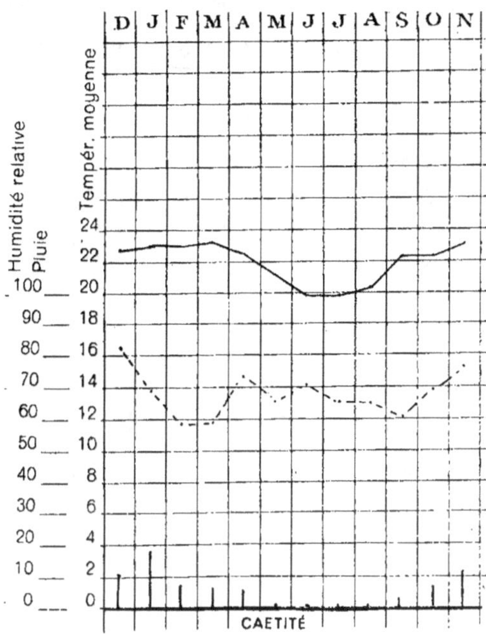

Fig. 558.

LES MOYENNES DE TEMPÉRATURE,
DE L'HUMIDITÉ RELATIVE
ET DE LA PLUIE, A CAETITÉ (ÉTAT DE BAHIA, BRÉSIL).
(Lat. 14° 02′ S. Long. 42° 30′ 06″ W. Gr. Alt. 900 m.)
La pluie en millimètres.

II. **Régions des forêts équatoriales sèches** (fig. 558).

Les pluies sont limitées à une partie de l'année; la température subit des fluctuations plus étendues que dans la région humide. Dans la profondeur, le sol reste assez humide pour nourrir des arbres; mais pendant la saison sèche l'air est trop sec et les arbres doivent laisser tomber leurs feuilles. Il y a donc une période de repos pour les arbres; elle est encore plus marquée pour les petites plantes dont les racines n'atteignent que la couche superficielle. Les forêts sont assez claires; les lianes sont encore abondantes, mais les épiphytes sont presque nulles.

III. **Régions des steppes et des savanes** (fig. 559).

Les pluies, peu abondantes dans l'ensemble, manquent presque pendant la moitié de l'année. La température est assez élevée, mais ses

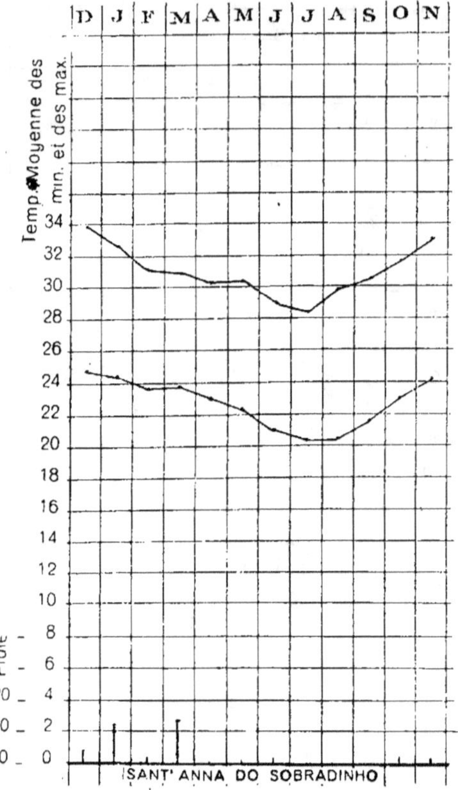

Fig. 559.

LES MOYENNES DES MAXIMA ET DES MINIMA THERMOMÉTRIQUES
ET DE LA PLUIE,
A SANT'ANNA DO SOBRADINHO (ÉTAT DE BAHIA, BRÉSIL),
(Lat. 9° 26′ S. Long. 45° 55′ W. Gr. Alt. 380 m.)
La pluie en millimètres.

oscillations s'accentuent. Les arbres sont petits et rares; la végétation ligneuse se compose surtout de buissons, souvent épineux; une herbe courte, complètement desséchée pendant une bonne partie de l'année, revêt le sol de place en place.

IV. **Régions des déserts arides** (fig. 560).

La pluie ne tombe que pendant une courte saison; elle est pour ainsi
dire exceptionnelle. La température montre des oscillations considérables. Il n'y pas d'arbres, à peine des arbustes; la flore herbacée est également très réduite. Beaucoup de plantes ont des réserves d'eau dans les
feuilles, dans les tiges ou dans les racines.

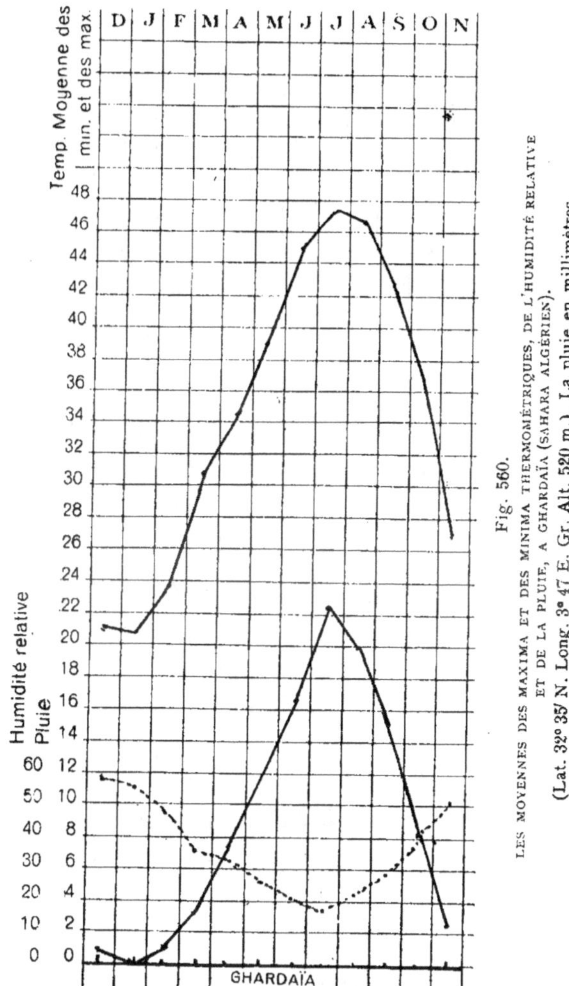

Fig. 560. — LES MOYENNES DES MAXIMA ET DES MINIMA THERMOMÉTRIQUES, DE L'HUMIDITÉ RELATIVE ET DE LA PLUIE, A GHARDAÏA (SAHARA ALGÉRIEN). (Lat. 32° 35' N. Long. 3° 47' E. Gr. Alt. 520 m.). La pluie en millimètres.

V. **Régions des forêts tempérées à été sec** (fig. 561).

Il pleut uniquement pendant la saison froide. La température varie assez fortement avec les saisons. Les forêts sont claires, souvent buissonneuses, vertes en toutes saisons. Beaucoup de petites plantes n'ont de feuilles que pendant la saison humide (voir p. 367).

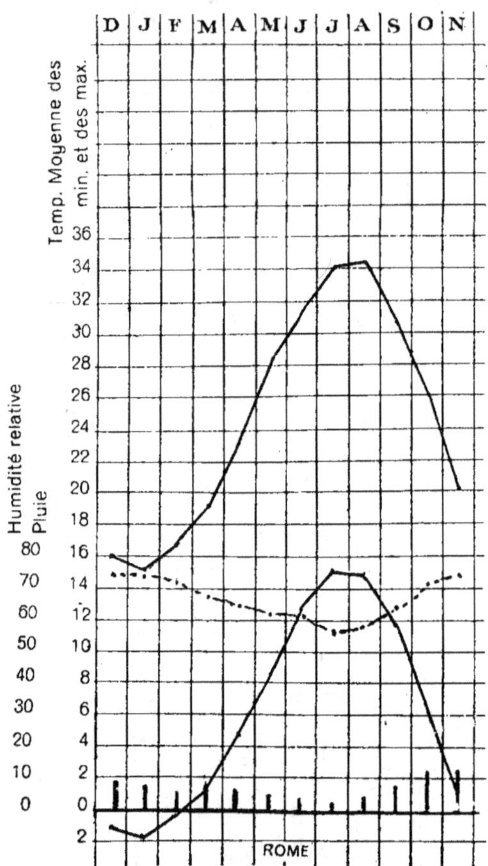

Fig. 561.

LES MOYENNES DES MAXIMA ET DES MINIMA THERMOMÉTRIQUES,
DE L'HUMIDITÉ RELATIVE ET DE LA PLUIE, A ROME.
(Lat. 41° 54' N. Long. 12° 28' E. Gr. Alt. 31 m.)
La pluie en millimètres.

VI. **Régions des forêts tempérées à été humide** (fig. 562).

La pluie tombe en toute saison. La température, douce en été, baisse suffisamment en hiver pour que la croissance soit suspendue. Les forêts sont constituées surtout par des Dicotylédonées à feuilles caduques et par des Conifères.

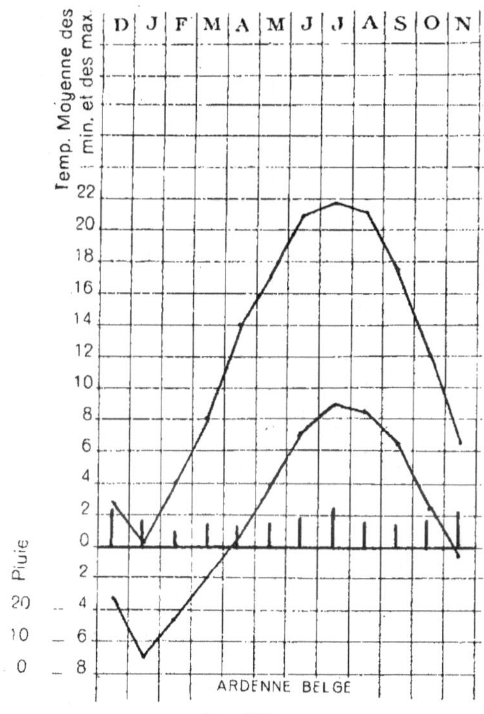

Fig. 562.

LES MOYENNES DES MAXIMA ET DES MINIMA
THERMOMÉTRIQUES ET DE LA PLUIE,
DANS L'ARDENNE BELGE.
(Lat. 50° 17′ N. Long. 5° 50′ E. Gr. Alt. 400 m.)
La pluie en millimètres.

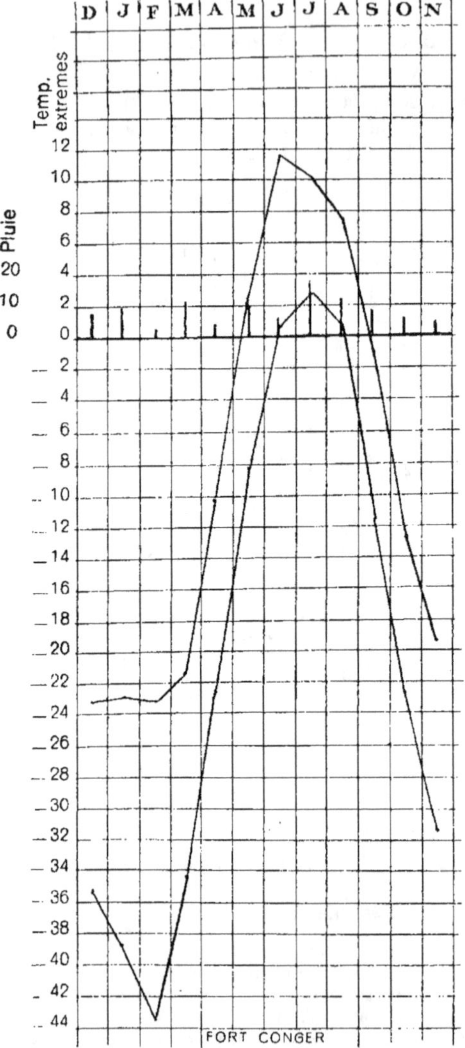

Fig. 563. — LES TEMPÉRATURES MAXIMUM ET MINIMUM
DE CHAQUE MOIS, ET LA PLUIE, A FORT-CONGER
(GRINNEL LAND).
(Lat. 81° 44' N. Long. 64° 45' W. Gr. Alt. 0).
La pluie en millimètres.

VII. **Régions des déserts polaires**

(fig. 563).

La pluie est exceptionnelle : l'eau tombe sous forme de neige. La température reste basse, même en été. La flore se compose de petits arbustes et d'herbes capables de supporter sous la neige le long repos hivernal.

VIII. **Régions des déserts alpins.**

La pluie est aussi rare que dans les régions polaires. De plus, l'air est beaucoup plus sec. Les variations de la température sont énormes : au soleil il fait très chaud, à l'ombre il gèle. L'hiver est long. La végétation ressemble beaucoup à celle des régions polaires.

B

ERRATA.

A la page 39, 3ᵉ ligne, à partir du bas, il faut (fig. 450) au lieu de (fig. 449).

A la page 92, la Sapindale représentée par la figure 92 est *Gonarea trichilioides*, et non *Chisocheton*.

A la page 182, dans les formules florales de *Nymphaea alba* et de *Victoria regia*, il faut $G(\underline{n})^n$ et $G(\overline{n})^n$ au lieu de $G\underline{n}^n$ et $G\overline{n}^n$.

A la page 192, dans la formule florale de *Crinum Laurenti*, il faut $(P_c (3,3), A\ 3,3)$ au lieu de $P_c (3,3), A\ 3,3$.

A la page 294, dans l'explication de la figure 458, il faut *Viburnum* au lieu de *Virburnum*.

Dans les figures 558, 559, 560, 561, 562, 563 la pluie est représentée en centimètres et non en millimètres. Faire la correction dans les légendes.

BIBLIOTHEQUE NATIONALE DE FRANCE
3 7531 03814049 8